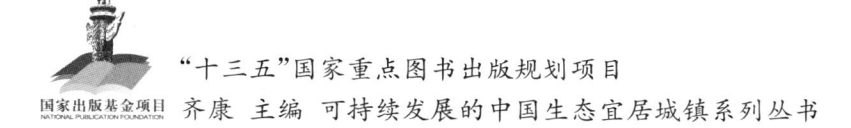

"十三五"国家重点图书出版规划项目

国家出版基金项目
NATIONAL PUBLICATION FOUNDATION 齐康 主编 可持续发展的中国生态宜居城镇系列丛书

绿色基础设施导向的
生态城市公共空间

宫 聪 胡长涓 著

东南大学出版社

·南京·

丛书总序

党的十九大胜利召开,这是全国人民的一件大事。我们在以习近平同志为核心的党中央领导下,在各个方面都取得了长足的进步。在新的征途上,我们还有大量的工作要做,到两个一百年我们将会成为一个富强、民主、文明、和谐的社会主义现代化国家。

我们今天仍是发展中国家,在建设中尚有许多贫困地区需要扶持,在农村中存在孤寡老人、留守儿童需要关照。随着全球气候变暖,有的地区雾霾等恶劣气候影响着人们的健康生活;在发展农村经济时,切忌盲目发展,要保持青山绿水。

我们尚处在转型阶段,在这个关键时期我们不能松懈。我们要做的事还有很多,主要是:

传承——把历史上的优秀文化传承下来,剔去糟粕。

转化——在转型阶段向新阶段转化,如新型城镇化的开拓发展。

创新——我们的目的是要不断地创新,探索永无止境。

科技是第一生产力,我们的教育就是要培养忠于人民、为人民服务的有文化、有理想、有技术、有道德的人才,为中华民族的伟大复兴做出贡献。

近年来,我们的团队在以习近平同志为核心的党中央领导下,教学科研工作取得了一些成绩,尤其在研究可持续发展的中国生态宜居城镇方面做了一些探索。在党的十九大精神指引下,我们深感前途是光明的、任务是艰巨的。我相信,只要大家团结在以习近平同志为核心的党中央领导下,努力工作,尤其在新型城镇化建设中努力探究和开拓,一定会取得新成果。

本课题是"十三五"国家重点图书出版规划项目,也是国家出版基金项目,感谢新闻出版广电总局的大力支持及给予的肯定,相信在大家的共同努力下,在东南大学出版社的支持与编辑的辛勤工作下,我们一定能够顺利完成本套丛书的出版。

齐　康

2017 年 11 月

前　　言

　　近年来城市化带来的环境问题越来越严重,随着城市化进程的加快,土地扩张、洪涝灾害、环境污染、生物多样性骤减等生态问题在城市中不断出现,继而导致城市的公共空间出现质量下降、分布不均、活力不足等问题。公共空间是城市必不可少的空间类型,是城市生活的重要组成部分,也是人们日常生活中互相交流不可或缺的场所。因此,城市公共空间急需一种可持续的规划方法,既要满足日益发展的城市开放空间容量与质量的社会需求,又要缓解城市雨洪、雾霾、保育,以及绿地空间均衡分配等生态问题。

　　城市绿色基础设施概念的提出为缓解与解决上述问题提供了契机。绿色基础设施已经逐步成为一种可实施且多尺度的生态手段,绿色基础设施规划在一定条件下可以弥合公共空间系统规划的不足与解决城市公共空间多方面的问题,而两者的结合规划也是生态城市背景下人文与生态协同发展的趋势。基于城市角度,结合规划是一种精明保护与公共活力兼备的城市开放空间网络布局;基于社区角度,结合规划是解决社区生态问题与公共空间问题的要素与结构规划手段;基于场地角度,结合设计是基于多种目标与多重问题的空间设计方法。

　　本书从城市公共空间与城市绿色基础设施的分项基础研究出发,对两者进行对比分析,在城市绿色基础设施规划辅助城市公共空间规划可行性研究基础上,利用定量与定性相结合的分析方法,系统地构建了绿色基础设施导向的城市公共空间系统规划研究框架,因此也是理论、方法、案例相结合的应用性研究。在宏观层面,从城市公共空间总体规划方法不足与城市生态问题出发,引入城市绿色基础设施规划,并从“总体控制规划”与“地块更新规划”对结合绿色基础设施规划的城市公共空间宏观规划展开研究。在中观层面,依据社区公共空间传统规划与更新方法的局限性与生态问题,提出了基于绿色基础设施生物多样性、雨洪管理以及多种社会功能的社区公共空间研究方向与规划方法。在微观层面,从生态视角下场地尺度公共空间设计缺陷出发,构建了绿色基础设施导向的公共空间研究方向:基于绿色基础设施生物多样性、雨水管理、多种社会服务、促进绿色交通、生态修复功能的公共空间研究,对各种功能的绿色基础设施与公共空间结合类型、设计要点、发展方式进行整理与分类,系统地探讨了绿色基础设施导向的场地尺度公共空间设计方法。最后,绿色基础设施影响下的城市公共空间系统整合从不同专业、尺度、层级、功能、形态、时段、职能、政策、利益等方面出发,较为深入地探讨与例证了空间要素之间以及空间要素与系统之间的整合方式,完善了绿色基础设施导向的城市空间系统规划研究。

简而言之,本书利用理论交叉法、案例分析法、对比分析法、垂直叠加法、水平分析法、实践调研法以及城市空间分析相关与生态学相关的量化研究方法,对城市公共空间规划系统与绿色基础设施网络系统展开结合研究,解决了"城市公共空间与绿色基础设施结合规划与设计""利用绿色基础设施对城市公共空间存量进行生态优化"以及"多重意义下的城市公共空间系统整合"等问题,构建了绿色基础设施影响下的城市公共空间规划研究理论,并以南京为例实证了两者相结合的规划方法,对解决城市多重生态问题与空间问题具有重要的理论与实践意义。

本书希冀以构建多功能的城市绿色基础设施网络为导向,通过引导城市公共空间系统化发展的可持续模式,以期城市"生态"与"人文"协同发展。本书力求实现三方面的突破与创新:一是视角的创新——对于城市绿色基础设施,近几年侧重于绿色基础设施复合功能的研究与绿色基础设施规划的研究已有较多案例与文献,有关城市公共空间更新的研究近年来也明显增多,但将两者作为城市开放空间的平衡系统,研究两者的对比结合关系还在起步阶段。二是方法的创新——传统的社区公共空间生态规划多从要素与结构方面进行定性分析或从用地指标方面进行定量控制,而本书以定量与定性相结合的分析方法构建城市公共空间系统规划,例如公共活力评价中要综合考虑社会调研与网络数据分析,实现数据获取的效率与精度。三是目标的创新——城市公共空间的可持续性发展不仅仅是公共活力与空间质量的提升,更是空间体现出的生态稳定性与抗灾弹性,本书以公共空间与绿色基础设施共同发展为目标,形成基于多重目标的规划理论与规划方法,实现建筑学、城市规划学、景观学、生态学、社会学等多学科的交叉融合。

本书适于城市规划、风景园林、建筑学以及环境相关学科领域的规划设计、管理、科研技术人员使用阅读,亦可作为高等院校师生以及政府决策部门人员参考的资料。由于多功能绿色基础设施网络与城市公共开放空间的复杂性与广泛性以及作者水平能力有限,本书研究内容尚有不足,例如公共空间公共活力与绿色基础设施生态敏感性评价指标、绿色基础设施导向的城市公共空间系统评价、微观层面公共空间生态设计在社会学方面的缺失等,书中部分观点可能会有争议,恳请专家与读者提出宝贵的建议。

目　　录

1 绪　　论

1.1　研究背景

　　人类在不断地改造城市,却也在不断地忍受着这种改造所带来的痛楚。城市从无到有,从简单到复杂,从低级到高级的发展历史,反映着人类社会、人类自身同样的发展过程。城市公共空间是城市的血液和心脏,在为市民提供交通、游憩、休息、交流等功能的同时,又面临各种各样的问题。近几年国内外城市生态问题愈演愈烈,局部的传统更新与过度开发导致城市生物多样性逐年骤减以及生态受到严重破坏,还有其他反映在公共空间建设上的社会与生态问题,例如交通拥挤、公共空间活力不足、大量新型公共设施和开放空间的分布不均、城市雨洪频发、雾霾天气持久不下等问题交互影响整个社会生态文明建设。因此如何处理城市发展与生态之间的关系,成为当前建筑学与规划界的热点。

　　从时代背景来看,我国已经进入加速发展阶段,伴随中国快速城市化出现了如资源供给不足与分配不均、生存环境恶化与重大环境污染、贫富差距扩大与社会矛盾丛生等突出问题,而其中以生态环境、资源利用、城市蔓延问题为代表。我国城市环境问题形势严峻,城市森林、水体、湿地等自然生态空间减少,城市正常的生态过程发生质的变化,城市地质灾害、生物灾害、洪水灾害、雾霾污染加剧,城市生物多样性骤减。除去生态问题,城市的资源利用结构在发生深刻转变,虽然城市绿地在扩大,但公共空间资源整体配置不合理、环境质量下降、交通拥堵、垃圾围城等问题依然存在。更严重的是,我国城市出现了类似美国的城市蔓延趋势,以土地功能相互分离且单一、公共交通缺乏良好有效联系、农业用地与开敞空间的急剧减少为特征的城市无序扩张造成了资源的极大浪费、城市空间建设成本的增加以及生态环境的巨大破坏。因此,城市的空间利用问题与生态问题日益加剧,传统的城市规划难以解决公众对城市空间在社会与环境方面的需求,城市公共空间规划亟须寻找一种更为实际的生态控制方法以解决多方面的城市生态与资源利用相关问题。

　　从政策背景来看,国家 2015 年颁布的《生态文明体制改革总体方案》,标志着“生态新政”开始全面融入国家战略和社会、经济、环境建设的各个环节;2016 年的《中华人民共和国国民经济和社会发展第十三个五年规划纲要》(简称“十三五规划”)在第十篇从功能区建设、资源集约、环境治理、生态修复、全球气候、生态安全、绿色产业等方面提出了“加快生态环境改善”;2016 年城市规划年会的热点集中在“城市双修、工业遗产、开放社区”三方面,而 2017 年城市规划年会的主题上升到了城市的“持续发展与理性规划”;习近平总书记在十九大报告中也指出,“像对待生命一样对待生态环境”。这样的政策对于城市公共空间的发展来说,是一种城市发展与生态并存的绿色经济发展观念,凸显了绿色基础设施规划在城市的生态文明建设过程中的重要性与关键性。

从当前建筑学科背景来看,传统的城市规划的研究正在向问题导向且多学科交叉的、更为具体化的规划研究方向转变,主要体现在两大方面:利用生态手段细化生态城市建设的过程,以及基于城市一系列问题的城市空间优化。前者主要是在技术与方法上的转变,例如"海绵城市""水敏城市""生物准则城市""纤维城市""低影响开发""雨水花园"等概念的涌现为生态城市的实现提供了不同方向的理论框架与技术手段;后者主要是规划观念与过程的转变,例如"城市更新""公共空间规划"等都旨在通过可持续规划手段解决城市中影响甚至阻碍城市发展的城市问题。因此,基于城市公共空间多方面问题,从生态的角度分析城市空间是当前学科背景下的一个重要研究趋势。

1.2　问题提出

城市是一个复杂巨系统,城市公共空间作为城市的一个空间子系统,与其他空间系统相比,在城市中的地位是独特的。公共空间是城市必不可少的空间类型,是城市公共空间活动的主要物质承载者,与市民的社会生活与环境需求息息相关。尽管我国对城市生态建设十分重视,但公共空间问题依然严峻。城市公共空间在发展,并且需要不断适应激烈的城市变革,如同有机体的生长方式,既要保持本质的精神,又需要不断地新陈代谢自我更新。从生态城市方向出发的公共空间系统性研究中会得出城市公共空间生态发展的设计对策,这种发展趋势既是城市空间生长的结果,也是人类社会与自然互相影响、彼此交流的内在要求。

传统城市规划方法重视公共空间结构形式而忽略自然布局均衡,重视社区公共空间指标要求而忽视生态要素规划,生态要素在传统规划方法中仅仅作为基础设施完成后"见缝插针"的绿色图块或指标。多处设计往往冠以"生态"的名义而将私人利益最大化,"假生态"设计已经屡见不鲜,从而导致了以公共空间为主体的多方面问题:①中国旧有城镇化与传统形式的城市更新对公共空间生态环境的连续性造成破坏;②公共空间逐渐显露分布不均、交通拥堵、结构破坏、日益衰败等问题;③城市发展与生态保护的矛盾日益加剧,传统城市规划不能妥善处理建设用地与生态用地"量"与"质"的平衡。

基于城市公共空间的重要性、生态问题的严峻性、生态城市与城市公共空间紧密关联性,早在20世纪90年代早期一大批西方学者就开始关注城市公共空间这个主题,近年来中国也有越来越多的研究者关注我们自身环境与城市问题,一方面是对公共空间诉求的上升,但是另一方面却表现出对公共空间生态规划的无力。绿色基础设施概念的提出为解决城市公共空间的生态规划提供了方法与契机。根据国内外研究与建设实践,绿色基础设施规划建设往往是城镇化程度较高的国家和地区,为应对城市规划不足与无序扩张造成土地资源浪费、自然景观生态破坏、居民公共游憩空间不足、城市开放空间环境恶化、空间结构臃肿与硬地集中等问题,而采取的被动或主动应对策略。对此,怎样利用生态改革浪潮这一契机改善城市公共空间活力与城市环境质量? 传统的城市公共空间规划与方兴未艾的绿色基础设施规划怎样结合发展才能解决城市多重问题? 怎样系统地利用绿色基础设施手段对城市公共空间进行生态规划研究?

（1）城市公共空间与城市绿色基础设施怎样结合规划与设计?

城市公共空间是为市民提供的一系列户外活动场所的人工设施,而城市绿色基础设施强调"绿色"与"设施"并存,是具备生态意义与社会服务功能的人工设施与自然要素,两者虽均为城市开敞空间的一部分,但两者服务对象与功能目标不尽相同,因此公共空间与绿色基础设施能否结合以及两者怎样结合,并利用绿色基础设施的功能特征解决城市公共空间规划设计方法的不足以及公共空间的生态问题,是本书研究的关键问题。

（2）怎样利用绿色基础设施对现有城市公共空间进行生态更新？

在以经济发展为目标的城市建设中,公共空间逐渐显现了如绿地生物多样性锐减、广场与街道内雨水内涝、公园设施布局不均、空气质量不佳、棕地污染等生态问题。在生态改革浪潮涌起的今天,怎样利用绿色基础设施这种规划工具与技术手段对公共空间用地存量进行结构调整与技术翻新,以缓解城市生态问题,同时保证城市公共活力,是本书研究的核心问题。

（3）怎样将多重意义下的城市公共空间系统进行整合？

生态角度下的城市公共空间系统具有生态、社会、政策等多重意义,公共空间的整合在于积极地改变或调整空间影响与构成要素之间的关系,以克服公共空间发展过程中各方面要素分离的倾向,优化与提高现有秩序以实现新的综合。因此怎样基于绿色基础设施与公共空间结合研究过程中出现的要素分离现象,寻找整合切入点,实现公共空间的整体有序发展,是本书研究的另一关键问题。

1.3　研究目的

目前我国生态城市的大力发展对城市空间建设提出了更高的要求,自上而下的公共空间系统规划体系的构建则是实现高品质城市空间的保障。本书力图在对城市公共空间规划的本质含义有足够理解的基础上,结合绿色基础设施规划的精髓并进行对比研究,借鉴国内外先进理论观点和实践经验,建构符合绿色基础设施导向的城市公共空间系统规划体系研究框架,并以宏观、中观、微观、整合几方面详细阐述目标导向型的公共空间规划方法。

对当代城市公共空间系统规划的研究,从根本上讲还是针对问题的应用型研究。研究的最终目的是从生态角度为城市公共空间的发展提供一种切实可行的方向,形成在城市绿色基础设施多重功能并重的前提下又不失公共空间活力的城市公共空间系统的规划方法,为当前的生态城市建设找到理论依据和方法指导。本书从公共空间规划与绿色基础设施规划对比研究出发,探讨如何利用绿色基础设施激活城市公共空间活力的同时保护城市生物多样性及完善生态,实现城市中人与自然和谐相处,最后整合公共空间系统的资源构成,促使以人为主的经济与文化城市转向人与自然共生的生态城市,为生态意义下城市公共空间系统规划体系的操作提供足够的理论依据和后续研究基础。

1.4　研究意义

首先,本书突出城市公共空间的社会与生态双重功能,探讨城市公共空间活力提升与生态协同利用途径与方法,具有非常重要的理论意义。本书通过多种学科的引入融合,为研究提供新的理论视角和方法尝试。在全面和充分认识城市公共空间与绿色基础设施构成的复杂系统情况下,研究城市空间与生态环境的耦合作用,提出不同以往传统的生态城市研究视角和社会学中公共空间分析视角,来进行城市公共空间与绿色基础设施互动演进关系的判断,既是对生态环境与公共空间结合关系理论的创新,在一定程度上,也可弥补城市绿色基础设施与城市公共空间单方面研究的不足。

其次,从绿色基础设施角度对城市公共空间系统进行研究,可以为我国生态城市建设规划与城市转型发展提供指导,产生实践意义。从城市公共空间资源的配置过程来看,城市发展政策对空间资源的配置具有导引作用。如何在城市土地资源稀缺的前提下,满足公共空间用地需求、提高城市生态建设、合理配置公共用地与生态用地是可持续发展框架下城市开放空间建设的主要任务。因此,将城市绿色基础设施规划与公共空间规划结合起来,对转变城市生态建设观念、寻求城市开放空间可持续发展途径、形成生态城市的规划与更新方法等有重要的实践指导意义。

最后,对城市公共空间规划与绿色基础设施规划进行结合研究也具有较强的现实意义。单独强调城市公共空间活力会导致城市交通拥堵、资源分布不均、生态环境恶化等问题,而单独强调城市土地生态利用加剧了生态用地和城市用地规模扩张之间的矛盾。从绿色基础设施出发对城市公共空间的更新、规划与设计展开研究,为这些城市问题的解决提供了理论与实践指导,同时提升城市公共空间活力与生态质量也是破解这些难题的关键,以期为城市居民提供可持续的户外空间和生态服务。

1.5　研究概述

本书以中国城市发展中公共空间困境与生态发展契机为基本出发点,提出了绿色基础设施如何优化城市公共空间系统规划这一问题导向,以基于生态角度探究城市公共空间的可持续性规划为研究目的,以同时满足城市公共空间活力和生态保护为研究目标,具有城市可持续发展的理论意义、实践意义与现实意义。为此,首先基于城市公共空间的基本阐述与问题研究,发现城市公共空间规划方法的优势与不足,引入城市绿色基础设施规划系统,并对城市绿色基础设施规划与城市公共空间规划结合研究,形成绿色基础设施导向的城市公共空间系统规划研究框架。在研究主体部分,本书从宏观、中观、微观 3 个层次分别针对传统公共空间规划与设计方法的不足引入城市绿色基础设施结合规划与设计,并引入相关案例进行分析,形成基于绿色基础设施功能与多重目标的城市、社区、场地尺度的公共空间规划、更新与设计,最后从多方角度对公共空间整体系统进行整合研究,完善规划系统。

2 城市公共空间解读

　　"城市公共空间狭义的概念是指那些供城市居民日常生活和社会生活公共使用的室外空间。它包括街道、广场、居住区户外场地、公园、体育场地等。城市公共空间的广义概念可以扩大到公共设施用地的空间,例如城市中心区、商业区、城市绿地等"①。"公共空间"和"城市"复杂体联系在一起形成城市公共开敞空间,而公共开敞空间是一系列不同尺度、功能、性质、类型、形态结构、层面与等级的个体空间的集合,形成相互关联的系统,在宏观层面与城市其他系统及自然开敞空间相互交织与影响,在微观尺度与市民生活紧密联系,既是人与人交流的场所,更是人与自然和谐相处的产物②。

2.1 城市公共空间研究

2.1.1 城市公共空间概念与功能

　　"城市公共空间是指在城市建筑之间存在着公共的共享空间,为市民进行社会生活交往的公共场所"③。由此可见,"城市公共空间"具有两个特征:从物质环境角度来讲是指城市建筑体室外的实体功能空间;从市民社会性来讲是指提供人与人、人与物、人与空间互动的精神诉求空间。城市公共空间是城市开放空间系统的子系统之一。按照人的参与程度的不同,城市开放空间可分为城市公共空间(硬性空间)和城市开敞空间(软性空间)。城市开敞空间是指城市内外以自然环境为主的场所,主要功能在于改善城市气候、调节城市的生态平衡、提供自然休憩环境④。城市公共空间是人工因素占主导地位的城市开放空间,主要指城市建筑实体之间存在着的开放空间体。城市公共空间与城市开敞空间不是完全独立的两个系统,而是相互交叠、渗透、融汇的,因此城市公共空间与城市自然要素在特定条件下相互影响(图2-1)。此外,城市公共空间主要为市民公共生活服务,"公共性"是城市公共空间的主要特征,"公共活力"强弱决定了公共空间是否满足市民交通、游憩、交往等各种公共活动需求与精神诉求。

　　现代城市公共空间的实质是以人为主体的,促进社会生活事件发生的活动场所,具有多重的功能和意义。首先,城市公共空间通常为社会活动集聚的主要场所,往往包含节庆、交往、交流、流通、休息、观演、购物、游乐、健身、运动、餐饮、文化、教育等多种个人或社会活动,为公众服务;同时,它又是人类与自然进行物质、能量和信息交流的重要场所,也是城市形象

---

① 李德华. 城市规划原理[M]. 4版. 北京:中国建筑工业出版社,2010:563.
② 李明英. 基于生态基础设施的山地城市滨河公共空间规划研究[D]. 重庆:重庆大学,2016:8.
③ 夏征农. 辞海[M]. 缩印本. 上海:上海辞书出版社,1979.
④ 周进. 城市公共空间建设的规划控制与引导[M]. 北京:中国建筑工业出版社,2005:10.

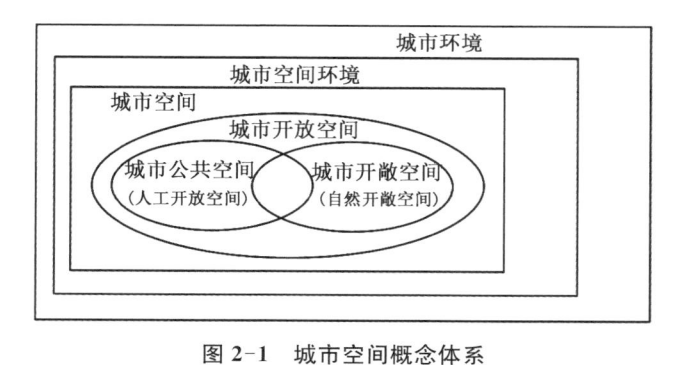

图 2-1　城市空间概念体系

图片来源:周进. 城市公共空间建设的规划控制与引导[M]. 北京:中国建筑工业出版社,2005.

的重要表现之处,被称为城市的"起居室"和"橱窗",是城市生态和城市生活的重要载体,是人们社会生活的精神依靠,它们的形象和实质直接影响市民大众的心理和行为;另外,还包含与生态、文化、美学及其他各种可持续发展的土地使用方式相一致的多种目标,是城市社会、经济、历史和文化诸种信息的物质载体,积累世世代代的物质财产与精神财富,见证与促进人类文明的进步。简单来讲,城市公共空间是与城市自然相互交融且满足市民各种物质精神需要的空间场所与载体,在其中人、空间元素、自然要素相互影响,共同形成一个集生活核、生态核、人文核于一体的复杂有序的空间能量体。

2.1.2　城市公共空间研究分类

历史上不同学者从社会学、文化论、艺术性、心理学、地域性、环境观及建筑学等不同学科与角度,自上而下或自下而上探讨过城市空间与城市公共空间的形态、功能、市民行为及规划设计方法论等方方面面。L. D. 富利(L. D. Foley)曾提出城市空间的物质环境、功能活动与文化价值 3 个结构层,并将城市空间的多重属性分为"空间"与"非空间"两种[1]。纵观城市公共空间研究史,如果将研究公共空间各要素的宏观规划布局和微观要素设计意向视为空间的物质形态研究的话,有关公共空间中人与人或人与物中社会性或文化类的交流与作用影响公共空间的研究可以视为非空间类文化社会研究(表 2-1)。公共空间自上而下的规划方法常常运用如构图理论、图底关系理论、关联耦合理论、空间句法、生态学理论、有机疏散理论、城市分散理论、整体规划理论与新城市主义理论等。而自下而上的空间规划方法多在景观意向研究与非空间类文化社会研究方面多有涉及,例如城市景观理论、场所理论、人文生态学理论、环境生态学理论、空间社会学理论与空间文脉理论等[2]。

2.1.3　生态理念下的城市公共空间研究

由表 2-1 可知,自然生态角度下的城市公共空间研究大多从城市形态、规划方法及空间要素出发,以实现城市的可持续发展为目的,强调自然在城市空间的重要性,研究城市空间与自然之间的关系。近现代生态理论下的城市公共空间研究的相关理论基本有三大部分:城市分散相关理论、城市环境生态学理论和城市绿色基础设施理论。

---

① Foley D L. An Approach to Metropolitan Spatial Structure[M]. Philadelphia: University of Philadelphia Press, 1964.
② 万钧. 城市公共空间绿色基因的解析[D]. 合肥:合肥工业大学,2004.

　　城市分散相关理论的"分散"思想源于 1898 年英国学者埃比尼泽·霍华德(Ebenizer Howard)提出的"田园城市"理论,是相对于当时现代主义建筑兴起时"集中"城市布局而言的。"花园城市"强调城乡协调、均衡发展,通过"人类向自然的回归",建立社会经济相协调的生态社会。赖特的"广亩城市"是分散论的另一代表,将包括住所和就业岗位的城市分散布局作为未来城市规划的原则。伊利尔·沙里宁在 1943 年出版的著作《城市:它的发展、衰败和未来》中提出了"有机疏散"理论,主张把城市环境设计放在社会经济文化技术和自然条件之中加以考虑,对后来城市公共空间的研究与实践产生巨大的影响。此外,格迪斯·帕特里克(Geddes Patrick)与沙里宁有着类似的见解,他的《进化中的城市》一书强调了区域规划思想,突破了常规的城市范围,强调了把自然地区作为规划的基本框架。

表 2-1　城市公共空间研究相关理论与方向

研究领域	研究方向	相关理论	代表建筑师与理论家	相关代表著作	研究层面
空间(物质形态)	实体形态	城市构图理论	卡米罗·西特(Camillo Site)	《城市建设艺术》	中观(自上而下)
		图底关系理论	罗杰特·兰西克(Roger Trancik)	《寻找失落的空间——城市设计的理论》	
		关联耦合分析理论	镇文彦	《集合形态研究》	
		空间句法	比尔·希利尔(Bill Hillier)	《空间是机器》	
		城市空间形态理论	芦原义信	《街道的美学》	
			罗伯·克里尔(Rob Krier)	《城镇空间:传统城市主义的当代诠释》	
	景观意象	城市景观理论	F. 吉伯特(F. Gibberd)	《市镇设计》	微观(自下而上)
			G. 库伦(G. Cullen)	《简明城市景观》	
		城市意象理论	凯文·林奇(Kevin Lynch)	《城市意象》	
		场所理论	诺伯·舒兹(Orberg-Schulz)	《场所精神:迈向建筑现象学》	
			阿尔多·罗西(Aldo Rossi)	《城市建筑学》	
	生态环境	人文生态学理论	P. 派克(P. Park)、E. 伯吉斯(E. Burgess)、R. 麦肯兹(R. Mckenzie)	《城市》	宏观、微观(自上而下或自下而上)
		环境生态学理论	I. L. 麦克哈格(I. L. Mcharg)	《设计结合自然》	
			理查德·福尔曼(Richard Forman)	《景观生态学理论》	
			查尔斯·瓦尔德海姆(Charles Waldheim)	《景观都市主义》	
			穆森·莫斯塔法维(Mohsen Mostafavi)	《生态都市主义》	
		绿色基础设施理论	贝内迪克特、麦克马洪	《绿色基础设施:连接景观与社区》	
			俞孔坚	《"反规划"途径》	

续表 2-1

研究领域	研究方向	相关理论	代表建筑师与理论家	相关代表著作	研究层面
空间（物质形态）	生态环境	城市分散理论	霍华德"田园城市"	《明日，一条通向真正改革的和平道路》	宏观（自上而下）
			赖特"广亩城市"	《宽阔的田地》	
		有机疏散理论	伊利尔·沙里宁（Eliel Saarinen）	《城市：它的发展、衰败和未来》	
	城市规划	城市整体规划理论	柯布西耶	《光辉城市》	
		新城市主义理论	安德雷斯·杜安伊（Andres Duany）、伊丽莎白·普拉特（Elizabeth Plater）、兹伊贝克（Zyberk）	传统邻里区开发模式（TND）	
			彼得·卡尔索普（Peter Calthorpe）	公交主导发展模式（TOD）	
非空间（文化社会活动）	社会意义	空间社会学理论	杨·盖尔（Jan Gehl）	《交往与空间》（1992年版）	微观（自下而上）
			简·雅各布斯（Jane Jacobs）	《美国大城市的死与生》	
			阿摩斯·拉普卜特（Amos Rapoport）	《建成环境的意义：非言语表达方式》	
			福柯（Michel Foucault）	《规训与惩罚》	
			理查德·桑内特（Richard Sennert）	《肉体与石头》	
	文化内涵	空间文脉理论	克里斯托弗·亚历山大（Christopher Alexander）	《城市不是一棵树》	中观、微观（自下而上）
			柯林·罗（Colin Rowe）	《拼贴城市》	

资料来源：笔者自绘

早期著名的生态规划理论大多从区域规划与城市规划出发，提倡城市作为整体而分散布局，融入自然。1938 年，德国地理植物学家 C. 特罗尔首先提出了景观生态学这一概念，而伊安·麦克哈格在 1969 年出版的《设计结合自然》中从宏观到微观几方面研究了人与自然的关系，强调土地利用规划应遵从自然固有的价值和自然过程，并完善了其首创的 GIS 为辅助的"因子分层分析"和"透明地图叠加法"（千层饼模式）①。20 世纪 80 年代，哈佛大学教授理查德·福尔曼（Richard Forman）提出了廊道—基质—斑块概念，强调了水平生态过程与城市景观格局的关系，使传统城市生态规划在千层饼模式基础上又前进了一步，奠定了景观生态学的基础。景观生态学是一门横跨自然和社会学科的综合学科，其最突出的特点是强调空间异质性、生态学过程和尺度以及它们相互之间的关系。其主要概念和理论包括：尺度及其有关概念，格局和过程，空间异质性和缀块性，等级理论，边缘效应，缀块动态理论，

---

① 1978 年 J. O. 西蒙兹（J. O. Simimods）在《大地的景观：环境规划指南》中进一步完善了麦克哈格的生态规划方法。

缀块—廊道—基底模式,物种—面积关系和岛屿生物地理学理论,复合群种理论,以及景观连接度、中性模型和渗透理论。城市的公共空间有与景观生态学交叉的部分,例如城市公园系统作为城市绿色空间的主要组成部分,也是城市中最具活力的有机成分,以其改善城市生态环境、丰富城市景观、提供城市居民游憩空间和避灾场所等复合功能而日益受到人们的普遍关注。

宾夕法尼亚大学风景园林系主任詹姆斯·科纳(James Corner)于 20 世纪 90 年代中期在一系列会议上提出"作为都市主义的景观"(Landscape as Urbanism)的说法;其后,现任哈佛大学设计学院风景园林系主任查尔斯·瓦尔德海姆(Charles Waldheim)正式提出"景观都市主义"一词,其核心观点是:从景观的角度来思考城市问题,生态策略作为解决问题的切入点。该理论批判地继承和发展了麦克哈格的思想,反对生态和城市的二元对立,并更多地强调基于"设计"的城市规划,通过"设计"来协调城市和生态的进程,而非消极地划分区域和自然保护区,更强调一种"城市生态学"层面的复兴。哈佛大学设计学院院长穆森·莫斯塔法维(Mohsen Mostafavi)和他的博士生加雷斯·多尔蒂(Gareth Doherty)于 2014 年编著的《生态都市主义》将生态方法视作城市紧急补救的措施和新兴城市的组织原则,认为设计是城市化过程中连接生态及其环境的重要纽带。其不但继承了景观都市主义的观点,更重要的是将生态的内涵构建其中,不仅考虑如何节约资源,而且创造了新的生态空间和新的美学设计思想。

无论是分散相关理论还是景观生态学理论,大多都是基于理论层面。尽管景观生态学有一些景观设计类的实践,但真正用于城市的生态规划且有所进展的是绿色基础设施(Green Infrastructure,简称 GI)的提出。马克·A. 贝内迪克特(Mark A. Benedict)与爱德华·T. 麦克马洪(Edward T. McMahon)于 2006 年出版的《绿色基础设施:连接景观与社区》详细介绍了绿色基础设施的概念、功能与规划方法,进一步发展了景观生态学理论在城市与社区的功能与应用,提出了景观基础设施的网格化与时序性。俞孔坚教授提出的"反规划"途径和生态基础设施(EI)理论中所提及的生态基础设施网络与绿色基础设施的概念趋于一致。"反规划"理论从城市景观安全格局出发,构建了城市绿地生态网络、合理扩展城市空间、协调城市景观功能、实施生态调控策略,对于实现城市公共空间的生态安全具有重要意义。无论是绿色基础设施还是生态基础设施,都不再将城市的自然系统看作是城市公共空间的对立面,而是作为其中交叠的一部分,强调在城市规划过程中要重视生态价值与生态过程。

2.2　城市公共空间形态结构与系统层级

2.2.1　城市公共空间类型

城市公共空间按社会属性来讲是指城市中面向公众开放使用并为公众提供各种功能活动的空间①。城市公共空间在城市中涉及范围很广,由于对其研究目标不同,其空间类型也不同,形成了丰富的城市空间脉络、组合、序列和肌理(表 2-2)。本书所研究的城市公共空间泛指面向公众开放的各种活动空间,在尺度上包括城市级公园与广场,社区街区级公共活

---

① 任莲志. 城市中心区公共空间生态设计研究[D]. 重庆:重庆大学,2010:11-12.

动空间,场地级建筑室外空间;内容上包括山林、水系等自然环境,包括公园、广场、街道与绿地等人工环境,也包括建筑物、构筑物与城市基础设施的附属公共活动场所;形式形态结构上包括街道、绿道、滨河道等线型空间与公园广场等节点型与面型空间。

表2-2　城市公共空间类型与内容

分类标准	类型		内　　容
自然与人工属性	自然类		自然地理景观、河湖水系、山地、林带、绿地、湿地、公园绿地等城市自然景观
	人工类		广场、街道、公园硬地、庭院、休憩和娱乐设施等城市人工设施与空间
用地性质	居住用地		居住区内的半公共服务设施用地及户外公共活动场地
	城市公共设施用地		面向社会大众开放的文化、娱乐、商业、金融、体育、文物古迹、行政办公等公共场所
	道路、广场用地		广场、生活性街道、步行交通空间等
	绿地		城市公共绿地、小游园和城市公园等
功能	居住型公共空间		社区中心、绿地、儿童游乐场、老年活动中心等
	工作型公共空间		生产型公共空间(工业区公园、绿地)、工作型公共空间(市政广场、市民中心广场、商务中心广场)
	交通型公共空间		城市入口(车站、码头、机场等)、交通枢纽(立交桥、过街天桥、地道)、道路节点(交通环岛、街心花园)、通行性空间(商业步行街、林荫道、湖滨路)
	游憩型公共空间		休憩和健身(中央公园、绿地、度假中心、水上乐园、滨水公园)、商业娱乐(商业街、商业广场、娱乐中心)
空间等级与尺度	城市级		全市性的商业服务和文化娱乐中心、体育中心、城市广场、城市公园绿地等
	地区级		地区性的商业和文化娱乐设施、广场、公园绿地等
	街区级		居住区公共中心、街角公园、户外公共活动场地等
空间产权	公共产权用地		城市道路、广场等
	私立产权用地		各级道路两侧、广场与公共绿地周边的建筑后退线形成的小广场、地层架空形成的街道骑楼空间等
空间形态结构	线型空间	街道	步行街、轴线大道、滨水绿带等
	点面型空间	广场	市政广场、纪念广场、商业广场、交通广场、宗教广场、休息娱乐广场
		公园	公园绿地、综合性城市公园、儿童公园、动物园、植物园、纪念性园林、名胜古迹园林、林荫道、游乐公园、居住绿地、街头绿地、体育公园
与建筑物的关系	单体建筑周围公共空间、组团建筑围合的公共空间、群体建筑限定或围合的公共空间		
封闭程度	封闭型、相对封闭型、非封闭型		

资料来源:笔者自绘

2.2.2　城市公共空间形态结构

城市公共空间按形态结构可以分为节点型公共空间、线型公共空间和面型公共空间。

一般来说,节点型公共空间面积较小,分布均匀且密集,方便市民使用,常表现为小尺度广场与公园、小游园与花园等;线状空间通常是连接重要节点与区域的空间,常表现为街道及线型公园等;面状空间分布较广且稀疏,适合大型集会及野外活动,常表现为大型城市公园与大型水体等。在不同的公共空间层级系统下,由于参照尺度的不同,同一空间可能表现出不同的形状特点与功能,因此空间的"点、线、面"分离体系应在同一尺度层级上研究。

1. 节点型公共空间

节点本身就意味着趣味中心,或者是事物结构的重要部位。凯文·林奇对于节点做了如下诠释:节点是在城市中观察者能够由此进入的具有战略意义的点,是人们往来行程的集中焦点。通常包括城市中不同功能的广场、公园、交通枢纽,以及景观系统中的节点等直接关系到公众利益的公共空间,它在结构布局中具有聚合、收缩、标志等意义。在节点型公共空间中,广场是最为典型的一类,内容也极其丰富,诸多城市公共活动都在这里展开。城市广场是由建筑物、道路和绿化地带围绕而成的开敞空间,它是城市公众社会生活中心,又是较集中反映城市历史文化和艺术氛围的建筑空间。

2. 线型公共空间

线型顾名思义是呈现带状的空间形态,最为常见的是城市街道及沿江河两岸的城市空间形态等,在结构布局中它具有串联、聚拢、接续、延伸和包容各分散点的作用。街道是城市架构的基础,也是城市中最为常见的线型公共空间。沿江河滨水城市公共空间往往具有独特的天然条件,可以为城市天际线的展示提供很好的视野,城市形态控制重点在两岸界面的整体把握上,讲求城市高度的起伏变化,建筑立面的整体效果,以及对城市文脉的延续。

3. 面型公共空间

面的意义不只是单纯城市开放空间意义上的空间。"面"的概念是形成一个"人的活动与生物的迁徙和能量流动"所保持动态平衡的区域。因此面域相较于节点型与线型通常是对更大尺度城市公共空间的描述,比如沿海岸线布局的城市空间形态,城市分散理论中所确立的城市分块绿林及大尺度的园林等。其空间意义上的面可包容一定区域内的物体,也可超越区域的轮廓与周围的空间产生相互渗透的作用,具有集聚和辐射的意义。因此,在组织空间结构过程中,不仅要重视区域内的围合作用,还要注意区域的扩散和关联作用。

2.2.3　城市公共空间系统概念与特征

路德维希·冯·贝塔朗菲(Ludwig Von Bertalanffy)指出:"所谓系统,就是指由一定要素组成的具有一定层次和结构,并与环境发生关系的整体。"[①](图 2-2)城市公共空间系统是一个复杂的概念:其一是有社会组织体系、系统内在运行机制以及市民自身价值体现组成的软件部分,通过决策机构、开发商、设计人员以及公众评价共同参与的城市空间使用链进行作用,使城市公共空间系统的价值与使用价值达到统一协调;其二是指城市公共空间系统的物质环境体系,主要指公共空间环境的空间形态体系,属于硬件部分,也是本书研究的侧

---

① "系统"这个词来自拉丁语"systema",一般认为是"群"与"集合"之意。在不同学科,系统有不同的含义,但是均有一个共同的特质,就是各个系统都是由多个相互联系和相互作用的功能实体构成的。在《韦氏词典》中,"系统"被定义为"有组织的或被组织化的整体""形成整合集体的各种概念、原理的整合""以有规律的相互作用和相互依存形式结合起来的对象的集合"。系统都具有共同的特性:层次性、整体性、集合性、相关性、目的性、环境适应性。

重点。把城市公共空间当作一个系统来研究,有利于研究城市公共空间之间的联系,同时也有利于研究城市公共空间与城市其他构成要素之间的关系。

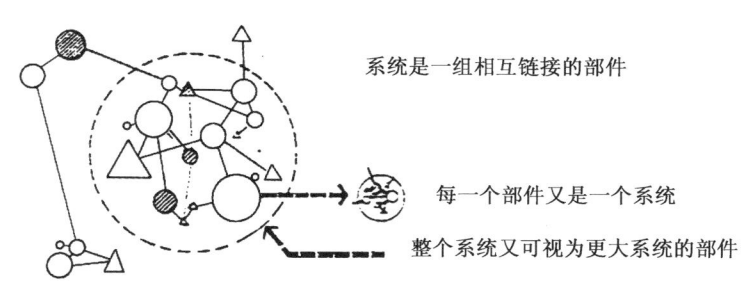

图 2-2　系统图示

图片来源:见萍.城市开放空间的系统化研究[D].南京:东南大学,1999.

　　由此可见,城市公共空间不仅是城市巨系统的一部分,本身也是一个完整有序的系统,系统性是城市公共空间系统的一个基本属性。除此之外,城市公共空间系统还有均衡性、连续性、开放性、可达性、复合性等特征。均衡性是指公共空间作为城市空间的一种"基础设施"在一定区域范围内的布局的均匀性与平衡性。连续性是指公共空间系统内公共活动的连续性与自然生境的连续性。开放性是指公共空间系统自身内部的开放形式及对外的接口方式、数量、运作机制等。可达性体现了该公共空间可达的难易程度,包含交通可达性与视觉可达性两种。复合性是指城市公共空间系统自身各要素及各分系统的复合以及与城市其他子系统的复合,如绿地系统、交通系统、公共服务系统等[①]。

2.2.4　城市公共空间系统研究层级与内容

　　城市公共空间系统研究可以分为内部构成要素系统,包含公园系统、步道系统、硬质广场系统及其他小系统;内部开放层次系统,包含公共空间、半公共空间、半私密空间、私密空间;内部等级层次系统,包含城市级公共空间、片区级公共空间、社区级公共空间、场地级公共空间。除此之外与公共空间系统外接的还有外部对接系统,如绿地系统、交通系统、基础设施系统、建筑系统等。城市公共空间系统由内部构成要素按一定逻辑组合起来,形成包含子系统的大结构。从等级层次来分有宏观(城市级公共空间)、中观(片区级、社区级公共空间)、微观(场地级公共空间)3 种层级结构。

　　1. 城市公共空间的宏观层面

　　宏观层面主要是指城市公共空间的整体结构及其周边地区的区域空间布局结构"各个组成部分的搭配和排列"[②]。城市空间结构指城市要素的空间分布和相互作用,即城市中建(构)筑物等各类实体要素和空间要素排列组合成的框架,也就是城市主要道路空间、滨水空间等线状空间和城市广场、公共绿地等点状空间,以及块面较大的面状公共空间所构成的整体框架,由具有结构和标志作用的因素组成。城市公共空间的宏观层面构成城市公共空间

---

①　代伟国,邢忠.城市公共空间系统的构成逻辑和组织方法[J].城市发展研究,2010,17(6):49-55.
②　中国社会科学院语言研究所词典编辑室.现代汉语词典[M].北京:商务印书馆,1991.

的整体框架,起到了给城市公共空间定性的功能①。

2. 城市公共空间的中观层面

中观层面的城市公共空间是指与城市空间形态的肌理密切相关、功能具有相对明确性、环境具有相对整体性的城市生活性公共场所,主要的影响因素是建筑群体内部以及相互之间的关系。中观层面的城市公共空间主要涉及城市中室外非建筑实体、能够为公众提供一定社会活动的地方——邻里级、社区级、街区级公共空间,如上海外滩、浦东陆家嘴、南京新街口、北京天安门等。中观层面是城市公共空间的内容展开部分,建筑之间的关系以及主导空间的形成。另外,中观层面公共空间具有一定的人群聚集性和活动滞留性,强调对全体公众的开放性。主要研究对象包括城市中心和广场空间、城市干道和商业街步行空间、城市绿化空间等;研究内容常常包括:城市的天际线空间,建筑后退道路红线的距离,城市各类公共空间的定性、定量布局,公共空间的模式和风格特征,建筑之间的关系以及主导空间的形成等。

3. 城市公共空间的微观层面

微观层面的城市公共空间主要指具体类型空间的构成要素及其相互关系,在定性、定量的基础上,做更进一步的近人尺度的处理,以增加市公共空间的质感,丰富被感知的空间形象,如建筑与建筑之间空间的衔接处理,空间三维层次的处理,步行区的设施、铺地、花台以及植被的配置,街道空间的面宽比,广告牌的意向等。微观层面的城市公共空间与人的关系最直接,与人的行为的相互影响也最大,涉及有关环境行为学与心理学的多种理论。主要研究对象关注于城市更为细致的室外空间,比如建筑外立面底层处理就有架空、收进、入口处理等多种空间形式。主要研究内容包括空间形状、尺度、质感、色彩、照明和信息传递等方面的设计,更关注与人的行为的关系(表2-3)。

表2-3　公共空间系统研究层级与内容

层级	研究对象	空间感受	研究内容	研究目标	研究尺度
宏观层面	城市尺度下市民可达的城市开敞空间	从城市规划的宏观角度对城市的总体空间的大小进行感受	城市尺度下公共空间的整体结构与分布格局,具体有视觉走廊、天际轮廓线、广场级别、分类和各项指标、步行系统的性质、指标	政策导则取向	城市、片区的城市规划
中观层面	区域尺度的广场空间、干道与步行空间、城市绿化空间等	市民在散步或步行穿行的过程中对城市的公共空间尺度大小的感受	建筑天际线空间,公共空间的定性、定量布局,公共空间的模式和风格特征,建筑之间关系以及主导空间的形成	实施细则取向	街区、社区的城市设计
微观层面	街道、广场、建筑物灰空间	市民在进行日常的休闲活动时对于个人区域及交往空间尺度所产生的感受	空间的尺寸、形状、质感等具体要素和指标	工程设计取向	与公众行为密切相关的景观与场地设计

资料来源:笔者自绘

---

① 赵蔚. 城市公共空间的分层规划控制[J]. 现代城市研究,2001(5):8-10,22.

城市公共空间需要3个层次共同作用,才能形成一定有序的系统。清晰的总体规划能够形成线型公共空间与点面型公共空间的有机联系与合理分布,控制着中观尺度社区规划中各要素的指标、性质、布局等。而社区规划介于宏观与微观之间,将宏观的结构性空间以一定具体的形式落实,又可以进一步定性、定量控制各类型公共空间景观的实施,起着承上启下的作用。而公共空间的具体实施正是受到城市与社区公共空间规划由上而下的控制,并且城市公共空间宏观规划也是根据对微观空间与中观空间相关的人口密度、用地性质及特殊区域要求的自下而上的调研基础得来。因此,城市公共空间系统中各层级由宏观到微观,从定性到定量逐渐转换,相互作用形成一个系统。宏观层面定性;中观层面细化定性,并完成定量;微观层面细化定量,并深化具体内容。3个环节相辅相成,相互影响。

2.3　城市公共空间系统规划

2.3.1　城市公共空间系统规划内涵

公共开放空间系统化规划包括公共开放空间系统的内部结构(城市内部的水平结构和垂直结构)和外部形态及其相互关系。城市公共空间系统的结构具有空间功能、等级、形态等不同意义的层面,功能结构是一种水平层次结构,公共空间功能类型为广场、公园绿地、非机动交通空间等;等级层次是一种垂直组织结构,由宏观、中观、微观层级序列组成;空间形态指公共空间抽象到规划设计中呈现的点、线、面形态。城市公共空间系统规划简单来讲就是将各个等级层次的功能要素通过点、线、面3种空间形态类型投影到城市建设用地上,以实现公共空间效益的最大化与良性发展。

在宏观、中观城市公共空间规划中,通常首先识别城市级、社区级的点线面形态的公共空间,然后合理布局,并分析城市节点、轴线、功能分区、流线,形成有序的城市级与社区级公共空间结构,达到城市总体规划与控制性规划中土地利用规范。在微观城市公共空间设计中,按照控规下场地功能对点线面形态的公共空间进行分项设计。因此,在城市建设中需要通过规划途径控制系统的空间形态的建设,以引导城市公共开放空间系统良性发展。

2.3.2　城市公共空间系统规划控制方法

城市公共空间规划隶属于城市规划范畴之内,并没有单独的分项规划。城市公共空间系统的宏观—中观—微观控制性规划方法也体现在城市总体规划—城市控制性规划—城市设计与景观设计系统之中。城市公共空间系统规划控制也通常指对城市中所有具有公共属性的室外空间进行从上而下的规划与设计。

在城市总体规划阶段,城市公共空间的主要控制目标是提高公共空间总体数量水平与布局的合理性。根据相关规划标准在各专业做出的具体规定,城市公共空间总体数量水平一般表现为城市公共空间总体数量水平的控制指标。城市公共空间的总体布局是城市空间结构的决定性因素,指标难以概全,因此常常需要对于相关的城市空间因素分别提出策略(表2-4)。

在控制性详细规划阶段,城市公共空间规划的控制目标主要是提高具体的城市公共空间品质,具体体现为功能活动(生理适应性、自然度、适用性、可达性与定向、公共服务)、形象认知(夜间照明、视觉协调与景观、设施外观、文化内涵)、运行保障(空间权利、管理维护)3个指标。根据相关控制规划方法与细则研究,可以将控制性规划方法中的公共空间内容分为3大类:土地控制、公共空间形态、设施配置(表2-5)。

表2-4　总体规划阶段中城市公共空间控制内容

控制内容	表达形式	
	文字	图纸
Δ城市公共空间总体用量水平		
用地水平(人均用地面积)	√	
环境质量指标(空气、地表水、噪声)	√	
道路广场指标(人均道路面积、人均广场面积、道路网密度)	√	
绿化指标(绿地率、绿化覆盖率、公共绿地率、人均公共绿地面积)	√	
人均滨水、临山公共空间面积	√	
中心区指标(环境质量、用地水平、绿化、道路广场)	√	
城市公共空间总体布局		
Δ道路布局:主要交通道路、特色街道、林荫道、步行交通系统	√	√
Δ广场布局:各类广场分布、规模、广场绿地率、周边保护区范围、保护要求※	√	√
Δ公共绿地布局:各级公共绿地分布、周边保护区范围、保护要求※	√	√
Δ建筑高度分区:强化城市地标、标志性建筑高度建议、对景建筑意向、视线通廊与岸线建筑轮廓线	√	√
建筑体量控制:最大面宽、对角线长度、建筑高度的控制要求等	√	√
历史文化空间布局、保护控制范围、保护要求※	√	√
Δ滨水临山公共空间的保护控制范围、保护要求※	√	√
Δ重要景观展示带:轮廓线优化,视域保护,界面建筑体量、立面、夜间景观照明等	√	√

　　注:※保护要求一般包括高度、体量、色彩、建筑的控制;Δ表示与城市绿色基础设施宏观规划密切相关的公共空间控制方向。

　　资料来源:周进.城市公共空间建设的规划控制与引导:塑造高品质城市公共空间的研究[M].北京:中国建筑工业出版社,2005.

表2-5　控制性详细规划中城市公共空间控制内容

控制分类		内容
土地控制	地块划分	地块划分、地块规划设计要点、地块规划控制原则、最小地块规模
	Δ土地使用	用地性质、用地界线、用地面积、地块适建要求、交通出入口方位、地下空间开发要求
	Δ环境容量	人口容量、容积率、建筑密度、绿地率、空地率
公共空间形态	周边建筑形态	建筑退线距离、建筑间距、建筑控制高度与体量、相邻地块建筑规定、容积率奖励与补偿规定、文物历史建筑保护要求、建筑风格、建筑形式、建筑色彩
	Δ公共空间要求	广告、标识要求,绿化布置要求,建筑后退红线部分土地使用要求,其他控制性要求等

续表 2-5

控制分类		内容
设施配置	市政设施	给排水、电力、电讯、燃气的管线走向、管径、控制点坐标、标高及设施用地界线
	公共设施	教育、医疗卫生、行政管理、商业服务、文娱体育、防灾设施
	△交通设施	各级支路的红线位置、线型、断面、走向、控制点坐标与标高;停车位;公交站点;人行步道系统;道路、河道、轨道交通等设施的规划控制线

注:△表示与绿色基础设施中观规划密切相关的公共空间控制方向。

资料来源:周进.城市公共空间建设的规划控制与引导:塑造高品质城市公共空间的研究[M].北京:中国建筑工业出版社,2005.

在修建性详细规划阶段,城市公共空间要根据总规与控规要求落实到场地的城市设计与景观设计中,按照城市公共空间要素所处的范围,可以分为 4 类:独立公共空间要素(广场、公共绿地等实体空间要素)、街道空间相关要素、附属公共空间要素(建筑物退红线部分空间的各类实体要素)、界面建筑形态要素。根据要素的功能特征,又可将研究内容分为土地使用、交通组织、空间要素 3 大部分[①](表 2-6)。

表 2-6 修建性详细规划阶段中公共空间设计内容

控制分类			内容
△土地使用	功能布局		功能分区、规模、尺度、地形
	空间形态		高度分区、视觉通廊、视觉中心
△交通组织	交通流线		公共交通、车行交通、步行交通、停车泊位
	空间认知		空间格局、空间序列
△空间要素	空间界面	底面类要素:地面铺装	材料、色彩、图案等
		界面建筑有构筑物	高度、轮廓线、形式、色彩、材料
		其他界面实体:街道两侧围墙、绿化、大型广告牌等	高度、形式、材料、色彩
	服务设施	建构筑物设施:亭台楼阁等小品,商业餐饮等建筑,公共厕所,管理用房,大型娱乐设备	布局、组合、形式、材料等
		室外空间家具与设备:坐憩、卫生、信息通信、空间围合与分割、标识、文化、照明、娱乐健身、电力消防设施	
	绿化水体	各种功能与形式的绿化、绿化盆栽、树荫空间	绿化布局、植物种类搭配、材料、色彩、形状、尺度
		水体设施与水体景象:水池、喷水、跌水、涌水等	材料、色彩、形状、尺度等
	夜间照明	功能性照明、广告灯饰照明、景观照明	色彩搭配、亮度、冷暖

注:修建性详规中公共空间设计内容基本均与绿色基础设施微观设计密切相关。

资料来源:周进.城市公共空间建设的规划控制与引导:塑造高品质城市公共空间的研究[M].北京:中国建筑工业出版社,2005.

---

① 周进.城市公共空间建设的规划控制与引导——塑造高品质城市公共空间的研究[M].北京:中国建筑工业出版社,2005.

2.3.3　生态理念下的城市公共空间系统规划研究

1. 基于生态文明与低碳出行理念的城市公共空间系统规划

20 世纪 80 年代初期,生态学家马世俊指出,城市生态系统不是只有单一的自然生态系统,其中也包含了经济生态系统和社会生态系统,三者相互联系、相互影响。生态文明城市理念下的公共空间系统规划更多的是一种规划理念与规划策略,即以人与自然和谐共生为宗旨,以提高居民人居环境和幸福感指数为目标,实现经济发展与环境保护、自然生态与人类生态高度统一①。2003 年英国政府发表了题为"我们未来的能源,创建低碳经济(Our Energy Future, Creating a Low Carbon Economy)"的《能源白皮书》,首次提出了"低碳经济"概念,自此国内城市规划界对"低碳"理念广泛认同的背景之下,把城市交通体系的建构同"低碳城市"理念结合起来,形成低碳出行规划理论②。低碳城市理论下的公共空间规划基于城市增长无序蔓延、城市功能空间布局不合理、城市空间规划与交通规划脱节等问题③,通过如有机疏散、精明增长、设置城市边界、土地集约利用、TOD 模式、TND 模式等理论与手段,最终达到减少机动交通使用率及城市功能紧凑布局的目标。

2. 基于绿道网络理念下的城市公共空间规划

20 世纪 90 年代以来,绿道(Greenways)一直是与景观规划相关的多个学科交叉的研究热点和前沿,绿道以网络化为基本特点,融合环保、生态、运动、休闲和娱乐等多种功能,可以较好地解决城市化带来的人与自然分离问题,而城市绿道网规划是强调绿色空间的相互联系、进行绿色空间整体保护和系统建设的一种规划设计④。绿道理念下的城市公共空间规划通过"绿道网络体系"互相连接形成,以不同尺度与不同功能的郊野绿道、城市绿道、生态廊道为基础,关注多层级绿道网络结构的合理性,以实现绿道对公共空间与绿地的连通与塑造功能、完善城市功能性公共空间、构建与激发城市慢行交通系统为目标,发挥绿地布局的系统性和完整性⑤。在绿道网络构建后,考虑城市空间整体发展,如城市交通网络、建设用地、开敞空间等的基础上,最终做出与城市空间整体格局和经济社会环境特征高度契合的城市公共空间规划⑥。

3. 基于景观生态学的城市公共空间规划

1986 年福尔曼(Forman)和戈德罗恩(Godron)将景观生态学定义为"在景观定义的基础上,从景观的组成结构、功能动态及景观管理角度出发,是研究景观结构、功能和变化的一门科学"⑦。在景观生态学及其应用中,斑块—廊道—基质模式是构成和描述景观空间格局

---

①　王铃.美丽中国视野下生态文明城市建设研究[D].福州:福建农林大学,2016:10-11.

②　付而康.基于用地协调的城市低碳交通体系建构研究[D].成都:西南交通大学,2011:4-5.

③　郭嵘,李旭锋,王璠.基于"低碳"理念的城市空间规划对策研究——以哈南工业新城概念性总体规划为例[C].低碳经济与土木工程科技创新——2010 中国,2010.

④　洛林·LaB.施瓦茨,查尔斯·A.弗林克,罗伯特·M.西恩斯.绿道规划·设计·开发[M].北京:中国建筑工业出版社,2009.

⑤　吕扬,宋苗苗,孙奎利.基于绿道理论的城市活力空间设计研究——以松原市江北东区城市设计为例[J].建筑学报,2014(S1):134-137.

⑥　黄蕾."绿道"理念下的城市空间规划研究——以扎兰屯市总体规划为例[C].2013 中国城市规划年会,2013.

⑦　孙慧兰,楚新正,肖娟.试论景观生态规划理论的发展过程及在现代城市规划中的应用[J].新疆师范大学学报(自然科学版),2006(3):190-192.

的基本模式。景观生态学对城市公共空间规划具有很重要的指导作用,其能够充分考虑到绿地系统景观和生态两种效应。在自上而下的规划控制体系中,基于景观生态学的公共空间规划应首要考虑廊道(滨水景观带与街道)和斑块(广场与公园)的区域生态格局的有效连通,然后景观生态的廊道与斑块应赋予如生态、游憩、文化价值、环境保护、经济、教育等多种功能①,并使廊道、斑块及基质等景观要素的数量及其空间分布合理,使信息流、物质流与能量流畅通,使公共空间不仅符合生态学原理,而且具有一定的美学价值,适于人类居住②。

2.3.4 城市公共空间系统更新规划

城市公共空间系统的更新规划一般从场地具体问题出发,根据城市实际需要制订出较为详细的目标,并根据目标提出相应策略以指导规划的编制与实施,最终利用微观更新手段形成不同方面量的积累以达到质的转变。城市公共空间一般具有城市特色消失、城市活力不足、管理不完善、人口激增导致公共需求量增高、公共开放功能不同以及应对气候变化的问题与需求,形成提升公共性、可达性、舒适性、场所性等目标③。公共空间系统的更新规划一般有历史建筑的改建与城市历史文化保护、针对城市形态格局的营造与特征强化、完善步行街道系统以提升公共活力与可达性、整治绿色开放空间与滨水景观以创造舒适宜人的空间环境、发行土地政策以增加公共用地面积与布局、改善城市如捷运系统等基础设施等措施与手段④,例如新加坡、旧金山、芝加哥、墨尔本、巴塞罗那分别从增大绿地率、强化城市特征、增加公共活力、保证社会与生态双重功能的可持续发展、构架混合街区等方面复兴城市公共空间,形成自下而上或上下结合的系统更新方法(表2-7)。

表2-7 不同城市公共空间系统更新规划措施举例

案例	更新规划措施
新加坡	①历史街区保护;②完善捷运系统;③购买土地,增加公共空间面积;④居住房规划(每500 m范围内有一处1.5 ha公园);⑤花园城市规划
旧金山	①识别和突出城市中的主要视景、能够产生整体效果的建筑群体、能够界定地区和地形的大尺度景观和开放空间;②强化既有的道路格局及其与地形的关系;③通过独特的景观和其他特征元素强化每个地区的特征;④通过街道特征的设计使主要活动中心更加显著;⑤识别地域的自然边界,促进地域之间的联结;⑥增强主要目的地和它定位向点的视见度;⑦增强旅行者路径的明晰性;⑧通过全市范围的街道景观与照明规划,强化不同功能的街道
芝加哥	①维持街道步行系统的活力、吸引力及完整性;②挖掘和改善现有公共空间的潜力,增加社区公共空间可达性;③建设大型公共景点与节点,规划城市景观观赏区域及线路
墨尔本	①土地出让政策,增加公共率;②城市与森林对接,持续增加公共空间的自然属性;③复合的空间开发模式
巴塞罗那	①利用置入小型公共空间手段使公共空间均衡布局;②形成混合开放街区(边长不超过120 m);③优化连续的步行空间;④构建特色鲜明的场所内涵

资料来源:笔者自绘

① 任莲志. 城市中心区公共空间生态设计研究[D]. 重庆:重庆大学,2010:121.
② 俞孔坚,李迪华. 城乡与区域规划的景观生态模式[J]. 国际城市规划,1997(3):27-31.
③ 郑郁,袁大昌,李思濛. 人性场所的回归——城市公共开放空间规划设计策略探析[C]. 2015中国城市规划年会,2015.
④ 任芳. 快速城市化时期我国城市公共空间规划体系建设刍议[D]. 天津:天津大学,2007:30-31.

2.4 当代公共空间问题及公共空间规划与设计方法的利弊

2.4.1 当代城市公共空间问题

城市公共空间规划一般依附于城市整体控制性规划、地区修建性详细规划、地块城市设计及场地景观设计等由上而下的规划设计系统。城市公共空间从宏观定性、定量规划到微观基础设计均有不足，但大多表现在微观尺度居民对其使用上，主要有以下问题：

（1）公共空间布局不优，结构失衡，导致部分区域公共空间数量不足，如城中村与郊区，满足不了居民基本需求。

（2）某些社区与街区公共空间功能不完善，例如商业相关设施充足，但基本休闲设施不足，公共性差。

（3）空间环境质量不佳，空气质量差，绿化可视率低，居民生态文明欠缺。

（4）空间文化识别性不高，地方特色不明显，多数城市、社区的公共空间千篇一律。

（5）线型空间断节，如自行车道与步道常常被街边停车位"截断"，步行空间又常常被自行车占用。

（6）城市空间活力不足，城市逐渐转变为"汽车城市"，而非以人为主的城市。

（7）城市公共空间管理不完善，例如某些私人产权用地空间的业主往往忽略对其管理。

（8）城市不同区域公共空间发展不均，公共空间类型、数量、尺度、质量、等级在空间分布不均。例如某些城市中低层人群社区公共空间质量低下，空间数量与公共需求比值低，而一些政府建筑附属"公共空间"往往多为面子工程，宏大气派，但无实际公共用途。

2.4.2 传统城市公共空间规划与设计方法优势

1. 讲求自上而下的系统层次

传统城市公共空间规划隶属城市规划范畴之内，遵循"城市级公共空间—片区级公共空间—社区级公共空间—庭院级公共空间"自高向低的等级设计层次。这个空间层次是城市等级结构的内在要求，在公共空间的层级过渡中，由城市公共空间到庭院公共空间，存续时间逐渐缩短；策略上逐渐由战略性转为战术性；结构性影响由强变弱；公共活力等级由高变低；开放性上逐渐由全面开放转向部分开放。

2. 重视微观公共空间问题解决

所有目标导向的城市公共空间宏观规划都要落实到微观具体设计实施中，从场地角度具体解决公共空间问题也是最具效率、最因地制宜的方案。近年来城市出现的如步行空间不足、公园环境质量差、休闲空间设施配套不全、公共空间私人占位严重等诸多实际问题而导致的公共空间公共性的减弱已引起相关学者对公共空间更新与设计的再思考。多数研究从政策、设计、引导等各方面提出方法和策略在一定程度上缓解了城市公共空间矛盾。

3. 追求文脉、历史、场所感的表达

凯文·林奇认为，"我们对环境的需要并不仅仅是其结构良好，而且它还应该充满诗意和象征性"①。空间的诗意与象征表现在于城市空间意向性与空间文脉体现,具体体现在历史、场所感与城市肌理紧密结合:历史代表了解与反映变迁的过程,场所则要求在设计时自觉地尊重地方价值和传统,尽量使新的设计与现有元素的形式和位置发生关系。② 传统城市公共空间规划与设计在空间文脉方面有着深入的研究。

4. 强调公共空间"社会性"角度

城市公共空间的最终目的是为人的各种活动与心理服务,从"社会学"角度来研究人在公共空间的行为特征是传统城市公共空间的一个重要方向。不同年龄、职业、阶层、民族、文化背景的人群具有不同的需求爱好和行为规律,在不同地域、气候、时间条件下人们的行为也会呈现出不同的特征。因此,人们在公共空间中的活动也趋于多样化。公共空间的设计既要符合不同地区不同人群的多种功能需求,又应根据当地居民的生活习惯分清主次,统筹安排。

2.4.3 传统城市公共空间规划与设计方法弊端探讨

1. 公共空间规划与生态本质脱节

城市公共空间系统规划不再只是基于文化性与公共性为基础的"以人为本"城市物质空间与精神空间塑造,随着我国城市化进程的加快,城市公共空间规划的实践和研究也应发生相应的转变。今天城市公共空间的生态化发展已成为城市建设的主导方向,它的生态化是以生态适应机制与共生系统协调为前提的,寻求城市公共空间中可能的生态过程复原与生物要素保护,使城市公共开放空间与绿色开敞空间之间获得更为平衡与协调的方式发展,才能创造健康可持续的公共活动场所③。

2. 公共空间系统缺乏整体联系

城市线型联系空间的整体性是公共空间系统规划的最基本原则之一,而大多数城市规划或城市更新中以机动交通联系为先,步行与自行车等绿色交通联系为后,导致街道环境急剧下降,破坏了街道、广场、公园形成的连续且完整的结构体系。例如城市空间修缮过程中路面施工对步行街道的占用,导致公共空间破碎化与孤立化,这就需要公共空间在规划阶段就要考虑"规划弹性",比如街道留出的线型绿地可以在修缮时作为线型交通空间的弹性补充。

3. 公共空间多种功能量与质的不达标

随着时代的更迭和社会的变迁,现代城市公共空间需求发生了显著的变化:如空间需求的扩张、环境质量的要求提高、人口流动的加剧、交通方式的改变、公共功能的多样化等,使城市公共空间景观发生了量与质的变化。量主要包含公共面积与多样化功能,人口激增与生活方式的转变不仅要求人均公共用地面积增加,公共空间还要为不同人群、不同职业提供静态与动态、群聚与独立、文化与生态等不同功能;质主要体现在公共空间的公平分布、便捷可达及开放程度几方面。但很多公共空间设计未能满足量与质变化后的需求。

---

① 凯文·林奇.城市意象[M].方益萍,何晓军,译.北京:华夏出版社,2001.
② 徐宁.中观层面的城市公共空间设计研究——以南京老城为例[D].南京:东南大学,2006.
③ 查君.城市公共空间景观生态化研究[D].上海:同济大学,2004:6.

2.5 本章小结

　　本章首先系统地阐述了城市公共空间的概念、特征与功能,公共空间具备社会与物质双重属性;开放、可达、大众、功能等多项特质;生活、人文、生态多种功能;物质与非物质等多方面研究分类,并总结生态理念下城市公共空间的 3 大方面研究:城市分散相关理论下公共空间研究、城市环境生态学理论下公共空间研究及城市绿色基础设施理论下公共空间研究。其次对城市公共空间类型进行较为详细的分类,引出公共空间"点、线、面"形态结构,继而引出城市公共空间系统中"宏观—中观—微观"的研究层级。再次对城市公共空间系统规划的内涵与控制方法展开研究,从而总结了生态理念下城市公共空间系统规划的研究方向与城市公共空间系统的更新规划方法。最终基于上述研究基础探讨了当代公共空间问题以及传统公共空间规划与设计方法的利弊,为下文城市绿色基础设施研究奠定基础。

3 城市绿色基础设施内涵

近年来,很多学科诸如生态学、生物学、城市规划、风景园林以及生态工程等都针对绿色基础设施进行了探讨,并已经在土地利用规划、区域和城市规划以及景观规划等方面产生了深远影响。本书通过对绿色基础设施及绿色基础设施规划研究,发现生态意义下城市土地功能分配不再只是单纯强调被动式"保护",而是绿色基础设施作为一种复杂功能系统将高敏感生态用地的主动保护与城市的多种社会服务功能结合在一起,引导城市开发与生态保护共同发展,为解决城市公共空间生态问题以及提供多种社会服务功能提供了契机。

3.1 GI 概念、功能与特征

3.1.1 GI 概念演变与研究背景

绿色基础设施(Green Infrastructure,简称 GI)的理念源远流长,始于 150 多年前的美国自然规划与保护运动,主要受弗雷德里克·劳·奥姆斯特德(Frederick Law Olmsted)有关公园和其他开敞空间连接以利于居民使用的思想,以及生物学家有关建立自然区域的连接以减少生境破碎化的概念影响,关注自然区域、开敞空间的系统性联系①。其在规划波士顿"绿宝石项链(Emerald Necklace)"项目时,认识到两个重要问题:①将公园和其他公共空间联系起来以有益于市民;② 保存和联系自然区以避免动物栖息地的破碎,有益于生物多样性。

1999 年 8 月,美国保护基金会和农业部林务局组织的"GI 工作小组"首次提出绿色基础设施的定义:"绿色基础设施是国家自然生命保障系统,是一个由下述各部分组成的相互联系的巨大网络,这些要素有水系、湿地、林地、野生生物的栖息地以及其他自然区;绿道、公园以及其他自然环境保护区;农场、牧场和森林;荒野和其他支持本土物种生存的空间,它们共同维护自然生态进程,长期保持洁净的空气和水资源,并有助于社区和人群提高健康状态和生活质量。"②(表 3-1)从其概念可以看出 GI 强调了 3 个方面:①GI 重视自然的原本性,包括对当地动物栖息地的保护及当地植被的保留;②GI 内容不仅包括原生态自然,也包括农牧场、公园、城市绿地等人工自然;③GI 是一个绿色网络系统,强调系统的复杂性与连通性。同年,美国组建的工作组把 GI 纳入州、地区和地方的计划和政策之中,并被多个市州采用,如纽约的"Plan NYC"战略、费城的绿色英亩计划、里士满的空地转变为 GI 规划及 2005 年马里兰编制的 GI 的评价体系等。继美国之后,GI 的概念传入加拿大与西欧。加拿

---

① 刘奕博,晁恒. 广东省绿色基础设施建设指引初探[C]. 2016 中国城市规划年会论文集,2016.
② Benedict M A, McMahon E T. Green Infrastructure [J] Washington, DC:Island Press, 2006.

大的 GI 更注重城市基础设施的生态化①,而西欧的 GI 更侧重于关注城市内外绿色空间的质量、维持生物多样性、野生动物栖息地之间的多重联系以及 GI 在维护城市景观、提升公众健康、降低城市犯罪等方面的作用②,并展开了一系列的规划实践③。

表 3-1 城市 GI 分类

一级分类	二级分类	三级分类
自然属性 GI	城市中的林地、荒野、草原	
	湿地	沼泽地
		潮间带
		泥滩
	水体及滨水区域	河流
		湖泊
		池塘
		临街运河
		湖畔区域
	自然保护区	
半自然属性 GI	田地	
	牧场	
	社区农场	配发份地菜园
		社区花园
		社区采摘林
	历史风景区	
	墓地	
社会属性 GI	公园及花园	城市公园
		社区各功能公园
		滨水公园
		街角公园
		屋顶花园

---

① Sebastian Mofatt 在《加拿大城市绿色基础设施导则》(2001)中定义 GI 为基础设施工程的生态化,主要以生态化手段来改造或代替道路工程、排水、能源、洪潭灾害治理以及废物处理系统等问题,包括饮用水系统、能源系统、固体废弃物系统、运输和通信系统。

② 英国 C. Davies 等编制的《绿色基础设施规划导则》中给出的定义是:GI 是城市、城镇和村庄之内和之间的实体环境。这是一个多功能的开放空间网络,包括公园、花园、林地、绿色通道、水体、行道树和开放的乡村。

③ 例如 2005 年英国东伦敦地区以社会经济发展和环境重塑为目的的绿色网格规划(ELGG)与 2007 年英国东北部的堤斯瓦利(Tees Valley)为实现城市中心区经济复兴展开的 GI 战略规划。

续表 3-1

一级分类	二级分类	三级分类
社会属性 GI	公园及花园	垂直绿化
		建筑附属院落
	娱乐运动设施绿地	户外游乐场地
		体育运动场地
		邻里街角绿地
	企业、事业单位与学校庭院菜园、花园、绿地等	
	生态街道系统	生态步道
		绿色自行车道
		各等级绿道系统
	花木种植区	植物园等
	雨水处理系统	雨水花园
		滞留池
		绿色街道
		可渗透路面
		屋顶雨水处理系统

资料来源:笔者自绘

　　我国最早由俞孔坚教授提出了"反规划"途径和生态基础设施方法论,其中所提及的生态基础设施网络(EI)与绿色基础设施的概念趋于一致。2009 年年初,绿色基础设施概念由同济大学吴伟教授和付喜娥博士首次引入我国[①],然后在国内学术界引起了多学科专家学者的高度重视,并由《中国园林》杂志在 2009 年第 9 期专门组织对 GI 进行了深入研究和探讨,其中包括:GI 的概念、内涵与意义;GI 在国外的实践;GI 的最新研究进展等 3 个方面的内容。虽然我国的 GI 起步较晚,但基于景观生态学和地理信息的结合,近年来对 GI 的研究有了很大的进展,不少学者对其理论、方法和实践进行了整理研究。例如贾铠针基于新型城镇化背景下对 GI 规划展开研究[②];张云路基于 GI 理论对平原村镇绿地系统规划展开研究[③];丁金华等对水网乡村 GI 网络规划实践案例方面的研究[④];胡玥以长三角区域和上海市为例对多尺度 GI 网络结构的规划展开研究[⑤];周盼对基于 GI 的老工业收缩城市更新策略展开研究[⑥];喻晓蓉研究了 GI 理念在城市总体规划中的应用[⑦];李超楠从城市规划弹性

[①]　吴伟,付喜娥.绿色基础设施概念及其研究进展综述[J].国际城市规划,2009,24(5):67-71;付喜娥,吴人韦.绿色基础设施评价(GIA)方法介述——以美国马里兰州为例[J].中国园林,2009,25(9):41-45.

[②]　贾铠针.新型城镇化下绿色基础设施规划研究[D].天津:天津大学,2014.

[③]　张云路.基于绿色基础设施理论的平原村镇绿地系统规划研究[D].北京:北京林业大学,2013.

[④]　丁金华,王梦雨.水网乡村绿色基础设施网络规划——以黎里镇西片区为例[J].中国园林,2016,32(1):98-102.

[⑤]　胡玥.多尺度绿色基础设施网络结构的规划研究——以长三角区域和上海市为例[D].上海:华东师范大学,2016.

[⑥]　周盼.基于绿色基础设施的老工业收缩城市更新策略研究[D].武汉:华中农业大学,2015.

[⑦]　喻晓蓉.绿色基础设施理念在城市总体规划中的应用研究[D].广州:华南理工大学,2014.

原则的视角对 GI 理念开展研究[1]；姜丽宁基于 GI 理论对城市雨洪管理展开研究[2]；李博文基于水资源回用对北京高校校园 GI 展开研究[3]；宗菲等以象山产业区城东工业园景观方案为例探讨了产业园区的 GI 设计原则[4]；张园等研究了 GI 和低冲击开发的比较及融合[5]；张善峰等以美国费城为例研究了 GI 经济收益评估的综合成本收益分析法[6]；冯姗姗等阐述了矿业废弃地对于改善 GI 结构、提升 GI 功能的潜力和作用[7]；刘颂等以同济大学校园为例探讨了基于 SWMM 的场地绿色雨水基础设施(GSI)水文效应评估等[8]。

综上所述，近几年在 GI 理论指导下的城市空间规划研究可以分为两大部分：GI 规划嵌入城市整体宏观规划之中及 GI 作为微观景观要素实施。前者 GI 研究与城市绿地系统规划、水系规划、雨洪管理规划、生态网络规划、乡村规划以及城市总体规划的研究较紧密，后者将 GI 作为一种微观生态景观技术手段来解决城市洪涝与城市环境问题，如雨水花园、生态湿地保护与修复、生态洼地、绿色屋顶、透水铺装与可渗透路面相关研究与实践等。由于国内学界对城市 GI 规划研究起步较晚，对 GI 在城市公共空间系统规划及社区公共空间中的作用及关联影响的研究少之又少，实践性的研究较为缺乏，同时缺乏系统的深层剖析。从研究角度来看，我国 GI 研究多从区域角度出发，重点探讨区域间的 GI 连接问题，对于城市与社区尺度 GI 网络构建缺乏系统性研究。从研究内容来看，我国学者对 GI 的研究还多停留在 GI 基础理论上，对 GI 规划方法及在城市公共空间中的位置鲜有涉及，使得 GI 在我国的项目实践落实上处于不确定的状态。从研究方法来看，对研究内容描述、概括的居多，而在城市设计实施过程中的相关方法的研究较少，参考案例时效性差且地域差异性弱，缺乏相应的技术辅助手段。

尽管国内外对 GI 有不同方向、不同深度以及不同层次的研究，但 GI 概念并没有统一[9]。本书从城市公共空间问题出发，对 GI 给出以下定义：GI 是由城市内与城市周围，甚至所有空间尺度上的一切自然、半自然和人工的开敞绿地、湿地及水域所组成的相互连接的空间网络，以构建人与自然的和谐关系为目的，具有网络连通性与多功能性两种主要特征，也有着明晰的结构层次与研究尺度，在国家、区域以及市域的主要功能为维持区域内生物的多样性与构建安全的生态格局，在社区与街区的主要功能为维持自然生态过程与稳定平等地发挥多种社会功能，在场地的主要功能为提高人民生活质量与保障生态安全。

---

①　李超楠. 面向绿色基础设施的城市规划弹性研究[D]. 大连：大连理工大学，2014.

②　姜丽宁. 基于绿色基础设施理论的城市雨洪管理研究[D]. 杭州：浙江农林大学，2013.

③　李博文. 基于水资源回用的北京高校校园绿色基础设施研究[D]. 北京：北方工业大学，2017.

④　宗菲，曹磊，叶郁. 产业园区的绿色基础设施设计原则初探——以象山产业区城东工业园景观方案为例[J]. 建筑学报，2013(S1)：153-157.

⑤　张园，于冰沁，车生泉. 绿色基础设施和低冲击开发的比较及融合[J]. 中国园林，2014,30(3)：49-53.

⑥　张善峰，董丽，黄初冬. 绿色基础设施经济收益评估的综合成本收益分析法研究：以美国费城为例[J]. 中国园林，2016,32(9)：116-121.

⑦　冯姗姗，常江. 矿业废弃地：完善绿色基础设施的契机[J]. 中国园林，2017,33(5)：24-28.

⑧　刘颂，毛家怡，沈洁. 基于 SWMM 的场地绿色雨水基础设施水文效应评估——以同济大学校园为例[J]. 风景园林，2017(1)：60-65.

⑨　《创建 21 世纪可持续发展的美国》(1999)、《加拿大城市绿色基础设施导则》(2001)、《绿色基础设施——连接景观与社区》(2006)、《英国绿色基础设施规划导则》(2006)等虽然都给出了较为明确的 GI 定义，但每种体系对 GI 的理解与定义都有细微差别。

3.1.2　GI 与相关概念辨析

1. GI 与城市 GI、GI 网络

GI 始于对区域大尺度土地利用及保护的规划实践,此后也逐步开始应用于城市设计尺度的建设,致力于城市绿色空间网络化构建。2006 年多个研究设计机构联手完成的西雅图城市绿色基础设施规划,使 GI 研究关注点从区域尺度缩小到城市尺度,提出了城市绿色基础设施(Urban Green Infrastructure)的观念[①],即所有能提供各种服务功能,同时提升人类及其生存环境质量,位于城市内部、外围或内部与外围之间,生态或开发低影响的,自然、半自然和人工的生态支持系统[②]。

GI 网络是系统概念,连接着生态系统和景观。该系统主要由中心控制点(Hubs)、廊道(Links)、场地(Sites)3 要素构成,对区域、城市、社区、场地各种尺度均有涉及。GI 构建的核心是形成一个连通性强的绿色空间网络体系。因此,城市 GI 系统性地规划与设计就等同于城市 GI 网络构建。

2. GI 与城市基础设施、灰色基础设施

城市基础设施(Urban Infrastructure)是城市生存和发展所必须具备的工程性基础设施和社会性基础设施的总称,是城市中为顺利进行各种经济活动和其他社会活动而建设的各类设施的总称。工程性基础设施一般指能源系统、给排水系统、交通系统、通信系统、环境系统、防灾系统等工程设施。社会性基础设施则指行政管理、文化教育、医疗卫生、商业服务、金融保险、社会福利等设施。GI 概念中不仅包含了具有内部连接性的自然区域与开放空间的网络,同时也包括了那些附带的工程设施,与城市基础设施在内容上有交叠部分。

在传统工程规划中,道路、桥梁、隧道、管道、机场等,可称之为"灰色基础设施"。GI 从保护出发,实现土地的精明增长,而灰色基础设施注重经济目标,结构比较单一。从概念上来讲,灰色基础设施是 GI 的对立面,但灰色基础设施保障了城市正常且高效的运行,在规划中必不可少(图 3-1)。

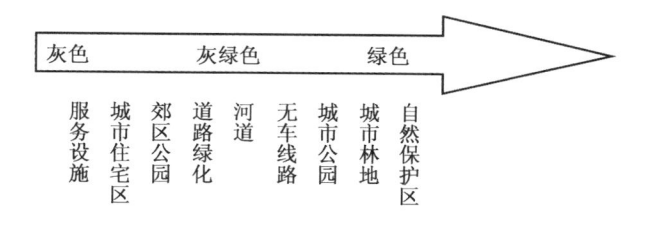

图 3-1　基础设施概念的演进

图片来源:Davies C, Farlane R M, Gloin C M, et al. Green Infrastructure Planning Guide.

3. GI 与城市绿地系统、绿道、绿带

城市绿地是指"以自然植被和人工植被为主要存在形态的城市用地"。目前城市绿地系

---

①　本书研究重点为城市内的 GI,因此在本书第 4 章至第 9 章研究中提到的 GI 均代指城市 GI。

②　刘娟娟,李保峰,南茜·若,等.构建城市的生命支撑系统——西雅图城市绿色基础设施案例研究[J].中国园林,2012,28(3):116-120.

统规划主要按照《城市绿地分类标准》(CJJ/T 85—2017)将城市绿地分为 5 大类:公园绿地、生产绿地、防护绿地、附属绿地、其他绿地①。这种人为划分方法是配合城市规划中土地功能分配而定的,与 GI 注重自然的主动性、保护性、连通性的特征有所区别。最本质的不同在于 GI 是维持土地生命系统的基础性结构,而绿地系统的起源则更多是人为主观的设计。

绿道一词可追溯到 19 世纪末弗雷德里克·劳·奥姆斯特德(Frederick Law Olmsted)、查尔斯·艾略特(Charles Eliot)以及霍拉斯·克里弗兰(Horace Cleveland)有关绿道的研究及相关实践。美国户外游憩总统委员会在随后的 1987 年将绿道的定义设为官方认可。广义上讲,"绿道"是指用来连接各种线型开敞空间的总称,既包括社区自行车道、野生动物迁移廊道,也包括城市滨水带以及远离城市的绿荫步行带等。GI 概念源于绿道系统规划,但又有所差别:绿道概念以游憩功能为主,其次包括生态、经济、文化和美学功能,形态上多指线型空间,而 GI 更强调自然要素的生态功能与意义,包括网络中心、廊道、场地等概念,比城市绿道系统内涵更丰富。

埃比尼泽·霍华德在"田园城市"模式里最早把绿带的概念纳入近代城市规划理论中。他提出用公园、农田等将城市中的公共活动区和住宅区分开,将各个住宅区分开,将母城和卫星城镇分开。其目的是想用自然绿带遏制城市的盲目扩张和蔓延②。但是绿带的主要构成还是农田、公园、绿地等人工或半自然绿面,而非具有天然屏障的河流或者山体,在没有具体法规的支撑下很难达到遏制城市蔓延的目的。而 GI 的主要目的并非遏制城市的硬性扩张,而是对生态敏感性高的自然区域保护,达到城市中人与自然和谐相处,互利互惠。

4. GI 与生态基础设施、景观基础设施

生态基础设施(Ecological Infrastructure,简称 EI)一词来源于 1971 年联合国教科文组织的"人与生物圈计划(MAB)",是城市的可持续发展赖以生存的自然系统,也是整个城市居民享有自然服务的根基,譬如新鲜空气、食物、游憩、安全庇护以及审美和教育等③。国内部分学者研究的 EI 是和美国 GI 比较接近的概念,如俞孔坚等人提出"反规划"与景观安全格局更多的是将 EI 视为一种规划方法,同样强调土地生态安全和保障生态系统服务功能的基础性作用,还包含了以自然为背景的文化遗产网络④。GI 的概念也许没有 EI 这么广泛,但它更强调的是绿色资源的"连通性",从而发挥更广泛的生态效应。并且 GI 在微观实施方面更为具体,如绿道、雨水花园、生态湿地修复等概念多数依附 GI 的提出。

景观基础设施由加里·斯特朗(Carry Strang)在 1996 年首次提出⑤,是针对城市基础设施,运用景观的设计手法,改善基础设施对城市环境的影响,强化基础设施自身功能的发挥,并对基础设施赋予更多的综合功能,形成具有环境、经济和社会多元价值的景观与基础设施有机融合的整体。景观基础设施可以是绿色的,也可以是自然过程的混凝土的表现形式;可以是线状的,也可以是基于场地特点变化而变化的。相较于 GI,景观基础设施是一个

① 中华人民共和国住房和城乡建设部. CJJ/T 85—2017,城市绿地分类标准[S]. 北京:中国建筑工业出版社,2018.

② 埃比尼泽·霍华德. 明日的田园城市[M]. 金经元,译. 北京:商务印书馆,2010.

③ 王芳. 城市生态基础设施安全研究[D]. 武汉:华中科技大学,2005.

④ 俞孔坚,李迪华,刘海龙. "反规划"途径[M]. 北京:中国建筑工业出版社,2005.

⑤ Corner J. Recovering Landscape: Essays in Contemporary Landscape Architecture [M]. New York: Princeton Architectural Press,1999.

更宏大的概念,涉及多个领域,整合了城市自然类基础设施与非自然基础设施,超越了"绿色"或"可持续性"所涵盖的范围。

5. GI 与 LID、水敏城市、海绵城市

20 世纪 90 年代,美国提出低影响开发(Low Impact Development,简称 LID)概念。LID 强调城市在建设开发过程中对场地影响尽量降低,提倡依靠自然生态原理解决场地原本需要的相关工程设施,具体表现在微观尺度的景观设计和相关控制措施发展而来的雨水管理技术。与 LID 相较,GI 不仅仅涵盖了对自然生态过程的尊重及微观生态技术的研究,更加强调开放空间在管制生态系统方面的重要作用,其更多的是从宏观保护用地的划分到微观场地的生态修复以系统地解决城市生态问题。

水敏性城市设计(Water Sensitive Urban Design,简称 WSUD)概念起源于 20 世纪 90 年代的澳大利亚,旨在回应长期干旱情况下日益突出的雨水管理问题。国际水协会对 WSUD 的定义为:WSUD 是城市设计和城市水循环的管理、保护和保存的结合,从而确保了城市水循环管理能够尊重自然水循环和生态过程。WSUD 强调通过城市规划和设计的整体分析方法减少对自然水循环的负面影响和保护水生态系统的健康,把城市水循环作为一个整体,将雨洪管理、供水和污水管理一体化。其主要目标是保护和改善城市水环境,降低径流峰值和雨水径流总量,提高雨水资源化利用效率[①]。

海绵城市是在近年城市面临水资源短缺、水质污染、洪水、城市内涝、地下水位下降、水生物栖息地丧失等水问题情况下提出的一种宏观指导思想。2012 年 4 月,在《2012 低碳城市与区域发展科技论坛》中,首次提出"海绵城市"一词。2014 年 11 月,《海绵城市建设技术指南——低影响开发雨水系统构建(试行)》中提到"城市能够像海绵一样,在适应环境变化和应对自然灾害等方面具有良好的'弹性',下雨时吸水、蓄水、渗水、净水,需要时将蓄存的水'释放'并加以利用,提升城市生态系统功能和减少城市洪涝灾害的发生"[②]。无论是海绵城市还是 WSUD,即使各自有从宏观到微观的规划理论与景观实践,但其最主要目的在于保障城市水生态,而 GI 的内涵更为广泛,城市水资源保护及利用是其目标之一。

6. GI 与精明增长、精明保护

2000 年,美国规划协会联合 60 家公共团体组成了"美国精明增长联盟"(Smart Growth America),其目的是解决低密度城市的无序蔓延及改善城市公共空间。实现精明增长的 3 条最基本途径为:充分利用价格手段的引导作用;发挥政府的财政税收政策的指向作用;综合利用土地利用法规的控制作用。其目标主要在于通过规划紧凑型社区,充分发挥已有基础设施的效用。精明保护则是用来转变土地随意保护的观念与行为,土地的保护应该与城市规划相结合。GI 在讲求土地保护与城市发展并重情况下利用自然生态过程来弥合城市发展,为城市高速发展背景下的公共空间生态改善与土地保护提供了一种精明的解决方法。因此,GI 是一种更具有先见性、预见性、系统性和整体规划保护与发展性的多尺度规划策略(表 3-2)。

---

① 王鹏,吉露·劳森,刘滨谊.水敏性城市设计(WSUD)策略及其在景观项目中的应用[J].中国园林,2010(6):98-101.

② 中华人民共和国住房和城乡建设部.海绵城市建设技术指南——低影响开发雨水系统构建(试行)[M].北京:中国建筑工业出版社,2015.

表 3-2　GI 与相关类似概念比较

分类	相关背景		功能							特征				
	理论起源	概念提出时间	保障城市生态安全	防止城市蔓延	生产	游憩景观	生态保育	教育	娱乐活动	连通性	系统性	多功能性	宏观调控性	技术实施性
GI	景观生态学	1999 年美国保护基金会和农业部林务局	√	√	√	√	√	√	√	√	√	√	√	√
城市基础设施	由经济学引入	1985 年城乡建设环境保护部于北京召开"城市基础设施讨论会"	√			√	√		√					√
灰色基础设施	市政基础设施									√	√		√	√
绿地系统	"田园城市"	1969 年麦克哈格的 Design with Nature				√	√		√					
绿道	19 世纪末的绿道运动	1959 年威廉·H. 怀特（William H. Whyte）的《保护美国城市的开放空间》				√	√		√	√				√
绿带	"田园城市"	17 世纪威廉·佩蒂（William Petty）首次提出		√		√	√		√	√		√	√	
生态基础设施	景观生态学	1984 年 MAB 针对全球 14 个城市的"城市生态系统研究报告"	√		√	√	√		√		√	√		√
景观基础设施	奥姆斯特德设计的波士顿"翡翠项链"	加里·斯特朗（Garry Strang）1996 年的论文《作为景观的基础设施》	√			√	√		√			√		√
LID	20 世纪 80 年代中期美国马里兰州的雨水管理实践	2000 年 10 月,低影响开发中心和美国环保局出版的《低影响开发文献综述》	√			√	√		√					√
水敏城市	澳大利亚城市雨水问题	1994 年威兰斯（Whelans）与格里克·曼塞尔（Halpern Glick Maunsell）的报告"水敏城市的规划与管理方法"	√			√	√		√			√	√	
海绵城市	国内城市雨水管理问题	《2012 低碳城市与区域发展科技论坛》	√			√	√		√	√		√		
精明增长	美国城市蔓延问题	美国马里兰州州长格兰邓宁（Glendening）于 1997 年提出		√		√			√	√		√		

注:√表示关系紧密。
资料来源:笔者自绘

3.1.3 城市 GI 特征

1. 尺度的系统性

城市 GI 网格是一个系统,适用于城市内各种规模的规划与开发,涵盖了城市内部所有相互联系的自然区域与开放公共空间网格及附带设施,包含了城市与城区、社区与街区、场地与室外空间 3 种从宏观到微观的空间尺度。连接不同尺度与规模城市 GI 意味着将城市级、社区级、场地级各种 GI 都贯穿于这项尺度之间,在其协调统一下使各类绿色空间元素与其各项生态服务功能充分结合起来共同发挥作用(图 3-2)。

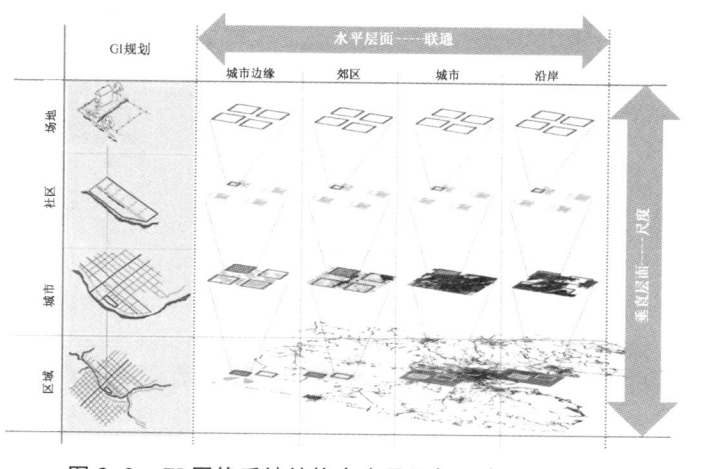

图 3-2　GI 网络系统结构在水平层与垂直层网格体现

图片来源:Abunnasr Y. Climate Change Adaptation:A Green Infrastructure Planning Framework for Resilient Urban Regions[J]. Dissertations & Theses,Gradworks,2013.

2. 形态的连通性

连通性是 GI 存在的核心特征,也是其区别于其他图地保护方式的主要特点(表 3-3)。这种连通包含 3 种功能与形式下的连通:为维持生物多样性而将自然空间进行策略性连接,形成具有整体生态效益的绿色网络结构;为充分发挥城市绿色空间的生态效益与实现生态过程而将自然资源、特性、过程功能性连接,实现城市与自然的生态共生;为满足市民对城市自然资源的多种社会功能需要而将自然资源与城市基础设施网络连接,形成自然与人类活动协调发展的网络系统。

3. 功能的复合性

城市 GI 内容的广泛性与结构的复杂性决定了其功能多样性与复合性。多功能性主要体现在城市 GI 产生的生物功能、非生物功能与文化功能而带来的生态效益、经济效益与社会文化效益。其中生物功能决定了自然有机生长与城市发展共存,非生物功能保障了城市生态安全,文化功能让市民在城市中接触自然,为居民提供生活生产、文化游憩、生态体验等多样的生态服务。并且 GI 功能往往是复合的,GI 在城市中的合理规划能使其功能良性叠加,最大程度产生效益。

4. 生物的多样性

生物多样性特征可以理解为两方面:GI 自身内容的多样性与 GI 生物多样性。在进行

GI 网络构建时,城市 GI 尺度与同一网络中 GI 的类型、规模和功能属性都有所不同,可以理解为其生物内容的多样性[①]。而 GI 网格构建的主要目的在于维护大范围区域生物的多样性,防止城市无序蔓延与土地过度开发。而构建城市 GI 网格的目的在于保护与修复城市内已有的自然资源,恢复城市生物栖息地,维持野生动物种群健康与多样。

表 3-3　GI 连通性说明

	原有生态模式	问题产生		补救措施
说明	大尺度斑块,产生完整型生态利益 小尺度斑块,产生支撑型的生态效益	小尺度斑块:分割大斑块为两处小斑块	大尺度斑块:媒介斑块的消失	通过廊道阶段性连接斑块
	大尺度斑块有较大的内部空间、较多的物种数量和物种栖息地种类; 小尺度斑块作为物种迁移的阶段性停靠点	去除了内部的栖息地;减少了内部物种的数量;降低了内部物种的多样性;减弱了整体生态过程	造成孤立栖息地的消失;有可能减少栖息地的种类;有可能较少依赖上述栖息地物种的数量及绿色空间	当一处绿色廊道断开时,一系列联系在一起的廊道和斑块可以提供多选择性的路径,逐渐修复生态过程
图示				

表中图片来源:Dramstad W E, Olson J D. Landscape Ecology Principles in Landscape Architecture and Land Use Planning [M] New York: New York Botanical Garden Press,1998.

3.1.4　城市 GI 功能

1. 生物功能

城市 GI 最主要的功能在于为城市少有的生物提供栖息地,并为野生动物提供相互连通且能迁徙到郊野的廊道,修复破碎化的生物种群,维护生物多样性。除此之外,城市 GI 还能够维护森林、水资源、农田和其他生产性土地,辅助粮食供给与生产。最后,城市 GI 可以通过生物修复废弃场地和降解有毒物质,例如棕地的生态修复与污染河道的生态治理。

2. 非生物功能

近年来城市生态系统紊乱最显著的表现是城市雨洪与泥石流的频繁发生,而城市 GI 的有效组织可以在一定程度上加速雨水的渗透、储存与蒸发过程,从而减少地表径流,规避雨洪等自然灾害,节省灾后重建的资金投入。此外,城市 GI 还有稳定气候、过滤和提高空气质量、改善微气候与减缓热岛效应等非生物功能。

3. 文化功能

城市 GI 的概念广泛,不仅包括城市山川河流等大尺度自然景观,还包括各种社会功能的公园,为市民提供了具有观赏、游憩价值的景观资源,从而增加了市民社会交往机会。部分城

---

① 苏文航. 基于生态服务功能的村镇绿色基础设施规划方法及应用——以珠海斗门镇为例[D].哈尔滨:哈尔滨工业大学,2015.

市 GI 还能激发美学表达,提供环境教育机会。城市游憩型 GI 与生产型 GI 也促进了部分经济活动,另外场地周边生态环境的好坏直接影响该地段的经济价值与公共空间的公共活力。

3.2 城市 GI 的构成与层级

3.2.1 城市 GI 的构成

城市 GI 主要指城市内的多功能、多尺度、多特征的自然景观设施,形式上可以是纯自然,也可以是半自然的;形态上可以是线型、点型、面型,也可以是不规则形态或网络型;功能上,可以是单一类型生态功能,也可以是服务社会与自然的多重功能;尺度上可以是城市内的山体景观,也可以是场地上的树草灌丛。其从内容上包括有:城市内部的湿地、林地、水域及野生动物栖息地与廊道等自然保护区域;城市内各种等级与尺度的公园、游园、园林、植物动物园、旅游景区、高尔夫球场、自行车道、步道等公有或私有的开放空间;城市内的森林、农田、农场、果园等生产型土地;城市内建筑的附属绿地、街旁绿化、屋顶绿化、垂直绿化,以及未开发的绿色场地等不同尺度绿地系统(表 3-1)。

城市 GI 的基础网络是由网络中心、廊道、场地等构成[1],三者联系着上述生态系统与景观。本书结合景观生态学概念,增加"生态跳点"与"孤岛"两种类型(图 3-3)。

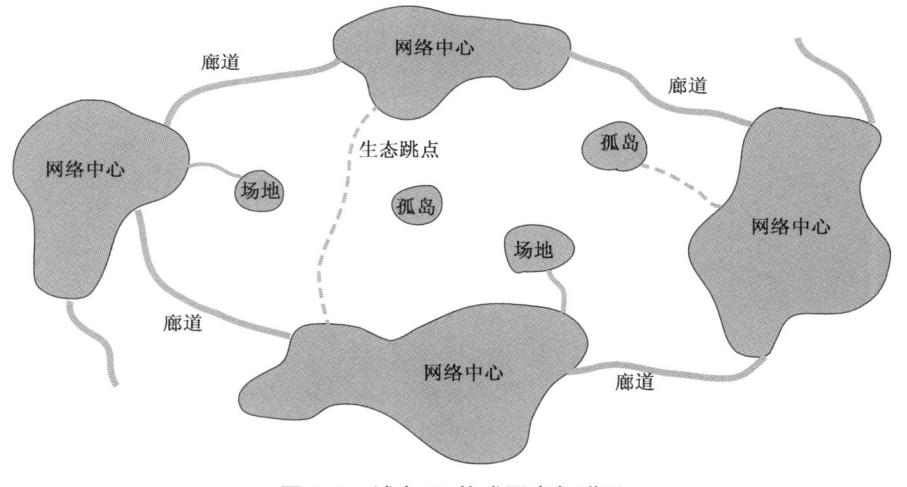

图 3-3　城市 GI 构成要素与联系
图片来源:笔者自绘

1. 网络中心

网络中心是 GI 的核心面域,承担着多种生态服务功能,也是城市与社区内整个 GI 网络系统中动植物、人类与生态过程的"源"与"汇"。这些网络中心可以是动植物栖息地、生态过程的策源地,也可以是居民活动的绿色空间,其所涵盖的内容有:①城市内保护用地与保留地,包括大尺度自然景区、提供自然资源与游憩的林地与湿地、城市内湖泊与江河、城市内

① 贝内迪克特,麦克马洪.绿色基础设施:连接景观与社区[M].黄丽玲,朱强,杜秀文,等译.北京:中国建筑工业出版社,2010.

动植物庇护地、城市内尚未被开发利用的原生状态土地;②城市内生产场地,如农田、茶田、鱼塘、农场、林场、花果园等;③城市内公园和公共空间,即不同等级、尺度与功能的公园、运动场、高尔夫球场等;④循环土地,可重新修复或开垦的土地,例如废弃的工业用地、棕地、矿地等,有潜力重新变为生态敏感性高的 GI。

2. 廊道

廊道是 GI 网络中连接网络中心的线型绿色通道,是整合整个生态系统的纽带。城市或社区廊道的数量、类型与连通度决定了城市 GI 网络生态功能能否最大化发挥。城市内不同层级的生态廊道将公园、保护用地及自然区域连接起来,为动物生存繁衍提供了充足的迁移途径,为历史地段保护与市民休闲娱乐活动提供了充足空间,为城市步行与自行车爱好者提供了交通、运动、休憩的路径,也连接起城市不同的生态系统与景观。除此之外,生态廊道也将城市 GI 与郊野 GI 连通,使城市不再是人的城市,而是人与自然共有的城市。城市 GI 廊道包含的内容有:①生态保护廊道,为野生动物迁移提供线型通道;②风景游憩廊道,城市内文化生态廊道,为市民进入与城市历史资源和自然景观对应的游憩、教育、健身等功能区域提供规划后的交通路线,保障路线具有良好的风景视域,又不打断城市生态保护廊道;③城市线型绿带,即沿着河流、铁路、公路形成的线型绿带。不同类型廊道多数情况下是重合或相邻的,例如城市内的河道与泛洪区可以作为野生动物的生物管道,沿着河道的线型公园也可以作为市民游憩与健身的景观廊道、自行车道与步道。

3. 场地

场地是同一研究尺度下 GI 网格系统中比网络中心在尺度等级上小的 GI 区域,且与网络中心的连接较弱,一般只有 1 条连通廊道,是生物迁移过程中暂时停留的自然区域。虽然场地从规模、功能与生态敏感性上不及同一研究尺度下的网络中心,但同样对整个 GI 网络系统的生态、社会、经济价值作出重要的贡献,而且场地有潜力转变为新的网络中心。此外,城市尺度的场地在社区尺度可以变为网络中心,而在城市尺度不具备廊道功能的 GI 在社区尺度可以作为连接社区级网络中心的社区廊道。场地与网络中心涵盖内容类似,也包含保护与保留用地、生产用地、公园与公共空间、循环土地,只是在 GI 网络系统的连通性与规模上小于网络中心。

4. 生态跳点

生态跳点也叫踏脚石(Stepping Stone)系统,顾名思义,踏脚石是指网络中心或廊道无法连通的情况下,为动物迁移或人类休憩而设立的生态节点,是对网络中心和廊道的补充。生态跳点不同于网络中心与廊道,在尺度上小于廊道,在作为通道的功能上弱于廊道,甚至并不连通,生态跳点只能是在没有廊道或廊道断开时,为动物迁移提供临时选择的路径,或生态过程中临时处理的设施。但它又有重要的生态功能,保障了整个系统的稳定与和谐,包括小型的动物栖息地、城市社区小型绿地空间等,又有潜力发展为廊道甚至小型网络中心。鉴于本书研究主题,生态跳点只在社区与场地尺度涉及。生态跳点包含:①生物通道跳点,公路与街道旁的树列与树阵,广场上的绿色序列景观设施,如大型盆栽与树阵,建筑周边绿地,屋顶绿化与垂直绿化等;②生物过程处理点,主要泛指自然进行生态过程但又不接连在一起的绿地。

5. 孤岛

由 GI 的概念内涵可知,连通性是 GI 的最主要特征之一,因此城市内与其他 GI 没有任何廊道连接的绿色地块称为孤岛。孤岛在 GI 网格系统中相较于同一研究尺度的其他 GI 生态功能最弱,但在 GI 规划过程中不能忽视其存在。城市尺度下的孤岛有可能在社区尺度转变为社区级网络中心,另外通过生态改造,孤岛有潜力转变为统一研究尺度下的网络中心、场地、廊道或生态跳点。孤岛与网络中心、场地涵盖内容类似,包含保护与保留用地、生产用地、公园与公共空间、循环土地,只是与其他 GI 没有任何生态连接。

城市 GI 的构成内容源于景观生态学的斑块—廊道—基质模式,但又有所不同[①]。斑块—廊道—基质模式最初是从地形学与生态学出发,研究生态系统的结构与功能;而 GI 借鉴了景观生态学的研究方法,在保证生物多样性的同时,强调城市多种功能绿色空间的连接,包括公园、花园、林地、绿廊、水体、湿地、森林和开阔的村庄等,它是由所有环境资源共同组成的。网络中心、廊道、场地内涵更广,多功能性、连接性、系统性等特色更强。总体来说,城市 GI 更多地作为一种城市与生态共同作用下的发展方式,发挥生态的最大效益。

3.2.2 GI 的层级划分

GI 涵盖的范围从宏观、中观到微观,从个人的小空间到国土范围的大型保护区域,都是 GI 网格系统的一部分,在不同场地规模的尺度下,绿色基础设施研究内容侧重点及发挥的作用也不同。GI 从尺度等级上可以分为区域尺度、城市尺度、社区尺度、场地尺度(表 3-4),本书研究的是城市内的 GI 网格系统,因此不研究区域尺度[②]。

表 3-4　不同尺度下 GI 构成内容与要素

类型	尺度	形态特征	主要作用	实践内容	物质要素
郊野地 GI	区域	大面域范围的重要生态系统	区域 GI 系统的核心组成部分,保障区域生态安全与战略环境资本	区域级网络中心	生态敏感区、大型内陆森林、自然保护地、湿地、湖泊、海岸生态系统、大型自然景观、国家公园
				区域级廊道	线型的河岸森林、主要河流廊道山脊线、山谷和丘陵地带状森林等
				区域级场地	农牧场、大型郊区公园、郊区高尔夫球场、郊区水库、河塘
城市 GI	城市	城市开放空间网络系统	城市 GI 系统的核心组成部分,保障城市生态安全与生物多样性,重点支撑 GI 系统	城市级网络中心	城市内自然景区与保护区、城市公园、动植物园、城市湖泊及城市内的农田、重要水库、大型湿地、森林、山体等
				城市级廊道	城市河廊、溪廊、防护林、生态绿道、城市级自行车道、城市级步道等
				城市级场地	单项连接城市 GI 网络的公园、池塘、湿地、林地等中型生态用地
				城市级孤岛	独立的城市级生态用地

---

① 在景观生态学中,从景观空间形态、轮廓、分布等基本特征入手,可以分出 3 种:斑块(Patch)、廊道(Corridor)、基质(Matrix),另外部分学者加入了网络(Net)与边缘(Edge)两部分。斑块又称拼块、嵌块体,指不同于周围背景的非线型景观生态单元;廊道是指线型或带型景观空间类型;基质是指一定区域内面积最大、分布最广优质突出的景观生态系统,往往表现为廊道与斑块的环境背景;网络将不同生态系统连接起来的结构;边缘又称过渡带、脆弱带,指景观生态系统之间明显的过渡系统部分。余新晓,牛健植,关文彬,等. 景观生态学[M]. 北京:高等教育出版社,2006:73.

② 刘奕博,晁恒. 广东省绿色基础设施建设指引初探[C]. 2016 中国城市规划年会,2016.

续表 3-4

类型	尺度	形态特征	主要作用	实践内容	物质要素
城市 GI	社区	社区开放空间网格系统	提升 GI 系统整体性与系统性,保证生物多样性,恢复自然生态过程,保障市民在开放空间开展多种人文活动	社区级网络中心	社区公园、社区墓地、园林、大尺度草坪、小尺度林地、未开发保留地块
				社区级廊道	社区级绿道、自然排水沟渠、社区级自行车道、社区级步道、社区溪廊、绿色街道、河流廊道及景观廊道
				社区级场地	单项连接社区 GI 网络的小型生态用地
				社区级生态跳点	街旁树列、花坛、灌木丛列、建筑附属绿地、街角花园、屋顶绿化、小池塘、建筑附属绿地
				社区级孤岛	独立的社区级生态用地
	场地	散点状分布,重点在于场所环境品质的增强	各类型与各功能 GI 具体实施,检测与回馈整个城市 GI 系统规划	生态绿化景观	场地级生态绿化景观有街头绿地、宅旁绿地、街角公园、小型树林、灌木丛林等
				雨水处理系统	雨水花园、湿地、滞留池、生态种植沟、绿色屋顶与垂直绿化、透水性铺装、雨水过滤系统等
				社会服务空间	社区花园、户外教室、社区农场、小区游园、主题广场、城市滨水区等
				绿色交通空间	步道、自行车道、绿道、滨河廊道等
				其他	生态修复的城市棕地及废弃地、空地、荒地、农业用地等

注:城市级、社区级两个范围内的相同概念的 GI 区分应根据该城市所有 GI 的尺度、等级、重要性进行比较。

资料来源:笔者自绘

1. 城市尺度

在城市尺度,GI 形成一个完整开放的绿色空间网络系统,能够整体提高城市的环境质量和生态健康,发挥生物、非生物与文化功能,保障城市环境安全、资源安全、景观安全、生态灾害及防范安全和社会经济安全,为达到城市休闲、美化和安全的目标提供适当和足够的绿色空间以及多用途的路线和途径。城市尺度 GI 构成包括城市级网络中心,如市内自然景区、大型公园与游园、大型水体、湿地、林地、田地等;城市级廊道,如河道、防护林、绿道、绿带、城市级自行车道与步道等;城市级场地与大型孤岛。

2. 社区尺度

社区邻里尺度的 GI 承接着城市尺度 GI 与场地尺度 GI,社区尺度 GI 网格构建直接关系场地 GI 的布局、类型、尺度、实施各方面,又承接着城市 GI 网格的宏观规划,起着调节社区生态系统、实现社区 GI 生态过程、支撑社区人文生态需求等多种作用。社区尺度 GI 构成包括社区级网络中心,如社区公园、草坪、小尺度林地、园地、田地等;社区级廊道,包括绿道、自然沟渠、社区内自行车道与步道、溪廊等;生态跳点,如街旁树列、花坛、灌木丛列、建筑附属绿地等;社区级场地与小型孤岛。

3. 场地尺度

场地尺度的 GI 是城市 GI 网格系统中最具体的层面,GI 的功能、位置、内容等相关设计直接反馈于社区及整个城市 GI 网格系统产生的整体效益中。场地尺度 GI 对于城市或地区来说,如同人体的毛细血管一般细微而重要,是城市基础设施的重要组成,也是居民生活的重要需求,是城市品位的重要体现。场地尺度 GI 按功能类型包含:①绿化生态景观,指城市现有的绿化景观要素；②雨水处理系统，如雨水花园、滞留池、生态沟、建筑表皮雨水处理与呈现设施；③社会服务空间，如社区花园、户外教室、社区农场以及其他具有生态与人文功能的 GI；④绿色交通空间，如步道、自行车道、绿道、滨河廊道等线型开敞空间；⑤其他功能的 GI，如空地、荒地、农业用地以及生态修复后的棕地等。

3.3　城市 GI 规划

3.3.1　城市 GI 规划概念相关及内涵

自从 1999 年 GI 概念被明确提出并开始作为一种可持续发展的关键战略之后，美国不同地区展开了不同形式和规模的规划与实践活动，基本上有 3 种规划形式出现：自上而下从州尺度到景观尺度的保护性规划、自下而上从场地尺度到城市尺度的问题解决型规划、分系统的城市结构调整型规划。前者例如马里兰州的"绿图计划"、佛罗里达州的"绿色网络"、新泽西州的"花园之州的绿道"、里士满"城市空地构建 GI 网格规划"；中者如费城的"绿色英亩"；后者如西雅图的"五大交织的网络系统"①。大部分研究将城市 GI 规划等同于城市 GI 网格系统构建，本书从构建 GI 导向的城市公共空间系统研究视角出发，给出以下定义：

城市 GI 规划是基于城市生物多样性保护、生态过程修复、开放空间多种功能增强以及其他生态、非生态与文化功能等目标，将各层级的网络中心、廊道与场地有序连接与规划，同时保护与恢复已有和潜在的城市绿色资源，建立一个系统的、连续的、多功能且可持续的城市绿色空间立体网格，最大限度地发挥城市绿色空间网格产生的生态、文化、经济效益。基于城市和区域尺度，它是一个精明保护的开放空间网络；基于社区尺度，它是恢复生态过程、保护生物多样性以及激活开放空间的规划设计方法；基于场地尺度，它是具体实现 GI 多种功能与效益的景观技术手段。

城市 GI 规划与传统的城市绿地系统规划、城市绿道系统规划、绿色开放空间景观规划的内涵、手段、功能与目的不尽相同，主要区别如下：

1. 城市 GI 规划与城市绿地系统规划

城市绿地系统规划是指在充分认识自然条件、自然植被及地方性园林植物特点的基础上，从城市实际情况出发，根据国家相关标准与城市性质、发展目标，将各级各类绿地按合理的规模、位置及空间结构进行布置②。严格来说，城市绿地系统规划是在城市总体规划下制定的，达到保护城市生态、优化人居环境、促进城市可持续发展的目的。而城市 GI 规划则没有明确的规范与条约，也不受制于城市总体规划的框架，是一种理论基础深厚但内涵与手段较为新颖的景观生态规划方法。城市 GI 规划不仅仅是城市内绿地的依类布局与用地结构调整，其更多地强调了城市内部之间以及城市与区域之间的绿色资源的系统关联与连通，追求城市经济发展与生态安全并重，在城市生态化目标上更为明确，方法上更为实际。

2. 城市 GI 规划与城市绿道系统规划

城市绿道系统规划是指建立在绿地系统规划基础上，通过不同层级的绿道将城市、城

---

①　赵晨洋,张青萍.绿色基础设施的规划模式研究——以南京仙林副城为例[J].林业工程学报,2014(5):136-140.

②　杨瑞卿,陈宇.城市绿地系统规划[M].重庆:重庆大学出版社,2010:85-86.

郊、城镇、乡村之间的线型绿色空间有机联系起来,构建集生态保育、休闲游憩、经济产业、文化教育等综合功能于一体的绿色网络系统[①]。在尺度上,城市绿道规划相较于城市 GI 规划一般较大,涉及城市、城郊、市域 3 个层次,强调将山河湖泊大尺度自然资源与动植物迁徙的廊道、连接城市的道路、旅游线路等线型的或廊带状的绿色空间进行连接。除此之外,城市绿道系统规划与城市 GI 规划在实现多种功能复合上类似,可以串联城乡之间、城市之间,以及城市内部中具有自然、生态、历史、文化等价值属性的"物"的载体,兼具生态、社会、经济、文化、美学等多种功能,为城市 GI 规划提供了借鉴。

3. 城市 GI 规划与绿色开放空间景观规划设计

城市绿色开放空间景观体系就其形态构成因素而言,主要就是具有节点意义的点状空间和具有轴线意义的线型空间。城市绿色开放空间景观规划设计是指通过"点""线""面"的整合,将城市中孤立的绿色开放空间串联起来,从而展示和重构城市绿色景观[②]。绿色开放空间景观规划虽然注重连接城市中不同形态的绿色空间,但其服务主体是人,更多地强调了绿地系统下的城市开放绿色资源的可达性、开放性与景观性。而城市 GI 规划目标是多重的,服务主体是多样的,规划方法是复杂的,其层次更丰富,内容更夯实,目标更深远。

3.3.2 城市 GI 规划原则

1. 多尺度原则

城市 GI 规划与交通、电力、通信和其他灰色基础设施的规划一样,应该连接荒野、郊区、社区、街区、建筑景观,整合城市、社区和场地尺度的绿色空间元素。由于在不同尺度和区域下,面临的问题、保护的重点以及规划的目标都可能存在差异,因此 GI 规划需要将不同尺度的自然和人工区域进行战略性的整合和系统性的连接,并将其协调统一于绿色空间网络中。

2. 连通性原则

GI 规划的核心原则就是连接,通过分析具体案例所需的 GI 功能,再将不同的网路中心以廊道进行连接,保证功能性自然资源发挥更大的作用。创造一个绿色空间网络来发挥整体的生态系统服务功能,因此连接不同的 GI 构成元素也是维持生态进程、服务市民以及维护生物多样性的重要策略。

3. 网络系统性原则

城市 GI 规划目标就是建立一处具有不同功能要素相互连接而成的城市有机网络体系。为了创造一个完善的 GI 网络,规划者和设计者应该在城市和不同领域之间、绿色街区之间、绿色街区内部各要素之间建立实际的并有功能性的连接。因此,"系统性"是衡量城市生态用地高效与否的重要方面,对保证重要生态过程稳定具有重要作用。

4. 分析为先原则

城市 GI 作为一项系统的战略性保护,同样需要建立一个能够考虑及整合大环境的景观学方法。城市 GI 规划要在建设前先对土地利用状况与城市环境进行合理有效的分析与评估,找出城市生态问题类型与根源,决定在何处增加、保护与恢复 GI,研究出如何使土地

① 孙奎利. 天津市绿道系统规划研究[D]. 天津:天津大学,2012:14.
② 吴雅婷. 基于点线体系城市绿色开放空间景观规划设计[D]. 杨凌:西北农林科技大学,2009.

利用最大化的方法。

5. 多学科原则

城市 GI 规划内容涉及建筑学、生态学、地质学、水文学等诸多学科,因此在规划初期就应将城市规划与环境保护等方面当作一个整体系统进行考虑,组建整合各个学科的设计团队,由不同专业背景的人员进行交流和研讨,只有在多学科的合作模式中,通过规划、建筑、生态、经济、工程和政策指导的多重背景,才能得以顺利实施。

6. 规划、保护与恢复并进原则

传统城市规划方法一般先开发,再治理,后保护,不恢复。而现在城市中被污染地区、工业用地河道走廊的生态修复,以及城市湿地的人工维护所要花费的代价比开发自然场地要大得多,因此应该在土地利用未开发前进行整体的保护和规划。GI 规划在项目设计前期就要考虑城市内大型自然区域的保护、城市重点污染地区的生态修复与传统规划方式的有机结合,节约成本,保证城市自然区域生态敏感性的最大化。

7. 决策者和公众相结合原则

GI 在规划制定、实施和管理过程中涉及众多利益相关者。对决策者而言,首要考虑的是总量怎样达标和格局如何优化,而居民关注的是对自然资源最大化地享有。公众的参与可以分为 3 个方面,一是参与决策,二是参与社区 GI 构建和保护,三是对实施后的 GI 维护与管理。在产权明晰的前提下,应该通过相关政策与宣传鼓励市民以多种形式参与到城市GI 规划中[1]。

3.3.3　城市 GI 规划步骤

自 GI 概念产生以来,不同国家与地区进行了大量相关理论研究与实践,但不同地区 GI 规划都是出于不同的目的和利益诉求,其设计尺度和景观条件也存在差别,这就使 GI 规划步骤与方法并不完全一致。总体上说有以下几种 GI 规划方法:

马克·A. 贝内迪克整理了佛罗里达与马里兰 GI 网络设计模型,总结出目标导向 5 步法:①详述网络设计的目标;②收集和处理景观类型数据;③确定并连接网络元素;④保护行动设置优先级;⑤寻找反馈和投入。贝内迪克的方法并非是按照时间顺序逐步实施的,而是可往复、交叠、循环的。

麦克唐纳(McDonald)梳理了美国 GI 规划案例,总结出 4 步法:①结合多方利益相关者需求,确定规划目标;②运用景观生态学理论及相关土地利用规划政策进行数据分析;③基于现有绿地,对潜在的 GI 进行数字化分析,确定控制中心和连接廊道以及土地优先保护等级,构建 GI 网络;④在建立的优先保护体系基础上,指导管理体制和资金计划,保障规划实施[2]。

ECOTEC 借鉴了欧洲 GI 规划案例与理论,提出了 5 步法:①确定合作伙伴和优先事宜,并制定政策评估框架;②整理数据,建立数据库;③根据现状与资料,剖析现状绿色基础

---

① Gong C, Hu C J. The Way of Constructing Green Block's Eco-grid by Ecological Infrastructure Planning [J]. Procedia Engineering, 2016, 145: 1580-1587.

② McDonald L A, et al. Green Infrastructure Plan Evaluation Frameworks [J]. Journal of Conservation Planning, 2005.

设施的功能及潜在效益；④GI 现状与发展目标关系评估；⑤依据资料与分析，制定规划方案①。

国内学者吴伟和付喜娥提出 7 项规划步骤：①确定规划目标；②搜集场地资源要素详细目录；③提出 GI 规划希望达到的效果；④确定网络中心和连接节点；⑤GI 规划设计；⑥建立 GI 网络系统；⑦评估与调整②。周燕妮与尹海伟总结了 GI 规划的"5W"，分别为确定当地特色资源要素（What）、编制规划的基本目标和期望（Why）、确定优先发展区和保护区（Where）、运用 GIS 进行研究分析确定网络（How）和联合利益相关者达成规划共识（Who）③。裴丹比较了国外代表性 GI 规划项目，提出了 6 步法：①前期准备；②资料收集；③分析评价；④确定 GI 要素和格局；⑤根据各方利益与现状调整 GI 网络；⑥实施与管理④。

尽管不同国家相关学者对 GI 规划方法研究略有不同，但由于 GI 概念、特征、内涵等核心理念的一致性，多种规划方法又在某种程度上呈现出一定的共性特征，比较分析各国 GI 规划案例的构建步骤，可以精简为以下几步：目标确定—组织团队—效益预估—资料搜集—数据整理—效益反馈—确定要素—等级设定—构建网络—资金保障—方案实施—管理回馈。

3.3.4　城市 GI 规划效益

城市 GI 的功能有生物功能、非生物功能与人文功能，GI 规划后的城市开放空间也需要兼顾人与自然的整体效益，即有利于生态系统循环的生态效益、有助于社会稳定与经济发展的社会效益与经济效益，城市 GI 规划对城市自然生态系统与人文生态系统起着重要支撑作用（表 3-5）。

1. 生态效益

城市 GI 规划最大的特点之一在于对自然自身生理机制与利益的考量，支持城市中自然要素的生态循环过程与保障城市的生态稳定，主要在 3 方面：支撑、供应与调节。生命支撑主要是促进植物的光合作用和养分循环、保持土壤肥力、实现自然演替过程等；供应服务主要是形成生态系统中动植物需要的食物源与养分源、提供生物栖息与交通空间等；调节服务主要是指调节生物生存环境、自然降解生物废物及调节生物种群疾病等。

2. 社会效益

城市 GI 在类型上属于城市基础设施，基础设施最大特征就是服务居民的社会性。城市 GI 规划产生的社会效益有：改善居民生存环境与美化空间的生态美学效益；减缓旱涝灾害与其他自然灾害的损害，提高生态安全效益；为居民提供各种功能开放空间的休闲活动效益；保证社区宜居环境质量的生态环境效益；保护自然与非自然遗产的生态保护效益；对儿童与居民的自然教育效益。

---

①　ECOTEC. The Economic Benefits of Green Infrastructure：Developing Key Tests for Evaluating the Benefits of Green Infrastructure [EB/OL]. https://www.forestry.gov.uk/pdf

②　吴伟，付喜娥. 绿色基础设施概念及其研究进展综述[J]. 国际城市规划，2009，24(5)：67-71.

③　周燕妮，尹海伟. 国外绿色基础设施规划的理论与实践[J]. 城市发展研究，2010，17(8)：87-93.

④　裴丹. 绿色基础设施构建方法研究述评[J]. 城市规划，2012，36(5)：84-90.

表 3-5　城市 GI 规划产生的相关利益及内容分类

生态效益	社会效益	经济效益
生命支撑 ①养分循环 ②水系统循环 ③土壤肥力保持 ④自然演替与自然过程	生态美学 ①自然生态美感 ②健康与幸福感 ③精神愉悦 ④归属感	自然产品 ①生态系统的产品生产 ②健康食物的生产 ③工业/建筑材料:木材等 ④无机材料:土,白垩,砾石 ⑤燃料:木材,天然气 ⑥药材 ⑦烟草 ⑧观赏植物资源 ⑨可再生能源 ⑩纤维、水产品 ⑪生化药品 ⑫干净泉水资源
供应服务 ①产生清洁的水 ②生物多样性 ③动植物栖息地 ④动植物迁移廊道 ⑤遗传资源 ⑥清洁空气 ⑦授粉、繁殖 ⑧维持动物食物链 ⑨植物养料供应	生态安全 ①缓解雨洪 ②降低泥石流灾害 ③预防与治理其他城市自然灾害 ④居民心理安全	
	休闲活动 ①美化休闲空间 ②提高可达性与连通 ③共享绿色空间,社会公平 ④促进社会交往 ⑤促进室外健身 ⑥促进非机动车使用与步行 ⑦提升相关便利设施使用率 ⑧减轻工作压力	城市游憩 ①提供具有吸引力的景点/区域 ②增加景点游玩附属费用,如交通、纪念品、餐宿等
调节服务 ①气候调节 ②气体调节 ③侵蚀调节治理 ④空气自然净化 ⑤水体自然净化与调节 ⑥适应气候变化 ⑦雨洪调控 ⑧生态废物管理 ⑨生物控制 ⑩维持扰动和演替态势 ⑪维持水文态势 ⑫生物种群的疾病调节		土地增值 社区绿化率提高,周边土地增值,物产增值
	生态环境 ①净化社区空气质量 ②净化城市水质 ③降低噪音 ④调节气温 ⑤调节城市微气候 ⑥维持生态系统完整性 ⑦降解城市废物	资源利用 ①场地土方量的均衡,减少运输成本与新土方购买成本 ②场地废弃物或现有资源的再利用
		减灾减费 ①减少自然灾害,从而降低自然灾害带来的城市经济损失 ②生态降解废物,减少治理成本
	生态保护 ①对古树、文物人文空间的保护 ②历史资源的保护	化整为零 ①GI 具体实施时分散到各个场地,减少投资成本与风险 ②增加当地就业率 ③利益相关者可长远投资 ④使用者付费 ⑤场地尺度 GI 类型多样,功能多变,弹性大,利于可持续发展
	教育意义 ①提升户外教室环境 ②自然过程教育意义 ③激发儿童灵感	

资料来源:参考 Pitman S, Ely M. Green Infrastructure Life Support for Human Habitats:The Compelling Evidence for Incorporating Nature into Urban Environments[R]. Botanic Gardens of South Australia Department of Environment, Water and Natural Resources,2014:170-367.

3. 经济效益

城市 GI 规划是追求经济发展与环境保护并行,而非是单方面侧重。因此在城市自然资源的保护与恢复的同时,也产生了多类型的经济利益:多种需求的自然产品的生产;大型自然景观的规划带来的附属消费;社区生态环境的优化引起社区本身及周边土地的增值;场地内部资源的生态利用降低了相关运输成本与购买成本,减少了资源消耗;自然灾害的预防与缓解降低城市经济损失;GI 规划最终落实在各个场地的生态设计,可以产生稳定又有弹性的相关经济利益。

城市 GI 规划的 3 种效益往往呈现网络连锁效应,而非独立产生,例如植物、土壤对雨水的吸收作用以及植物蒸腾作用降低了城市地表径流,浇灌了生产类植被,供应了地下水源,调节了城市微气候,同时缓解或预防了城市中可能发生的雨洪,保障了城市居民的人身安全与财产安全。并且规划后的公共空间也往往能满足城市各种社会取向需求,如人文价值取向,居民关怀感、平等感以及新形式空间导致的新活动类型的产生;经济价值取向,居民公共利益与社区整体利益的强化;文化价值取向,城市空间多样性、独特性与生活性的出现[①](图 3-4)。

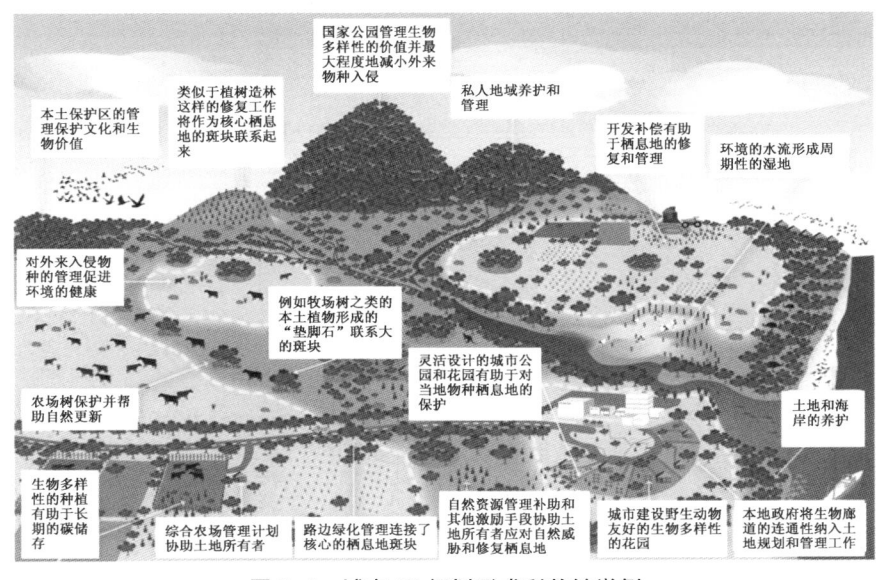

图 3-4　城市 GI 规划形成利益链举例

图片来源:参考 Australian Government, Department of Sustainability, Environment, Water, Population and Communities. National Wildlife Corridors Plan: A Framework for Landscape-scale Conservation [Z]. 2012.

3.3.5　城市 GI 系统规划案例研究

GI 概念自 20 世纪 90 年代在美国提出后,成为西方国家城市发展的重要课题,国内外都进行了一系列的规划实践。美国 GI 规划主要是应对环境污染与城市蔓延问题,提出了诸如"精明增长""精明保护""绿色网络"、绿道网络、GI、EI 等发展措施,通过对州到城市不同尺度土地资源整合利用,协调生态保护和用地开发的矛盾,如马里兰州、佛罗里达州、新泽西州、西雅图、里士满等地方 GI 规划最具代表性。而西欧的城市面临的主要是城市化后的污染及旧城改造等问题,西欧 GI 规划的主要目标除去维护生物多样性外,还涉及提升城市景观、居民健康,降低城市犯罪等方面,如荷兰国家生态网络、英国伦敦与卡莱尔市 GI 规划项目。除此之外,日本与新加坡从国家尺度也提出了与 GI 相关的绿地保护政策与生态规划方案[②]。我国 GI 相关规划与研究起步相对较晚,但近几年来许多城市也逐渐意识到区域

①　吴伟. 城市公共空间公共性及相关设计策略研究[D]. 重庆:重庆大学,2012:61-63.
②　喻晓蓉. 绿色基础设施理念在城市总体规划中的应用研究[D]. 广州:华南理工大学,2014:21-23.

及城市用地保护与空间发展相协调问题,主要体现在城市生态安全格局构建、绿道网、绿带规划、水资源的生态利用以及高密度城区 GI 的构建等方面,例如广东省绿道网规划、香港 GI 规划及成都天府绿道规划等(表3-6)。

表 3-6 部分 GI 规划策略举例

	案例	尺度	策略
国外	美国马里兰州的 GI 规划	州级—场所级	利用 GI 评估技术识别出网络中心和廊道两种重要的元素,进而划分等级,进行风险评估,采取不同的保护和发展策略
	佛罗里达州的"绿色网络"	州级—场所级	由生态网络和文化游憩网络组成的全州范围的 GI 规划,并将景观分为自然景观和人文主导景观两类
	新泽西州的"花园之州的绿道"	州级—场所级	评估并确定土地利用类型,再对滨水廊道、河漫滩涂、森林斑块等的生态价值进行评价,最终把价值最高的开放空间作为"网络中心",并综合考虑了生态、美学、文化和游憩价值
	美国西雅图的绿地生态开放空间体系	市域级—场所级	将开放空间、绿色交通、城市水系、生物栖息地、城市能源系统五大系统彼此分离却内部连接,同时又与城市外部的绿道以及州立公园等相连接,将绿色开放空间连成一个相互交织的整体
	美国里士满的绿色复印计划	市域级—场所级	在确定城市空地可以作为补充 GI 网络系统后,研究从城市到区级再到社区对里士满现有空置用地分类且层层筛选,系统性地结合城市现有绿色资源和社区需求对试点社区进行规划
	荷兰国家生态网络	国家级	通过廊道、缓冲区等空间把单个栖息地与保护区连接成连续、完整的空间结构,其要素包括核心区、生态发展区、管理区、联系区、缓冲区
	英国伦敦东部绿网项目	市域级	通过土地资源的整合利用建立网络式的开放空间系统,实现城市中心、交通站点、河道、公园、工作地及居住区之间的对接
	英国卡莱尔市的 GI 规划	市域级	GI 规划分为形象与感知、空间及经济增长、生活质量、可持续性与弹性 4 个主题
	新加坡公园绿地网络	国家级	以连接道和系列公园的形式联系全岛内公园、开放空间、自然保护区等绿色空间,并且结合居民中心区、河流缓冲地、地铁枢纽站和交通枢纽站以及学校等空间来规划,方便市民的进入和使用
	东京纤维城市 2050	国家级	针对旧城的复杂情况,将城区绿廊分为指状绿带、绿皱、绿网、绿垣 4 种类型,并且赋予不同的功能和内涵
国内	广东省绿道网规划	省级	将省域范围内具有一定保护价值的风景名胜区、文物古迹、郊野公园、自然保护区等通过省立绿道、城市绿道等线型空间连接起来,并且以驿站形式设置丰富的公共服务设施
	香港 GI 规划	市域级	GI 规划设计分宏观和微观两个层次,宏观层面主要是构建区域性自然环境廊道,微观层面重点将城市开放空间连成网络
	成都市天府绿道规划建设方案	市域级—场所级	形成不同等级的环形绿道体系与驿站体系,串联不同特色园区,完善沿途体育设施与游憩设施,实现生态保障、休闲旅游、体育运动、文化博览、慢行交通、农业景观、海绵城市、应急避难 8 大功能

资料来源:笔者自绘

　　总结 GI 规划的方法主要有 3 种:①垂直数据叠加法,基于垂直生态过程的适宜性分析方法,分析同一区域内土地利用之间的垂直过程和联系,选择连接廊道与网络中心,并通过生态价值和开发风险等评价来确定不同的优先保护等级;②形态学空间格局分析方法,通过一系列图像处理技术,将林地和湿地等高敏感性网络中心分成互不重叠的 7 类,有中心、桥、环、分支、边缘、孔、岛,其中"中心"为 GI 的网络中心,"桥"为 GI 的廊道,将"中心"与"桥"连接构成 GI 网络;③基于水平生态过程的空间分析方法,首先确定网络中心,根据目标确定动植物水平迁徙运动的"阻力因子"及其权重,建立阻力面,再运用 GIS"最少消耗模型"计算网络中心之间的最少消耗路径,之后根据土地覆盖和地形确定廊道宽度,构建适宜于动物迁徙的生态安全格局[①]。总体来说,城市 GI 规划以自然资源与历史文化资源保护、游憩资源利用、多种生态功能与公共功能的发挥为基本目标,以"连通""层级""多功能"为规划要点,逐渐成为土地生态利用规划决策前及实施后评估的重要依据。

3.4　本章小结

　　本章在整理国内外 GI 研究背景基础上,对城市 GI 与相关概念进行了较为深入的对比与辨析,发现了 GI 的连通性、系统性、多功能复合性、生物多样性、宏观调控与技术实施等多项综合特征以及生物、非生物与文化 3 大功能。其次,深入探讨了城市 GI 的构成与层级,根据 GI 的形态特征与功能特性,GI 由网络中心、廊道、场地、生态跳点、孤岛 5 部分构成,并由上至下划分为城市—社区—场地等不同尺度层级,与公共空间研究层级相对应,继而引出城市 GI 规划。城市 GI 规划与城市绿地系统、绿道系统、绿色开放空间景观规划不尽相同,其具备多项规划原则,社会、生态、经济 3 大效益,以及系统的规划步骤。最后对国内外城市 GI 规划案例进行分类研究,总结了城市 GI 规划的 3 种基本方法。

　　GI 规划作为融合不同尺度、不同类型及不同功能的生态建设和保护规划方法,以其良好的经济、社会和环境效应而成为政策制定和实施的框架,并在国内外发达城市和地区广泛实践。总体来说,城市 GI 系统规划有以下特征与要点:①GI 规划具有尺度弹性,在城市尺度内,从城市到社区再到场地形成宏观、中观、微观多个规划层面,在规划中应就各个层面确定不同的目标战略,由上而下分级实施;②GI 规划强调生态功能要素的连通性与网络性,形成的生态网络具有较强的自我恢复能力和维持生境能力,因此 GI 规划是一种前瞻的主动保护性规划方法;③各国 GI 规划实践都是建立在政策指导与管理基础上的,并积极调动公众参与其中,因此 GI 规划的实施是一种多政策、多专业、多人群共同参与的综合性计划。随着 GI 的效益和规划技术不断成熟,探索符合我国不同城市生态空间的建设框架、规划方法和评估技术变得可行,城市 GI 的多种复合功能也为公共空间生态规划提供了理论基础、实践基础与研究方向。

---

① 付喜娥.绿色基础设施规划及对我国的启示[J].城市发展研究,2015,22(04):52-58.

4 GI 导向的城市公共空间系统规划研究框架

伴随着城市空间生态问题的出现,涌现出无数新的规划理论思想,补充着原有理论的同时,也寻求着最佳的规划方法。绿色基础设施作为城市的生命支撑系统,在城市公共空间发展中起着重要的作用,城市公共空间与绿色基础设施看似属于两种不同用地属性的城市开敞空间,实则在要素结构、功能组织、规划方法各个方面有着紧密的联系。通过对城市 GI 与城市公共空间要素、用地性质、规划方法的对比分析,找出 GI 规划辅助城市公共空间规划的可能性与切入点,依托相关的背景理论与技术方法,形成 GI 导向的城市公共空间系统规划研究框架。

4.1 城市 GI 与城市公共空间对比研究

4.1.1 研究对象范围界定

GI 导向的城市公共空间是以城市 GI 影响为背景条件,城市公共空间为研究对象,探讨不同尺度与不同方向下涉及公共开放空间的不同部分。本书的城市公共空间指"城市中室外开放的、面向所有市民的、经过人工开发并提供活动设施的场所",这一定义排除了室内公共空间、仅供特定人群使用的半私密空间、非公共开放空间,而城市 GI 包含了部分非公共开放空间,因此与保护用地、私人林田地、墓地等非公共开放空间也会产生交叉研究。此外,一些特殊机构群体的公共空间以及建筑灰空间根据章节研究情况而定。

研究的目的在于规划人为活动的公共空间,但也会涉及自然因素占主导地位的生态开敞空间的相关研究。由于城市开敞空间从人工与自然属性上主要有人工规划的公共功能空间与城市开敞的绿色空间,两组概念与内容既对立又在某些地块类型相互包容,并与城市公共空间与城市 GI 相对应。因此本书将 GI 概念作保留处理,在某些章节将 GI 与公共空间结合的部分称为"结合区",以保证两者效益的均衡(表 4-1)。

表 4-1　城市公共空间研究主体与研究涉及内容

城市空间		
室内外空间公共属性	室内公共空间×	半室内的灰空间√\	室外公共开放空间√
开放空间自然与人工属性		人工开放公共空间√	自然开敞生态空间√\
开放空间公共属性		公共开放空间 √	非公共开放空间√\

注:√为研究主体;√\ 为研究涉及内容;×为非研究内容。
资料来源:笔者自绘

4.1.2 城市公共空间与城市 GI 要素对比

城市 GI 与城市绿色开放空间不同,更强调资源与要素之间的连通性与系统性,即基于不同尺度的网络中心、生态廊道、场地之间形成城市生态网络,发挥立体网络的流通性与抗干扰性,以保障生物流与能量流的效益最大化。城市公共空间在规划层面上也体现在不同结构形态的空间要素搭配与组合,即广场、公园等面型与节点型公共空间与交通类线型公共空间的有序规划,为城市提供多种社会属性的功能。因此,介于两种要素功能类似、形态趋同、用地性质交叉,网络中心与面型公共空间,廊道、生态跳点与线型公共空间,小型场地与节点型公共空间可以形成 GI 与公共空间的要素分类对比研究。

城市公共空间的直接使用主体主要是社会属性的市民,城市 GI 的服务对象与受益载体除了市民外,还包括有机的生态系统,两种要素的服务主体不同,而导致城市公共空间与城市 GI 要素的功能与用地类型不同。大尺度的面型公共空间通过同时提供如文化展示、商业激活、休闲娱乐等多种功能起到聚拢与辐射人流作用;而城市保护用地、公园及其他属性绿地构成的网络中心意义更为广泛,除了聚集人流外,其更强调多种生物与生态过程形成的复杂生态系统的集中。广场、公园等节点型公共空间与 GI 中的小型场地相较于上一级的面型公共空间与网络中心在尺度与连通性上基本都有所减小,节点型公共空间是面型公共空间功能的补充与分散,服务范围缩小但功能性与节点性特征更为明显,是城市公共空间规划中不可或缺的一部分;而小型场地是生物流在网络中心之间传输过程中的"中转站",强调过程性的生态效益,以形成网络中心为目标。不同形态、尺度与交通方式的街道构成的线型公共空间与线型公园、绿道、河流、树列与灌木丛形成的廊道、生态跳点从广义上讲都是点面型公共空间与 GI 网络的交通联系空间,与联系节点、空间布局以及街道与廊道本身有关,线型公共空间注重对节点进行松弛有序的游览性联系以及不同节点间高效直接的交通性联系,而生态廊道强调形成连接不同网络中心的复杂网络系统。

总体来说,点线面型公共空间对应 GI 网络中的场地、廊道、生态跳点、网络中心,在公共空间规划与城市 GI 规划中各要素结构功能基本趋同,基础服务功能却有所差异。公共空间要素的功能在于提升空间公共活力,与空间的区位条件、空间规划组织、内部设施以及社会性使用状况密切相关;而 GI 要素的功能主要在于保障生态网络的生态敏感性,受 GI 内部景观格局、外在联系以及周边环境等方面的影响。

4.1.3 城市公共空间与城市 GI 用地区分

城市公共空间与城市 GI 要素不仅结构功能类似,在用地属性上也有所交叉,这种既含有公共功能又具备 GI 属性的叠合地块可以称为结合区。在 GI 规划与公共空间规划交叉研究中,对结合区性质的判定至关重要,例如城市级公园与内部非机动车道、自行车道与步道、草坪、含有序列生态跳点的街道。

1. 公园与内部非机动车道

在宏观或中观研究中,城市级公园内部小径在一定尺度内且材质是自然软质材质,基本不妨碍动物穿行与其他生态过程时,公园整体可作为结合区。内部小径若作为连通城市的自行车道与步道则单独视为公共空间。若公园内部道路与广场为硬质材料或宽度足够,妨碍公园动物活动与其他生态过程时,公园可被道路分为几处结合区,内部道路与节点可视为公共空间。

2. 自行车道与步道

在宏观与中观研究中若自行车道与步道在一定宽度内且材质是自然软质材质,基本不妨碍动物穿行与其他生态过程时,自行车道与步道可视为结合区。若自行车道与步道材质为硬质材料或宽度足够,妨碍公园动物活动与其他生态过程时,自行车道与步道可视为公共空间。

3. 草坪

上人草坪视为结合区,不上人草坪视为 GI。

4. 含有序列生态跳点的街道

在宏观研究中,所有硬质街道与城市高速路视为公共空间。在中观研究中,形成序列的生态跳点作为半联系型廊道可视为 GI,街道则仍作为公共空间。

4.1.4 城市公共空间系统规划与城市 GI 规划对比

城市公共空间系统规划自上而下具体包含城市尺度的总体规划、社区尺度的控制性详细规划及场地尺度的公共空间设计,以尽可能均衡高效地满足城市居民多种户外需求;而城市 GI 规划遵循"先规划后发展"的主动规划原则,强调在城市公共空间规划之初对自然状态的绿地资源进行保护,或者在空间更新性规划中对高敏感性的景观用地进行生态修复,两种规划系统虽然目标不同,但在规划结构、规划步骤、规划原则及规划效益上可以形成对比研究。

在规划结构方面,城市公共空间规划与 GI 规划都遵循"宏观—中观—微观"的规划结构等级,形成"区域—城市—区级—社区—街区—场地"逐层控制性规划。在规划结构功能层面,GI 规划从景观生态学角度包含绿地网络、湿地网络、水域网络,而公共空间规划包含广场、公园非机动交通空间等分项规划。在规划结构形态层面,公共空间依据点线面形态形成节点型公共空间、线型公共空间、面型公共空间,而 GI 对应形成场地与孤岛、廊道与生态跳点、网络中心。在规划步骤方面,公共空间规划与 GI 规划都常采用问题解决型规划流程,即形成"空间梳理—问题阐述—目标政策—分段实施"的规划方法。在规划原则方面,公共空间规划与 GI 规划可以整合两种不同的目标特征,形成适宜于双重主体的综合原则。在规划效益方面,GI 系统越复杂则产生的生态效益越高,而公共空间系统强调有序组织,因此可以兼顾两种系统特征,形成结合性规划,既可有序引导公共空间建设,又可避免对 GI 自然生态过程的干预,充分发挥两者的经济、文化、生态及其他社会属性的多种功能与效益。

基于公共空间规划与 GI 规划在多方面的高度契合,不同层次的城市公共空间体系与不同尺度的 GI 系统可以形成同等级下的规划结合,城市尺度、社区尺度、场地尺度的 GI 分别和公共空间的总体规划、控制性详细规划、场地景观设计融合,在不同层次的规划中有效实现生态意义下公共空间的规划目标、规划内容与规划重点[①]。

---

① 曹静娜.绿色基础设施规划与实施研究——以仁怀南部新城为例[D].重庆:重庆大学,2013:93-94.

4.2　城市 GI 规划辅助城市公共空间规划分析

4.2.1　城市 GI 具有解决公共空间问题的潜力

1. 要素交融

城市公共空间包含公园、广场、街道等不同功能的点面线型要素,而城市 GI 包括研究范围内所有自然、半自然、社会属性的带型、线型、面型、网络型的生态资源要素,在要素形态方面,两者有交叠、结合、包含与被包含几种布局关系,例如城市绿道既有公共交通功能的线型道路又包含生态传输功能的带状绿廊;城市湿地公园既是公共休闲场地又属于湿地生物的重要栖息地;社区雨水广场既是服务居民的活动场地又是处理雨水生态过程的基础设施,因此城市公共空间要素与 GI 要素相互影响、共生互利。

2. 结构趋同

面型、线型、节点型等公共空间具有聚集、交通、过渡等结构功能,与网络中心、廊道、场地等 GI 网络结构功能趋同。GI 网络规划中可以结合城市空间肌理对 GI 布局,公共空间系统构建中也可以利用已有的自然生态资源形成生态视角下的规划结构,例如在城市绿道规划中可以结合已有公园、河流廊道、保护用地形成生态网络与公共游憩双层结构,保障 GI 网络的连续性与完整性,结合区域慢行系统,发挥绿地多重效益。

3. 功能相嵌

城市 GI 通过解决城市历史遗产保护、城市用地规模和生态环境等方面的城市问题,不仅为城市生态过程提供连续性的空间支持,还可以产生包括休闲、教育、生态、景观等各个方面的社会、生态、经济效益[①],弥补了城市公共空间多种功能的不足。城市公共空间的游憩、教育、植被培育等与绿色资源相关的社会服务功能也可以引导市民与自然产生良性互动,在一定程度上促进了城市 GI 网络的形成。

4. 目标共有

基于 GI 导向的城市公共空间应满足以下目标:①城市 GI 系统与城市公共空间系统保持各自的完整性与网络性;②城市 GI 中利于生物多样性的生态敏感性较高的动植物栖息地避开公共性强的公共空间,反之亦然;③城市公共空间系统结构合理性应与城市 GI 共生、融合;④城市公共空间规划中应为城市 GI 留有一定的生态弹性(生态系统元素适应未来环境变化的潜能),反之亦然;⑤在保证城市 GI 生态过程完整情况下,融入城市公共空间生态规划与设计;⑥城市公共空间多种功能布局合理、分布均衡、可达性强。

4.2.2　城市 GI 与公共空间相互转化的可能性研究

1. 管理角度

城市总体规划用地分为建设用地与非建设用地。非建设用地一般为城市隔离带、农田、保护用地、自然水域等大尺度 GI 要素;建设用地中除去建筑肌理的开放空间主要包含城市

---

① Kambites C, Owen S. Renewed Prospects for Green Infrastructure Planning in the UK [J]. Planning Practice & Research,2006.

公共空间、非公共的开放绿地及其他开放地块。在国内,公共空间与开放绿地均属于城市公有性质用地,地块具有更大的便利性以实现功能置换,在公共空间与 GI 资源管理过程中,基于制度控制与利益协同下可以充分利用规划先行与公众参与的方式,实现城市公共空间的可持续发展。

2. 共存角度

城市公共空间与 GI 可以在某些特殊情况下"结合",例如公园既属于公共空间,又属于城市 GI,既可以满足市民的公共活动需要,又实现了城市生态系统的部分生态过程。这部分"结合区"搭接了城市公共空间与 GI 两种结构与系统,使两种能量流在交汇处实现共存与互利,例如城市生态公园与绿道的发展连接着不同尺度下自然要素与人工要素实体空间与功能,促进了区域的可持续发展以及人与自然和谐共生。

3. 互惠角度

城市公共空间与 GI 在表面上服务于不同主体,实则互惠互利。公共空间的包容性特征与 GI 的复合功能性在一定程度上可以互相弥补,实现城市开放空间的可持续发展。例如利用低影响开发技术改造城市公共空间,美化环境的同时也解决了实体空间内的环境问题,从生态安全角度提升了空间的公共活力;而 GI 也具有教育作用,展现的生态过程与生物多样的公共空间可以为居民普及自然知识,增强居民生态意识,提高生物多样性以及维持生态过程完整性。

4.2.3 GI 理念下城市公共空间系统规划特征

1. 结合规划

在规划之初,GI 网络以充分考虑城市的景观生态特征,在明确需要进行保护的网络中心和廊道的基础上进行城市公共空间不同功能用地的划定。预先确定 GI 网络系统,能够保证那些已有的开放空间、高生态产出的土地被视作城市资源,不被开发破坏,并促进地区绿色生态网络与公共空间体系的系统化和完整化,最终使居民和自然系统双双获益。

2. 生态连续

生态的连续性是 GI 网络重要的特征之一,也是 GI 规划的核心。GI 理念下城市公共空间系统规划除了解决基本的公共空间问题,实现高度公共活力之外,还应保证与公共空间用地相关的生态资源连续性:不同类型的生态用地进行选择性优化衔接形成的自然景观的连续;自然生态系统的各种资源要素特性与自然过程连接实现生态过程的连续;以及公共空间使用者在景观路径、景观市域、文化景观方面的自然体验的连续性[①]。

3. 功能置换

城市公共空间规划主体目标是从上而下系统且均衡地构建多种社会功能的城市开放服务空间,而 GI 规划的主体目标在于保护与修复城市已有的自然生态系统,达到自然与城市的共生,GI 理念下城市公共空间系统规划基于两种共有目标可以对 GI 用地与公共空间用地重新布局,例如低生态敏感性的"绿地孤岛"可以根据城市发展需要转变为高活力的公共空间,或者处于重要生态位的低公共活力的公共空间也可以置换为受保护的网络中心。

4. 空间融合

城市 GI 的规划改变了以城市空间及功能为首要考虑因素的发展模式,它所倡导的是

---

① 董晨. 绿色基础设施理念下住区绿地系统规划方法体系研究[D]. 重庆:重庆大学,2016:59-60.

城市空间与自然生态空间的融合,使 GI 的生态服务功能与公共空间的社会服务功能及设施在空间布局上相互渗透。公共空间与 GI 的结合性规划,应从路径、设施、视域等多方面协调公共游憩空间和绿色生态空间的布局,做到相互联系而不过度干扰,达到系统的最优结构和效益。

4.3 GI 导向的城市公共空间系统规划研究理论、方法与框架

4.3.1 背景理论与思想

1. 精明增长与精明保护

20 世纪 90 年代,北美学者针对城市生态失衡问题提出了两大概念——"精明增长"和"增长管理",试图通过管制土地开发活动来获取空间增长综合效益。随后,从自然保护运动发展而来的精明保护思想备受关注,通过先规划需要保护的非建设用地来控制城市扩张与保护土地资源,从而形成可持续发展的城市形态。精明保护是精明增长的补充,是一种主动的、系统的、多功能的、整体的、多重管治的及多尺度的保护与发展模式①。而基于 GI 的城市空间规划强调的正是保护、修复城市绿色资源与城市空间协调发展。

2. 景观安全格局与反规划

反规划概念是在中国快速的城市化进程与无序扩张的背景下提出的,本质上是一种强调通过优先进行不建设区域的控制,来进行城市空间规划的方法论与景观规划途径,包括 4 个方面:反思城市状态;反思传统规划方法论;逆向的规划程序;负的规划成果。景观安全格局(Security Pattern,简称 SP)是判别与建立生态基础设施的一种途径,通过判别景观过程与格局的关系并对其进行分析与模拟,来进行生态基础设施评价,共有 6 步:景观表述;过程分析;景观评价(高、中、低生态安全水平);景观改变;影响评估;景观决策。基于 GI 的城市空间规划参考了景观安全格局理论的指标选择方法与内容以及规划流程,但更为具体、系统。

3. 土地利用生态规划方法

麦克哈格提出的土地利用生态规划方法有 3 个步骤:生态因子的调查、生态因子的分析和综合(图层的建立与重叠)、土地适宜性分析(生态规划结果)。即先对规划地域生态决定因素进行全面的调查和筛选;然后对各因子进行整合分级形成各生态因子的单因子图,并叠合形成复合图;最后根据复合图来分析和判断每一块土地最适合的用途②。基本所有生态学的规划方法结构都借鉴了麦克哈格对土地的生态分析步骤及以因子层分析与地图叠加技术为核心的"千层饼模式"。

4. 景观生态学理论

国际景观生态学会的新会章(IALE Mission Statement,1998)对景观生态学的定义为:"景观生态学是对于不同尺度景观空间变化的研究,它包括景观异质性的生物、地理和社会

---

① 刘晖,黄毅翎,谭伟,等.精明保护:禀赋敏感地区规划设计的新思路——基于江苏滩涂地区的实证分析[C].2012 中国城市规划年会,2012.

② 况平.麦克哈格及其生态规划方法[J].重庆建筑工程学院学报,1991(4):60-67.

的原因与系列,是一门连接自然科学和相关人类科学的交叉学科。"①两个景观生态学理论为GI提供了理论基础:一是岛屿生物地理学,阐明了大面积近距离连接的斑块更有利于生物多样性保护;二是异质种群动态理论,解释了廊道建立起的斑块网络会更有利于物种保护。基于GI的城市公共空间规划借鉴了景观生态学理论的3方面:斑块—廊道—基质理论、景观连通度与景观连通性、空间异质性理论。

5. 城市空间生态绩效理论

"生态绩效"的内涵是生物在一定环境下生存和发展状态的效果体现。由于生态系统的开放性,生态绩效是通过生物彼此生存关系而构建并受其影响,生态绩效的优劣将决定生态系统未来发展的优劣②。城市空间的生态绩效可以认为是在城市规划建设过程中,为了提高生态环境质量,在一定投入后所产生的结果或效果,体现了人类自身及人工环境与其他生物及自然环境关系的优劣情况。由于人类对城市公共空间资源的利用无论采用何种方式、技术、手段都会对自然生态系统产生一定干扰,因此城市空间利用的生态绩效应当尽可能地达到"干扰"与"利用"的平衡。③

6. 共生思想

共生思想是黑川纪章在20世纪80年代提出的,主要表现为经济与文化的共生、人与技术的共生、抽象与象征的共生、人与自然的共生、内部与外部的共生。早在30多年前,黑川纪章就预言20世纪的"机械时代"将迈向21世纪的"生命时代",生命时代将从城市与自然的二元对利转为共生,并提出在城市中创造与自然相关联的共有空间(中间领域)来避免地震等城市自然灾害④。正是共生的思想才启发了城市以人为主的公共空间与城市中以生态为主的自然开放空间的有机融合,在合理规划基础上发挥两者的最大效益(图4-1)。

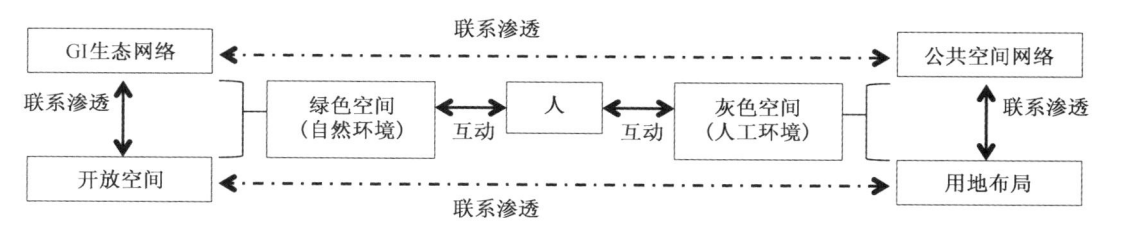

图4-1　公共空间与GI共生的网络系统示意

图片来源:姜蕾.基于共生理念的生态社区形态设计探讨[C].中国城市科学研究会,2012:1320-1325.

7. 贝塔朗菲的系统论

贝塔朗菲的系统思想是一般系统论的认识基础,是对系统的本质属性(包括整体性、关联性、层次性、统一性)的根本认识,核心问题是如何根据系统的本质属性使系统最优化。而城市公共空间系统与城市GI系统既是两个独立的分系统,都有宏观、中观、微观3种尺度层次,又在"公共生态"意义上是一处复杂的混合系统。而本书研究的手法在于将借鉴系统理论而把两种城市系统良性整合在一起而达到生态保护与公共空间复兴与发展的目的。

---

① 邬建国.景观生态学——格局、过程、尺度与等级[M].北京:高等教育出版社,2000:2-35.
② 安超,沈清基.基于空间利用生态绩效的绿色基础设施网络构建方法[J].风景园林,2013(2):22-31.
③ 安超.城乡空间利用生态绩效的内涵、表现及内在机理探析[J].城市发展研究,2013,20(6):16-24.
④ 黑川纪章认为共生需要两方面条件:承认不同文化、对立的双方、异质要素之间存在着"圣域";逐渐形成多异性、双重性格的暧昧的中间领域。

8. 城市公共空间相关理论体系

①关联耦合理论;②图底关系理论;③空间句法;④场所理论;⑤新城市主义;⑥景观都市主义;⑦城市触媒理论;⑧环境行为学相关理论。

9. 生态学相关理论及其他

①社会—经济—自然复合生态系统理论;②景观都市主义理论;③区域差异性理论;④网络连通理论;⑤功能复合理论。

4.3.2 研究方法

1. 垂直叠加法

图形叠加分析法源于以麦克哈格的因子分层分析与地图叠加技术为主的"千层饼模式"。主要有3方面:生物敏感性影响要素叠加分析、公共空间公共活力影响要素叠加分析、基于目标的图纸叠加分析。

2. 水平分析法

基于水平生态过程的空间分析方法得益于景观生态学和GIS在景观规划中的应用。点、线、面型公共空间及网络中心、廊道、场地、生态跳点、孤岛在空间的分布联系、均匀离散及均衡可达均依据水平分析法的应用。

3. 软件计算法

在分析与规划研究过程中,有可能用到GI与公共空间分析的相关软件。例如在获得试点社区遥感图像后,需要借助多种影像分析软件与处理软件对其进行处理与分析,再利用ArcGIS软件与Fragstats软件对地图进行景观格局分析。

4. 理论交叉法

城市公共空间相关理论体系与GI相关理论体系既有矛盾点,又有交叉点。城市公共空间规划与城市GI规划在宏观、中观、微观系统建构与各层次的要素组织上又是平行关系(图4-2)。本书的难点在于基于两者共生双赢的目的对两套理论体系对比分析,找出交叉点,为本书提供研究方向。

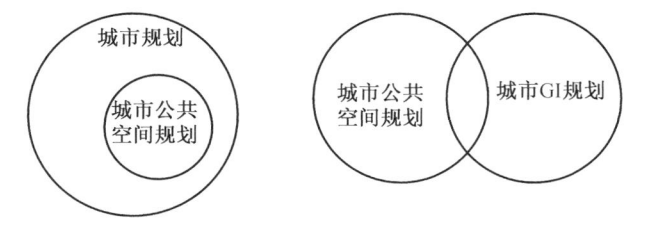

图4-2 城市规划、城市公共空间规划、城市GI规划关系示意
左:城市规划与城市公共空间规划包含关系示意
右:城市公共空间规划与城市GI规划并列及交叉关系示意
图片来源:笔者自绘

5. 案例分析法

通过查找、咨询及调研GI规划设计案例及生态学手段下公共空间设计相关案例,并进行分类、对比、分析,总结其中的分析与设计方法,为本书的创新性理论提供结构细化与案例支撑。

6. 对比分析法

通过对国内外优秀的城市 GI 规划和城市公共空间规划横向比较,分析各种规划方法的优缺点和利弊,并进行总结分析,为绿色基础设施理念应用于城市公共空间规划提供有效的经验和实践借鉴。

7. 文献研究法

通过研读梳理 GI 理念和城市公共空间规划相关理论及资料,获取了目前国内外的最新理论研究动向、理论成果和研究结论,并了解其研究趋势和分析方法,找出研究的盲区和热点,借鉴科学严谨的分析论证方法,为文章的深入研究奠定坚实的基础。

8. 实践调研法

除了基本的文献研究外,本书研究还进行了实地案例考察研究,了解了基于 GI 功能的部分城市公共空间设计案例的效果与弊端,进而考察在实际建设当中运用 GI 理念进行城市公共空间规划的可能性和现实性,使实践与理论相结合。

4.3.3 研究框架

基于城市公共空间与 GI 的匹配性分析与结合性研究方法的探讨,GI 导向的城市公共空间规划系统研究分为宏观、中观、微观 3 个层级,研究尺度集中在宏观总体规划下的城市尺度、中观控制性详细规划下的社区尺度以及微观空间设计相关的场地尺度。基于不同的尺度与层级,研究对象在宏观上主要包括城市尺度公共空间与城市级 GI、城市内所有公共空间与 GI;在中观上主要包括部分城市尺度公共空间与 GI、社区尺度公共空间与社区级 GI、社区内所有公共空间与 GI;在微观上主要包括基于 GI 场地功能的城市重要公共空间。

基于 GI 策略的城市公共空间系统规划在不同层次具有不同目标:在城市控制尺度通过用地结构调整以保障生物多样性[①]、生态系统复杂性、公共空间均衡与公平分布;在社区规划尺度通过进一步用地结构调整与要素布局以确保小型动物、两栖类生物、昆虫等物种及植物群落的生物多样性、部分生态过程完整性、雨洪生态管理及利用的有效性、生态资源提供的多种社会功能的均衡与公平分布;在场地设计尺度通过基础要素设计以确保公共空间中边缘物种及植物群落的生物多样性、雨洪管理的可实施性、绿色公共交通的合理性、多种绿地公共空间功能复合性、多重目标下对城市棕地进行生态修复后的公共性利用;最后从城市规划、场地设计、管理实施的角度对空间要素之间及空间要素与系统之间进行整合,稳定且可持续地发挥公共空间的多重效益。

GI 导向的城市公共空间系统规划研究基于宏观、中观、微观尺度下的公共空间问题分析,引出对应的 GI 规划与设计方法,并基于相应规划目标下对两者进行对比分析与结合研究,最后形成结合规划与更新方法。即形成在城市尺度下研究对象之间的要素与结构关系研究、公共空间用量的控制、城市内地块功能重组;在社区尺度下不同研究对象之间的要素与结构结合研究、基于目标的关键点研究、社区内地块功能重组;在场地尺度下公共空间设计分项研究与案例研究,以及不同角度下的系统整合等多层次的研究内容与研究框架(图4-3)。

---

① 生物多样性包括遗产多样性、物种多样性、生态系统多样性与景观多样性 4 个层次。

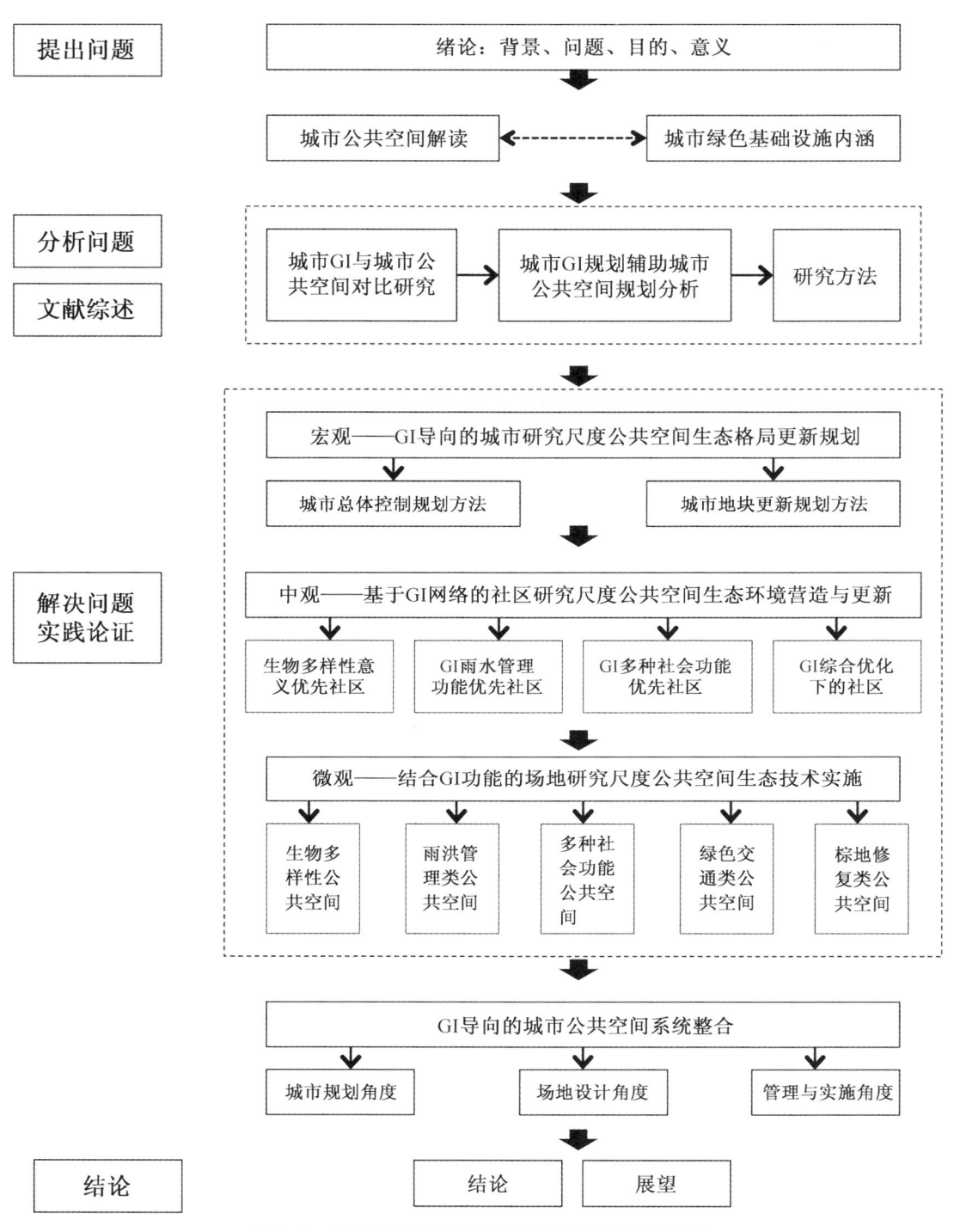

图 4-3 GI 导向的城市公共空间系统规划研究框架

图片来源：笔者自绘

4.4　本章小结

　　本章首先在界定研究范围的基础上,对城市公共空间与城市 GI 规划要素进行对比,对城市公共空间用地、城市 GI 用地以及两者结合用地进行区分,对城市公共空间系统规划与城市 GI 规划进行对比。其次依据两种城市规划要素的对比分析,发现 GI 在要素、结构、功能、目标等方面具备解决城市公共空间生态问题的切入点,城市 GI 与公共空间在用地管理、空间共存、功能互惠等方向具有相互转化的可能性,以及 GI 理念下城市公共空间系统规划具备结合整体规划、生态空间连续、功能互利置换、空间柔性融合等特征。最后,依据 GI 与公共空间相关理论,以及结合研究方法,构建了 GI 导向的城市公共空间系统规划研究框架:①城市公共空间问题提出;②GI 规划与公共空间规划分析;③在宏观、中观、微观、整合等方面进行问题分析型的规划方法研究;④案例支撑;⑤形成结论。

5 宏观——GI 导向的城市研究尺度公共空间生态格局规划

城市开敞空间主要包含人工开敞空间与自然开敞空间。人工开敞空间主要指人为设计建造的为市民公共活动提供的公共空间;自然开敞空间则包含所有城市原有保留的与修复的生态自然区域,属于 GI 网络;还有一部分区域介于人工开敞空间与自然开敞空间之间,或既归为人工开敞空间又属于自然开敞空间,例如公园等自然与人为的"结合空间"。城市尺度公共空间被称为城市的客厅,主要功能为展示与游览,一般是位于城市商业集中区、文化类建筑集中区及风景名胜中心,服务半径在 1 km 左右,步行 15 min 之内可达,拥有至少5 条公共交通路线的城市级公共空间群。

在宏观层面,城市公共空间总体规划研究包含系统内各个要素之间的相互作用和空间分布以及各个组成部分的搭配和排列的关系,形成整体有序的城市公共空间体系。而城市层面对 GI 网络的研究往往是基于自然生态区域的评价和保护,通过 GI 要素与结构的研究,修复与连通已有的绿色资源,形成稳定的 GI 生态流动网络体,以维持城市内生物的多样性,保护与保障城市中仅有的野生动物的栖息与迁移。GI 导向的城市公共空间总体规划就是基于公共空间规划目标与 GI 网络构建手段研究公共空间与绿色空间互动与结合关系,形成公共空间、GI 及"结合空间"的合理布局,以实现城市公共空间生态规划与用地结构的生态更新。

5.1 GI 导向的城市公共空间背景

传统的公共空间在城市层面的规划称为城市公共空间总体规划,主要包含对目标要素的总体用量水平与总体布局的整体规划。城市公共空间总体规划是基于社会意义与经济用量条件下的土地功能分配,而城市公共空间在城市尺度与宏观层面出现的问题主要是对城市开放空间中生态资源价值的漠视及相应的一系列生态问题。城市 GI 网络的引入与结合可以弥补传统城市公共空间规划的不足,并实现公共空间系统与城市 GI 系统的结合发展。

5.1.1 传统城市公共空间总体规划方法

在宏观总体规划层面,城市公共空间规划遵循整体性原则、关联性原则、层次性原则、网络化原则、序列性原则、资源利用原则、区域协调原则、布局合理原则,但最主要的两个原则是规划的公平性与公共性。公平性意味着规划保障足够的公共空间面积和个体数量;形成以低等级、小尺度空间为主体的合理构成;平等地为所有人(不同阶层、身份、职业及处于不同地段的居民)提供户外公共活动的条件与机会。公平性在宏观规划中可简单表达为人均各种形式公共空间指标的公平以及每个人到达各种形式公共空间的可达公平。公共性在规划阶段意味着联系方便、激发参与,在宏观规划中可简单表达为根据实际社会调研情况布局主要城市公共空间轴线与节点,形成主次序列。因此在宏观规划中,要达到公共空间的人均公平与活力,既要满足"量"的指标与"点"的布局,又要整体序列规划,调和两者之间的矛盾。对于城市公共空间系统的规划控制,目前比较常用的模式有两种:定量空间标准模式和需求导向模式。前者以量化的方法来引导城市所有室外公共空间;后者关注城市层面的主要公共开放空间在城市范围内的分布,包括空间要素分布与空间结构规划。

1. 城市公共空间定量标准

城市公共空间的定量标准是保障城市资源公平分配的总体控制方法,使公共空间与使用人数数量化匹配,确立服务一定数量的人口需要配置的公共空间的最低标准。目前常采用的几种数量水平为:人均用地面积、人均道路面积、人均广场面积、道路网密度分配、绿地率、绿化覆盖率、公共绿地率、人均公共绿地面积、人均滨水公共空间面积、人均临山公共空间面积。另外,由于上述指标不能确保公共空间均衡分布,相关研究加入了人均公共空间面积、最小步行可达范围覆盖率等尽量使公共空间均匀分布的相关定量指标与社会性、识别性、舒适性、通达性、安全性、愉悦性、整体性、多样性、文化性、象征性、生态性等不可度量的定性指标[①]。

2. 城市公共空间要素布局

(1) 城市节点型公共空间布局

城市节点型公共空间从功能上分类主要包含公园与广场两大类。在《城市绿地分类标准(CJJ/T 85—2017)》中将绿地分为综合公园(全市性公园与区域性公园)、社区公园(居住区公园与小区游园)、专类公园、带状公园、街旁绿地。广场按等级分可分为城市级广场(4.0~10.0 ha)、区级广场(1.0~3.0 ha)、社区级广场(0.4~1.0 ha)[②],按功能可分为综合广场、市政广场、纪念广场、交通集散广场、商业广场、游憩广场、文化广场及其他广场。在城市节点型公共空间布局规划中,应分等级、分功能均匀散点式布局,在达到人均相关量化指标后尽量满足公平、公正原则,使城市居民拥有同等到达不同种类节点型公共空间的机会。

(2) 城市线型公共空间布局

城市线型公共空间布局可以分为两大类:交通功能线型公共空间布局与公共空间线型展示。交通功能线型公共空间布局主要是指对各种等级与功能的交通道路合理布局,有效联系相关节点型公共空间,既要交通便利有序、功能覆盖全面,又能形成有层次性的空间序列。交通功能线型公共空间按等级尺度可分为快速路、主干路、次干路、支路;按交通形式可分为公交道路附属交通空间、步道、自行车道;按功能与所处的环境可分为商业街道、文化大道、滨河大道、景观游憩道等。城市公共空间线型展示是指在城市公共空间规划中单独分析与规划重要的景观展示带、城市主要视线通廊以及重要空间节点与区域的景观轮廓线等线型空间的布局与安排。

(3) 城市面型公共空间规划与保护

城市面型公共空间是指城市中占有较大面积的某种类型公共空间,或者是某区域范围内多种类型的公共开放空间呈一定程度的集中,其相对于城市点线状公共空间常表现为面

① 卢一沙. 总体规划阶段城市公共开放空间系统规划探究——以南宁市为例[D]. 苏州:苏州科技学院,2008:44-45.
② 中华人民共和国建设部. GB 50220—95 城市道路交通规划设计规范[S]. 北京:中国计划出版社,1995.

状,一般为大尺度自然公园、大型人工公园、某特色街区内集中的公共空间群等。城市面型公共空间一般由小型节点组成并受边界线的限定,是城市的标志景观与主要活动空间,规划中往往对其单独规划与控制。除此之外,城市面型公共空间规划还对历史文化空间、滨山邻水空间及重要的绿地、湿地、林地等具有文化价值与生态价值的公共开放空间进行划线保护与周边用地控制。(表5-1)

表5-1　总体规划阶段公共空间结构等级及要素类型划分标准

等级	服务半径(km)	可达性	公共空间类型				
			面		线		点
			功能类型	用地规模(ha)	功能类型	用地规模	功能类型与用地规模
①城市级	1	步行15 min可达,至少5条公交路线可达	城市级公园、广场、节点型公共空间群;城市级商业中心、体育中心、文化娱乐中心的附属公共空间体	4～10	城市主要商业街;城市主要景观道路;城市级线型公园及广场	宽度至少20 m	与同等级"面"型公共空间功能类似,空间等级与用地规模比同级"面"型公共空间降1～2级
②区级	0.6	步行10 min可达,至少3条公交路线可达	区级商业中心、体育建筑、文化中心附属公共空间;区级城市公园与广场	1～4	城市次要景观道路;区级商业街;区级带状公园	宽度10～20 m	
③社区级	0.3	步行5 min可达,至少2条公交路线可达	社区广场与公园;社区级公共及商业建筑附属公共空间	0.4～1	社区特色街道	不定	

资料来源:卢一沙.总体规划阶段城市公共开放空间系统规划探究——以南宁市为例[D].苏州:苏州科技学院,2008.

（4）城市公共空间网络形成

城市公共空间网络主要有景观游憩网络与交通流线网络。景观游憩网络是指将城市节点型、线型、面型公共空间中所有具有游憩意义的空间有序列地连通,形成城市景观网络,使城市特色空间展示更加整体,以强化城市的场所感与地域意义。交通流线网络主要有城市步道网络与城市自行车道网络。步道网络公共空间规划主要包括城市主要步行线路与城市节点的组合,其中步行路线应有效结合特色街道、林荫道街、商业步行街、文化步行街、特色步行区、历史街区与自然区域等,以提高景观界面与公共活动的连续性,并合理联系公共设施,形成城市步行网。自行车道网络与步道网络在很大程度上存在着空间的重叠,但在一些地势高差较大区域往往会结合地形与步道分开,在布局上也常常与滨水绿带、城市林荫步道等线型公共开放空间相结合。

3. 城市公共空间结构规划

（1）公共中心节点

城市公共空间规划中要明晰重要的公共中心节点,从城市景观特色上分类一般包括城市或区域主要入口空间(城市玄关)、城市重要景观广场(城市客厅)、历史街区与文化街区的城市公共空间(城市书房)、滨河公园与城市游憩公园(城市花园)等。在城市公共空间结构具体规划中,一般将绿地系统规划、城市景观系统规划、历史文化名城规划、历史文化街区规划、风景名胜区规划、公共服务设施规划、城市基础设施规划、城市道路交通规划等专项规划中具有公共空间属性的重要城市级节点与标志叠加,选出由点组成群的组,定为公共开放空间活动密集区,并根据社会、经济、人文、生态等要素的综合评定,提取重要的公共开放空间类型作为城市代表性的重要公共中心节点,并适当分级设计。

(2) 城市公共空间轴线

在城市公共空间结构组织中,一般利用轴线将公共中心节点有序联系起来。城市级公共空间轴线根据所处位置与功能可分为城市文化轴线、城市商业轴线(经济发展轴线)、城市景观轴线、历史纪念性轴线等;根据连接的公共中心节点重要程度及轴线规模可分为空间发展主轴线、空间发展次轴线、空间发展支线等。在布局公共空间轴线时一般结合公共中心节点综合协调与利用城市自然环境、城市形态格局、城市发展趋势等因素,强化整体的轴线空间组织及事件引导趋势,同时要考虑各种外界因素(比如人流的增长、城市功能的演变、开发商的介入以及生态地理的影响等)的干扰做出相应的弹性反映,最终顺应人的空间运动体验形成连续的序列场景。

(3) 公共空间分区

城市中部分区域往往含有多种类型的公共空间,当多种类型公共空间集中在某片区域,或同一块大型公共空间群含有多种复合功能时,就形成了公共空间集合区域。公共空间集合区域往往功能丰富、人群密集、空间形式多样、地理位置优越,是城市重要表现区域,因此应该对其分项分类研究,一般有两方面:①按照公共空间功能复合与密集程度可分为公共活动密集区与公共活动集中区,公共活动类型一般有游憩、购物、运动、集会、娱乐、文化等,密集区、集中区及普通区可以按照相对活动类型数量分类;②按照区域所处功能位置与用地性质可分为文化区域公共空间、历史街区公共空间、自然景观区域公共空间、商业区域公共空间及其他特色活动的公共空间区域等。

4. 传统城市公共空间总体规划优缺点

传统的城市公共空间总体规划在量化指标优先控制基础上对不同的空间形态分项规划,整体空间结构明晰,强调层次性与系统性,有以下优点:①城市公共空间分点线面等形态分项控制,形成功能复杂的公共空间网络;②不同功能空间在空间分布上力求均衡与资源公平;③形成了城市、社区、场地从上而下分级的规划模式,竖向规划结构严谨;④尊重城市肌理,善于结合已有城市资源,因地制宜;⑤协调各个相关专项规划,整合程度较高。

城市公共空间规划产生的问题从宏观层面到微观层面均有表现,大致为城市活力不足、城市公共空间面积与数量不够、可达性差及分布不均、内部设施不完善、步行空间被机动车占位现象严重等。部分城市也从城市更新角度对城市公共空间作了重新规划,但基本都在原有总体规划方法基础上加固,公共空间总体规划与更新规划的问题一般体现在:①城市宏观层面公共空间更新规划往往出现单一要素或单一系统规划,没有整体考虑,顾此失彼;②宏观层面的空间更新规划大多为"问题—策略"型,例如强调"历史街区的保护""捷运系统可达性提升""土地购买策略""单项改善公园与居住区公共空间"等;③城市公共空间总体规划应根据城市具体问题针对性规划,而非生搬硬套;④城市公共空间修建性详细规划、控制性详细规划与总体规划脱节;⑤城市公共空间总体规划与更新规划对城市整体生态系统考虑欠缺。

5.1.2 城市宏观生态问题研究

1. 城市生态问题在城市规划层面表现

(1) 城市边界无限蔓延加剧了自然生态系统的脆弱化

城市蔓延是一个全球性问题,而我国正处于快速城市化时期,城市蔓延的形势更为严峻。城市人口、工作单位、居住区域等向郊区的迁移致使城市由集中逐渐转变为散落无序形态(图5-1)。"摊大饼"的城市形态不仅消耗城市资源、造成交通拥堵、浪费土地资源、侵占基本农田,还导致生态系统的破碎化与脆弱化。尽管我国采取了最严格的基本农田保护政策,设立了禁止城市开发的自然保护区、风景名胜区和绿地系统规划等,但对土地的保护规范、策略、意识各方面还相对薄弱,因此应该寻求一种可操作的生态规划方法优化已有城市空间品质,增加城市空间容量,控制城市无序蔓延。

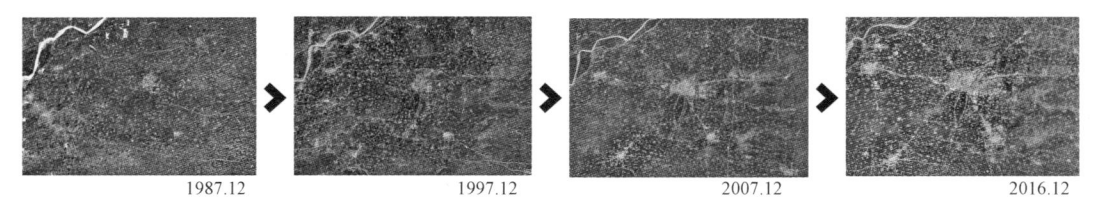

1987.12　　　　1997.12　　　　2007.12　　　　2016.12

图5-1　山东省菏泽市每10年城市扩张地图

图片来源:谷歌地图

(2) 土地的自然服务功能在城市规划与建设过程中被忽视

城市空间扩张作为城市高速发展的重要表现之一,在带来城市文化扩张、经济增长与结构转变的同时,也导致城市土地的不合理利用。设计师与决策者往往忽略土地的自然功能,取而代之的是用费时费力的人工技术系统取代土地的自然生态系统,而极大地降低了土地资源的自然服务能力,也使得大地肌体所特有的自然结构属性和生态功能属性遭受严重破坏和损伤。随之而来的是大地连续景观遭到破坏,水系统等自然过程与自然分支系统因为切割而无法保持完整,动植物栖息地减少、廊道破坏而导致城市物种骤减。

(3) 高度发达城市作为异质斑块切断了区域生态廊道

高度发达的现代化大城市在城市尺度上是一座钢铁森林,而在区域大尺度上是一处阻碍区域自然进程及破坏区域生态系统稳定的异质斑块[1]。在区域生态结构上,城市的高度混凝土化阻碍了或干扰资源、物质、物种、能量在景观中的流动与传播。因此,在城市规划中应分析区域整体的自然结构,城市本身应该尽量减弱自身的异质性,洲际公路及高速公路应避开区域中动物迁移廊道及栖息地,减少对区域生态的破坏。

(4) 城市经济利益的偏颇导致规划绿地面积的失衡

在城市化进程长期的扩张过程中,由于城市自然区域本身相对较低的经济利益,通常成为政府和开发商们争夺市场利益的突破口,对城市自然区域的保护工作在城市经济建设的

---

[1]　异质性是景观生态学的一个根本属性,是指在一个景观系统中,景观的要素类型、组合及属性在空间与时间上的变异性。在景观生态学中,景观异质性并非只是对生态系统造成破坏,也可能是良性异质。而城市作为大尺度区域景观基质的一处异质斑块,对区域生态系统是恶性的。张娜. 景观生态学[M].北京:科学出版社,2013:23.

需求下不断退让。因此规划与现实中原有的城市绿地被迫进行开发与侵蚀,城市绿化面积下降,区域生态系统的生态调节功能逐步降低,导致城市对自然灾害免疫力也随之下降。城市自然系统紊乱最终导致生态失衡,城市频频发生自然灾害也造成了城市的经济损失,形成恶性循环。

2. 基于城市生态问题的传统公共空间规划方法的弊端探究

(1)片面的"以人为本"规划方法导致城市自然系统的断层

传统城市规划只考虑城市公共空间的系统性与连通性,而没有整体考虑城市及周边自然区域的连通与整合,导致城市无序蔓延、土地破碎。土地破碎化影响城市景观与自然资源利用,以及市民休闲与审美质量。散碎的自然区域不利于生物的栖息,造成城市生物多样性降低,物种数量减少。城市自然区域的锐减及孤立不利于城市仅有的自然生态系统发挥自然功能与实现自然过程,如城市景观湿地与滨水区域的开发会削弱它们处理雨洪、沉淀和降解有毒物质与城市过剩营养、承载沉积物等方面的生态功能。

(2)城市生态系统与城市公共空间发展的二元对立致使城市 GI 的修复难以为继

传统的城市公共空间规划及城市总体规划并没有考虑对城市内已有的自然资源的保护、修复及生态化开发,在城市用地分类标准中也没有"保护用地"分类,传统规划观念中将城市内自然区域视为建设用地开发的阻力要素而非城市生态景观资源。城市生态链经历了"原始链接—断裂—破碎—消失—弥补"等破坏到修复的过程,生态链的弱化及断裂造成了城市环境的恶化,而人为的生态修复却远达不到城市自然资源原有的高生态敏感性。

(3)缺乏对"城市开放空间公共活力"与"生态环境"之间的关联研究

城市开放公共空间的活力是评价城市公共空间规划与设计优劣的最重要评判标准,而公共活力的兴衰不止在于空间本身设计的创新性与完整性,还在于空间所处的环境品质好坏。近年来城市中的诸如雾霾、洪涝、干旱、高温等一系列由于生态弱化而造成的城市环境问题导致了公共活动场地从室外开放公共空间向室内公共空间偏移,城市开放空间生态环境的改善是其恢复公共活力的首要措施。

(4)原有空间规划过于强调点线面形式规划而忽略城市网络系统的整体性

传统城市公共空间规划对形态特征的分类有助于各类点线面型公共空间要素功能、等级、服务范围特征等各方面的对比研究,但城市公共空间是一个相互联系的网络系统。城市公共空间系统不仅内部各要素相互作用,系统整体也与其他各类型系统关联,并与绿地系统在多处形成"结合"关系,例如城市自行车道在大型公园的穿插、城市景区空间与自然保护区的位置关系、公共交通系统与生物廊道的避让与借景设计等。

(5)忽视城市及周边具有游憩功能的自然资源之间的连通

城市周边的山体、水域、湿地、田野等大型面域的自然景观是城市开放空间的重要特征,也是表达城市地域性与历史感的重要元素。然而大多数城市公共空间规划忽略对城市郊野绿色资源的考虑,主要表现在 3 方面:①城市主要公共空间到城市毗邻的自然资源的可达性差;②没有将城市周边的林地、草地、农田等大尺度自然资源纳入城市绿地系统;③周边绿色资源与城市内重要空间节点没有形成连续的游憩流线。

(6)城市大面积人工绿地生态效益与建设养护成本不成正比

许多城市规划虽然重视绿地规划,却没有从生态学去考虑 GI 的生态过程与生态功能,例如规划后的城市开放空间常常出现"交通绿岛""人工绿带""人工绿化景观"等设计。相互散落的绿点与绿线景观只能发挥局部的生态效益,并且在人均绿地量不变条件下,城市人工绿地增多会导致原有自然保留绿地的减少,致使地块重新规划时建设成本与人工绿地后期养护成本增加,城市人工绿地产生的生态效益与建设养护成本比值明显低于对自然区域规划保护后产生的效益与成本比值。

5.1.3 GI导向的城市公共空间研究方法

1. GI导向的城市公共空间规划研究方向确定

传统城市宏观总体规划方法强调公共空间的定量合理分配,对基于城市社会功能与整体结构的空间发展有着重要的意义,而公共空间在城市规划层面表现出来的问题往往是复杂的、交织的、多方位的。宏观尺度的城市公共空间问题有城市主体结构不明确、城市主要地块功能不合理、空间定量目标不完善、城市内公共空间公共活力分区缺失等,而城市公共空间总体规划最主要问题在于对城市自然资源的漠视及对生态问题的忽视。城市开放空间从狭义上基本可分为室外公共空间与绿地空间,两者往往是相互利用及互相制约的。城市GI网络构建意义在于城市尺度大型绿地系统与城市空间互利并存,及城市内所有主要绿色资源形成网络,稳定发挥生态系统的自然过程与生态功能。城市GI规划可以与城市公共空间规划匹配,城市级GI要素与结构也可以和城市尺度公共空间要素与结构形成互利关系。因此,在宏观层面对GI规划的引入可以弥补城市公共空间在总体规划方面的缺陷,解决城市公共空间生态性与公共活力欠缺的双重问题,实现城市生物多样性、空间公共活力提升、GI系统与公共空间系统结合发展3方面目标(图5-2)。

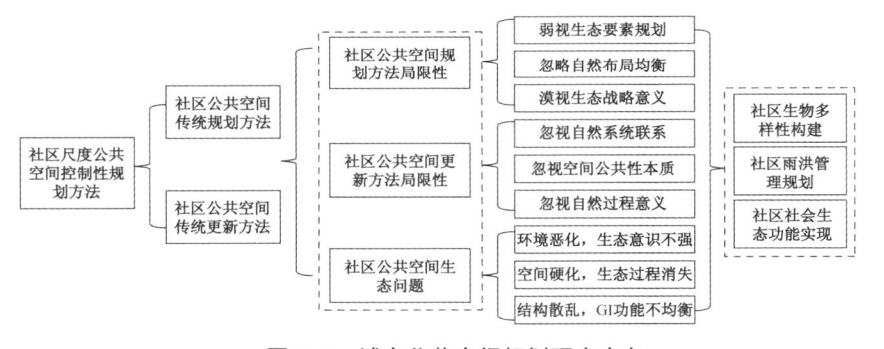

图5-2 城市公共空间规划研究方向

图片来源:笔者自绘

2. GI导向的城市公共空间整体规划框架

基于城市公共空间生态问题及传统城市公共空间宏观规划方法的不足与优点,将GI规划引入传统城市公共空间总体规划,形成基于GI导向的城市公共空间总体控制规划方法与地块更新规划方法,并结合问题设定相应的规划目标。总体控制规划方法包含对城市尺度公共空间与GI的定性控制与定量控制,定性控制分为城市主要公共空间与城市级GI包含的要素与主导结构的结合发展方式研究,定量控制包含城市内所有研究目标的评价指标确定。地块更新规划方法则依据多重目标对规划原则、关键点、步骤流程进行研究,完成基于GI导向的城市公共空间地块功能重组与分类(图5-3)。

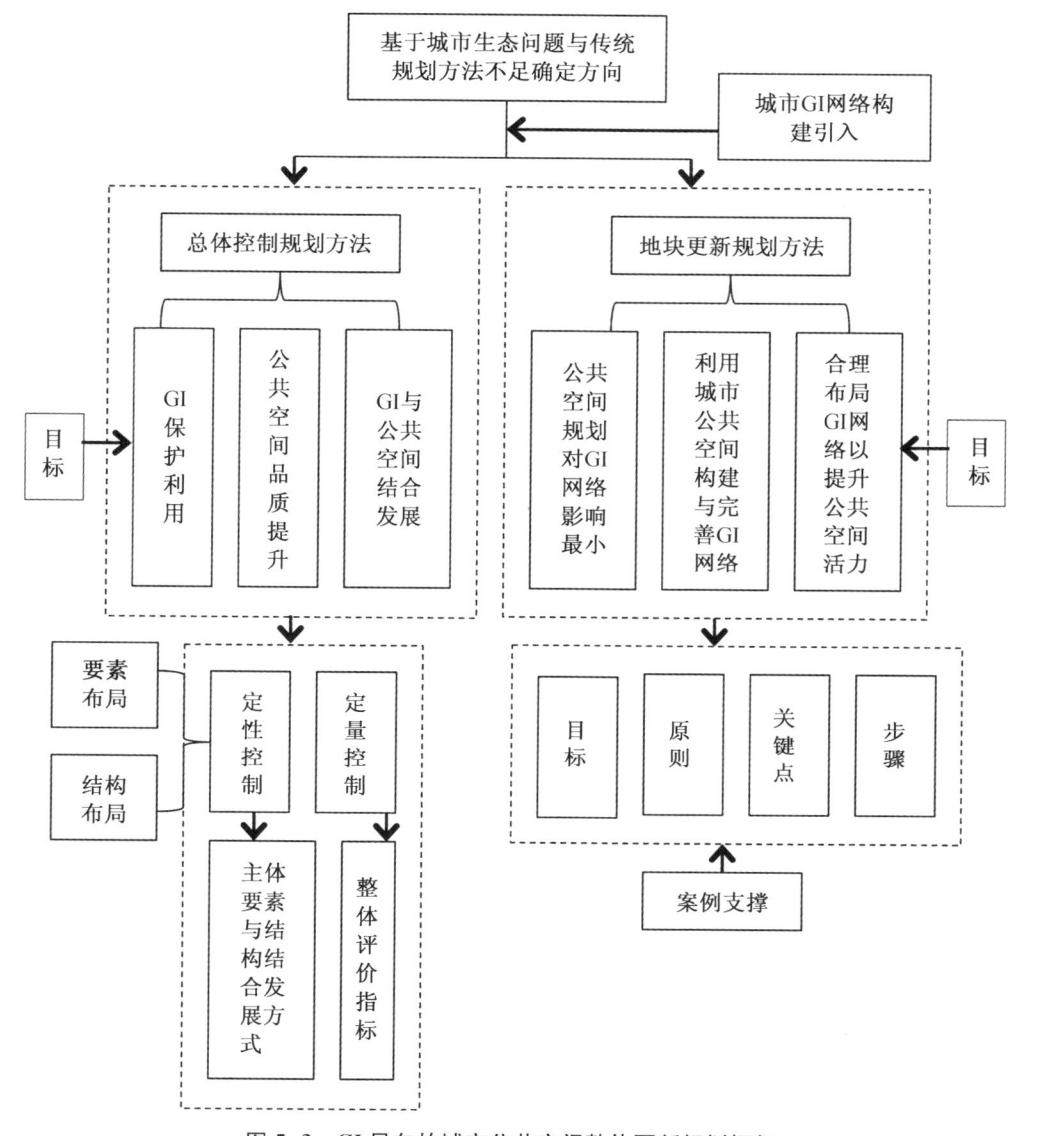

图 5-3　GI 导向的城市公共空间整体更新规划框架

图片来源：笔者自绘

5.2　总体控制规划——城市尺度定性布局与定量指标的综合研究

宏观规划层面的城市公共空间控制研究需基于多重目标下论证宏观尺度城市公共空间存在的合理性，基于城市 GI 保护利用、城市公共空间品质提升、GI 系统与公共空间系统结合发展等目标形成结构清晰的城市尺度公共空间的有机联系和分布格局，同时结合一定指标以增强其适应性。本书研究分为以要素控制和发展结构控制为内容的定性控制与确定城市公共空间的总体用量指标为内容的定量控制。研究以定性为主，辅以一定的指标要求。

5.2.1　城市级 GI 与城市尺度公共空间要素结合

1. 城市级 GI 要素特征

从宏观尺度上讲,城市 GI 包含内部相互连接的自然区域及开放空间网络,以及可能附带的工程设施,这一网络具有自然生态体系功能和价值,为人类和野生动物提供自然场所,如作为栖息地、干净水源、迁徙通道等[1]。城市尺度的 GI 由网络中心、廊道、场地、孤岛构成,而城市 GI 识别的关键在于网络中心与廊道的辨识。

城市尺度网络中心是指城市内大面积的、连续的、生态价值高的区域,是城市内重要生物所需的自然区域,在平面形态上一般呈面状,且与其他网络中心连接。参照马里兰州 GI 网络中心识别方法,需要满足以下条件之一:①区域内有较为敏感的动植物种群;②大面积的连续的内陆森林;③一定面积未被开发的湿地、河流,包括沿岸的湿地和森林;④已经有公共或私有组织的保护地[2]。城市范围内的大型网络中心大多数情况是指山体湖泊、湿地、大型公园、游园及其他自然保护用地等。

城市尺度廊道是指连接城市网络中心以维持动植物在网络中心之间迁移的带状区域,局部网络中心的稀有物种通过廊道迁移进行繁衍而避免灭绝,廊道在平面形态上呈带状,宽度在 350 m 之内。城市尺度廊道大多数情况下是指城市自然或人工绿带、线型防护林、河道、滨河线型公园、自行车道与步道等,廊道产生的生态效益随着廊道宽度、功能类型(陆地、水域和湿地)、构成内容、结构、连接度、廊道所处环境不同而不同(表 5-2)。

表 5-2　不同尺度下生态廊道特征及对应的目标物种

廊道	特征	目标物种
区域级生态廊道	具有完整的内部生境,可以保障哺乳动物的通行	哺乳动物
城市级生态廊道	具有相对独立的内部生境,基本可以保障当地小型哺乳动物与鸟类迁移的需要	本土小型哺乳动物与鸟类
社区级生态廊道	廊道内部生境基本不具有维持动物生存的特征,但仍可以满足小型动物的迁移与本土草本植物的生存	本土小型哺乳动物与本土草本植物

资料来源:左莉娜. 基于生物多样性理论的城市生态廊道系统构建研究[D]. 成都:西南交通大学,2012.

城市尺度场地是单线连接城市网络中心的绿色空间,是动植物在迁移过程中暂驻的场所,在平面形态上相对于网络中心面积较小,但与网络中心和廊道具有同样重要的生态地位和服务功能,为整个系统提供重要的生物栖息地、居民游憩场所等。城市孤岛是指独立于相互连通的城市 GI 网络的绿色斑块,包含在城市规划中被城市硬质隔断的大型绿色区域或人为的城市独立绿色空间,例如一些大型独立公园、湿地与绿地等。孤岛虽然在规划中已经作为保护用地,但并不能有效发挥 GI 网络的部分重要生态功能,因此在公共空间规划中应避免孤岛的出现。

---

① 李开然. 绿色基础设施:概念,理论及实践[J]. 中国园林,2009,25(10):88-90.

② Maryland Department of Nature Resources. Learn Why Green Print Lands are Important [EB/OL]. http://www.greenprint.maryland.gov/documentsAVhyGreenPrintLandsAreImportant.pdf.

2. 城市尺度公共空间要素识别

城市尺度公共空间是服务全市居民的娱乐活动场所,也是对外来人员展示城市特色与面貌的文化场所。城市尺度公共空间从尺度上讲一般服务半径为1000 m(中心区或高人口密度区标准降低到800 m),步行15 min可达,至少5条公共交通路线可达,带状公园、滨水绿地宽度不小于20 m,从功能内容上含城市级公园、道路广场以及城市级公共服务设施附属公共开放空间、重要历史文化街区、城市大面积自然资源附属公共空间。

城市尺度的GI要素有大尺度的网络中心、廊道、场地与孤岛,与其类型相对应的城市尺度公共空间要素有大型广场、公园及公共空间群组成的"面",城市级步道、自行车道及其他线型公共空间组成的"线",以及相对于"面"而言尺度较小的公共空间聚集"点"。"面"型城市公共空间是城市市民公共活动聚集源,也是城市文化的展示中心与外来人员的主要游憩空间,是城市"主线剧情"发生场地。而"点"型城市公共空间是分散在城市中尺度较小、功能与形态多样、服务范围有限,但与"面"型公共空间由"线"型公共空间联系在一起的战略空间,也是城市"支线剧情"集中场所。

从城市GI与城市公共空间包含的功能要素来看,有部分要素是单独服务自然的生态过程,发挥巨大的生态效益,生态敏感性高,例如一些城市内的保护用地;有部分要素归于城市GI网络,但不属于公共场地,也不属于大型保护用地,如一些私有的人工绿色开放空间,对城市GI网络构建起着重要作用;有部分城市开放空间单独服务城市市民公共活动,是市民室外主要聚集场所,公共活力强,生态过程在其中基本不发挥作用,例如城市的大型硬质广场与车道、步道;还有一部分要素既属于城市GI又是市民活动休闲的场所,既能产生生态效益,又能发挥社会效益,生态敏感性与公共活力中等,是城市GI网络与公共空间规划中重要的组成部分,例如人工公园、自然游园、开放园林等。因此在城市公共空间规划中要保证两种结构的完整与连续,在相交处相互避让或设计结合区要素(表5-3)。

表5-3 城市GI、城市尺度公共空间及包含两者的结合区所含的内容

GI 类型	城市级 GI 区要素		结合区要素	城市级公共空间区要素	公共空间类型
	保护用地	私有开放绿色空间			
网络中心、场地、孤岛	自然山体、生态湿地、林地、大型自然水体	农田、牧场、高尔夫球场、未开发绿色用地、城市墓地	城市公园、游园与动植物园、水库、社区花园	城市绿化率较低的大型广场	点、面型
廊道	自然绿道、河流、防护林		城市专用绿色自行车道与步道*、滨河线型公园	自行车道与步道	线型

注：* 绿色自行车道与步道是指穿插于公园与绿色空间的线型非机动车道。

资料来源：笔者自绘

3. 城市尺度公共空间要素与城市级GI组合发展方式

城市公共空间要素与城市GI要素根据相对位置、尺度、相互影响,可分为借景、贯穿、交叠、结合、内置5种关系(表5-4)。

表5-4　城市级GI要素与主要公共空间要素之间组合发展方式及对应简图

结合发展方式	简图	案例举例	
借景	 借景网络中心　　　借景廊道	广场借景远处山体,沿河步道、自行车道借景河流风景带	
贯穿	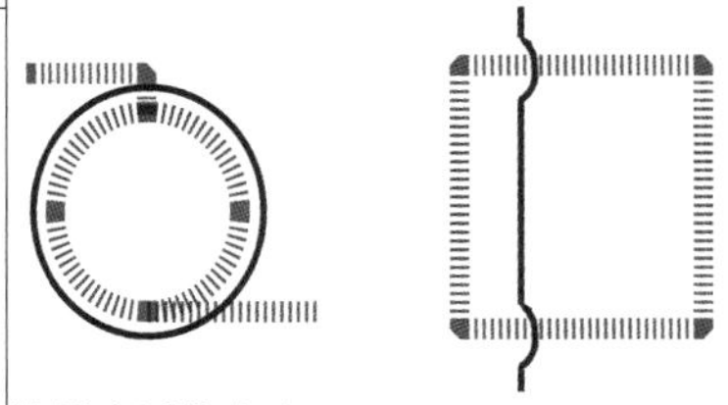 线贯穿网络中心　　廊道贯穿面	非机动车道贯穿城市公园,或绿带贯穿城市广场	
交叠	 廊道与线交叠　　网络中心与面交叠	步道与绿道相交,城市内自然湖泊岸边的大型湿地公园	
结合	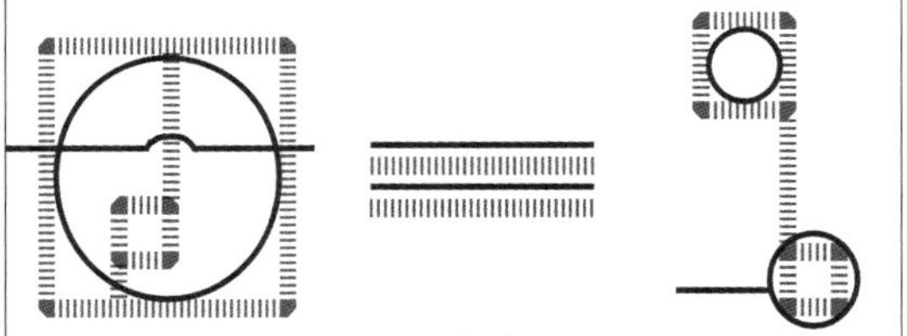 网络中心与面结合　廊道与线结合　场地、孤岛与点结合	大尺度公园、绿道与步道结合的开放空间、小游园	
内置	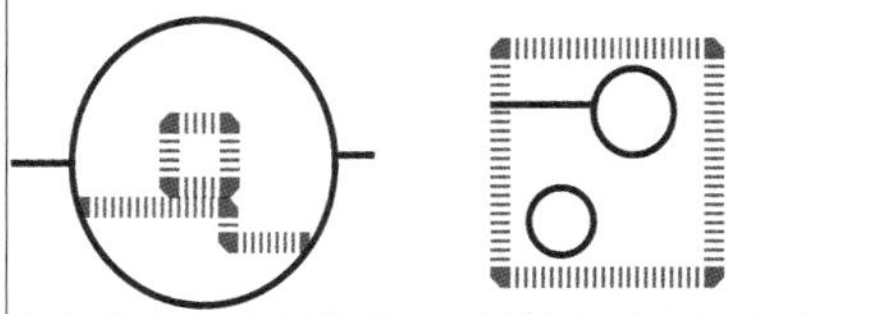 点与线包含在网络中心　场地与孤岛包含在面	城市山林边缘的自行车道、小广场或公共建筑群中的小块绿地	注: 网络中心、场地、孤岛 ◯ 廊道 —— 点、面型公共空间 ▢ 线型公共空间 ┈┈

资料来源:笔者自绘

（1）借景

城市的自然保护区域往往是GI敏感性最高的区域,是发挥生态效益的集中源,也是城市的禁建区。城市公共空间规划时应注意主要面型公共空间与线型公共空间对自然景观的利用,在关键位置处限制建筑群高度,形成公共空间与GI联系的视觉通廊,发挥GI作为城市景观的社会效益,提升城市的景观特色与地域特质。

（2）贯穿

城市 GI 要素与公共空间要素最常见的贯穿关系是城市自行车道或散步道连接大型的开放公园,形成完整的游憩景观。贯穿大型 GI 的非机动车道在规划上要注意远离公园内动物的栖息地,在设计上道路要降低宽度并尽量利用无污染的自然路面材料,方便动物的穿行。此外,一些城市防护林或绿化带也常常结合城市绿化与城市空间贯穿大尺度的广场与公园,属于 GI 贯穿于公共空间的关系。

（3）交叠

城市 GI 要素与公共空间要素常常会发生交叠关系,例如廊道与线型公共空间的交叉或网络中心与面型公共空间的交叠。在公共空间规划中应避免大面积 GI 与主要公共空间要素的交叠,以免相互干扰。在线型公共空间与廊道交叉处也应设置适应两种要素功能的"结合区域",或形成立体分隔,例如在一些绿道上架起步行桥。

（4）结合

结合区是指某些地块既属于城市公共空间又属于城市 GI,分为网络中心与面型公共空间结合、廊道与线型公共空间结合、场地及孤岛与点型公共空间结合几种情况,例如城市中一些人工公园、自然步道、小型开放园林等。城市 GI 与公共空间结合是一种折中且互利的关系,形成的功能要素也是一种过渡缓冲区域,在城市内生态敏感性高的 GI 与公共空间相邻处可以设置"结合区要素"类型。

（5）内置

内置关系是城市大型 GI 包含部分公共空间或城市大尺度公共空间群包含部分城市 GI 的关系。当城市 GI 内部有公共空间时,应注意公共空间的连续性与融入性,并确保公共空间不会干扰到 GI 内部动植物栖息地与廊道。当公共空间群有 GI 设计时,也要分清 GI 的类型、GI 与城市 GI 网络的潜在联系及 GI 可能产生的功能与效益(图 5-4)。

5.2.2 城市级 GI 与城市尺度公共空间结构结合

1. 城市级 GI 常见的结构形式

结构指"各个组成部分的搭配和排列",城市 GI 结构形式是指城市尺度的网络中心、廊道、场地与孤岛以一定的逻辑形成 GI 网络,是城市 GI 内在结构与外在表现的综合体现。城市 GI 规划最主要的特征与原则在于城市绿色资源的有效连通以便发挥 GI 的综合效益,因此城市 GI 结构形式根据连通程度可分为连通式 GI 结构、半连通式 GI 结构、非连通式 GI 结构。

连通式 GI 结构是指城市 GI 有层次地、系统地联系在一起,且与郊野 GI 形成有效连通,城市网络中心数量多、尺度大、等级分明,产生的生态效益明显。连通式 GI 结构不仅可以创建多种形式的生态廊道、改善城市气候、提高城市整体的景观效果,而且往往可以与城市游憩空间序列结合,为城市公共空间结构规划提供依据。连通式 GI 结构根据城市 GI 呈现的形态特征包含点带网状布局、放射环状布局、放射楔状布局、放射状布局、楔状布局、带状布局[1]。其中点带网状布局、放射环状布局、放射楔状布局往往可以形成较高强度的连通

---

① 梁静静. 城市绿地系统布局结构研究[D]. 重庆:西南大学,2007:32.

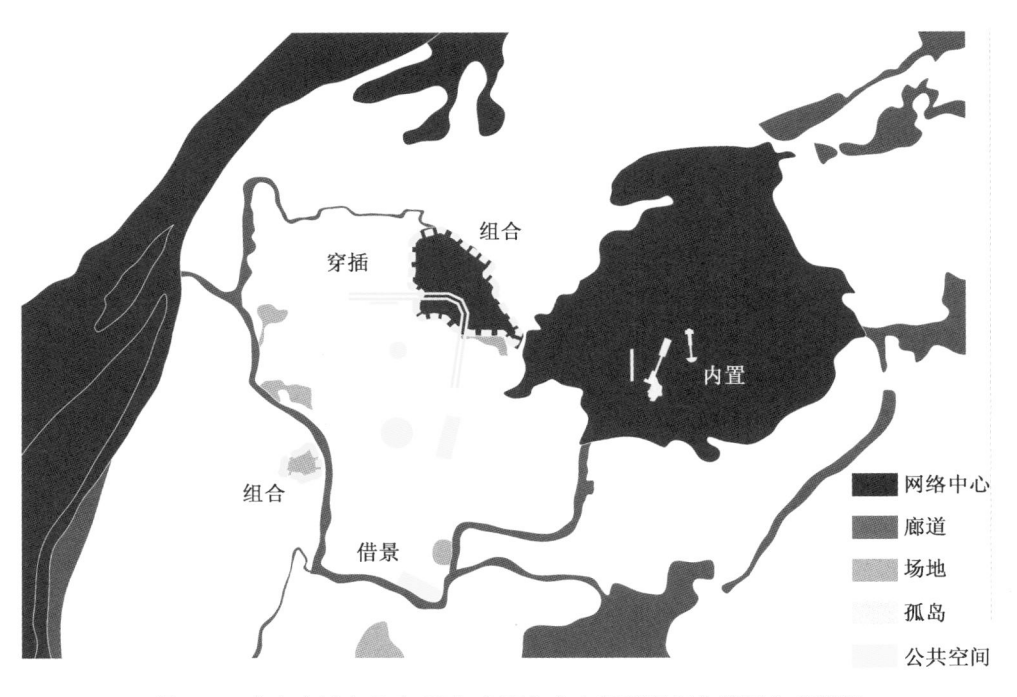

图 5-4 南京市城市尺度 GI 与主要公共空间要素组合发展方式举例

图片来源:笔者自绘

GI 网络。半连通式 GI 结构是指城市只有部分大型 GI 与郊野 GI 连通,为野生动物迁移提供廊道,而部分 GI 往往以场地或孤岛的形式存在。半连通式可以发挥部分生态效益,改造潜力大,根据呈现的形态特征包含指状布局与环心状布局。指状 GI 结构布局以场地形 GI 居多,而环心状 GI 结构布局只在城市外环部分与郊野 GI 连通,中心大尺度 GI 形成孤岛。非连通式 GI 结构指城市中多种形态的 GI 尺度往往较小且分布散乱,且未能彼此连接,只能作为城市居民的日常使用,如点状布局(见文后表 F-4)。

除以上布局形式,城市 GI 结构大多是杂乱无章的,可以称之为混合式布局。无论任何布局形式的 GI 结构都应尽力形成彼此要素的连通,以发挥最大效益。城市 GI 结构与城市公共空间结构应根据地形、文脉、生态、功能等形成互依关系,城市 GI 结构为城市公共空间结构规划提供依据,城市公共空间规划确保城市 GI 结构的连通。

2. 城市公共空间常见的主导结构形式

城市公共空间的主导结构指城市重要公共空间要素的空间分布和相互作用,也就是城市尺度点线面型公共空间的序列分布,城市公共空间的主导结构通常也是城市空间发展结构。根据城市主要公共空间结构发展的表现形式可以分为节点发展模式、轴线发展模式与网络发展模式。城市公共空间节点发展模式中的中心节点不一定是城市经济节点,轴线发展模式中的主轴线也不一定是经济发展轴线。中心节点与轴线是指公共空间中公共意义最强的区域、场所与空间序列。

城市公共空间节点发展模式是指城市有 1 处或多处重要的公共中心节点,城市主要景观在节点处分布,市民公共活动自节点处向外发散。节点发展模式从节点数量上可分为单中心节点发展与多中心节点发展;从节点主次序列上可分为主、次点发展与均似点发展;从节点之间的位置关系上可分为节点中心环绕发展与节点散乱发展。节点发展模式的中心节点可以是城市不同功能的广场群、商业中心区公共空间群,也可以是城市大型公园与游园,例如纽约曼哈顿区中央公园。

城市公共空间大多数是以轴线为基础向外发展的,轴线发展模式是指城市有1条或多条中心节点形成的公共空间序列轴线,不同功能的大尺度公共中心节点与城市景观基本上从轴线上展开。轴线发展模式从轴线数量上可分为单轴线发展、双轴线发展、多轴线发展;从主次序列上可分为主次轴线发展;从多处轴线的位置排列关系可分为不相交轴线与相交轴线,相交轴线又包含垂直轴线、非垂直轴线、放射性轴线,不相交轴线又分为平行轴线与非平行轴线。轴线发展模式中的轴线可以是商业轴、文化轴、景观轴,也可能是包含多种混合功能的复合轴,例如芝加哥沿湖的城市发展轴线包含了商业购物大道、文化建筑附属广场、城市公园及自然景观等多种公共空间功能类型。轴线发展模式的公共空间轴线的形成原因复杂,大多数情况下是受制于地形或借助重要自然资源而借势发展。

城市公共空间网络发展模式中没有明显的重要中心节点与轴线,散布于社区的中小型公共空间能更便利地服务居民,例如波特兰的开放空间网络,公园与广场均衡布局,自行车道与步道穿插其中,形成了独特的怡人空间氛围(见文后表F-5)。除以上3大类之外,还有一些城市公共空间布局较为杂乱,没有一定的序列与主导结构。总之,城市公共空间主导结构都应考虑城市本有的自然景观,如河道、山体、自然绿地、历史遗迹等,并与之形成尊重城市文化、适应城市肌理、组织城市交通、主导城市空间发展布局的城市主要公共活力扩散源。

3. 公共空间主导结构与城市级GI结构组合发展方式

城市级GI要素与城市尺度公共空间要素有借景、贯穿、交叠、结合、内置的关系,因此城市级GI结构与公共空间主导结构根据相互之间的作用、相对位置与各自形态也分为借景、穿插、交叉、包含、重叠5种发展方式(表5-5)。

(1)借景

当城市内有山体、重要湖泊及其他受保护的自然区域等大尺度GI时,需要对城市级GI结构战略性地保护与修复。城市主要公共空间结构应避开大型GI结构,在保证GI结构的完整性与连通性基础上借用城市的自然资源,强化城市本身的生态文化。城市公共空间轴线可以直接垂直于GI结构,也可以与GI结构平行发展;公共空间结构可以近借GI资源,如山体脚下的带型公园与湖边的滨河步道空间等,也可以远借大型GI网络中心,例如公共空间轴线在重要的中心节点处借用大型GI的自然景观,形成视线通廊。

(2)穿插

在一些城市大型景区与公园中,往往会含有一些城市公共空间组成的景观序列轴线,空间序列结构一部分在高敏感性网络中心,另一部分在大型GI之外,公共空间结构与GI结构形成"穿插"关系。公共空间序列在借用自然风景的同时,应注意绕开景区内生物栖息区域,并尽量避免与生物廊道硬性交叉,结合GI内部与外围的特色景观点形成空间节点与景观轴线,做到生态保护与空间发展并存。

(3)交叉

在城市公共空间规划中,城市公共空间的轴线序列常常与城市带型GI结构或点带网型GI结构发生交叉,两种不同功能属性用地在交点处产生交汇。基于GI的连通性与自然性考虑,应在公共空间规划中尽量避免两种结构的"硬性"交叉,或者交点处形成"交叠"关系:

表 5-5　城市级 GI 结构与公共空间主导结构结合发展方式分类及图示

结合发展方式	简图	结构关系	特征	案例	案例图示
借景（GI 生态敏感性强）	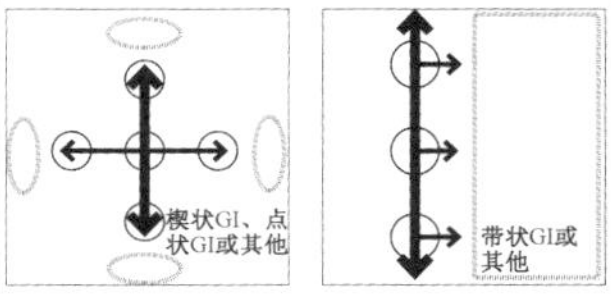 楔状 GI、点状 GI 或其他　带状 GI 或其他	分隔	GI 结构常为城市内大型网络中心与廊道组成的生态敏感性较高 GI 组群，公共空间结构布局又借用大型的自然资源，在中心节点处形成视线通廊	乐山市	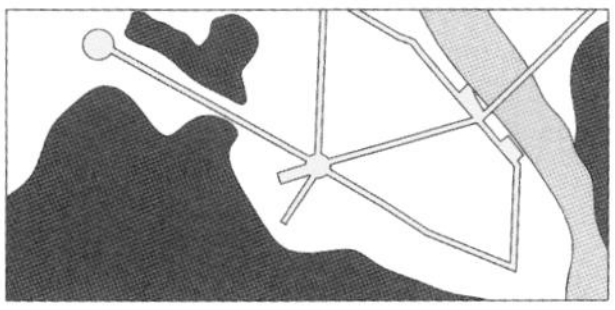
穿插（GI 生态敏感性强）	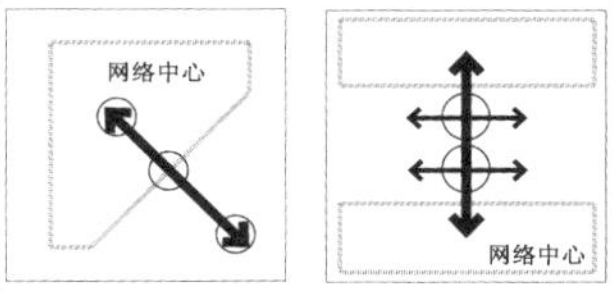 网络中心　网络中心	穿插	公共空间序列结构穿插在大型 GI 中，部分空间节点借助 GI 营造的自然景观，而部分节点在 GI 范围之外	南京市	
交叉（GI 生态敏感性中）	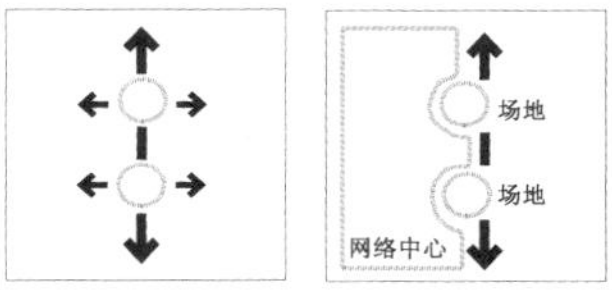 场地　场地　网络中心	交叠	城市公共空间结构与城市 GI 结构形成交叠关系，在交点处常常设置既满足公共活动功能，又不破坏带型 GI 生态功能的公共空间类型	法国尼斯	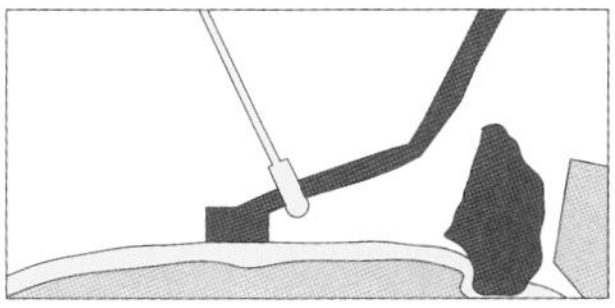
包含（GI 生态敏感性中）	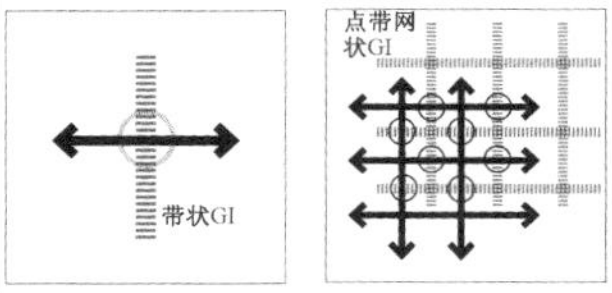 带状 GI　点带网状 GI		城市公共空间序列中常常包含 GI 结构，如公园、绿带等。此外在一些大型网络中心中也常常包含一些供市民公共活动的空间序列结构	法国巴黎	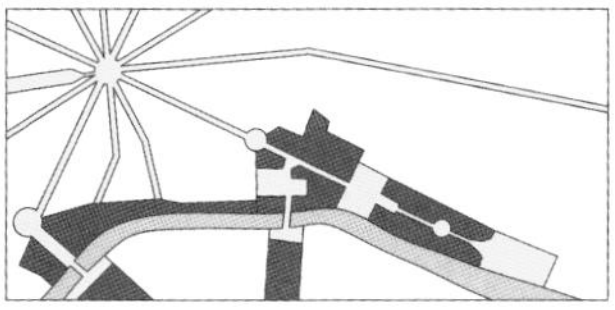
重叠（GI 生态敏感性较弱）	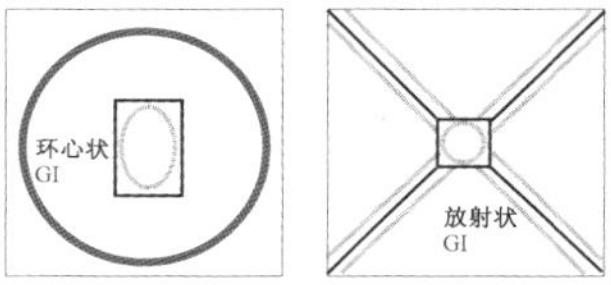 环心状 GI　放射状 GI	并置	城市中的公共空间结构与 GI 结构重合在一起，共同发挥效应，其中的 GI 生态敏感性较弱	美国纽约曼哈顿	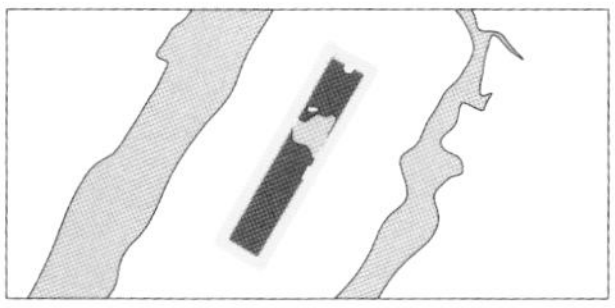

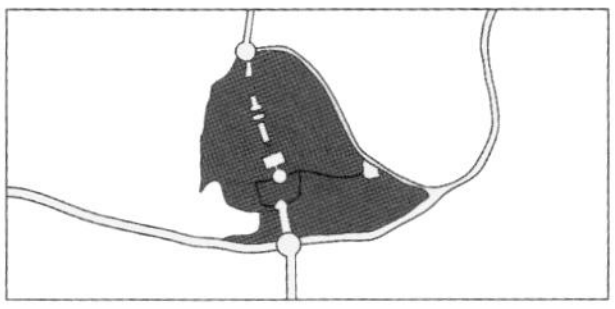

注：简图图示：—— ◯GI 结构　←→ 公共空间结构　案例图示：▨GI 结构　▢公共空间结构

资料来源：笔者自绘

在相交处立体分开,保持两种结构各自的完整性,或是将相交处的地块设置成复合公共空间与 GI 双重概念的功能,如绿化率较高的公园与游园等。

（4）包含

许多城市大型公共空间结构与城市级 GI 结构往往包含相互要素,例如在一些城市纪念轴线中会包含绿地、水池、树列、林地等,而在一些大型城市自然公园中也会包含一些广场、步道及游园等。公共空间的绿地可以作为 GI 的廊道、场地与周边大型网络中心形成潜在联系,尽量避免 GI 孤岛的独立存在,大型公园中的公共空间也应在利用自然景观形成序列起伏空间的同时,避免干扰公园中野生小动物的迁移廊道与栖息地,保证公园作为城市网络中心的抗干扰性与生态修复功能。

（5）重叠

一些城市中的大型 GI 结构发挥整体生态效益的同时也作为城市主要公共空间结构满足市民室外公共需求,城市 GI 结构与城市公共空间结构基本重叠在一起。城市 GI 结构中的 GI 要素往往是人工构建或者基于原有自然资源改造而成,GI 结构与公共空间结构共同发展。由于结构重叠关系中空间的公共活力强而 GI 的生态敏感性较差,例如一些独立的大型公园与广场的高度整合及步行空间与绿带的结合,GI 结构很难与其他 GI 联系而发挥整体生态功能,因此在规划中应尽量避免 GI 结构的独立,确保公共空间序列的连续与 GI 结构序列的延续。

在大部分城市中两种结构的关系往往是复合的,城市公园既是 GI 又是公共空间,且作为中心节点被包含在公共空间主轴线之中,而公共空间主轴线又与城市绿带交叉,公共空间结构与 GI 结构交织在一起。

5.2.3 GI 导向的城市公共空间定量控制标准

1. 基于双重目标的传统公共空间评价指标不足

城市公共空间的定量控制是根据城市现实情况为下一步的规划而制定的公共空间定量评价,包括评价主体与评价方法。评价主体是指城市内所有公共空间,评价方法则包括评价指标的选取、评价标准的制定、评价程序和方式。本节重点在于构建一个基于城市 GI 与公共空间双重功能与目标的总体水平评价指标体系框架,即选取并讨论影响城市公共空间总体水平的核心指标,重点讨论城市 GI 对公共空间的相关影响而产生的指标,对评价标准的制定、评价程序和方式不做深入探讨。

GI 导向的城市公共空间宏观规划的目的在于人对公共空间公平及舒适地使用,城市内生态过程及生物活动尽量不被干扰,人与自然互利互惠与和谐共处。传统公共空间评价指标过多地探讨了基于市民使用上的空间数量与分布,而忽略了公共空间的生态意义及相关影响因素与评价标准。例如周进提出的城市公共空间总体水平评价框架包含了环境质量指标、用地水平指标、绿化指标、道路广场指标与中心区指标[1]。卢一沙在这 5 个 1 级指标上又加入了如人均公共开放空间面积与最小步行可达范围覆盖率等核心指标与城市热岛效应程度、地表水环境质量、每平方千米交叉口数量等普通指标,进一步评价公共空间舒适度与

---

① 周进. 城市公共空间建设的规划控制与引导:塑造高品质城市公共空间的研究[M]. 北京:中国建筑工业出版社,2005:107.

分布情况①。两者均基于传统城市规划对城市公共空间的怡人品质进行了相关研究。

2. GI导向的公共空间核心评价指标的确定

GI导向的城市公共空间要达到人的公共空间与自然开放空间"量"与"质"的均衡。对于宜于人居城市公共空间宏观规划指标的"量"在于人均占有公共空间面积的达标,"质"在于主要公共空间的可达性的达标以及生活环境质量的达标,即在保障城市内主要公共空间节点环境质量的同时尽量分布均匀且数量足够;而对于宜于自然相关的城市公共空间宏观规划指标的"量"在于城市内包括保护用地在内的所有GI的面积达标,"质"在于城市内大型GI的集中与小型GI的均衡分布。

在城市景观中,各种尺度的绿地斑块往往同时存在,具有不同的生态学功能。大尺度绿地对地下蓄水层与湖泊的水质具有保护作用,并且有利于生境敏感物种的生存,为生态系统中其他组成部分提供种源,能维持更近乎自然的生态干扰体系并能缓冲动植物的灭绝。例如在城市中一些大型保护用地与自然公园对城市中一直存留或外界迁移过来的生物物种具有提供庇护与食物来源的作用,维持城市内小型生态系统的平衡(图5-5)。小尺度绿地亦有重要的生态学作用,不仅可以作为物种临时栖息与传播的场地,增加城市生态景观连接度,还可以有效地发挥GI的其他生态功能,如处理雨水、净化空气、吸收粉尘、调节微气候等等。例如美国费城在2012年实施的生态基础设施规划中提出的"绿色英亩"概念,将雨水处理分布到密集的场地尺度上,并规定1英亩不透水的场地内至少有1英寸的降雨是通过GI来管理②(图5-6)。

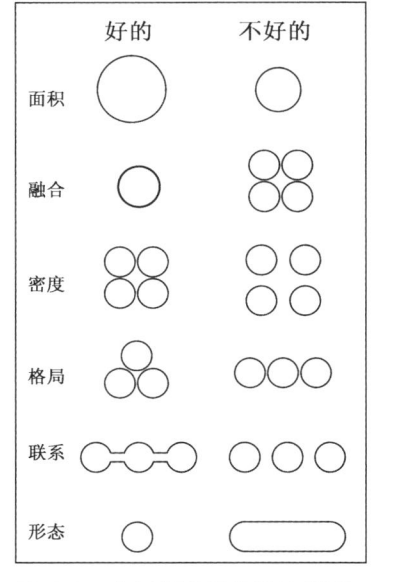

图5-5 自然保护区的设计原则

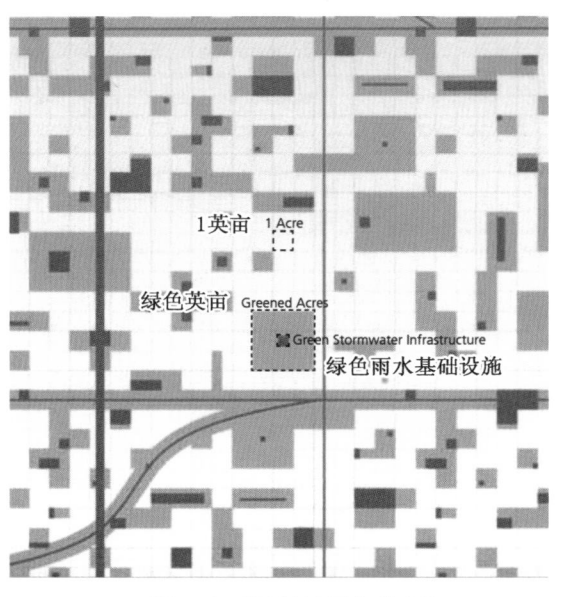

图5-6 费城的"绿色英亩"

图片来源:贝内迪克特,麦克马洪.绿色基础设施:连接景观与社区[M].黄丽玲,朱强,杜秀文,等译.北京:中国建筑工业出版社,2010.

---

① 卢一沙.总体规划阶段城市公共开放空间系统规划研究[D].苏州:苏州科技学院,2008:37.

② Gong C,Hu C J. The Way of Constructing Green Block's Eco-grid by Ecological Infrastructure Planning [J]. Procedia Engineering,2016,145:1580-1587.

因此,对有益于城市动植物栖息来讲,网络中心面积越大越好,有效的网络中心数量越多越好,廊道越宽越好;对于城市 GI 有效进行生态过程,创造宜居的城市公共环境目的来讲,在一定绿地面积不变的情况下,公园及其他绿地尺度越小,密度越高越好。而从城市宏观定量控制角度出发,控制原则是尽量集中保留城市敏感性高的大型网络中心,如保护用地与城市大型公园,将社区级与场地级公园、绿地以及一些占地面积较大但公共活力较高的绿地分散均匀布局。基于此,GI 导向的城市公共空间评价核心指标不仅在于传统公共空间中对人均公共开放面积与最小步行可达范围覆盖率等宜居性核心指标,还包括人均 GI 面积、城市级 GI 中网络中心面积率、社区级及场地级公园绿地平均距离等与公共空间相关城市生态核心指标。

(1) 人均 GI 面积

人均 GI 面积是指在一定地区范围内,每个人拥有的 GI 面积数量(m^2)。该指标反映了一个地区 GI 充足与丰富程度,代表了 GI 在地区内的规模水平。根据我国的城市建设用地分类标准(见《城市用地分类代码》CJJ 46—91),城市内 GI 可包含居住用地中的绿地(R14、R24、R34、R44)、绿地(G)、水域(E1)、耕地(E2)、园地(E3)、林地(E4)、牧草地(E5)、弃置地(E7)几部分[①]。因此城市人均 GI 面积或某一区域人均 GI 面积是指城市或区域范围内 GI 总面积除以地区人口总数,参考《城市用地分类与规划建设用地标准》GB 50137—2011[②],人均绿地面积不应小于 $10.0 m^2$ /人,其中人均公园绿地面积不应小于 $8.0 m^2$ /人,且不同城市与地区应有不同的 GI 标准,在城市中心区、人口密集区可根据相关规定降低标准。

(2) 城市级网络中心平均面积

城市级网络中心是指具有城市尺度与规模的 GI 中的网络中心。城市级网络中心与其他网络中心相连,不同于场地、孤岛、廊道,其面积也是相对于城市内其他 GI 要素的。城市级网络中心的判别往往从相对面积、形态、连接度、功能、用地类型、内部物种丰富程度等多方面综合鉴别,一般为城市非建设用地中的自然保护区、风景名胜区、森林公园、大型农业用地、自然水域、水库、大尺度非建设用地及城市公园。城市级网络中心平均面积(m^2)是指城市级别大型网络中心面积与数目比值,比值越大说明单位城市级网络中心面积越大、网络中心数目越少且集中,越不易受城市内人工要素等异质斑块的干扰,反映了城市内大型 GI 的有效保护程度。

(3) 人均社区级及场地级公共绿地数量及其平均距离

根据城市建设用地分类标准,社区级及场地级公共绿地包括部分公园绿地(G11)与街头绿地(G12);根据《城市绿地分类标准》(CJJT 85—2017)[③],社区级及场地级公共绿地包括社区公园(G12)、部分名胜公园(G13)、带状公园(G14)、街旁绿地(G15)、附属绿地(G4),其既属于城市的中小型尺度公共空间,又属于社区级 GI 与场地级 GI。在某一定区域范围内,社区级及场地级公共绿地面积一定的情况下,人均社区级及场地级公共绿地数量代表了绿色公共空间的分离程度,避免造成公共绿地按区域不合理分布,影响城市生态过程。在人均社区级及场地级公共绿地数量不变的情况下,社区级及场地级公共绿地平均距离则反映了绿色公共空间的分散程度,计算公式为 $\bar{d} = \dfrac{D_i}{n(n-1)}$,其中 D_i 为所有社区级及场地级公共

---

① 北京市城市规划设计研究院.GJJ 46—91 城市用地分类代码[S].北京:中国建筑工业出版社,1992.

② 中华人民共和国住房和城乡建设部.GB 50137—2011 城市用地分类与规划建设用地标准[S].北京:中国建筑工业出版社,2011.

③ 中华人民共和国住房和城乡建设部.CJJ/T 85—2017 城市绿地分类标准[S].北京:中国建筑工业出版社,2018.

绿地之间最近距离之和,n为社区级及场地级公共绿地总数量。两个指标代表了在特定区域范围内绿地面积不变的情况下,绿地是否能以最大可行数量均匀分布。

3. GI导向的公共空间总体评价指标的确定

核心评价指标是最能直观概括评价对象"量"与"质"的达标情况,而总体评价指标则更全面地对城市不同类型公共空间及绿地的面积、数量、分布状态进行了控制。因此GI导向的公共空间总体评价指标除了道路广场指标、生活环境指标、用地指标等以营造人居空间为目的的指标,以及相关公园绿化指标等以人为活动与自然结合为目的的指标外,还包括城市内GI相关指标与保护用地相关指标等城市自然保障指标,并对传统公园绿地相关指标做了调整与增加(表5-6)。

表5-6 GI导向的公共空间总体评价指标

城市人居空间	用地指标	人口密度(人/ha)、人均建设用地面积(m^2)、人均公共开放空间面积(m^2)
	道路广场指标	人均拥有道路面积(m^2)、城市人均游憩集会广场面积(m^2)、最小步行可达范围覆盖率(%)、每平方千米交叉口数量、道路网密度(km/km^2)
	生活环境指标	空气污染指数≤100的天数/年、城市热岛效应程度(℃)、环境噪声达标区覆盖率(%)、地表水环境质量
人与自然共生	公园绿地指标	城市绿地率(%)、城市绿化覆盖率(%)、城市人均公园绿地面积(m^2)、城市中心区人均公园绿地面积(m^2)、人均滨水临山公园绿地面积(m^2)
	社区及场地级公园绿地相关指标	社区及场地级公园绿地总面积(m^2)、人均社区及场地级公园绿地面积(m^2)、社区及场地级公园绿地数量、社区及场地级公园绿地平均面积(m^2)、社区及场地级公园绿地平均距离(m)、公园、广场、专用自行车道与步道最小步行距离覆盖率(%)
城市自然保障	城市内GI相关指标	城市内GI总面积(m^2)、人均城市GI面积(m^2)、城市级GI总面积(m^2)、人均城市级GI面积(m^2)
	城市级网络中心相关指标	城市级网络中心总面积(m^2)、城市级GI中网络中心面积率(%)、城市级网络中心平均面积(m^2)、城市级网络中心中水文网络中心、绿地网络中心、湿地网络中心的面积率(%)
	城市级廊道相关指标	城市级廊道总面积(m^2)、城市级廊道平均面积(m^2)、城市级廊道平均宽度(m)、城市级廊道与城市级网络中心数量比、城市级廊道中水文廊道、绿地廊道、湿地廊道的面积率(%)、各类型网络中心面积率与廊道面积率比值(%,越接近100%说明不同类型廊道与网络中心配比均衡)、城市道路与城市级廊道硬性交叉率(%,交叉口数量与进行交叉的道路数量的比值)
	保护用地相关指标	保护用地总面积(m^2)、保护用地保留率(%)、城市GI中保护用地面积率(%)、城市主要公共空间距离保护用地直线平均距离(m)

资料来源:笔者自绘

(1)城市内GI相关指标

城市内GI相关指标的确定是为了保障城市总体GI量的达标以及利于生物活动的大型GI量的达标,有城市内GI总面积、人均城市GI面积、城市级GI总面积、人均城市级GI面积及城市级网络中心与廊道相关指标。在其中要确保城市级GI中网络中心的占比、廊道的宽度以及城市级廊道与城市级网络中心数量比,相关数值越高则代表城市级GI网络的生态性与连通性越高。廊道又分为水文廊道、绿地廊道、湿地廊道3类,不同类型的廊道应根据城市实际情况分项制定面积、宽度、比值等指标。此外,要尽量避免城市级廊道与道路的硬性交叉,要根据不同城市情况设定相关评价指标。

(2)城市保护用地相关指标

国内对城市保护用地没有相关概念阐述,借鉴《重庆市都市区绿线规划》中"非城市建设用地中的绿地",可将城市保护用地定义为"在城市规划区非城市建设用地范围内对城市生态环境质量、城市景观、居民休闲生活、大地景观和生物多样性保护有直接影响的绿地,并有划线保护不得开发,主要包括城市的自然保护区、风景名胜区、郊野公园、组团隔离带及其他生态绿地等非城市建设用地"①。具体指标有保护用地总面积、保护用地保留率、城市 GI 中保护用地面积率、城市主要公共空间距离保护用地直线平均距离。保护用地保留率是指在城市更新与规划中原有保护用地的留存率,保留率的降低可能来自特殊情况下用地性质的变更或是自然灾害造成的毁减。城市 GI 中保护用地的面积率是指保护用地在城市所有GI 中的占比。城市主要公共空间距离保护用地直线平均距离是用来简单计算城市主要公共空间与城市保护用地之间的距离关系,应根据城市尺度规模、保护用地重要性、城市发展轴线等各个要素制定相关的距离指标,一般情况下人为活动较强的公共空间距离保护用地越远对保护用地的间接或直接破坏越小。

(3)公园绿地相关指标

GI 导向的城市公园绿地相关指标不仅包含绿地率、绿化覆盖率、人均公园面积、人均大型绿地面积,还应对社区级及场地级中小尺度的公园绿地指标进行控制,在达到人均绿化量的标准下均匀分布,化整为零。具体指标有社区级及场地级公园绿地总面积、人均社区级及场地级公园绿地面积、社区级及场地级公园绿地数量、社区级及场地级公园绿地平均面积、社区级及场地级公园绿地平均距离,以及公园、广场、专用自行车道与步道最小步行距离覆盖率。

5.3   地块更新规划——基于多重目标下城市双系统的多元结合

GI 导向的城市公共空间宏观规划方法应从系统角度对规划目标、原则、关键点、策略点、步骤流程、规划内容等各方面进行研究。其中目标、原则、关键点是规划内容的关键指导;策略点是规划中的难点与要点,要求依据目标对公共空间与 GI 根据各自影响因子分级;规划具体步骤与内容是规划方法的具体实施与结果,规划的最终原则与目标基于公共与生态双重功能的二元结合,充分发挥生态与社会效益。本节以南京中心城区为例,具体阐述宏观层面基于城市 GI 影响的公共空间规划目标、原则、关键点以及定量与定性相结合的规划方法。

5.3.1   规划目标、原则、关键点

1. 规划目标

有目的的规划才能使系统走向期望的稳定系统结构,因此制定目标是规划的首要工作。

---

① 重庆城乡总体规划(2007—2020)[G].2007.

基于GI功能的城市公共空间规划是从宏观尺度上对目标地块功能类型的重组,以达到城市公共空间系统的生态化与公共化,形成一个基于城市生物栖息系统、景观游憩系统、多功能公共空间系统、低碳交通系统等多种系统互惠互利的健康城市,具体有以下3个目标:

(1)公共空间规划对城市生物栖息与迁移影响最小

公共空间的要素与结构重组在整体布局上应对高敏感性的生态斑块与廊道影响最小,具体有:①保障城市道路尽量避开高敏感性网络中心与廊道;②对GI与城市用地产生的不可避免的"交叉处"进行软化处理,保证生态与社会双重利益;③公共空间系统与GI系统有合有分,"结合区"合,公共活动中心区与GI高敏感区分;④公共空间中点状绿化与带状、面状GI共同形成城市中"点带网"型绿色开放空间,提升环境质量;⑤定位城市开放空间中被下水管道替代的溪流,让溪流重现天日;⑥修复滨水公共空间附近的生物廊道及城市海岸线,为水生生物提供栖息地;⑦集中发展城市公共空间内核,支持低碳交通,减少城市扩张对环境的影响,并让城市中心区远离于生态敏感区域之外,比如山脊线。

(2)充分发挥GI网络整体的生态效益

城市GI的规划是与公共空间规划同时进行的,形成一个刚性的城市绿色开放空间,具体目标有:①构建城市GI联系网络,为人类的出行和野生动物的活动缝制一个绿色网络;②城市GI连接郊野GI,形成绿色环路,并与城市外围区域性的步道整合;③保护高生态敏感性的开放空间,增加城市森林面积,提供野生动物栖息地;④保障农田、河谷、湿地公园等生态储备;⑤确保生物廊道的连通性与等级化分配;⑥连接绿道系统与支离破碎的GI要素,保障网络中心率;⑦生态手段修复生态退化的绿地及城市棕地;⑧建立城市保护用地的周边生态缓冲区域,生态斑块与城市斑块之间形成绿带过渡。

(3)利用城市GI提升公共空间公共活力

基于GI的公共空间规划在加强GI网络的同时,要充分利用自然资源对公共空间产生的社会效益,提升公共空间公共活力:①将自然与历史、文化遗产和人类联系起来,构建多功能游憩型公共空间网络;②保障城市自然系统与城市公共开放空间的共同发展;③对弱公共活力的公共空间进行生态改造,提升公共活力;④发挥公共空间中部分GI的教育意义,形成室外生态教室;⑤将校园整合进开放空间,创造学习场所;⑥重视潜在的自然条件,尊重城市开放空间的生态过程,最小化自然灾害造成的损失;⑦为市民提供平等进入绿色开放公共空间的机会,强调多样的文化需求;⑧整合水文廊道与斑块,增加市民在公共空间中的亲水机会;⑨形成层次分明且多样化的"结合区"公共空间,如大型公园、游乐场、社区苗圃、步道和袖珍公园等。

2. 规划原则

(1)环境整合原则

从景观生态学的角度来讲,独立研究某项景观或生态内容,如某一区域的水循环系统、植物生态过程等是极不合理的[①]。因此,单项研究城市范围内的公共空间系统或GI生态系统也是不完整的,整合全面地考虑城市综合大环境的规划原则至关重要。对于GI功能导向的城市公共空间宏观规划应考虑到综合大环境下所有相关资源与影响因素,如重要自然与历史景区、保护用地、城市各级公共空间、生态型水源的整合及人为干预的影响。

---

① 苏文航.基于生态服务功能的村镇绿色基础设施规划方法及应用——以珠海斗门镇为例[D].哈尔滨:哈尔滨工业大学,2015:25.

（2）保护与开发同步原则

保护城市内生态高敏感性的自然资源是 GI 建设的一项基本准则，发展城市的公共空间系统是保障城市活力的重要手段。从建设生态城市角度来看，生态系统与人居公共环境的相互平衡与协调发展至关重要。生态城市的公共空间规划与建设结果要求是一个可以发挥整体生态功能与公共活力的绿色空间网络，即生态保护与空间活力共同发展，这就要求区分禁止公众进出的保护用地、以生态保育为目标的生态公园、以生产教育为目标的城市农场、以展示休闲为目标的文化公园及各类广场，用系统、关联和平衡的思维方式及手段来处理各种公共开放空间的发展。

（3）取长补短原则

基于 GI 的公共空间规划要达到 GI 网络构建与公共空间发展双重目标，首先要区分研究区域内的公共空间公共活力与 GI 生态重要程度，对公共活力不足且公共功能需求不高的公共空间转变为 GI 网络中的一部分；对生态敏感性不高且没有潜力恢复为重要网络中心的 GI 可以改造为服务城市的公共空间；而对于处于 GI 网络与公共空间双层系统关键节点上的地块可以转为复合生态需求与公共功能的"结合区"，各取所需，取长补短。

（4）分层改造原则

城市公共空间与 GI 地块类型的重新划分的依据是地块本身发挥的功能效益的多少，而效益的判断则根据目标地块在规划与设计中有利于功能发挥的因子要素实现的完整度，具体用等级来表现。由此，对公共空间公共活力与 GI 生态敏感程度的分级不仅区分了各自改造区域与保留区域，更细致地划分了公共空间与 GI 的不必要改造区域、可微改造区域、可重点改造区域、可替代区域，依据功能跟需求程度与改造潜力分级规划。

（5）连通性原则

城市 GI 规划最主要的原则之一在于 GI 要素之间的连通。而基于 GI 功能的城市公共空间规划也要符合连通性原则，具体有 3 方面：GI 连通、公共空间连通、GI 与公共空间相互连通。在城市层面，GI 连通是多层级、多尺度的，包括公园、保护用地、自然景区、绿道等多类型 GI 的连通，也包含城市内多种尺度 GI 与郊野 GI 的连通。公共空间的相互贯通则是资源均衡与公平可达的重要手段，公共空间与其他城市资源的连通性越高，公共空间的可达性就越高，活力也越强。GI 与公共空间连通主要体现在城市自然景区、历史风貌、公园等 GI 由线型公共空间联系起来，形成城市游憩廊道。

（6）共同获益原则

城市是一个空间复合的体系，其中人类设施与自然系统共生，相互连接的 GI 可以使人类和整个生态系统同时获取效益，例如 GI 不仅能够充分发挥其生态服务功能，还可以降低城市中洪涝、地震等自然灾害的发生频率，以及提供开放场地作为地震庇护所。公共空间与 GI 应遵循共同获利原则合理布局，公共空间重要节点应布置在公共需求高的城市中心地段，而大型 GI 节点应布置于生态过程处理终点与节点，例如城市下游低洼处的湿地公园可以自然消化城市洪涝。

3. 规划关键点

GI 导向的城市公共空间宏观规划研究的关键在于如何整合利用城市或区域多种资源建立基于 GI 生态规划下的城市公共空间格局。基于 GI 宏观规划下的城市公共空间生态再生的 3 个策略：①整合利用现有土地生态资源，完善城市公共空间类型与结构，通过提升路径连通性形成完整的城市尺度公共空间系统;②制定城市大型GI斑块与廊道的保护与修复策略来构建系统化的野生动物栖息地以提高生物多样性,实现城市GI与周边区域GI的连通以及城市GI自身的连通;③创造城市丰富的自然游憩景观格局与生态游憩路线以增加自然遗产可达性,创建新的生态文化景观来实现公共空间的社会与经济价值。要实现3个策略,重点在于寻找出有潜力转变为公共空间系统的潜在GI、有潜力完善城市GI网络的公共空间、GI与公共空间共生的地块(图5-7)。

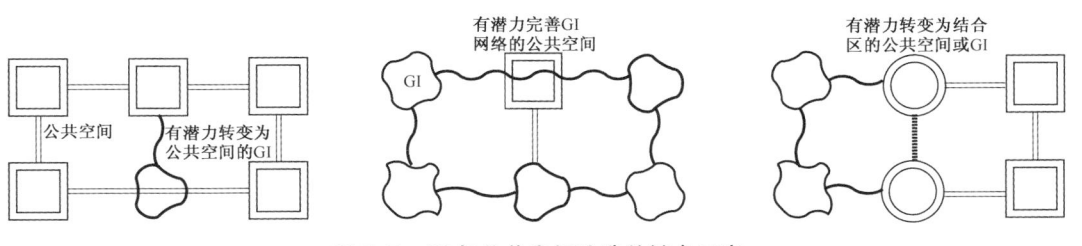

图5-7 GI与公共空间改造关键点示意

图片来源:笔者自绘

(1)城市公共空间完善——潜在GI转为公共空间

有潜力转变为公共空间的GI一般是生态功能较弱,并非置于城市GI网络关键位置但处于公共空间功能残缺或数量、面积不足的区域内,GI类型一般为独立的公园、交通孤岛、城市中心区的绿地等。首先需要对GI的生态敏感性进行分析并分级,找出生态功能不足的GI,其次对敏感性较弱的GI进行功能归类,根据GI的生态位置与潜力归为两类:处于GI网络关键位置且有潜力转变为更高敏感性的GI,可以修复与增强城市GI网络;或并非处于关键生态位置但有潜力补充区域公共开放空间的功能与用量,最后根据相应目标制定实施策略。

(2)城市GI连通——潜在公共空间转为GI

城市GI网络构建的关键在于找出已有或潜在的GI要素与结构并进行连通,GI网络的环度越高,环度的整体性与抗干扰性越强,而最有潜力转变为城市GI的空间类型是城市的公共开放空间。有潜力转变为GI的公共空间一般为地理位置不佳、设施不完善、所服务区域内室外公共活动需求不高或公共空间过剩的多余空间。首先对城市所有公共空间的公共活力进行评价并分级,找出活力不足的公共空间区域,其次分析活力不足的原因,对仍具有公共需求的公共空间根据调研进行生态改造,没有公共需求并处于GI网络关键生态位置的公共空间可以转变为GI要素,最后根据相应目标制定实施策略。

(3)GI与公共空间共生——"结合区"的重新规划

城市GI与公共空间的共生也就是在城市中自然与人的共生,在宏观城市公共空间规划中有一部分用地既处于GI网络关键生态位置上又承担城市重要的公共活动,是符合双重功能的"结合区"。"结合区"一般指城市生态公园与花园、毗邻大型自然景观与自然旅游区的公共空间及绿色专用非机动车道等,在生态功能上对当地动植物迁移与活动影响不大,但公共活力较高,具有生态与社会双重意义。在对城市公共空间与GI评估后找出需要改造的"结合区",按照GI连通原则与公共空间规划要求对地块进行生态社会功能优化。

5.3.2 两种系统的评价与分类

构建基于GI网络的城市公共空间宏观规划,先要对城市GI系统与城市公共空间系统分别分类、分项评价,总结不同公共活力的公共空间与不同生态敏感性的城市 GI。两种系统的评价中均用到了"加权叠加法",加权叠加法是将选择的各个评价因子进行分级,然后确定各个因子的相对权重,利用 ArcGIS 的空间叠加分析功能,进行综合评价,得出公共活力与生态敏感性分布图①。

1. 城市公共空间公共活力评价

公共空间的最主要目的是供市民进行各种活动与交流,而评判公共空间活力的标准在于公共性的强弱。空间公共性是指物质空间在容纳人与人之间公开的、实在的交往以及促进人们之间精神共同体形成的过程中所体现出来的一种属性②。公共空间公共性评价可以从两大方面评判:空间物质意义与空间社会意义。公共空间物质意义的公共性评价是从空间所处的区位、自身的规模、设施内容、结构布局、可达性等规划设计角度出发构建的评价指标体系;公共空间社会意义的公共性评价则是从空间具体使用活力、民众满意度、单位公共空间人口密度等社会生活角度出发构建的评价体系。城市规划层面公共空间物质意义公共性评价可以对影响不同类型空间的设计要素进行调研与评估,形成公共性影响因子评估法;城市规划层面公共空间社会意义的公共性评价可以用软件抓取某一时间段市民在室外公共空间的分布密度,或者利用其他相关要素分布以间接反映城市开放空间的公共活力布局,形成公共活力相关数据采集法。

两种方法首先要选取研究的公共空间对象,公共空间按形态分为点面型与线型,广场与公园作为点面型公共空间,非机动车道为线型公共空间,城市滨水空间与建筑的附属公共空间根据空间功能与形态具体区分。广场与公园包含研究范围内同区域的各种功能广场与对外开放公园,为市民提供不同的社会功能,非机动车道是指研究区位内所有对公共开放的非机动道路,包含步道与自行车道,主要作为交通与游览功能。对象选取时还要注意一些城市大型公园与大型自然景区,应当将其内部公共空间与不可进入绿地与水域区分,绿地与水域作为城市 GI 处理。

(1) 公共空间公共性影响因子评估法

对城市公共空间进行点面型与线型分类后,首先要确定影响其公共性的主要影响因子,其次对主要影响因子进行二级分类,再次用层次分析法(AHP)对各类与各级影响因子进行打分与权重评判。根据全面性原则、定量与定性相结合原则、理性要素为主原则、数据易获取原则及目标性原则,因子选取应为影响空间公共性的主要理性因子,主要为规划与设计要素构成的影响因子,不考虑一些人为感性因子及不易测量因子,例如空间的适宜尺度、感官舒适性、界面完整性、文化表达及地域性等感性因子及噪声、空气质量、水体洁净等技术测量因子,并尽量避免选取的指标有重叠内容③。城市广场与公园点面型公共空间主要影响因子具体有公共空间所处的区位条件、空间设计的配套设施、空间周边交通组织与入口设置、空间的社会使用与管理及生态保护评估④。城市公共空间公共性主要与空间区位与环境有关,其次与内部设施设计与完整度、空间是否合理组织及方便社会安全使用有关,空间环境保护方面的评估与空间活力影响不大,但也应分项考虑(表 5-7)。

① 周志翔. 景观生态学基础[M]. 北京:中国农业出版社,2007.

② 于雷. 空间公共性研究[D]. 南京:东南大学,2002.

③ 张峻丰,张高峰. 城市公共空间品质的生态位评价[J]. 华中建筑,2008(3):70-71.

④ 李云、杨晓春. 对公共开放空间量化评价体系的实证探索——基于深圳特区公共开放空间系统的建立[J]. 现代城市研究,2007(2):15-22.

表 5-7　广场与公园型公共空间公共活力影响因子及赋权

一级因子	二级因子	评估内容		得分	权重	分权重	二分权重	最终权重	指标解释
区位条件 A	服务区域 A1	城市级（面积 20~100 ha）		9		0.354		0.167	根据日本《公园绿地管理及设施维护手册》(内政部营建署,1999)分类，也可以根据服务半径分类
		区域级（面积 5~30 ha）		7					
		社区级（面积 2~20 ha）		5					
		邻里级（面积 2 ha 以下）		3					
	占地情况 A2	独立占地		7		0.059		0.028	独立占地一般为城市级大型公共空间，公共领域感强
		非独立占地		3					
	周边建筑 A3	商业建筑、办公建筑、商办混合、学校建筑、车站类交通建筑		9	0.473	0.176		0.083	商业区内公共空间一般公共活力较高，其次是其他公共建筑，再次是居住与商业建筑
		文化建筑或政府建筑		7					
		居住建筑		5					
		工业建筑		3					
		毗邻建筑与自然类城市景区		9					除了毗邻建筑外，公共空间还可能邻接绿化水体及景点
		毗邻非景点类绿地与水体		5					
	城市景区（并非文化遗产）A4	是否处于城市景区之内或是城市景点之一		9		0.176		0.083	城市景点一般有建筑类景点与自然类景点
	文化遗产（并非城市景区）A5	空间是否处于物质文化遗产之中	是	7		0.176	0.050	0.042	空间一般处于一些历史遗迹之中
			否	1					
		空间是否与非物质文化遗产活动相关联	是	7			0.050	0.042	空间一般用于在特定节日举行活动
			否	1					
	自然位置 A6	包含		3		0.059		0.028	城市空间公共活力强弱与大型自然体的关系是根据不同季节、不同景观及所处空间情况而定的，应给予等值得分
		交叠		3					
		毗邻		3					
		远离		3					
配套设施 B	基础设施 B1	市政配套设施：给排水及灌溉控制设施、照明、电力配电间或配电柜、消防设施		每套设施 1 分		0.363		0.056	城市公共空间内部的基础设施是满足使用者活动的必要条件，也是公共空间物质要素内容的重要组成元素，基础设施最为重要，其次是服务设施、公共设施、审美设施、内部的商业设施和公共设施、商业设施、人性化设施、生态设施，应对每一处设施每一方面单独评估
	服务设施 B2	休息设施（1分）、卫生设施（0.5分）、导引标识（0.5 分）、文化设施（0.5分）、健身设施（1分）、信息与通信设施（0.5分）		根据目标打分		0.182		0.027	
	公共设施 B3	亭、廊、花架道、有顶空间等构筑物		每套设施 2 分		0.091		0.015	
	审美设施 B4	行道树、花坛、喷泉、雕塑、地面艺术铺装		每套设施 1 分	0.158	0.091		0.015	
	商业设施 B5	合法商业小摊、自动售卖机		每套设施 1 分		0.091		0.015	
	人性化设施 B6	残疾人坡道与扶手、盲人与聋哑人标识信息、儿童游乐场地、老人休闲专用场地、孕妇专用座椅等		每套设施 1 分		0.091		0.015	
	生态相关设施 B7	雨水处理系统、动植物栖息场地、生态农场与花园、户外教育场地、稀有植物培育场地		每套设施 1 分		0.091		0.015	

续表 5-7

一级因子	二级因子	评估内容	得分	权重	分权重	二分权重	最终权重	指标解释
空间组织 C	开放程度 C1	入口数量：根据广场或公园入口数量与均衡程度分为优、良、中、差 C1-1	9、7、5、3	0.158	0.333	0.400	0.021	空间入口数量与边长决定了空间对外开放态度，数值越高，开放程度越高
		开口边长：根据广场或公园入口长度占空间边长比例分为优、良、中、差 C1-2	9、7、5、3			0.400	0.021	
		交叉口数量：根据广场或公园相邻街道所含路口数分为优、良、中、差 C1-3	9、7、5、3			0.200	0.011	公共空间毗邻街道的路口数量越多，说明越容易到达空间附近，开放程度越高
	交通组织 C2	交通配套设施：有公交车站、自行车停放处、过街地道、天桥、停车场 C2-1	每套设施2分		0.667	0.667	0.069	完善的公共交通设施是空间可达性的重要评判要素之一
		有无完善的非机动道系统 C2-2	7			0.333	0.034	连续与整体的非机动道设计可以吸引市民进入空间
社会使用 D	场地安全 D1	机动与非机动交通隔离是否完善 小孩玩耍场地是否安全设计 公共空间是否经常发生积水、积雪、垃圾乱扔等情况 有无监控设备	每项完善得3分	0.158	0.091		0.014	空间有完善的安全措施及场地安全设计是公共活力的基本保障
	功能类型 D2	广场 D2-1	5		0.273		0.043	广场较公园的实际公共占地面积大，公共活力高
		公园 D2-2	5					
	功能复合 D3	根据公共空间所具备的单功能到多种复合功能分为优、良、中、差	9、7、5、3		0.091		0.014	公共空间（广场与公园中的硬地）有公共活动、集散、纪念、交通、商业、休闲、运动及其他主题与特殊适用对象功能
	社会管制 D4	根据公共空间是否收费及收费价格合理程度分为优、良、中、差 D4-1	9、7、5、3		0.545	0.667	0.058	公共空间的收费制度直接影响空间人口密度，免费空间分值最高（9分）
		根据公共空间开放时间长短及合理性分为优、良、中、差 D4-2	9、7、5、3			0.333	0.029	全天开放空间分值最高(9分)，白天开放次之(7分)，半天开放再次(5分)，按时间段开放最低(3分)
环境保护 E	设施材料 E1	是否高效利用生物材料、复合材料等可再生、污染少的环保材料	5	0.053	0.333		0.018	生态的公共空间在一定程度上影响公共活力
	运作周期 E2	运作周期是否具有低能耗性	5		0.333		0.018	
	能源使用 E3	是否利用了太阳能、风能等天然能源	5		0.333		0.017	

注：当公共空间处于城市文化遗产（A5）之中，又是城市景点之一(或景区之内)，应以得分较高为准。

资料来源：笔者自绘

在因子分值计算中，先将影响因子按重要程度分为1～9分，再利用层次分析法计算权重。层次分析法（AHP，Analytic Hierarchy Process）是一种定量与定性结合的决策方法，通常将决策问题分成若干层次结构，逐层比较，确立判断矩阵，求出其最大特征值并进行标准化，继而求出该层次指标对于上一层次指标的相对权重。层次分析法通过逐级确定各因素的关系，采用半定性与半定量的方法表示，适用于无法直接定量评价的情况①(见附录)。

常见的线型非机动车道公共空间有城市轴线大道、城市游线步道、滨河道,主要承担动态活动功能,如交通、运动、浏览等。影响街道公共性的主要影响因子有道路的区位条件、内部设施、空间组织、社会使用与道路在环境保护方面的贡献。非机动车道与点面型公共空间类似,其所处空间区位与周边环境对公共活力影响最高(表5-8)。此外,对城市非机动车道公共性评估应分段研究(路口与路口之间)。运用分层分析法对影响线型公共空间公共性的5个一级因子与24个二级因子赋权。

(2) 城市公共活力相关数据采集法

大数据已经逐渐成为城市规划领域重要的信息采集与分析手段,处理后的开放数据可以在一定程度上反映城市不同区域公共活力的分布状况②。本节以南京中心城区为例,利用两种城市公共活力相关数据采集法对城市公共活力分布进行研究。第一种为城市微信热力图的获取,在ArcGIS里用网格分隔进行地理坐标定位,将研究范围所在的方形地图划分为32个10 km×10 km的网格,将"微信宜出行"作为网页数据来源,利用python进行网格爬取,得到32个网格的热力数据,最后将数据导入ArcGIS进行核密度分析,导出以微信数据为来源的城市热力图(图5-8)。另一种方法为公共活力相关的兴趣点(POI)获取及可视化,首先用火车头采集器从高德地图API获得购物、休闲餐饮、风景游憩等与公共空间活力分布相关的数据,其次应用极海云控制台对所得数据进行可视化处理,最后对热点单位与热点尺度进行调整,形成各类要素的分布热力图(图5-9)。两种方法各有利弊,以南京中心城区为例,前者抓取了近25万条微信地理位置数据,基本能准确反映城市人群的分布密度与公共活力布局,但具有时段性特征,需通过不同时段多次抓取;后者主要反映公共空间活力相关的不同功能要素的地理分布密度,可大致反映一段时间内城市公共活力分布,但不适合小尺度区域的公共活力分析,因此需要两种方法综合比较,对城市公共空间进行公共活力分类。

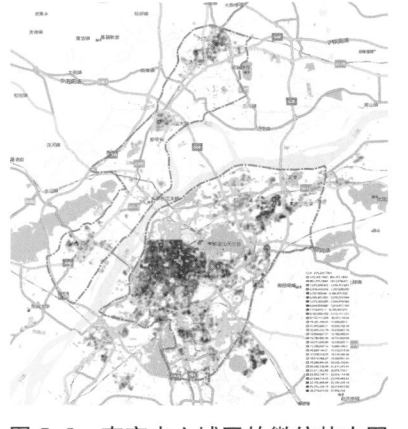

图5-8 南京中心城区的微信热力图
(2018年4月19日下午3点)
图片来源:笔者自绘

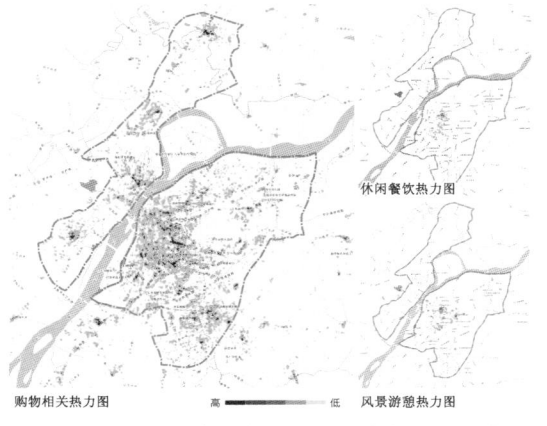

图5-9 间接反映公共空间活力的南京中心城区
各类要素分布热力图
图片来源:笔者自绘

---

① 张景礴. 基于"目标系统"的浙江中小城市公共空间更新分析方法研究[D]. 杭州:浙江大学,2014.
② 刘俊环,程文. 基于开放数据的城市道路服务水平评价[C]. 2017中国城市规划年会论文集,2017:1020-1032.

表5-8　线型公共空间公共活力影响因子及赋权

一级因子	二级因子	评估内容		得分	权重	分权重	最终权重	指标解释
区位条件 A	等级属性 A1	主要非机动道（城市步行大道，$d>4m$）		9		0.375	0.142	参考《城市道路工程设计规范》（CJJ 37 —2012）人行道最小宽度与平均宽度。机动车与非机动车混合车道应按最小等级设置（小径道路）
		次要非机动道（城市主要步行道，$3m<d≤4m$）		7				
		一般非机动道（各级道路两侧非机动道，$2m<d≤3m$）		5				
		小径道路（$d≤2m$）		3				
	两侧建筑 A2	商业建筑、办公建筑、商办混合、学校建筑、车站类交通建筑		9	0.382	0.187	0.072	街道所处不同区位直接影响街道的公共活力
		文化建筑或政府建筑		7				
		居住建筑		5				
		工业建筑		3				
	城市景区 A3	是否处于城市非自然景区之内或是城市非自然景点之一		9		0.187	0.072	城市景点一般有建筑类景点与自然类景点
	文化遗产 A4	空间是否处于物质文化遗产之中	是	7		0.094	0.036	空间一般处于一些历史遗迹之中
			否	1				
		空间是否与非物质文化遗产活动相关联	是	7		0.094	0.036	空间一般用于在特定节日举行活动
			否	1				
	自然位置 A5	包含		3		0.064	0.024	城市空间公共活力强弱与大型自然体的关系是根据不同季节、不同景观及所处空间情况而定的，应给予等值得分
		交叉		3				
		平行结合		3				
		脱离		3				
基本设施 B	实用设施 B1	路栅、路灯、路障、座椅、垃圾桶、电话亭、公交站亭、地下道口、人行天桥		每套设施1分		0.200	0.038	城市公共空间内部的基础设施是满足使用者活动的必要条件，也是公共空间物质要素内容的重要组成元素，基础设施最为重要，其次是服务设施、公共设施、审美设施、内部的商业设施和公共设施、商业设施、人性化设施、生态设施，应对每一处设施每一方面单独评估
	审美设施 B2	行道树（1分）、花坛（1分）、喷泉（0.5分）、雕塑（0.5分）、地面艺术铺装（0.5分）		根据目标打分		0.200	0.038	
	视觉传达 B3	交通标志（1分）、路标（1分）、海报（0.5 分）、地面标志（0.5分）		根据目标打分		0.100	0.019	
	商业设施 B4	合法商业小摊、自动售卖机		每套设施1分	0.190	0.100	0.019	
	文化设施 B5	报纸板、电子面板		每套设施0.5分		0.100	0.019	
	人性设施 B6	残疾人坡道与扶手、盲人与聋哑人标识信息、乘凉或避雨构筑物		每套设施1分		0.200	0.038	
	生态设施 B7	街旁雨水处理系统、可渗透路面、垃圾桶分类		每套设施1分		0.100	0.019	

续表 5-8

一级因子	二级因子	评估内容		得分	权重	分权重	最终权重	指标解释
空间组织 C	路口距离 C1	合理		5	0.190	0.111	0.021	一般一级道路（主干道）路口间距为 400 m，二级道路（次干道）路口间距为 200 m，支路路口间距为 100 m
		过短		3				
		过长		1				
	空间尺度 C2	D/H<1		1		0.222	0.043	D/H 值中 D 是指非机动道宽度，在一些机动车与非机动车混合行驶的复合街道中，要根据具体情况测算非机动道的实际宽度
		1<D/H<2		5				
		D/H>2		3				
	空间节点 C3	根据节点数量、质量与均衡分布程度分为优、良、中、差		9、7、5、3		0.444	0.084	沿非机动道的空间节点是指布置在街道两侧的节点，一条有节奏的城市街道应根据不同段位、地理条件、居民需求等条件均衡布置空间节点，形成有次序的空间结构序列与城市景观意向
	车道关系 C4	独立		7		0.111	0.021	非机动道是否毗邻机动车道直接影响市民对道路的心理安全与心理舒适度的评判
		结合		3				
	尽端道路 C5	双通		7		0.111	0.021	对路段尽端是否连通进行评判
		单通		3				
		不通		1				
社会使用 D	功能类型 D1	步道		7	0.190	0.400	0.076	公共区域的专用步道公共活力最高，其次是非机动混合道，再次是专用自行车道与混合道路
		自行车道		3				
		步道与自行车道混合道		5				
		机动车与非机动车混合道		3				
	场地安全 D2	机动与非机动交通隔离是否完善		每项完善得 5 分		0.100	0.019	空间有完善的安全措施及场地安全设计是公共活力的基本保障
		道路是否经常发生积水、积雪、垃圾乱扔等情况						
		有无监控设备						
	路面状况 D3	根据路面状况是否完好分为优、良、中、差		9、7、5、3		0.100	0.019	主要判别路面是否凹凸不平及路面材质摩擦力
	社会管制 D4	根据公共空间是否收费及收费价格合理程度分为优、良、中、差		9、7、5、3		0.667	0.051	公共空间的收费制度直接影响空间人口密度，免费空间分值最高（9 分）
		根据公共空间开放时间长短及合理性分为优、良、中、差		9、7、5、3		0.333	0,025	全天开放空间分值最高(9 分)，白天开放次之(7分)，半天开放再次(5分)，按时间段开放最低(3分)
环境保护 E	设施材料 E1	是否高效利用生物材料、复合材料等可再生、污染少的环保材料		9	0.048	0.333	0.016	生态的公共空间在一定程度上影响公共活力
	运作周期 E2	运作周期是否具有低能耗性		9		0.333	0.016	
	能源使用 E3	是否利用了太阳能、风能等天然能源		9		0.333	0.016	

注：数据来源：臧鑫宇.生态城街区尺度研究模型的技术体系构建[J].城市规划学刊,2013(4):81-87.

资料来源：笔者自绘

2. 城市公共空间公共活力分级研究

在获得研究区域内所有符合条件的点面型公共空间与线型公共空间的公共活力得分后,对其叠加处理,形成城市公共空间公共活力多因子综合评价,具体公式为 $P = \sum_{j=1}^{n} S_j(W_x W_y W_z)$($P$ 为公共空间的公共值,S_j 为该公共空间第 j 个最终评估的次级影响因子分值,n 为公共空间的所有最终评估的次级影响因子数,W_x 为第 j 个次级影响因子所处的一级因子权重,W_y 为第 j 个次级影响因子所处二级因子权重,W_z 为部分二级因子的次级因子权重,没有次级因子的二级因子 W_z 值为 1)。所有公共空间按公共活力由高到低分为高公共活力区域、中等公共活力区域、较低公共活力区域、低公共活力区域。经过研究发现,某些区域呈现高人口密度分布并非全是公共空间的优势设计的体现,有可能是"伪公共活力",例如在某些商业地区由于公共空间量的不足而导致人口拥挤现象,或者在特定时间某处公共空间举行大型的吸引人的活动等等。因此高公共活力区域并不一定设计完善,而是不便于对其进行生态改造。研究的目的是对公共活力不足的空间进行生态改造,以提升公共空间生态环境品质,并达到加强城市 GI 网络的目的,因此空间的公共活力由高到低,空间的生态改造潜力则大体呈现由低到高的趋势。

点面型公共空间按公共活力由高到低分为不可改造区、可微改区、可重改区、可删区以及某些地区公共空间严重不足而增设的潜在区。线型公共空间按公共活力由高到低分为不可改造线、可微改线、可重改线、可删线以及连接相应潜在区而设的潜在线。公共空间不可改造区与不可改造线是指位于城市中心区域的主要交通步道、广场及公园,可以暂时不考虑添加 GI 要素。可微改区与可微改线一般是较为次要的城市公共区域,可适当结合城市 GI 网络规划添加 GI 要素。可重改区与可重改线一般指更为次要的城市公共区域,空间公共活力不足但又有必要保留,可加入 GI 要素提升空间活力、完善 GI 网络。可删区与可删线一般指偏离城市中心区、空间等级较低、基础设施差、基本没有公共活力的广场、公园、尽端非机动车道,在确定空间周围有可以较好服务该区域居民的公共空间后,就可以将可删区改为 GI,连通城市 GI 网络。潜在区域与潜在线是有资源潜力、区位潜力以及需求潜力,可转变为高活力的公共空间的地块与道路。(表 5-9)

表 5-9　公共空间潜在区与潜在线位置选择

潜在区位置选择	潜在线位置选择
①根据均衡分布原则,在已有公共空间服务半径盲区	①连接潜在区与已有公共空间的非机动车道
②根据按需分配原则,在人口密集但公共空间容量不足区域	②非机动步道功能需求不足的区域与道路
③公共活力不足,但公共需求潜力高的现存公共空间	③在公共活力不足,但公共需求潜力高的现有公共空间中,例如一些设施配备不全的商业街
④在多处非机动交通线交叉口处设置	④已有重要的空间节点缺乏有力与足够的步道联系
⑤借助城市良好自然与历史人文景观设置	⑤对城市非机动交通轴线结构的完善

续表 5-9

潜在区位置选择	潜在线位置选择
⑥根据需要将邻近小型公共空间整合为大尺度公共空间的潜力区域	⑥借助城市自然人文景观设置非机动车道,如滨河道、滨山道、沿城墙步道
⑦在城市公共空间序列结构需要完善的战略点	⑦在机动交通频繁路口设置过街天桥或地下通道
⑧对历史遗迹进行公共场地改造	⑧在车道与绿道交叉口设置过街天桥
⑨在非机动车道与绿道交叉节点处设置公园类公共空间	

资料来源:笔者自绘

3. 城市 GI 生态敏感性评价

生态敏感性指生态系统对人类活动干扰和自然环境变化的反映程度,表征发生区域生态环境问题的难易程度和概率大小①。宏观 GI 网络构建的主要目的是确定并保护生物栖息与迁移所需的自然空间及寻求部分 GI 转变为城市公共空间的可能性,前者通常是生态环境中对外界干扰的敏感性较强的区域,如自然保护区、林地、湿地、水源涵养区、河流水系等,后者则是生态敏感较弱的区域,且处于公共需求较高位置。在对城市各类 GI 进行生态敏感性评价时,首先分析整体 GI 景观的几何学特征,确定土地斑块与廊道及各自类型,其次根据科学性原则、定量与定性结合原则、简洁与聚合原则、代表性原则、可操作性原则及目标性原则②等选取斑块与廊道的主要生态敏感因子与次级敏感因子,再次利用权重分析法与层次分析法打分与赋权,构建指标体系进行评价③④。

在确定土地斑块类型及打分时,应根据临近林地、湿地、河流、湖泊水库的斑块距离不同而相应打分,越临近大型高敏感性 GI 的斑块得分越高。借鉴斑块的生态敏感因子及权重赋值(表 5-10)⑤,应给高敏感性生态斑块外围临近 GI 赋予相应敏感系数,减轻非高敏感性生态斑块的相对生态敏感值,各类土地斑块最终得分为自身得分乘以敏感系数。不同 GI 的生态敏感性得分为各类土地斑块得分加斑块敏感因子得分。各类生态斑块的主要生态敏感因子应从斑块内部的景观格局、斑块与外在的联系以及特别生态斑块 3 个一级因子、8 个二级因子、17 个三级因子进行构建,通过专家打分法与分层分析法打分与赋权⑥⑦⑧(表 5-11)。

---

① Ouyang Z Y, Wang X K, Miao H. China's Eco-environmental Sensitivity and its Spatial Heterogeneity[J]. Acta Ecologica Sinica, 2000,20(1):9-12.

② 鲁敏,孔亚菲. 生态敏感性评价研究进展[J]. 山东建筑大学学报,2014(4):52-57.

③ 丁金华,王梦雨. 水网乡村绿色基础设施网络规划——以黎里镇西片区为例[J]. 中国园林,2016,32(1):98-102.

④ 李咏华,王竹. 马里兰绿图计划评述及其启示[J]. 建筑学报,2010(S1):26-32.

⑤ 安超,沈清基. 基于空间利用生态绩效的绿色基础设施网络构建方法[J]. 风景园林,2013(2):22-31.

⑥ 居阳,陈静,马勤. 生态基础设施导向的城市空间发展战略研究——以南京市为例[C]. 中国灾害防御协会风险分析专业委员会年会,2012.

⑦ 刘鹤. 城市绿色基础设施构建研究——以温州苍南为例[D]. 杭州:浙江农林大学,2014:22,40-46.

⑧ 汪洁琼,郑祺. 城市绿色基础设施空间形态的 GIS 生态服务评价模型[J]. 风景园林,2015(7):109-117.

表 5-10　土地斑块类型得分

类型		评估内容	得分(S_a)	敏感系数(r_a)
土地斑块类型	林地	林地自身	9	1
		外围 300 m	7	0.1
		外围 300～600 m	5	0.1
		外围 600～900 m	3	0.1
	湿地	湿地自身	9	1
		外围 200 m	7	0.1
		外围 200～400 m	5	0.1
		外围 400～600 m	3	0.1
	河流	河流自身	9	1
		外围 300 m	7	0.1
		外围 300～600 m	5	0.1
		外围 600～900 m	3	0.1
	湖泊水库	湖泊自身	9	1
		外围 500 m	7	0.1
		外围 500～1 000 m	5	0.1
		外围 1 000～1 500 m	3	0.1
	耕地		5	1
	建设用地绿地		3	1

资料来源:笔者自绘

表 5-11　网络中心、场地、孤岛等斑块的生态敏感因子及赋权

一级因子	二级因子	三级因子	评估内容	得分	权重	分级权重	二分权重	最终权重	指标解释
内部景观格局 A	斑块面积 A1	斑块面积* A1-1	根据斑块面积大小排序进行打分	最高 9分,最低 1分	0.600			0.240	面积越大,斑块生态敏感性越高
	斑块破碎度和形状复杂性 A2	边界密度* A2-1	根据各斑块边界密度大小排序打分	最高 9分,最低 1分	0.200		0.500	0.040	单位面积的斑块边界长度,与斑块形状有关;边界密度越小,斑块形状越紧凑,破碎度越小,质量越高
		斑块数目* A2-2	1 个	9			0.500	0.040	斑块内部被异质廊道或道路分割程度,是斑块破碎度另一指标
			斑块数 2~5 个	7					
			斑块数 5~10 个	5					
			斑块数>10 个	3					
	地形情况 A3	高程* A3-1	根据城市实际高程由低到高划分为 5 个等级	9、7、5、3、1	0.400	0.181		0.014	高程越高,生态系统越弱,生物多样性与复杂性越低,生态敏感性也越高
		坡度* A3-2	>25%	9		0.091		0.008	坡度越陡,生态敏感性越高
			20%~25%	7					
			15%~20%	5					
			5%~15%	3	0.200				
			0~5%	1					
		土壤侵蚀 A3-3	根据土壤是否受到侵蚀以及严重程度打分	最高 9分,最低 1分		0.364		0.029	侵蚀可以是人为侵蚀,如棕地;也可以是自然侵蚀
		植被覆盖率* A3-4	>90%	9		0.364		0.029	就植被覆盖率而言,覆盖率高、层次丰富的区域生态敏感性高于植被覆盖率低、层次单一的区域
			80%~90%	7					
			70%~80%	5					
			<70%	3					

续表5-11

一级因子	二级因子	三级因子	评估内容	得分	权重	分权重	二分权重	最终权重	指标解释
外向生态联系B	已连接的生态廊道B1	廊道数量* B1-1	根据城市生态廊道数目多少由高到低划分为5个等级	9、7、5、3、1	0.200	0.5	0.400	0.04	指标特指网络中心,廊道数量至少为2条,连接的廊道数量越多,网络中心连通性越高,生物敏感性越高
		廊道类型 B1-2	绿地廊道	7			0.200	0.02	不同廊道都有重要的生态功能,应给予均值
			水文廊道	7					
			湿地廊道	7					
			综合廊道	7					
		GI类型*	网络中心	9			0.400	0.04	GI的生态敏感性判别最主要的特征之一在于GI类型的分类
			场地	7					
			孤岛	3					
	所处GI网络结构连通性B2	网络连通度* B2-1	根据网络中的连通强弱打分	最高9分,最低1分		0.25	0.500	0.025	网络连通度的公式为 $r=\dfrac{2L}{n(n-1)}$,网络环度的公式为 $a=\dfrac{L-n+1}{2n-5}$,n 为GI网络中网络中心与场地的数量,L 为网络中连接的廊道数量
		网络环度 B2-2	根据网络中的环度强弱打分	最高9分,最低1分			0.500	0.025	
	位置关系B3	距离城市中心区直线距离B3-2	根据斑块距离城市中心区中心点的最近直线距离打分	最高9分,最低1分		0.25	0.250	0.013	斑块距离城市中心点越远,对斑块的破坏越小,生态敏感分值越高
		距离城市大型污染源的直线距离B3-2	根据廊道距离城市大型污染源最近直线距离打分	最高9分,最低1分			0.750	0.037	大型污染源一般为城市或郊区中对气体、水体、土壤等造成污染的大型工业区
特别生态斑块C	生态等级C1	生态安全控制区C1-1	市域划定的生态安全控制区	9	0.400	0.667	0.500	0.133	城市生态安全控制区是为保障城市基本生态安全,防止城市建设无序蔓延,在尊重城市自然生态系统和合理环境承载力的前提下,根据有关法律、法规,结合城市实际情况划定的生态保护范围界区
			外围500 m	7					
			外围500~1 000 m	5					
			外围1 000~1 500 m	3					
		自然与文化遗产保护区C1-2	国家级、省级自然与文化遗产保护区	9			0.500	0.133	城市自然文化遗产是指分布在城市内的自然遗产、文化遗产和自然文化双重遗产
			外围500m	7					
			外围500~1 000 m	5					
			外围1 000~1 500 m	3					
	稀有生物C2	稀有生物C2-1	根据斑块内是否稀有或濒临灭绝生物及其种类与数量打分	最高9分,最低1分			0.333	0.134	主要指珍稀生物与国家保护动物

注:* 为社区尺度选定指标。

资料来源:笔者自绘

在景观生态学上,对廊道的评价与分类是以宽度、间断、节点、连接度和品质等结构性因素为基础的,城市 GI 廊道按宽度可分为线状廊道(宽度在 12 m 以下的狭长形廊道,内部物种多为边缘物种)、带状廊道(宽度在 30 m 以下,如一些城市大道两边的防护林)、片带状廊道(宽度在 60 m 以下,例如带状公园)、面带状廊道(城市中一般很少,如河流湿地廊道)、面状廊道(一般为保护用地,与网络中心的区分在于其主要的生物功能);按类型区分为绿地廊道、湿地廊道、水文廊道(表 5-12),每类廊道含有 3 个一级因子、6 个二级因子及 15 个三级因子,根据层次分析法直接赋予 15 个三级因子权重[①](表 5-13)。

表 5-12　土地廊道类型得分

土地廊道类型	得分(S_b)	敏感系数(r_b)
绿地廊道	9	0.5
湿地廊道	9	0.5
水文廊道	9	0.5

资料来源:笔者自绘

表 5-13　廊道生态敏感因子及赋值

一级因子	二级因子	三级因子	评估内容	得分	权重	分权重	二分权重	最终权重	指标解释
景观格局 A	形态特征 A1	廊道宽度 (m)* A1-1	≥100	9	0.182	0.75		0.137	廊道宽度越宽,受外界干扰越小,越不易断裂,生态敏感性越高
			60~100	7					
			30~60	5					
			12~30	3					
			3~12	1					
		廊道曲度* A1-2	根据廊道的曲度值打分,曲度值越高,敏感性越低	最高 9分,最低1分		0.25		0.045	廊道曲度为廊道两端的实际距离与直线距离比
生态服务 B	连接斑块 B1	连接生态斑块数量 (个)*B1-1	≥5	9	0.333	0.333	0.333	0.080	连接的斑块包括网络中心与场地
			3~4	7					
			1~2	5					
			0	3					
		连接生态斑块的重要程度 B1-2	生态安全控制区	9			0.333	0.080	连接的斑块按重要性依次分为生态控制区、自然保护区、风景名胜区、城市级斑块、社区及场地级斑块
			自然文化保护区/重要水域斑块/重要林地斑块	7					
			风景名胜区(旅游区)	5					
			城市级大型斑块	3					
			社区或场地级小斑块	1					
		连接生态斑块内含稀有生物 B1-3	根据所连接的斑块内是否有稀有或濒临灭绝生物及其种类与数量打分	最高 9分,最低1分			0.333	0.080	主要指珍稀生物与国家保护动物

---

① 付喜娥,吴人韦.绿色基础设施评价(GIA)方法介述——以美国马里兰州为例[J].中国园林,2009,25(9):41-45.

续表 5-13

一级因子	二级因子	三级因子	评估内容	得分	权重	分权重	二分权重	最终权重	指标解释
生态服务 B	廊道断裂 B2	廊道被人工设施割裂数目 B2-1	≤2	9	0.727	0.333	0.545	0.132	廊道被人工设施如建设用地、公路、铁路等硬质表面割裂的数目及断裂面积
			3~4	7					
			5~6	5					
			≥7	3					
		廊道硬质断裂处面积百分比 B2-2	根据断裂处所有面积与廊道总面积的比值进行评分,比值越小,分值越高	最高9分,最低1分			0.273	0.067	
		廊道被异质生态廊道割裂数目 B2-3	≤2	9			0.091	0.022	廊道被其他类型生态廊道等软质表面割裂的数目及断裂面积
			3~4	7					
			5~6	5					
			≥7	3					
		廊道软质断裂处面积百分比 B2-4	根据断裂处所有面积与廊道总面积的比值进行评分,比值越小,分值越高	最高9分,最低1分			0.091	0.022	
	所处GI网络结构连通性 B3	网络连通度*B3-1	根据网路中的连通强弱打分	最高9分,最低1分		0.167	0.500	0.061	网络连通度的公式为 $r=\dfrac{2L}{n(n-1)}$,网络环度的公式为 $a=\dfrac{L-n+1}{2n-5}$,n 为 GI 网络中网络中心与场地的数量,L 为网络中连接的廊道数量
		网络环度 B3-2	根据网路中的环度强弱打分	最高9分,最低1分			0.500	0.061	
	健康程度 B4	土壤侵蚀 B4-1	根据土壤是否受到侵蚀以及严重程度打分	最高9分,最低1分		0.167	0.333	0.041	侵蚀可以是人为侵蚀,如棕地;也可以是自然侵蚀
		植被覆盖率*B4-2	根据廊道内植被覆盖率分层打分	最高9分,最低1分			0.667	0.081	就植被覆盖率而言,覆盖率高、层次丰富的区域生态敏感性高于植被覆盖率低、层次单一的区域
地理环境 C	位置关系 C1	距离城市中心区直线距离 C1-1	根据廊道距离城市中心区中心点的最近直线距离打分	最高9分,最低1分	0.091		0.333	0.030	斑块距离城市中心点越远,对斑块的破坏越小,生态敏感分值越高
		距离城市大型污染源的直线距离 C1-2	根据廊道距离城市大型污染源最近直线距离打分	最高9分,最低1分			0.667	0.061	大型污染源一般为城市或郊区中对气体、水体、土壤等造成污染的大型工业区

注：* 为社区尺度选定指标。

资料来源：笔者自绘

4. 城市 GI 敏感性分级研究

网络中心、场地、孤岛等斑块的生态敏感值计算公式为 $E=S_a r_a+\displaystyle\sum_{i=1}^{n}S_i W_i$,同理廊道的计算公式为 $E=S_b r_b+\displaystyle\sum_{i=1}^{n}S_i W_i$($S_a$ 与 S_b 为类型斑块与类型廊道得分,r_a 与 r_b 为类型斑块与类型廊道敏感系数,S_i 为 GI 中第 i 个三级敏感因子分值,W_i 为第 i 个三级敏感因子最终权重)。根据生态适应性分析方法[①],城市 GI 根据不同敏感值划分为高生态敏感区、较高

① 生态适宜性评价是从生态角度对土地利用功能加以区分,传统的适宜性评价方法以因素叠加为特征。欧阳志云.区域生态规划理论与方法[M].北京:化学工业出版社,2005.

生态敏感区、中生态敏感区、较低生态敏感区、低生态敏感区①5个分区。结合城市 GI 网络保护与利用的目标,网络中心、场地、孤岛根据敏感性从高到低分为保护区、生态区、共生区、利用区以及某些位置需要添加必要的 GI 及恢复原有 GI 的高敏感性的恢复区。GI 廊道根据敏感性从高到低分为保护廊、生态廊、共生廊、利用廊及对应恢复区的恢复廊。

城市 GI 保护区与保护廊是指城市内最高生态敏感的网络中心与廊道,应对其设线保护。特别生态斑块(生态安全控制区、自然与文化遗产保护区、含有稀有生物的斑块)为最高等级,强制划为保护区。此外,大型林地、湿地、水体一般为保护区,连接保护区的城市重要大型生态廊道一般为保护廊。生态区与生态廊是指毗邻保护区的 GI,生态敏感性较强,是大型 GI 与城市硬质区域缓冲的地带,应予以保留及保护。共生区与共生廊是指生态敏感性中等或较低的区域,可以根据需要转变为生态公园、绿地步道等公共空间。利用区及利用廊是指生态敏感性最弱,基本没有动物活动迹象的 GI,一般为远离大型网络中心的孤岛型公园或断裂的小型绿道,可以根据需求转变为活力较高的公园与广场类公共空间。恢复区与恢复廊是指城市内具有潜力成为高生态敏感性 GI 的地块,恢复区自身一般为 GI 斑块(表5-14)。恢复区可以根据需求转变为敏感性强的保护用地,也可以转变为公园等公共空间。

表5-14 城市 GI 恢复区与恢复廊潜在位置选择

恢复区潜在位置选择	恢复廊潜在位置选择
①棕地需要生态改造城市地块	①连接恢复区与现有网络中心的线型用地
②由于地质问题经常发生自然灾害的区域	②被异质廊道或公路截断的绿廊亟须修复
③由于城市雨水管道系统不完善而造成部分低洼处开放空间常年积水区域	③两处及以上现有重要的网络中心之间连接的廊道环度值不高,急需潜力廊道连接
④公共活力不足及公共需求不高但生态位置重要的公园可转变为生态保护用地	④两处及以上现有重要的网络中心之间连接的廊道曲度值较大,需要建立"最小费用模型"重新增加最近廊道
⑤有潜力变为高敏感生态网络中心的孤岛与场地	⑤由于所处地域地质问题经常发生自然灾害的道路
⑥功能性公园数量不足或分布不均的社区	⑥有潜力且有需要转变为廊道的生态跳点
⑦重要生态廊道较长,需要设置网络中心或场地	⑦有潜力转变为网络中心的场地与孤岛可以增设连通廊道
⑧城市范围内弃耕地或空地可临时转变为 GI	⑧废弃的步道与自行车道可转变为绿廊
⑨GI 廊道与道路交叉处形成的广场,可以改造为生态公园。	⑨废弃的城市车轨可以转变为绿廊,如纽约高线公园

资料来源:笔者自绘

5.3.3 GI 导向的城市公共空间总体更新规划方法——以南京中心城区为例

对城市公共空间公共活力与 GI 生态敏感性分级是为了找出有潜力进行生态更新的公共空间及有潜力转变为公共空间的低生态敏感性的 GI 地块,继而根据不同公共活力的公共空间与不同敏感性的 GI 之间的相对位置影响关系,进一步确认目标改造地块,并结合城

① 国家环保总局.生态功能区划暂行规程[G].2002.

市规划多种子系统,形成基于 GI 功能的城市公共空间宏观规划。本节以南京中心城区为例,具体阐述基于多重规划目标的宏观层面公共空间总体更新规划方法。

南京中心城是南京区域中心城市功能的集中承载地,是现代都市区功能的核心区,由主城和东山、仙林、江北 3 个副城组成,规划范围总面积约 834 km²①。通过分析发现,南京中心城区水系网络较为发达,尤其建邺区水网与路网相互交织发展,并拥有长江与玄武湖城市级生态斑块。绿地网络以楔环状结构为主,以紫金山中心生态斑块为城市重要网络中心,环有多级生态廊道。城区基本呈现较强连通性的楔环状 GI 结构与多轴线的城市公共空间结构共同结合发展模式。此外,为保证城市主要 GI 网络的高生态敏感性,城市主要 GI 结构与主导公共空间轴线脱离。

通过对南京城市广场、城市公园广场、城市公园、风景名胜等 4 类公共空间的分布热度特征进行分析,发现城市广场分布较为集中,老城区汉中路沿线、后标营路以及六合区六合火车站附近出现较高分布密度特征;城市公园广场分布热度以莫愁湖公园为中心在主城呈现"卐"字形分布;城市公园整体分布较为离散,但青奥森林公园、武定门公园、天印广场、玄武湖公园附近公园类公共空间分布较为集中;城市的风景名胜则主要簇拥在主城区及附近,向周围散射出绿化博览园、阅江楼风景区、栖霞山风景区、老山国家森林公园、将军山风景区、方山国家地质公园等游憩热点(图 5-10)。总体来说,城市公共空间主要集中在主城,在 3 个副城呈现较为明显的散点分布特征,而江北副城六合区内公园类公共空间分布较少,浦口区靠近长江三桥的区域与仙林副城栖霞区内各类公共空间分布密度较低。南京中心城区由外向里楔入的 GI 网络较为完善,公共空间分布由主城区向外辐射,因此怎样通过量化分析与规划以优化 GI 生态网络与公共空间格局是本节的研究重点。

1. 规划方法

根据多重规划目标与 GI 规划步骤,GI 导向的城市公共空间宏观规划具体有 10 步:设定目标、资料收集、公共空间识别、公共空间分区、GI 识别、GI 分区、系统叠加、分级改造、分项整合、试点选择。①制定规划目标,GI 导向城市公共空间规划最终目标是对现有土地资源的功能重组,使公共空间活力与城市生态保护双重受益。②针对目标对资料进行收集整理,可以通过查询多种形式资料的方式,也可以通过遥感技术来确定城市 GI 部分与公共空间部分。③对城市所有符合研究尺度的公共空间进行识别。④评估各类公共空间公共活力并分区,点面型公共空间分为不可改造区、可微改区、可重改区、可删区及潜在区,线型公共空间分为不可改造线、可微改线、可重改线、可删线及潜在线,最终形成"公共空间公共活力分区图"。⑤对城市所有符合研究尺度的 GI 要素进行技术识别。⑥评估各类 GI 生态敏感性并分区,斑块型 GI 可分为保护区、生态区、共生区、利用区及恢复区,线型 GI 分为保护廊、生态廊、共生廊、利用廊及恢复廊,最终形成"GI 生态敏感性分区图"。⑦依据叠图方法,将两类图纸叠加,制定两类要素关系影响标准并对两者关系进行研究,找出需要修改的潜力地块。⑧制定公共空间公共类型等级与 GI 敏感等级,对潜力地块分级规划。⑨规划方案与城市其他系统整合。⑩根据需求度选择优先试点的社区(图 5-11)。

---

① 南京市总体规划(2007—2030)[G]. 2007.

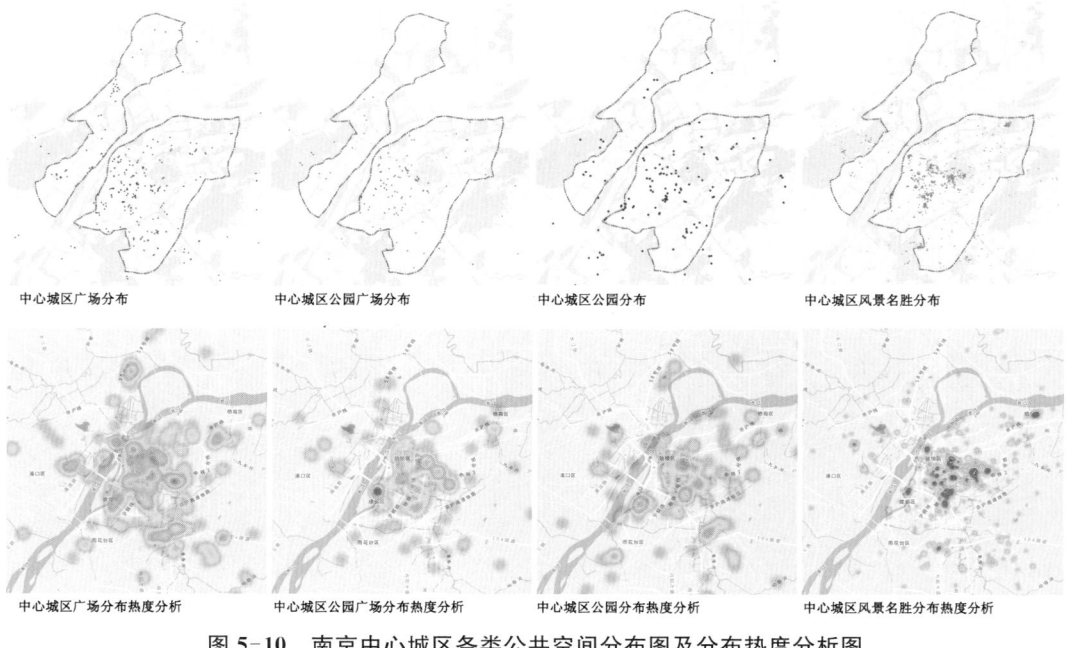

图 5-10　南京中心城区各类公共空间分布图及分布热度分析图

图片来源:笔者自绘

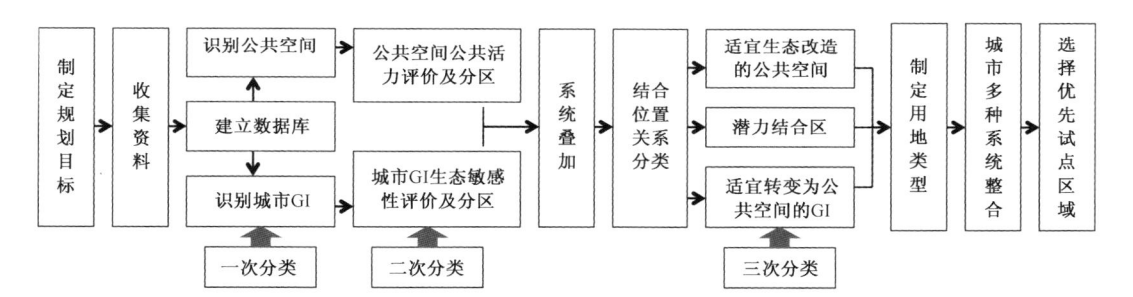

图 5-11　GI 导向的城市公共空间宏观规划流程图

图片来源:笔者自绘

2. 城市公共空间与城市 GI 分类识别

（1）城市公共空间识别

城市公共空间识别包括两方面层次识别:城市公共空间要素类型识别与城市公共空间位置识别。城市公共空间要素类型识别是根据空间的形态、尺度、类型识别城市尺度的点面型与线型主要公共空间,本节重点研究点面型公共空间,暂不考虑以交通功能为主的线型公共空间。城市公共空间位置识别是在城市地图基底上识别出各种类型空间肌理。本节以南京中心城区土地利用现状为底图,以街区地块为研究单元,将城市空间分区按照空间公共活力与用地属性分为公共区、半公共区、非公共区、街道网、绿地、水域,从而绘制城市公共空间图底(图 5-12)。公共区也就是研究对象,在土地利用图上以"商业金融用地""高校教育用地"以及"公园"为主(图 5-13)。半公共区指城市内为特定人群服务或有特殊用途的户外公共空间,并非所有市民方便到达,在土地利用图上以"一类与二类居住用地""休闲度假用地"

"公共管理服务设施用地"为主。非公共区是指严禁普通市民进入的室外空间,在土地利用图上以"一类、二类与三类工业工地""仓储用地""城市与区域交通设施用地""市政基础设施用地"为主。绿地是指城市内所有符合尺度的绿地区域,但公园在"城市公共空间技术识别"中划分为公共区,不划为绿地区。

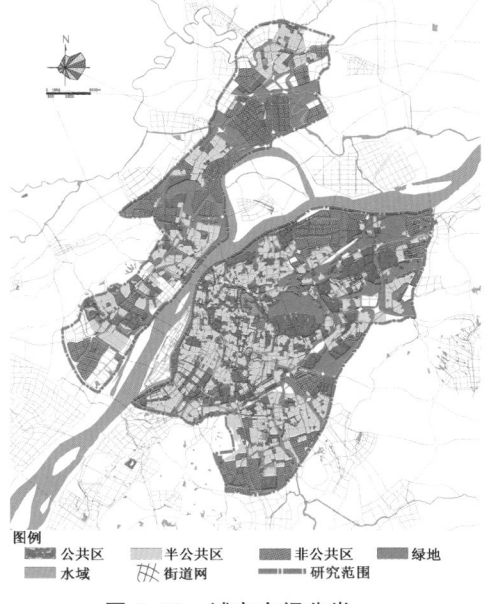

图例			
▨ 公共区	▨ 半公共区	▨ 非公共区	▨ 绿地
▨ 水域	▧ 街道网	▬ 研究范围	

图 5-12　城市空间分类

图片来源:笔者自绘

图例			
▨ 商业用地	▨ 高等教育设施用地	▨ 公园及风景名胜	▬ 研究范围

图 5-13　城市公共空间识别图

图片来源:笔者自绘

（2）城市 GI 的识别

城市 GI 的识别包括要素类型识别、位置识别及用地范围识别。在要素类型平面表征识别上,点面型 GI 与线型 GI 可以通过总平面形态表征区分,网络中心、廊道与孤岛也可以通过连接廊道的数量与质量区分[1]。GI 的位置识别可以借助遥感影像数据读取,研究区域的 GI 包含卫星地图内所有的绿色图层,在宏观研究层面要去除不连续的街道树列与广场树阵、居住用地中的绿地以及小尺度绿点。在《城市用地分类与规划建设用地标准》（GB 50137—2011）中[2],城市尺度 GI 识别主要包括绿地（G）与非建设用地（E）。GI 的位置与范围技术识别还可以通过地图叠合分析来完成,识别标准包括:斑块尺度、生物和生境的多样性、自然程度[3]、生境代表性、稀有性、景观破碎度、潜在的保护价值等[4]。网络中心首先要满足一定的面积要求,才能发挥承担自然过程的作用,具体大小取决于目标地区的规模和尺度。GI 廊道的位置与范围的技术识别是基于包括生态本底数据、面积、通达度、GIS 技术和

---

①　邱瑶,常青,王静. 基于 MSPA 的城市绿色基础设施网络规划——以深圳市为例[J]. 中国园林,2013,29(5):104-108.

②　中华人民共和国住房和城乡建设部. GB 50137—2011 城市用地分类与规划建设用地标准[S]. 北京:中国建筑工业出版社,2011.

③　自然程度可以简单通过斑块的植被覆盖率或乔木面积比率来确定。

④　Tzoulas K,Korpela K,Venn S,et al. Promoting Ecosystem and Human Health in Urban Areas Using Green Infrastructure:A Literature Review [J]. Landscape and Urban Planning,2007,81(3):178.

地面调查等多种数据集合以及通过区域统计资料、生态资料得出的①。本节重点对南京中心城区及周边绿地 GI 进行提取②（图 5-14）。

（3）结合区识别

在对城市公共空间与 GI 识别后，有部分区域重叠，即为公共空间与 GI 的"结合区"。"结合区"在地块功能类型上一般指各种功能公园、花园、动植物园、绿色自行车道、绿色步道、滨河滨山步道与自行车道等（见文后表 F-7）。"结合区"在 GI 类型上可以是网络中心、场地、独立的孤岛或者廊道，在公共空间类型上可以是点面型的公园，也可以是线型的非机动车道。"城市公共空间识别图"与"城市 GI 识别图"叠合后，重叠的区域即为结合区（图 5-15）。在一些区域级与城市级大型公园中，内部往往有重要的城市公共空间节点或轴线，例如城市非机动车道在公园的延续及公园内公共空间、公园外围公共空间形成的完整序列结构，此类大型公园内部的硬质公共空间（广场与非机动车道）与 GI 应予以区分。此外，公园若被一定宽度的硬质机动车道隔断时，应将公园视为两处斑块，并确认机动车道周围是否有生物天桥或地道作为动物迁移廊道；若公园内含有软质非机动车道时，可视为 1 处斑块。在一些含有大面积绿化的城市广场及一定宽度的城市主要大道中，也要区分内部的 GI 要素与公共空间要素（表 5-15）。

图例：■ 网络中心、场地、孤岛　■ 廊道
—— 研究范围

图 5-14　城市 GI 识别图
图片来源：笔者自绘

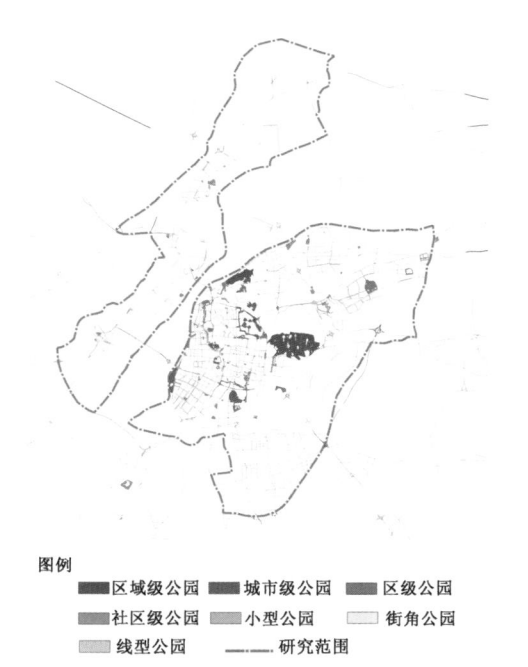

图例：
■ 区域级公园　■ 城市级公园　■ 区级公园
■ 社区级公园　■ 小型公园　□ 街角公园
■ 线型公园　—— 研究范围

图 5-15　结合区识别图
图片来源：笔者自绘

①　Wickham J D，Riitters K H，Wade T G，et al. A National Assessment of Green Infrastructure and Change for the Conterminous United States Using Morphological Image Processing ［J］. Landscape and Urban Planning，2010，94（3）：195.

②　主要添加规则：dem＞45 的植被类，或面积大于 2 500 要素点，或面积大于 1 000 要素点且长宽比＜2.6 的斑块类 GI；长宽比≥2.6 且长度＜15 要素点的为廊道；与 Line 共边＞80％的植被类分为廊道，与斑块类 GI 共边 100％的植被类分为斑块类 GI，合并相邻同类要素。

表5-15 城市规划尺度下大型结合区或公共空间内GI与公共空间的区分

结合区或公共空间类型		GI或公共空间区分内容	GI与公共空间区分条件
大型公园		公园中的非机动车道是否分割绿地斑块	非机动车道是否可以让动物自由通过而基本不受干扰:①小于相对宽度;②材质为软性材质;③生态位置临近栖息地
		公园中的非机动车道是否作为公共空间	非机动车道是否连接公园外的非机动车道,形成城市主要非机动交通线路
		公园中的广场是否作为公共空间	①广场相对面积较大;②材质为硬性材质;③公共活力较高;④生态位置远离栖息地;⑤广场作为城市节点一部分与公园外节点连通形成序列
大型广场	广场内的绿地是否作为城市GI	绿地是否可以作为小型动物栖息或迁移用地:①是否与其他城市大尺度GI相连通;②是否与人隔离,严禁出入;③相对面积是否足够且绿地内部联系为整体	
城市主要街道	街道内绿带是否可以作为GI	绿带是否可以作为小型动物迁移用地:①是否与其他城市大尺度GI相连通;②绿带宽度是否足够(至少3 m);③是否严禁市民出入;④绿带是否为带状,而非点线状(点线状一般为生态跳点)	

资料来源:笔者自绘

3. 基于目标的两种系统评价、分类与规划建议

对城市公共空间与GI进行技术识别后,首先参考表5-7与城市中心城区公共活力相关热力图(图5-8、图5-9)对公共空间地块进行评价,按公共活力由高到低分为不可改造区、可微改区、可重改区、可删区,并在城市公共空间公共活力分析图里加入潜在区,最终形成"城市公共空间公共活力分级图"(图5-16)。其中,钟山风景区、幕府山风景区、雨花台风景区、莫愁湖公园、清凉山公园、玄武湖、绿化博览园等几处风景名胜划为不可改造区;位于高活力的公共空间群附近,且公共活力不足、距离生态绿地较远的公共空间或公共活力密集的半公共区归为潜力区;活力最低且紧邻生态绿地的地块归为可删区;其他公共活力次之或较低的公共空间地块分为可微改区与可重改区。通过对中心城区公共活力进行分析,发现主城区、仙林副城与东山副城依附钟山风景区呈现多轴线结合发展的公共空间结构模式(中山北路轴线、中山路轴线、奥体中心附近江东中路轴线、仙林大道轴线等),尤其以鼓楼区公共活力为最高,而江北副城呈现多中心节点结合发展的公共空间结构模式(六合区凤凰山公园节点、南京科技职业学院节点、弘阳广场节点、浦口区凤凰山公园节点),整体公共活力较弱。

其次,利用ArcGIS软件依据表5-11与表5-13对城市斑块类GI与廊道进行评价,按生态敏感性由高到低分为保护区/保护廊、生态区/生态廊、共生区/共生廊、利用区/利用廊,并在城市GI生态敏感性分析图里加入恢复区与恢复廊,最终形成"城市GI生态敏感性分级图"(图5-17)。恢复区主要处于重要生态位的低敏感性的网络中心与场地,在GI地图上选择位于重要生态廊道附近的敏感性不高的生态斑块,恢复廊主要用于连接恢复区或现存重要网络中心的低敏感性GI廊道,在GI地图上选择位于重要网络中心之间的GI廊道生态敏感性不足或断裂的位置。通过对中心城区GI生态敏感性进行分析,可以看出中心城区GI网络基本分为两种结构:在主城、仙林副城与东山副城一侧,以钟山风景区为高敏感性的网络中心,环绕5层穿城廊道,其中玄武湖公园沿湖廊道与秦淮河沿线廊道生态敏感性

最高,而另外 3 条外围廊道敏感性较低,牛首山、将军山、栖霞山、鱼嘴湿地公园、仙林大学城及周边绿地等大型生态斑块敏感性较高;在江北副城一侧,GI 网络呈现点带网状结构,沿长江的廊道与六合区沪陕高速沿线廊道生态敏感性较高,而其他城区内的网络中心、场地与廊道敏感性较低。

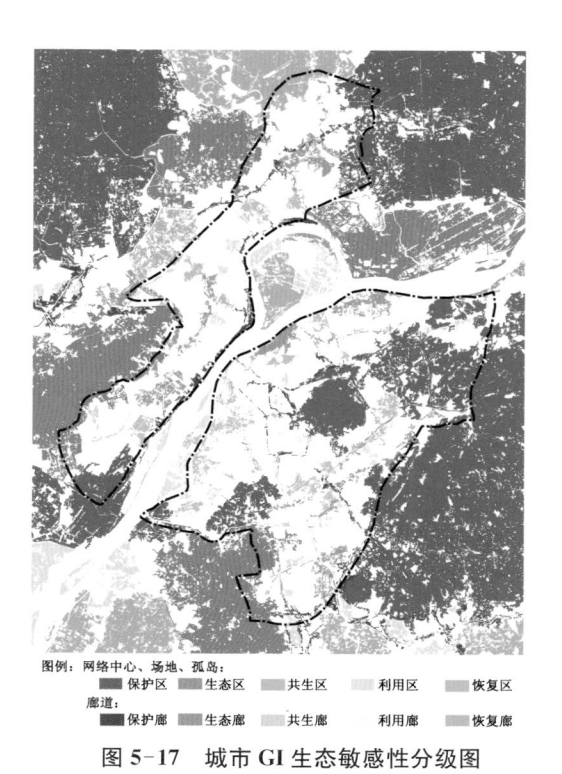

图例:■■不可改造区(高) ■■可微改区(中等) ■■可重改区(较低)
■■可删区(低) 潜力区 —·—研究范围

图 5-16 城市公共空间公共活力分级图

图片来源:笔者自绘

图例:网络中心、场地、孤岛: ■■保护区 ■■生态区 共生区 利用区 ■■恢复区
廊道: ■■保护廊 ■■生态廊 共生廊 利用廊 ■■恢复廊

图 5-17 城市 GI 生态敏感性分级图

图片来源:笔者自绘

再次,将图纸叠加,对两种系统各种要素关系进行研究。点面型的公共空间与面型 GI 有包含、结合、交叠、毗邻、远离 5 种位置关系,点面型公共空间与线型 GI 有穿插、毗邻、远离 3 种位置关系(图 5-18)。并对公共空间适宜生态改造的潜力及 GI 转变为公共空间潜力制定评价规则,最终挑选适宜生态改造的公共空间。

A. 点面型公共空间与面型GI 5种位置关系:包含、
结合、交叠、毗邻、远离

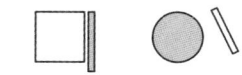

B. 点面型公共空间与线型GI(公共空间)3种位
置关系:穿插、毗邻、远离

图 5-18 两种系统位置影响关系图示

图片来源:笔者自绘

先设定公共空间的生态改造规则,从公共空间与 GI 的相对位置关系、与公共空间产生

关系的 GI 类型与生态敏感性以及公共空间类型与公共活力 3 个方向设置,并利用专家打分法赋值。公共空间与 GI 的相对位置关系越贴近,公共空间的生态改造潜力越大。由此,在几种位置关系中,远离<毗邻<交叠/被穿插/包含<被包含/穿插<结合。与公共空间发生位置关系的 GI 类型中,生态敏感性越高的 GI 附近的公共空间生态改造潜力越大,由此,利用区/利用廊<共生区/共生廊<生态区/生态廊<恢复区/恢复廊<保护区/保护廊。保护区与保护廊一般为城市内受保护的大面积非建设绿地,公共空间与保护区及保护廊的位置关系一般为毗邻与远离。在公共空间类型中,公共空间的公共活力越低,生态改造潜力越大。因此,不可改造区/不可改造线<可微改区/可微改线<潜在区/潜在线<可重改区/可重改线<可删区/可删线。不可改造区与不可改造线为公共活力高、位置与等级重要、设施完善的公共空间,可以维持现状,予以赋值(表 5-16)。利用 ArcGIS 软件根据规则对叠图后的公共空间赋值,并根据用地情况按分值由高到低分为 5 类,分值最高的为最具潜力更新为 GI 的公共空间,最终得到"城市公共空间生态更新潜力图"(图 5-19)。

表 5-16 公共空间用地的生态更新潜力值规则表

与 GI 的相对位置关系				
远离(0)	毗邻(+2)	交叠/被穿插(线型 GI 穿插面型公共空间)/包含(公共空间内含有 GI)(+3)	被包含(公共空间被包含于 GI 内)(+4)	结合(+5)
发生位置关系的 GI 类型				
b5/c5 利用区/利用廊(+1)	b4/c4 共生区/共生廊(+2)	b3/c3 生态区/生态廊(+3)	b2/c2 恢复区/恢复廊(+4)	b1/c1 保护区/保护廊(+5)
公共空间类型				
a1 不可改造区(−100)	a2 可微改区(+2)	a3 潜在区(+4)	a4 可重改区(+7)	a5 可删区(+10)

注:>30 m 距离归类为远离,在 0~30 m 之间归类为毗邻,两种要素≥80%归类为结合。
资料来源:笔者自绘

最后,将"城市 GI 生态敏感性分级图"与"城市公共空间生态更新潜力图"叠加,保留原有的最高敏感性的 GI 与最高活力的公共空间,找出最有潜力更新为 GI 的公共空间设为生态绿地,将生态敏感性最低的 GI 划为公园类公共空间,找出处于重要生态位置的 GI"恢复地块",将处于高值与低值的公共空间与 GI 按照实际情况与分值进行用地再划分,找出两者重叠的"结合区",根据实际情况独立研究,完成地块功能重组与城市公共空间布局,形成"GI 导向的城市公共空间规划图"(图 5-20)。

通过两种开放空间的生态更新规划,对南京中心城区提出以下建议:①通过定量与定性手段对公共空间地块与 GI 地块的结合规划,完成地块功能重组,依据不同公共空间地块的生态潜力重新划分用地性质。例如笆斗山附近建设用地、阳光广场与月光广场附近地块、章村工业园附近区域以及金马路与天马路交叉口区域均有较高的生态潜力,可以规划为生态用地。②尽量保留高活力的公共空间地块,逐级规划公共活力由强到弱、生态更新潜力由低到高的地块,将生态更新潜力最高的区域划为生态绿地。例如保留与优化中山路与中山北路两侧的公共空间序列,将钟山风景区、方山风景区、将军山风景区、阅江楼景区附近的低活力的地块转变为生态缓冲绿地或公园。③保护与保留高敏感性GI,对城市几处重要的网络中心(钟山风景区、幕府山风景区、牛首山与将军山景区)划为生态保育区域与作为生态缓冲区的游憩区域,将生态敏感性最低的GI依据公共需求规划为公共开放用地。④考虑"结合区"的分类规划,根据地块生态敏感性程度、公共活力强弱以及生态更新潜力等条件,规划为不同类型的公园、广场、防护绿地或步道。例如将西秦淮河沿线的"南京石头城遗址公园—古林公园—八字山公园—绣球公园—阅江楼景区"等空间序列依据生态敏感程度与公共活力高低进行功能细化。⑤修复主城及附近GI的多层环状结构与江北副城的点带网状结构,考虑恢复区与恢复廊的生态规划,重点考虑主城区外围环状GI廊道附近的恢复区与恢复廊的战略布局,逐渐完善城市GI网络。⑥继续丰富与完善主城及附近公共空间的多轴线结构与江北副城的多中心节点发展结构,结合GI资源重点考虑对江北副城公共空间节点的构建。⑦在完善GI结构与公共空间结构的完整性基础上,处理好两种结构的借景、穿插、交叉、包含、重叠关系。⑧挑选出较高活力的公共区域与较高敏感性的GI用地交融的区域,作为规划的战略点,重点对战略点区域进行独立研究。例如神策门公园所在区域、新庄广场附近、东水关遗址公园附近、国际博览会议中心附近、高桥门枢纽所在区域、双龙街立交桥附近、南京大学仙林校区等均可作为研究的战略点(图5-20)。

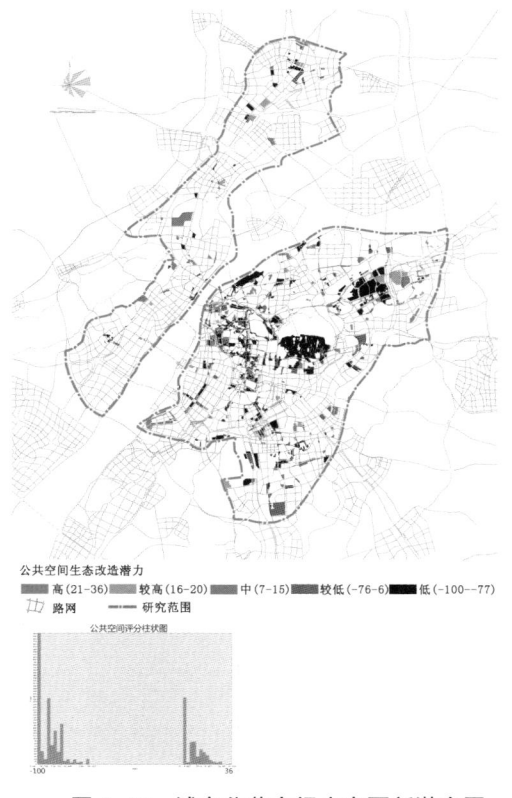

图 5-19 城市公共空间生态更新潜力图

图片来源:笔者自绘

图 5-20 GI 导向的城市公共空间规划图

图片来源:笔者自绘

4. 公共空间与 GI 用地更新结果研究

《城市用地分类与规划建设用地标准》(GB 50137—2011)中将城市建设用地中的绿地、

广场及道路用地分为公园绿地（G1）、防护绿地（G2）、广场绿地（G3）、城市道路用地（S1）几类，依据改造地块的"公共活力可建设程度"与"生态敏感可建设程度"对这几类开放空间用地进行二次分类（见文后表F-6）。

（1）广场绿地（G3）

广场可分为普通广场与生态类广场。普通广场是传统的以硬地为主的广场，基本没有考虑绿化的生态性，在功能类型上多指为市民提供休闲、运动、社交、交通、疏散、仪式的文化广场、休闲广场、商业广场、交通广场、古迹广场、纪念广场及市政广场等。生态类广场则是根据当地的自然与文化环境，运用生态学的相关原理与技术手段，合理安排广场与其他要素之间的关系使之成为一个生态有机体①。生态类广场根据生态性由低到高可分为绿色广场、生态广场、生物多样性广场。绿色广场更多地从广场绿色景观角度考虑市民心理舒适性，较之生态广场与生物多样性广场，其绿化率较低，净公共空间比率较高。生态广场在绿色广场基础上更多考虑了生态要素，比如利用水体生态循环、发挥植物物种搭配以相互制约虫害方面的生态效益、广场的部分区域形成雨水湿地景观，以及发挥植物对雨水的滞留、净化、渗透作用，广场有节能与节约资源的设计等。生物多样性广场是可以为城市小型生物提供暂时迁移与停驻的绿色空间，而又不失公共活力的广场。生物多样性广场较其他类型广场能发挥较高的生态效益，如内部穿插的绿带可以为小型动物提供迁移廊道，多种植物物种与昆虫共存可以形成局部的小型生态系统，广场内部绿地与城市绿地连通可以发挥整体的生态效益等。

（2）公园绿地（G1）

《城市绿地分类标准》中只对公园的尺度等级、形态及社会功能进行分类，并未对公园生态化程度及公共活力强弱分类。依据GI生态敏感性及主要功能类型可将公园分为景观公园与生态公园。景观公园也可称为文化休闲公园，以提供运动、健身、交往、休闲等满足人的社会功能与景观需求为主，多为散布于社区的小尺度公园。城市生态公园是依据生态学基本原理，借鉴和顺应自然生态系统的结构和过程，具有对城市生态系统保护、修复、改善功能的公园类型②。生态公园可依据生态服务功能由弱到强分为生态展示公园、游憩景观公园、生态保育公园。生态展示公园多为社区或区级公园，以"人工自然"的生态手段介入公园的生态设计，恢复绿地与水体的生态自循环过程。游憩景观公园与生态保育公园一般占地面积较大，游憩景观公园包括湿地景观公园、结合水体与山体景观类公园、林地公园等城市尺度公园；生态保育公园是以城市生物多样性保护与复育为主的公园，一般依附于城市或郊区的大型绿色斑块。

（3）防护绿地（G2）与保护用地（E4）

防护绿地按照生态功能类型可分为安全防护类绿带与生物迁移类绿道。安全防护类绿带的主要生态功能为对城市风沙、粉尘、噪音、废气的隔离以及调节湿度、温度、地下水源等，包含安全防护绿地、卫生防护绿地、生态防护绿地。生物迁移类绿道较安全防护类绿带尺寸更宽、生物种类多样、生态敏感性更高，主要实现生态的普查与监测、野生生物的迁移、原本自然景观的维护等功能。生态保护用地是指城市非建设用地中生态敏感性较高的地块，包

---

①　王枫. 生态观念的城市广场：我国城市广场发展探析［D］. 天津：天津大学，2004.

②　李峰. 城市生态公园建设研究［D］. 合肥：安徽农业大学，2010：2.

含人工修复生态保育用地与自然保护用地。人工修复生态保育用地主要是用人工生态手段进行修复并划为非建设用地的弃耕地、棕地、空地及灾后绿地。自然保护用地主要指城市内受到保护与修复的大面积自然林地、湿地及水域。

（4）城市非机动车道用地（S5）

城市道路用地中的公共空间包含步行道与自行车道两种非机动车道。根据非机动车道所处的环境位置、材料、宽度，按生态敏感性由低到高分为街道非机动车道、独立非机动车道、廊道非机动车道、绿地非机动车道4类。街道非机动道位于城市建设用地道路两侧，毗邻机动车道，多结合行道树、花坛、灌木丛等点缀型绿化设计，道路为硬质防滑地面。独立非机动车道内容与街道非机动车道类似，但不毗邻机动车道，是城市中独立的非机动道路。廊道非机动车道一般贴近城市绿带、绿廊、绿道及城市线型公园设计，有较好的生态环境，但距离建设用地较近，生态敏感性不高。绿地非机动车道一般位于城市公园之内或毗邻水域、湿地、保护用地，周围为大面积绿色斑块，有一定的宽度，路面为软性材质，基本不妨碍动物穿行，生态敏感性较高。

5. 更新后的用地整合

（1）更新后公共空间与总体控制规划的整合

重新规划后的城市公共空间既要满足相关量化指标，又要达到空间要素布局均衡及结构有序规划。相关量化指标主要指依据城市具体规划情况及用地指标而制定的"GI导向的公共空间总体评价指标"中的道路广场指标与公园绿地指标。公园、广场、非机动车道等公共空间在城市中的均衡布局是空间公平性分配的基础，在满足人均公共空间面积指标的前提下，根据人口密度与需求度按需分配公共空间数量与面积，并形成主次空间序列与轴线结构，完善公共空间要素与结构规划。

（2）更新后GI网格的连通

更新后的GI网格除了要达到"GI导向的公共空间总体评价指标"中的城市内GI相关指标与保护用地相关指标等双重指标，还要进行结构再规划，实现GI网络的有序连通。对规划后的GI与结合区定位后，利用城市游憩绿道、防护绿带、生物专用迁移廊道、线型公园绿地、滨河绿带等线型GI与公共空间将城市内不同尺度GI以及城市与郊区的大型GI斑块相互连接，形成多类型、多尺度、多功能的城市GI网络体。

（3）更新后用地系统与其他方面的整合

规划后的公共空间系统与GI网络除了与传统公共空间规划方法及GI要素衔接，也要考虑与城市交通系统、城市景观系统、建筑与空间系统及城市设施系统的整合。城市交通系统主要包括非机动车道的规划、城市停车场地布局、城市公交体系规划；城市景观系统包含水系河网规划、浏览观光路线规划、城市夜间照明规划、防灾通道与疏散场地规划；建筑与空间系统包括城市地下空间规划、历史街区保护规划、城市轮廓线规划，以及建筑体量、高度、退线、风格、色彩规划；城市设施系统包括市政设施与公共设施的规划①。

6. 优先试点区域研究

在对城市公共空间进行总体控制性规划之后，应选择城市内的部分区域作为试点进行下一步的细化研究。城市内试点区域的选择主要从3个方面考虑：GI恢复重要性、公共空

---

① 任芳. 快速城市化时期我国城市公共空间规划体系建设刍议[D]. 天津：天津大学，2007.

间需求度和 GI 改造潜力。①GI 亟须恢复的区域内,斑块生态敏感性分布不均衡,廊道断裂,生态过程退化,有很大潜力与必要进行生态修复。GI 恢复重要性可以根据区域内恢复区与恢复廊的数量、面积、重要性来考虑。②城市公共空间公共活力差但需求度高的区域也可作为试点区域。公共空间需求度以该区域"单位净公共空间使用面积率($\bar{S}$)"来计算,

$$\bar{S} = \frac{\sum S_i}{X}$$ (X 为区域内常住人口总数,常住人口总数为办公人口数、居住人口数、景点每天浏览人口数之和,$\sum S_i$ 为区域内所有净公共空间面积之和)。区域内 $\bar{S}$ 值越低,说明区域公共空间需求度越高,公共活力越差,区域亟须改造。③若区域内的 GI 有潜力转变为提升区域公共活力的生态类公共空间,也可作为试点区域。GI 的公共空间改造潜力可以根据区域内的共生区与利用区域类的 GI 面积与数量来考虑。

5.4　本章小结

本章重点构建了城市尺度公共空间与 GI 网络的结合规划方法。传统宏观层面的城市公共空间规划在满足总量与人均占有量的基础上,对点线面要素与轴线、节点、分区等结构布局提出了一定要求。但传统的城市公共空间总体规划既有层次性与系统性的优点,又有自身方法性的不足,尤其在生态层面缺少理论与实践的考虑,导致了城市规划层面生态问题的显现。具有多重生态意义的城市 GI 网络可以与城市公共空间规划在一定条件下耦合,形成"GI 导向的城市公共空间整体规划框架",实现了城市公共空间、城市 GI 以及两者相结合"区域"的共同发展。

城市公共空间与 GI 网络结合规划研究分为总体控制规划与地块更新规划两方面。总体控制规划是结合城市级 GI 各类要素、GI 多种结构与 GI 特征的城市公共空间定性布局与定量指标的综合研究。在对比分析城市 GI 要素与城市尺度公共空间要素后,提出了两种要素的借景、贯穿、交叠、结合、内置等 5 种发展关系;在对比研究 3 大类城市级 GI 结构形式与 3 大类城市公共空间主导结构形式后,总结了两种结构形式的借景、穿插、交叉、包含、重叠等 5 种发展方式;在探析传统公共空间评价指标的不足后,提出了结合 GI 网络的城市公共空间核心指标与总体评价指标。

GI 导向的城市公共空间地块更新规划是基于公共空间与城市 GI 相关的多重目标下两种开放空间的再结合发展方法,也是一种定量与定性相结合的规划方法。首先,在提出相应的规划目标与规划原则后,发现两种地块的相互转换潜力研究与两者结合区域的重新规划是规划方法的关键点。继而对两种开放空间系统展开评价,具体包括城市点线面公共空间公共活力指标选取与赋值、公共空间数据采集形成公共活力热力图、城市斑块类 GI 与廊道生态敏感性指标选取与赋值,并将评价后的城市公共空间分为不可改造区(线)、可微改区(线)、可重改区(线)、可删区(线)以及潜在区(线),城市 GI 分为保护区(廊)、生态区(廊)、共生区(廊)、利用区(廊)以及恢复区(廊)。最后,以南京中心城区公共空间的更新规划为例,通过两种地块的多次选择与评价,挑选出具有生态改造潜力的公共空间地块以及可以转变为公共空间的低生态敏感性 GI 区域,并对两者相结合的区域展开分类研究,对更新后的用地进行整合研究,总结了优先试点区域的选择条件,阐述了 GI 导向的城市公共空间地块更新规划方法,形成"GI 导向的城市公共空间规划图"。

总之,结合 GI 网络的城市公共空间总体规划与用地更新是基于多重目标下的自上而下的规划方法创新,在弥补规划方法不足与解决相关规划问题的同时,为生态视角下的城市规划理论与规划实践提供了方法参考,实现了公共空间与 GI 共同发展,但也应注意规划更新后的城市公共空间系统与城市其他规划系统的整合,体现宏观规划的整体性与系统性。

6 中观——基于 GI 网络的社区研究尺度公共空间生态环境营造与更新

社区①按主导功能可分为商业社区、居住社区、历史社区、混合社区、文化社区等，按地理位置与自然格局分布又可分为滨海区、滨林区、内地区等。社区尺度下的公共空间主要为社区居民服务，在尺度上服务半径为 $100\sim500$ m，步行 5 min 之内可达，至少 2 条公共交通路线可达社区级公共空间；在内容上含社区级（含街区级）公园、道路广场以及居住区公共绿地、户外活动场地、特色街道，并且除特色街道外其他各类型公共开放空间独立占地面积不小于 400 m²。

中观层面的公共空间研究从研究尺度上包含社区与街区范围，从规划控制上属于控制性详细规划，承接宏观城市尺度的总体规划与微观场地尺度的修建性详细规划与场地设计。公共空间控制性规划包括对城市总体规划作进一步的定量、定性控制②及对中观尺度地区总体布局规划③。社区公共空间定量、定性控制根据地区具体情况编制用地性质、容积率、建筑高度、混合用地建筑比例、建筑控制线、各类控制线等控制内容，其针对不同类型及容积率的开发地提出不同的控制指标与要求；总体布局规划是法定的基础文件，为方案编制、审批、实施及管理作指导，通常通过要素规划、结构控制、文脉及与城市的关系研究来实现合理的空间资源配置，是本章的研究重点。

本章在总结社区公共空间总体布局传统规划与更新方法基础上，发现方法中的不足及空间生态问题，并以此引入社区尺度 GI 规划的概念，提出与不同功能社区 GI 结合的社区公共空间研究方向：社区生物多样性意义优先公共空间规划、社区 GI 雨水管理功能优先公共空间规划、社区 GI 多种社会功能优先公共空间规划，并结合传统公共空间规划的优势，构建了 GI 导向的社区公共空间规划方法。

---

① 1887 年，德国社会学家 F. 滕尼斯在他的著作《社区和社会》(Community and Society)中第一次使用了"社区"这个词，"社区是以血缘、地缘或者其他共同特征为纽带的人类生活群体"。社区一般被定义为居住在某一地域范围内的、相互之间有共同文化特征和某种互动关系的人群和他们的活动区域。本章研究的社区更偏重于尺度层面，在生态意义下这一尺度可以涵盖社区、街区以及国内街道与社区等行政概念。蒋盛兰. 生态社区公共空间环境设计中的环境心理需求研究[D]. 北京：北京林业大学，2016：6.

② 与公共空间相关的社区 GI 生态评估指标有以下方面。①斑块：社区平均绿地斑块面积、人均公共绿地面积、中心公共绿地面积、大于 0.5 ha 公共绿地数量、公共空间中绿化覆盖率、公共空间中绿地率、公共绿化覆盖面积中乔灌木所占比率、公共绿地中本地植物所占比例。②廊道：河流廊道红线范围内绿化率及公共绿地率、河流连接的公共绿地斑块占总公共绿地斑块的比例、公共绿地廊道与断裂廊道占总公共廊道的比例、公共绿地连接的绿地斑块占总公共绿地斑块比例（公共绿廊与公共绿地是指具备公共性与开放性的绿色空间，管理上其可以不被允许进入，但用地属性上为"公共"）。③网络：公共绿地的破碎度、连接度、聚集度（同类型斑块间公共边界长度）、蔓延度（不同绿地团聚程度或延展趋势）、临近公共斑块绿间平均距离。④应用及管理：社区内到达公共绿地的入口数量、居民对现状绿地是否满意、公共绿地的服务半径。李朦朦. 社区绿色基础设施生态评估指标研究[D]. 哈尔滨：哈尔滨工业大学，2015：41-47.

③ 尉芳. 城市公共开放空间规划[M]. 北京：科学出版社，2016：190-192.

6.1 GI 导向的社区公共空间背景

在社区尺度公共空间物质环境体系中,需要包括3种构成要素——实体要素、空间意象要素和文脉要素。实体要素主要包含自然要素和人工要素,如山林、湖海、公园绿地、广场、行道树等。实体要素主要构成了社区公共空间的物质基础,而在其基础上,加入空间意象要素如通廊、边界、节点、标志,以及社区与街区历史文脉要素的传承,通过各个空间意象要素的联系与历史文脉的衔接共同构成一个完整且有引导性的社区级公共空间系统[①]。社区公共空间传统规划与更新方法从实体要素布局、空间结构整理、结合城市规划的文脉梳理等3大方向对社区土地资源结构进行再次调整及对相关风貌提出控制性要求,而规划方法中却恰恰忽视了公共空间与绿地资源、生态过程、生态需求等的内在关系,而其与社区GI网络的结合发展为弥补规划方法局限性及缓解生态问题提供了研究契机。

6.1.1 社区公共空间传统规划方法

社区公共空间传统规划方法基于城市中观尺度下控制性规划,依据整体性原则、人本性原则、动态性原则更多地从要素、结构、城市关系等方面分类、分项研究,横向分类与纵向分层结构明显,且对不同功能与尺度的社区适应性强。

1. 社区公共空间要素分类布局

(1)社区线型公共空间布局

社区线型公共空间按道路等级关系可分为主干道、次干道、支道与巷道;按交通功能类型可分为车道、步道与自行车道;按沿街两侧功能可分为商业街道、居住干道、文化景观道、游憩小径等。在社区级公共空间规划阶段根据社区既有规划下的功能分区与重要节点合理布局不同类型、尺度与功能的线型空间,根据交通量调整街道的尺度与等级,根据重要景观节点规划步行与自行车流线。

(2)社区节点型公共空间布局

社区节点型公共空间按服务范围与等级分城市级节点、社区级节点、场地级节点;按功能分为主题广场、公园、运动场地、建筑附属公共空间以及标志性建筑围合的公共空间群等,也可以分为复合功能节点与单功能节点;按所处区位也可分为商业空间节点、历史街区空间节点、居住社区空间节点、自然公园节点等。中观层面的城市节点型公共空间规划往往在结构上与对应线型空间串联,在满足空间指标下讲求分布均匀,提倡化整为零的均匀零散点式公共空间布局,以便提升使用效率。

(3)社区公共空间网络布局

社区所有公共空间节点形成的节点网络、所有支干线形成的公共交通网络、自行车网络、步行系统网络相互整合成为社区公共空间网络布局。其中各种交通网络相互弥补并贯通不同类型公共空间节点,满足空间要素的可达易达、依序连通、均衡分布,并整合社区与城市空间景观条件、用地功能分区、人口密度等级分布、城市景观天际线、社区肌理与独特性等形成完整的公共空间网络体系。

① 王鹏. 城市公共空间的系统化建设[M]. 南京:东南大学出版社,2002.

2. 社区公共空间结构类型

社区公共空间结构类型与城市公共空间结构类似,根据节点与轴线布局分为轴块式、散点式、棋盘式、放射式及综合式。轴块式结构由社区主导轴线组成,主导轴线功能与结构根据社区的主体功能与肌理而定,可以是绿地景观轴线、文化活动轴线、商业交通轴线、休闲散步轴线、纪念空间轴线等。散点式结构是指社区内不同功能与形态的公共空间均匀布局,没有明显的轴线组织结构,可达性高且更便利地服务居民。棋盘式结构的社区没有大尺度的公共空间轴线与节点,多分布于地形受限地区或高容积率地区内,社区主体的公共活动或集中在大型建筑内部公共空间内,或社区临近开放空间内。放射式结构的社区在空间肌理上也为放射型,放射中心一般为大型社区或城市级公共空间,放射中心与放射轴线为社区主体进行主要公共活动的集结区。还有一部分社区没有明显的公共空间结构,为多种公共空间结构的混合,即综合式公共空间结构。在社区结构规划中,应根据社区功能、肌理、资源、地理条件、人口分布等条件合理组织空间要素,形成有序的公共空间结构(图 6-1)。

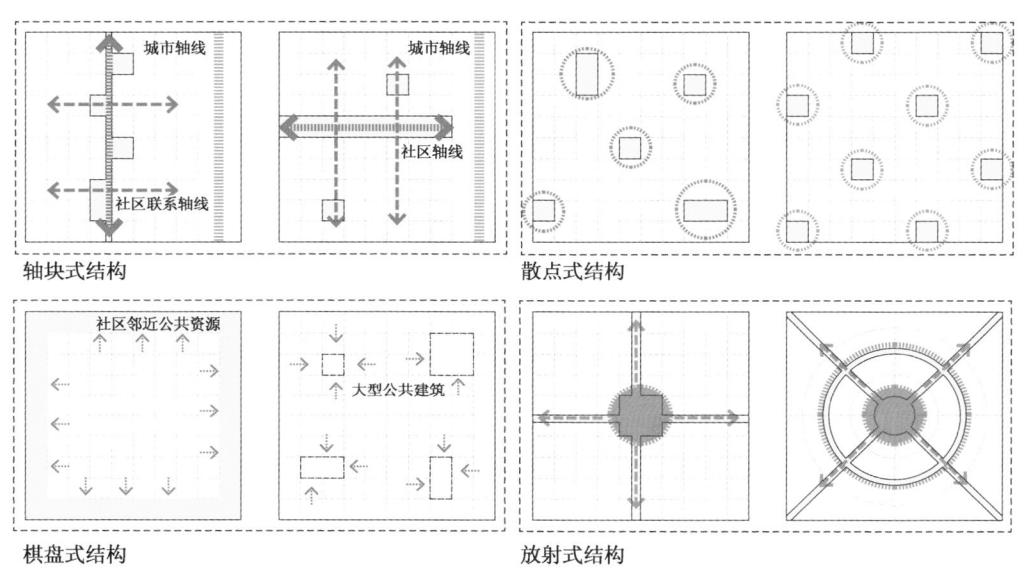

图 6-1　社区公共空间结构类型

图片来源:笔者自绘

3. 社区公共空间结构规划

(1) 构建空间层级与轴视线关系

层级性意味多样性,公共空间层级一般由空间地理位置、空间尺度与宽度、空间立面高度与形象、公共空间所服务面积、空间周边建筑功能以及空间自身的完整度决定。轴线有利于划分功能区域,串联不同层级空间节点,引导人的运动方向从而形成连续的公共空间系统。城市公共空间轴线一般有带状轴线、支状轴线、放射状轴线与网络状轴线几种类型,在确定社区不同层级公共空间节点与不同形式与功能轴线后,应设置收放有序的公共空间,给予人们明确的方向感和场所感。

(2) 优化步行空间结构关系

步行空间是社区公共空间的重要研究内容,城市步行空间形成的节点与流线连续才会使人们乐于驻留与体验。在社区步行空间结构设计中应注意规划明晰的空间层次与序列，使人们有明确的空间节奏感，并打通视线通道，建立连续的视觉空间层次①。另外，适宜的步行空间尺度与空间立面结构的连续性和整体性也直接影响人们对具体公共空间的体验和感知，因此在规划中要注意社区公共空间"图"与"底"的尺度与形式。

（3）组织明晰的统领空间

统领空间往往是社区公共空间的核心，它可以通过某些目标建筑物与空间使整个社区特色得以加深，社区居民凝聚力得以增强，空间场所感得以强化。统领空间除了在尺度、等级、多功能性、地理位置、场地内容等方面占优势外，还往往与社区标志性建筑结合在一起，因此在规划中应注意其他重要节点空间和统领空间与周边标志建筑的视觉呼应，留出视觉走廊，保证高低起伏的天际线。

4. 社区公共空间系统与城市公共空间系统的衔接

（1）社区与城市公共空间肌理的统一

社区与城市公共空间常在街巷尺度、密度、形态肌理等方面形成统一。从城市到社区对应形成的不同层级主次干道与街道是交通密度与主导交通方式对应街巷尺度的体现，城市与社区相同的街巷密度与形态肌理有利于城市特征的统一。此外，还应考虑社区主要公共入口与城市交通系统、城市景观、开放空间结构的衔接与整合，增强入口空间结构特征、结合城市景观布局及合理设置城市公共交通站点。

（2）社区与城市公共空间功能和结构的整合

社区主导公共空间功能定位与社区功能类型及其在城市的空间位置密切相关，商业社区、历史社区、文化社区主导空间一般为城市主要空间节点，空间主要包含展示、休闲、集散等复合功能。此外，社区主导公共空间结构可能包含城市公共空间结构节点，也可能包含城市支线结构，社区交通结构中的公共交通流线与站点分布、自行车流线与设施站点分布、步行流线与服务设施布局都应充分考虑在城市交通结构中的定位与衔接。

（3）社区主导公共空间与城市自然景观的关系

社区主导公共空间与城市自然景观之间有远借、邻借、融合3种关系。当社区邻近城市自然景观并可以发生视觉联系时，社区主导空间应与城市资源形成"远借"关系，主导公共空间应选址在高地势且无遮挡物的区域；当社区毗邻城市自然景观时，社区主导空间可以与景观资源形成"邻借"关系，公共空间轴线一般呈现垂直或顺延景观边界布局；当社区内含有部分城市自然景观资源时，社区主导公共空间往往与景观资源形成"融合"关系，形成特征性较强的空间节点。

6.1.2 社区公共空间传统更新策略

社区公共空间一般具有空间功能不足、基础设施不均、空间序列破碎、空间肌理失调、空间公共活力不够以及空间场所感欠缺等问题。近几年众多城市社区基于系统性原则、以人为本原则、保护与发展并行原则、综合效益原则等公共空间更新原则，对空间基本的点、线、面调研后，从要素布局、空间结构、肌理、公共性、场所感等中观方向进行了研究。

①　徐宁. 中观层面的城市公共空间设计研究——以南京老城为例［D］. 南京：东南大学，2006.

1. 分类调研社区公共空间要素

（1）街巷形态与布局

对街巷形态的梳理主要包括：街巷肌理；街巷等级分布调研；街巷不同类型交通流线调研，如街巷现状中车行区、步行区、停车位的划分；不同街巷渗透性分布研究，如人在空间中行走时的视觉渗透，以及街巷空间的实体渗透；街巷的公共活动与功能空间分类，如街巷交通类空间、驻足类空间与建筑灰空间；不同街道 DH 比值与街巷界面形态。街巷形态与布局分析有助于社区尺度公共空间更新中的新秩序的建立、肌理的完善、流线的疏通以及功能性街道的增加。

（2）广场、公园等节点布局

对社区空间节点的调研主要有节点功能布局，如社区内各种功能型广场、公园的空间战略布局；节点分等级布局，如滨河社区与滨林社区内的部分大型公园节点布局与轮廓、社区公园与社区广场布局、街角花园与建筑附属空间等小尺度公共空间布局；节点公共活力布局，如对社区节点在不同开放程度方面的布局研究、节点在不同易达性分级方面的布局研究等。节点布局调研利于空间结构的分析、公共活力的增强以及功能性节点的增减。

（3）社区公共服务设施分布

公共服务设施现状调研主要包括：影响公共空间完整度的对内服务设施，例如公共卫生间、垃圾回收站、日杂小卖以及社区管理单位等；影响公共空间活力的对外服务设施，例如商业建筑、便民服务建筑以及文化建筑等；有助于提升公共空间特色的街区小品与城市家具，例如垃圾桶、座椅、街灯、电话亭、非机动车位、围栏等的布局，根据其分布是否均匀以及设施特色进行再规划与设计[1]。

2. 更新社区公共空间结构的策略

（1）完善空间结构

在对现有街巷、广场公园等节点空间形态以及公共服务设施分布梳理后，通常运用拓扑学和类型学的分析方法，找出其隐含的传统空间结构特征，在更新中基于此结构特征重建社区内部公共空间体系，恢复被破坏之前的旧有空间结构或凸显现有的不突出的空间结构以恢复、强化社区公共空间原有秩序，或建立新的秩序，并建立公共—半公共—私密秩序的空间公共性层次。

（2）延续空间肌理

社区空间肌理是反映城市历史文化体系发展的重要物质构成要素。在社区更新中要达到延续空间肌理的目的，尽量保留、突出原有公共空间的主干体系，如主要的街道空间与节点空间；也可以在满足公共空间与相邻建筑尺度比例不变的情况下，适度调整两者的尺寸，在一定更新限度下使新旧肌理具有自相似性，因而传统肌理特征得以延续[2]。

（3）增强空间公共活力

社区公共空间在更新中往往针对空间活力不足提出一系列增强内部空间公共活力的规划策略，如通过加大空间扩张与增加空间入口数量来提升社区内部开放性，以及优化社区对外入口来增强社区对城市的开放性，通过社区新增通道来加强空间联系，通过完善交通可达性与视线可达性来整治消极的公共空间、丰富街道端部与广场公园入口空间景观等。

---

① 王冉.北京历史街区公共空间更新研究——以南池子为例[D].北京:北方工业大学,2013.
② 刘亮.我国城市传统居住街区内部公共空间更新[D].重庆:重庆大学,2005.

3. 营造社区公共空间场所感

场所精神是公共开放空间品质的重要内容。成功的场所不仅应满足使用者的活动需求，同时还应注重对城市文脉和地域特色的延续，结合当地居民的情感诉求挖掘社区独特文化要素，创造出可以被当地居民感知、理解和认定的场所。社区公共空间更新往往通过对历史风格的公共空间边界、特色空间节点、社区标志物的对应交通与视线组织来赋予公共开放空间及其所在地区以独特的性格，增强社区辨识度、认同感和归属感[①]。

6.1.3　社区公共空间传统规划与更新方法局限性与问题

社区公共空间传统规划与更新方法单方面从居民的公共物质利益出发，轻视甚至忽略了公共空间系统与生态绿地系统之间的潜在关联。公共空间是人使用的空间，也是自然过程实现的基础，在规划过程中两种系统与两种主体应相互渗透与影响。

1. 基于生态角度的社区公共空间传统规划方法的局限性

（1）重视公共空间指标要求，轻视生态要素规划

公共空间传统规划侧重总体规划控制下"点线面网"的指标与布局，忽略了空间之间的潜在联系，以及具备生态功能的公共空间的"量"与"位"。公园、绿道、雨水廊道以及小尺度具备生物多样性的花园之间必然存在生物能量流动，故应基于公共空间中已有及潜在的生态过程、生态修复进行研究，制定生态类公共空间要素布局规划。

（2）重视公共空间结构形式，忽略自然布局均衡

社区公共空间传统规划基于居民室外感官体验重视空间之间的序列结构，而忽视了绿地空间序列独立形成的效应及绿地空间在社区中均衡布局的效果。生态角度下的社区公共空间规划应独立研究社区具备的生态类开放空间结构、公共空间可达性、绿色交通的独立性与连通性，实现绿色公共空间网络的公平可达、分布均衡、相互连通。

（3）重视公共空间社会心理学，漠视生态战略意义

场所感的提出使人们注意到了城市空间的文脉、肌理与历史形式的传承，但忽略了古代城市、地区及村落在处理与自然布局的关系方面的良好经验。传统城市与村落在选址、主要公共空间分布、邻近自然资源方面充分考虑了自然的影响。例如传统聚落针对特定区域的地理气候环境形成了特有的空间单元，可以有效地避开自然灾害的破坏，促进生物—气候—人居环境的能量循环，并保障农业和生存资源生产的可持续性[②]。

2. 社区公共空间传统更新策略的局限性

（1）重视分类调研空间要素，忽视自然系统联系

社区公共空间更新规划通过对街巷、广场、公园、服务设施的分类、分项调研，形成基于公共活力优先的要素修补，但忽视了自然系统与公共空间系统的现状联系。公共活力较弱的公园、绿道、绿色场地之间有可能已经形成生态能量流动，单纯的公共空间修复有可能切断已有的生物链、破坏自然生态过程、降低公共空间的自我生态修复能力。

---

① 郑郁，袁大昌，李思濛. 人性场所的回归——城市公共开放空间规划设计策略探析[C]. 中国城市规划年会，2015.

② 董芦笛，樊亚妮，刘加平. 绿色基础设施的传统智慧：气候适宜性传统聚落环境空间单元模式分析[J]. 中国园林，2013，29(3)：27-30.

（2）重视完善空间结构肌理，忽视空间公共活力本质

社区公共空间更新过于重视原有空间序列结构的复原与肌理的修补，却忽略了城市空间公共活力与利用率变弱的根本原因——环境污染。噪声、粉尘、雾霾等一系列环境的恶化严重影响了居民的外出欲望。社区公共空间是居民休息、交流、运动的场所，而居民却被恶劣的城市环境"锁"在建筑之内。社区空间序列结构的完善并不能改变环境的优化与公共活力的增强，形式大于意义。

（3）重视体现文化过程，忽略自然过程意义

社区历史文化与特征是通过人与人之间互动交往而建立的，社区公共空间通过更新规划而重建社区主体交往的场所，以满足社区主体对记忆情感的需求与归属认同感的需要。但历史的完善不仅需要物质文化复原，还在于对自然过程的尊重，不应止于空间中人与人的交往互动，还应拓展到开放空间中自然与人的互动及自然过程的相互影响与适应。

3. 社区公共空间生态问题

（1）社区环境恶化，集体生态意识不强

以经济利益为导向的单一空间发展模式导致社区居民对自然的漠视。自然要素在城市环境中只作为点缀要素，低绿化率导致了广场质量的下降，如噪声污染、扬尘污染、绿视率较低等一系列环境问题。最终凸显为社区空间公共活力不强，继而规划更多的"指标广场"，形成恶性循环。因此应打破这种"以人为本"的空间规划模式，将生态链作为真正的自然内容融入社区居民生活之中，并用生态环境提升居民生态保护意识，达到人与自然和谐共存。

（2）社区空间硬化，生态过程无法实现

随着城市发展与城市建筑密度、容积率的增加，社区与街区公共空间硬质率越来越高，处在城市生态重要位置的硬质广场就像一处"肿瘤"阻碍了城市生态过程的实现。甚至有些新社区及城市新区的选址位于重要的生态位置上，严重影响了自然过程的生态循环，并且这些新区经常发生泥石流、雨洪、山体滑坡等自然灾害。在社区更新中应分析这些重要生态战略点的关键位置并进行矫正与生态强化，让生态过程在城市"身体"内进行循环。

（3）空间结构散乱，GI 功能不均衡

居民在社区公共空间的活动序列在多数情况下并非遵循规划的空间结构形成有序组织，单向强调活力的公共空间结构往往承载不了社区发展带来的人口局部集中的压力，不同区域公共空间的公共活力差异明显，继而影响建筑功能、基础设施、GI 的分布。因此生态角度下的社区公共空间规划不仅在于公共活力的提升，更强调通过对社区现有基础资源、生态问题、规划目标、规划原则的研究与整合，实现社区公共开放空间的均衡稳定发展。

6.1.4 GI 导向的社区公共空间规划研究方法

1. 社区级 GI 的构成与特征

社区级 GI 的内容主要包括社区尺度的公园、广场、绿地、池塘、雨水花园、绿道、自行车道、步道、行道树、河流、林地及一些自然保留区域，按单元空间类型可分面状、点状、线状。GI 导向的社区公共空间既要研究社区级 GI，也要涵盖社区关联的部分城市级 GI 及小型 GI 要素（表 6-1）。

表 6-1　社区公共空间中 GI 研究的构成

形态类型		内容
面状	部分城市级面状 GI	城市公园、城市广场、大型绿地、自然保留区域、农田、湿地、河流、湖泊及其他城市级线型生态用地
	社区级面状 GI	社区公园、社区广场、雨水花园及其他功能的社区尺度场地
线状		绿道、街边序列行道树、街边序列花坛、自行车道、步道、河流廊道、景观廊道、种植渗沟及其他线型雨水处理 GI
点状		行道树、街边花坛、街角花园、屋顶绿化、池塘、雨水花园及其他小型绿色雨水设施

资料来源:笔者自绘

社区级 GI 构建的主要目的是基于改善空间生态质量的多目标性,提升场所的环境品质与生活品质。社区级 GI 构成的公共空间,如行道树、花坛、公园等在整个系统中的累积效应很大,并且与社区公共空间规划研究中的"空间要素"与"空间结构"相似,社区级 GI 也有"GI 单元"和"GI 结构"两个基本层次[①]。GI 单元主要指 GI 中彼此相关的各种组成要素,相互之间存在较为明显的界限和内容的区别,可以简单理解为 GI 的构成内容。GI 结构指各种空间单元相互连接、联系形成的空间格局。因此中观尺度的社区 GI 既有灵活复杂的功能单元,也有相对完善的组织结构。

在社区级 GI 单元中有较少的大规模的自然栖息地,且其主要承担社区居民活动场地、自然生态过程的实现以及小型动物迁徙中转场地的功能,因此面状与点状 GI 单元承担了人、自然、生物等的短时间汇集、迁入,而线状 GI 单元作为生态通道则起到连接、迁移的作用,与城市公共空间部分社会与交通功能相仿。而就社区 GI 结构来讲,主要有连通性、网络性、主动性、功能复合性、多样性、更大层次联动性等特征,与社区公共空间结构特征有许多相似之处,例如公共空间的连通、空间的复合以及社区公共空间在城市公共空间的结构位置等。

2. 基于 GI 的社区公共空间规划研究方向的确定

在社区规划尺度下,传统公共空间更重视城市室外活动空间图底上的用地分类、结构布局、文脉梳理,恰恰忽略了自然作为公共空间重要的构成因子起到的作用。城市公共空间不仅是人与人交流的空间,也是人与自然相处的空间。GI 在自然生态系统方面的价值(生物多样性、自然生态过程和生态服务)、社会价值和经济价值弥补了社区公共空间传统规划及更新中造成的弊端。社区 GI 在构建野生生物廊道与落脚点、雨洪管理、保证人们的健康利益 3 大方面有突出的作用,而这 3 方面在社区公共空间规划中基于生态目标被设定了不同的研究方向(图 6-2)。

基于生物多样性构建的社区公共空间规划将社区中原本散乱的自然要素有机联系起来,在改善空间质量的同时,加强了人与自然的互动,最能体现生态布局在社区中的战略意义。基于雨洪管理的社区公共空间规划是自然过程在城市体现的重要部分,而且往往伴随空间的生态多功能性,其教育意义有助于居民生态意识的加强。基于 GI 产生的多种社会功能的城市公共空间规划是激活空间公共活力的重要规划手段之一,其目标在于实现社区中自然资源的均衡性、可达性与功能复合性,是 GI 的社会功能在空间布局与空间结构中的直接体现。

---

①　张晓鹃.社区尺度的绿色基础设施的近自然设计方法研究[D].武汉:华中科技大学,2012.

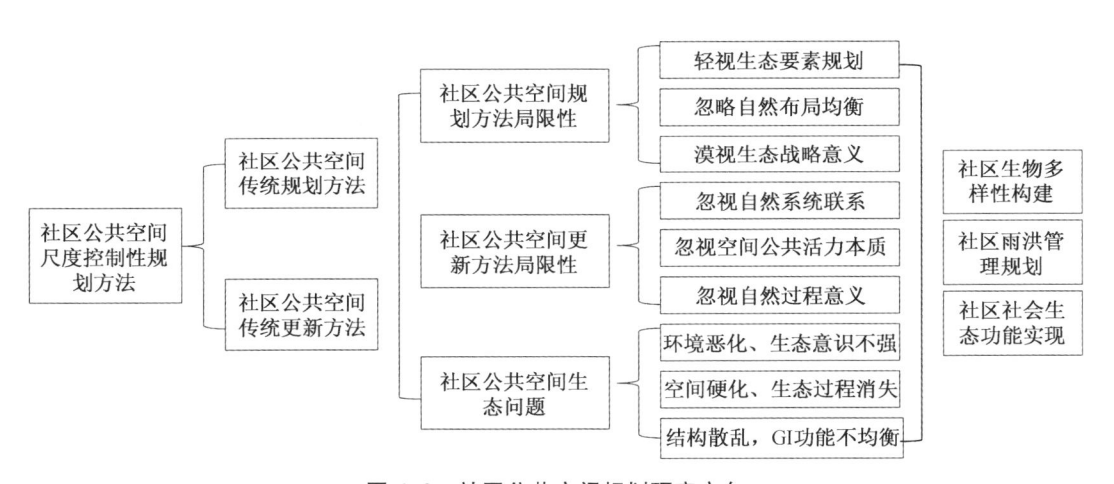

图 6-2　社区公共空间规划研究方向
图片来源:笔者自绘

3. 基于 GI 的社区公共空间整体规划框架

基于社区公共空间生态问题及传统规划与更新方法不足,引入社区研究尺度的不同功能 GI 网络,确定基于 GI 生物多样性意义优先的社区公共空间规划、基于 GI 雨水管理功能优先的社区公共空间规划、基于 GI 多种社会服务功能优先的社区公共空间规划 3 个研究方向,并分项研究。在每个研究方向中,首先对 GI 与公共空间结合研究,找出两者结合发展的关键点,基于发展关键点重点研究社区公共空间基底下 GI 网络规划,形成基于 GI 功能的公共空间规划方法。最终将不同功能的 GI 网络与公共空间网络整合,形成基于 GI 综合优化下的社区公共空间规划(图 6-3)。

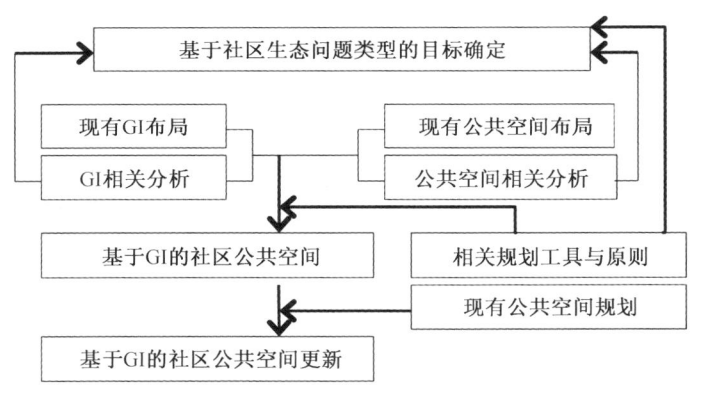

图 6-3　基于不同 GI 功能的社区公共空间更新规划方法流程
图片来源:笔者自绘

在基于 GI 功能的社区公共空间更新规划方法中,首先根据社区的主要生态问题确定目标,基于目标确定 GI 要素,绘制 GI 布局图。例如基于生物多样性的社区公共空间更新规划,首先定位社区所有利于生物迁移、栖息、驻留的绿色斑块。其次,根据目标决定是否对 GI 进行相关评价,绘制 GI 相关分析图。例如构建生物多样性的社区就要确定已知 GI 的生态敏感性强弱布局。再次,搜寻、调研、绘制社区公共空间底图,并根据需要进行相关评价。

例如在生物多样性内容中要确定现有社区公共空间的绿色改造潜力，就要分析现有公共空间的活力与生态需求程度。然后，根据目标寻找相适应的研究方法及规划工具与规划原则，研究基于 GI 的现有社区公共空间更新用地与结构。最终，根据现有公共空间规划要素、结构与文脉，调整基于 GI 的社区公共空间更新用地与结构（图 6-4）。

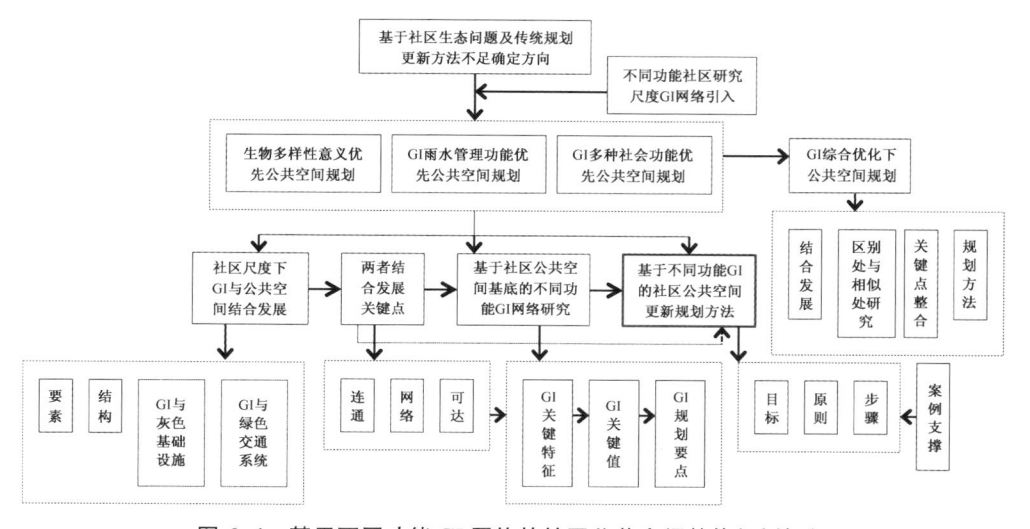

图 6-4　基于不同功能 GI 网络的社区公共空间整体规划框架

图片来源：笔者自绘

4. 试点社区的选择

在完成城市尺度基于 GI 功能的公共空间规划后，应按照城市中社区生态更新的现实需求制定社区改造顺序。改造顺序由两方面决定：社区现有资源条件潜力与基于目标的亟须解决的问题。基于生物多样性优先的社区现有资源条件潜力有：社区内含有优先保护区域（部分城市级 GI 或大面积高生态敏感的自然资源）、社区有与城市绿网连接的绿道、大面积自然湿地或溪廊、包含了自然资源遗产的区域、含有濒危和保护物种的绿地等；基于生物多样性保护目标的社区突出问题有：大面积生态斑块与其他斑块连通性不强甚至独立、社区内重要生态廊道断裂、社区内部分区域 GI 连通度不高等。基于 GI 雨洪管理优先的社区现有资源条件潜力有：GI 基本呈现点状均匀分布、社区内有湿地或水库、社区降雨量常年充沛等；而社区内与雨洪相关的常见问题有：灰色雨水基础设施处理性能经常不足、区域雨洪频繁、部分区域或社区整体积水处较多、社区溪廊或河道污染严重、河道泛洪区影响公共空间使用等。基于 GI 多种社会服务功能优先的社区现有资源条件潜力有：社区内含有历史公园、结合自行车道与专用步道的绿道、具备多种复合功能的公园、社区公共空间结构与城市公共空间结构衔接等；而与社区内 GI 的多种社会服务功能相关的问题有：公园分布不均且可达性差、社区公共服务设施基本没有附属公园绿地，以及自行车道、步道及绿道之间没有形成流畅衔接，自行车道、步道及绿道没有与社区公园节点及城市绿道衔接，以及 GI 的多种社会服务功能严重不足等①。

---

① Richmond Green Infrastructure Assessment［R/OL］. Green Infrastructure Center and E² Inc，2010. http://www. richmondregional. org/planning/green_Infrastructure/green_infrastructure. htm

6.2 基于生物多样性意义优先的社区公共空间规划

基于生物多样性意义优先的社区 GI 包含部分城市级网络中心、社区级网络中心、社区级廊道、社区级场地、社区级孤岛、生态跳点(表 3-4)。社区 GI 与社区公共空间在要素类型与结构形态上有相互结合与交叠的影响关系,在基于两者结合发展的可能性上社区公共空间的发展为 GI 连通提供了规划肌理,而社区内 GI 与公共空间用地类型的重组与整合为生物多样性意义优先的社区公共空间规划提供了方向与策略。

6.2.1 社区公共空间与基于生物多样性 GI 结合

1. 社区公共空间要素与基于生物多样性 GI 要素结合

宏观层次下城市尺度公共空间与城市级 GI 要素位置关系有借景、贯穿、交叠、结合、内置,中观层次下主要研究社区尺度公共空间与基于生物多样性的社区级 GI 两者之间的结合关系,一般来说有以下几种:①社区公园与社区级网络中心。社区公园面积一般为 0.4~1 ha,是 100 m×100 m 格网社区中半个街区到 1 个街区的尺度,可以作为社区 GI 网络的网络中心,通过廊道与其他网络中心相连通。②社区公园与社区级场地。当社区内的公园尺度较小,与其他网络中心连接的廊道数量不够时可以作为社区 GI 网络中的小型场地,作为生物迁徙时的临时落脚点。③社区公园与社区级孤岛。当社区公园位置距离其他网络中心较远,且没有可以进行连通的空间资源时,只能作为生态孤岛,可以形成公共性高的绿色公共空间。④带状公园与廊道。社区内带状或线状公园最适宜作为社区 GI 廊道的公共空间,社区带状公园宽度一般在 10 m 以上,基本能够保障鸟类、植物与部分两栖动物等边缘物种的迁移。⑤街道与社区级廊道。街道两侧或中间的隔离带宽度应至少在 3 m 以上,作为社区廊道宽度的基本值。⑥街道与生态跳点。街道两侧起隔离与景观作用的行道树或灌木丛可以作为鸟类的临时落脚点或部分鸟类的栖息处,但要保证生态跳点的基本宽度与密度。⑦社区广场、公共庭院与生态跳点。社区广场与公共庭院内的部分草坪、行道树及灌木丛可以集中线型设计,作为连接社区公园与自然网络中心的生态跳点(图 6-5)。

2. 社区公共空间结构与基于生物多样性 GI 结构结合

基于生物多样性功能的 GI 结构是利用社区及邻近的绿色资源形成有序连通的生态网络,以保障生物在 GI 结构中的栖息与移动。GI 结构的基本模块为"网络中心—廊道—场地",由模块相互连接组合形成"网状、枝状、带状、放射状、环状"等几种社区 GI 结构类型。网状 GI 结构是最常见也是网络连通度最好的结构类型,结构中的节点可以是社区的自然散落斑块也可以是社区公园、花园或社区农场的社会属性绿地,结构中的连接廊道可以是自然绿道也可以是隔离带、河岸绿带、线型公园及行道树类生态跳点。枝状 GI 结构由明显的主导线型廊道与支线廊道构成,主导廊道类型多样,一般为社区级线型公园、社区内河流或湿地廊道、社区保留的城市级绿地廊道等。带状 GI 结构内一般有几条不交叉的主导线型廊道,但相互连接的支线廊道的连通效应不明显,主导线型廊道方向性强但连通性差,社区 GI 网络连通度较差。放射状与环状 GI 结构是以社区主导空间形态为基底而布局的,放射状 GI 结构有明显的主导中心绿地,为社区生物流与能量流的"汇";而环状 GI 结构由层层相连通的"绿环"构成,"绿环"一般为社区隔离绿带,两种 GI 网络连通度较好。

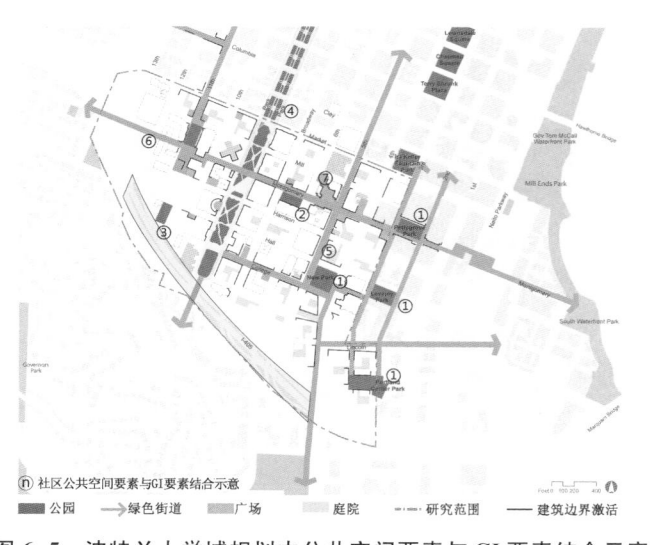

图6-5　波特兰大学城规划中公共空间要素与GI要素结合示意

图片来源：University District Framework Plan[R]. Portland State University，2010.

社区公共空间结构有轴块式、散点式、棋盘式、放射式、综合式几种，公共空间结构与GI结构的承载主体与功能不同，但单元类型有重合部分且要素形态相似，不同类型公共空间结构与GI结构相互交织与影响（表6-2）。轴块式结构、散点式结构与网状GI结构、枝状GI结构、带状GI结构结合紧密，部分公共空间节点、轴线与网络中心、场地、廊道"共生"。由于枝状GI结构与带状GI结构有明显的主导廊道，在主导廊道处易形成公共空间节点，因此棋盘式结构主导的社区内不易出现枝状GI结构与带状GI结构。放射式结构根据其空间形态与放射状GI结构、环状GI结构结合紧密，结合度最高（图6-6）。综合式公共空间结构中没有主导的空间组织，应根据空间形态与布局规划相应的GI连通结构类型。在基于GI生物多样性意义优先的社区公共空间规划中，首先要分析社区主导公共空间结构与GI结构，完善两种主导结构系统，使社区生物流线与居民交通流线分开，并在某些公共空间节点设计"生物多样景观"，实现自然与社会共生。

表6-2　公共空间结构与GI结构

	空间单元类型	空间单元形态分类	承载主体	主要功能	结构类型
公共空间结构	①街道、专用非机动车道；②广场、运动类空间、文化类空间；③公园、花园、人工绿色景观	点、线、面	人	休闲、交往、运动、交通、游憩等	轴块式、散点式、棋盘式、放射式、综合式
GI结构	①自然保留区域；②公园、绿道、花园等人工绿地；③池塘、河流等水域	网络中心、场地、孤岛、廊道、生态跳点	自然生物	栖息、迁移、繁衍、觅食等	网状、枝状、带状、放射状、环状

资料来源：笔者自绘

3. 两者结合关键点——实现社区GI连通

社区GI网络与公共空间系统在边界处有耦合关系，在分离处有借用关系，而形成相互影响关系的基础在于GI网络连通。换句话说，基于生物多样性的社区公共空间规划的重

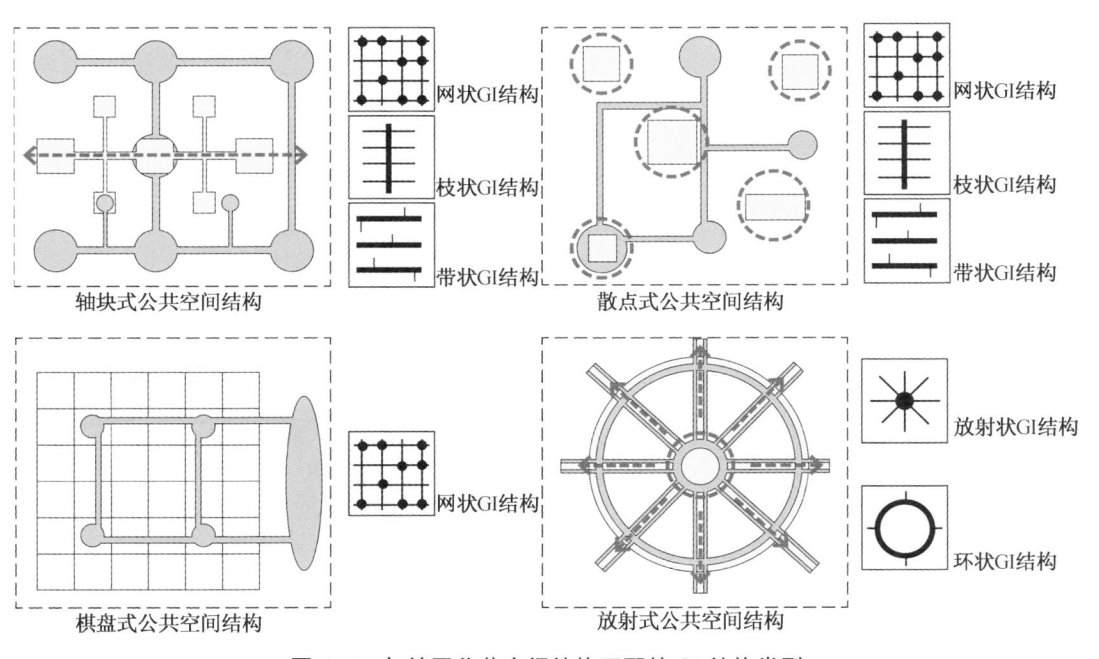

图 6-6 与社区公共空间结构匹配的 GI 结构类型

图片来源:笔者自绘

点在于 GI 网络中心之间利用廊道建立生态连接,实现 GI 网络功能上的连接与结构上的连通,帮助社区内物种顺利扩散、迁移、觅食、躲避天敌、繁衍。社区 GI 网络是基于连通性的一种动态机能,表现为斑块的内部环流、廊道的双向流以及网络的多选择性互通环流等形式[①]。对于城市与社区 GI 网络来说,网络结构越复杂,相互之间连接的廊道连通性能越高,社区生物多样性越稳定。因此,利用社区开放空间规划将 GI 网络中的斑块流与廊道流相互连接形成具有流动多选择性的网络流是建设生物多样性的关键(图 6-7)。

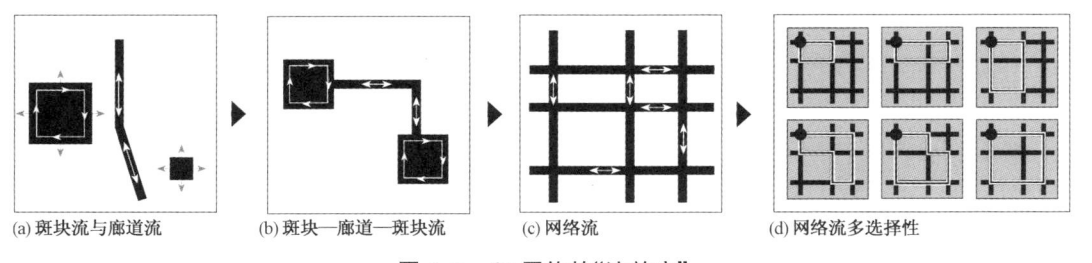

| (a) 斑块流与廊道流 | (b) 斑块—廊道—斑块流 | (c) 网络流 | (d) 网络流多选择性 |

图 6-7 GI 网络的"流效应"

图片来源:吴敏. 城市绿地生态网络空间增效途径研究[M]. 北京:中国建筑工业出版社,2016:87.

6.2.2 基于社区公共空间规划基底的 GI 连通性研究

社区 GI 网络的连通性用于判断 GI 在空间上、功能上及物质流动上的连续性强弱,通

---

① GI 网络效应有节点效应、流效应、边际效应、影响效应、拓展效应等 5 种,但最重要的是 GI 要素的连接与连通,形成能量流与生物流而产生的流效应。吴敏. 城市绿地生态网络空间增效途径研究[M]. 北京:中国建筑工业出版社,2016:87.

常是由绿色网络中有效连通廊道的数目、密度、曲度、形状、长度、宽度、类型及绿色网络连通度等多方面决定的,而社区 GI 网络的连通性中最重要的 3 个方面为廊道连通度、廊道的宽度及廊道的内部构成即廊道类型。基于社区公共空间的 GI 连通性是以社区内公共空间规划为基底,依据 GI 网络连通性相关研究对公共空间与 GI 进行综合规划,建构适宜生物多样的社区 GI 生态网络。

1. 基于社区公共空间基底的廊道优先连通选择

社区公共空间转变或置入廊道应从公共空间地理位置出发,从 8 个方面考虑公共空间的选择。①均衡性。社区廊道与网络中心往往分布不均,应利用社区公共空间优先连通社区 GI 较少的空白部分,同时考虑连通有潜力的孤岛与场地,使社区 GI 呈均衡网状发展,增加社区 GI 的连接稳固性。②尺度性。利用社区公共空间优先连通已经连通到城市尺度 GI 的社区网络中心,使社区 GI 作为城市 GI 生物的迁移过渡区域。③经济性。当两处 GI 节点之间在公共空间中有多条可以连通的潜在廊道时,建立最小阻力模型,计算最小阻力路径[1]。④趋近性。利用社区公共空间优先连通大尺度网络中心与廊道以及靠近大尺度网络中心与廊道的 GI。⑤弱公共活力。优先利用公共活力弱的公共空间转变或置入 GI,连通附近的网络中心。⑥弱生态敏感性。利用社区公共空间优先连通 GI 恢复区与恢复廊。⑦战略性。应优先连通 GI 关键战略点,景观战略点是指在景观中,对控制水平方向的景观过程具有关键性作用的一些关键点[2],也往往是景观格局的形成和改善的生态脆弱点(表 6-3)。⑧低连通性。社区绿色廊道结构连接强弱由多方面决定,但最重要的在于社区连通度,分为绿色网络连通度、节点连通度与廊道连通度。绿色网络连通度反映了一个系统中所有交点经由廊道达成的连通程度[3],节点连通度反映了两处 GI 节点之间经由廊道达成的连通程度,而廊道连通度反映了绿色网络中廊道连通节点的连接性与重要性。在规划时应优先考虑低连通性的区域与低连通性的网络中心。

表 6-3　社区尺度下处于 GI 连通关键战略点的公共空间

序号	GI 空间特征	对应公共空间策略点位	图示	序号	GI 空间特征	对应公共空间策略点位	图示
1	斑块进出口豁口	公园中夹在绿地区域的硬质地面		6	含有廊道连接最多的网络中心	生态公园或保护用地	

---

[1] 最小阻力模型计算公式为 $MCR=f_{min}\sum(D_{ij}\times R_i)(i=1,2,3,4,\cdots n,j=1,2,3,\cdots m)$,$D_{ij}$ 代表物种从 GI 节点到节点 j 的扩散距离,R_i 是阻力因素 i 的阻力系数。阻力因素 i 与其阻力系数的选择根据研究对象的不同而不同,社区尺度的 GI 连通使服务植物、两栖动物、小型哺乳动物及鸟类等生物多样,而影响目标对象的阻力因素主要有坡度、植被、海拔、水文条件、地块类型等。俞孔坚.景观:生态、文化与感知[M].北京:科学出版社,1998:275.

[2] 景观战略点的类型包括资源型和结构型两种,本书重点研究结构型景观战略点。李洪远,莫训强.生态恢复的原理与实践[M].北京:化学工业出版社,2016:7.

[3] 王原,陈鹰,张浩,等.面向绿地网络化的城市生态廊道规划方法研究[C].2007 中国城市规划年会,2007.

续表 6-3

序号	GI空间特征	对应公共空间策略点位	图示	序号	GI空间特征	对应公共空间策略点位	图示
2	廊道断裂处	线型公园、街旁绿道、河流某段硬质地面		7	林缘凹处	公园中绿地、树丛形状上的凹陷处	
3	具有生态跳点作用的残存斑块	广场与公园中的小型绿地与自然保留地		8	相邻两个源阻力平面之间的切点	相邻大型生态斑块之间的切点空间	
4	河流网络汇合口	滨河公园一部分		9	联系岛屿的"陆桥"	邻近成群的绿地或林地的桥道	
5	廊道交点	公园、广场、街道绿带					

资料来源：参考张晓鹏.社区尺度的绿色基础设施的近自然设计方法研究[D].武汉：华中科技大学,2012.

2. 廊道连通度评价

（1）绿色网络连通度

当涉及多处网络中心构成的 GI 绿色网络进行整体连接度强弱评估时,可以用绿色网络连通度计算。其符号用 r 表示,指社区绿色网络中现有连接节点的连接线数与其最大可能连接线数之比（连接节点为社区点型 GI：社区网络中心、社区场地、社区孤岛）,绿色网络中心之间连接线数可直接绘图、查数,但最大可能连接线数需通过计算绿色网络中节点的多少来确定。

$$r = \frac{L}{L_{max}} = \frac{L}{\sum_{i=1}^{n-1} i} = \frac{L}{1+2+3+4+\cdots+n-1} = \frac{2L}{n(n-1)}(n \geq 2) \quad (公式6.1)$$

式中 L 为现有连接线数量,以两个节点连接直线为 1 条连接线,但在 1 条直线上的 n 个节点最多只可形成个 $n-1$ 条连接线,因此要避免多个节点在一条直线上从而导致廊道的脆弱性。若两个节点之间有折线或曲线连接时,要额外加上曲线与折线数目。L_{max} 为最大可能连接线数,n 为节点个数,r 指数可以从 0（各个节点之间互不连接）到 1.0（每个节点都与其他节点相连）[1]。在图 6-8 中,(a)图有 9 个节点,形成了 8 条连接线,其连接度为 0.222,(b)图社区结点布局较为规整、紧凑,节点较(a)图数目、尺度不变,廊道面积、长度基本不变,形成了 11 条连接线,且没有场地与孤岛,连接度为 0.306。但由于(b)图中节点布局过于规整,每 3 个节点都在一条直线,导致绿色网络连接潜力不够,改造后需要增加额外折线与曲线来达到最大连接数,成本增加。如果将 9 个节点有组织错落排列,3 处及以上节点

① 徐雷.城市设计[M].武汉：华中科技大学出版社,2007.

尽量不在一条直线,并连通每两处节点,达到最大连接数形成图(c),则该绿色网格连接度为1,且每一处节点形成的网络中心具有 8 条互不重叠的廊道,生态敏感性最强。但社区空间形态复杂化,建筑可利用率低,因此在规划廊道时要结合社区空间需求。由此可见,在相同绿色资源条件下,社区绿色网络连通度不仅与内部的节点(社区网络中心、场地)数目有关,也与网络中心紧凑程度与布局有关。

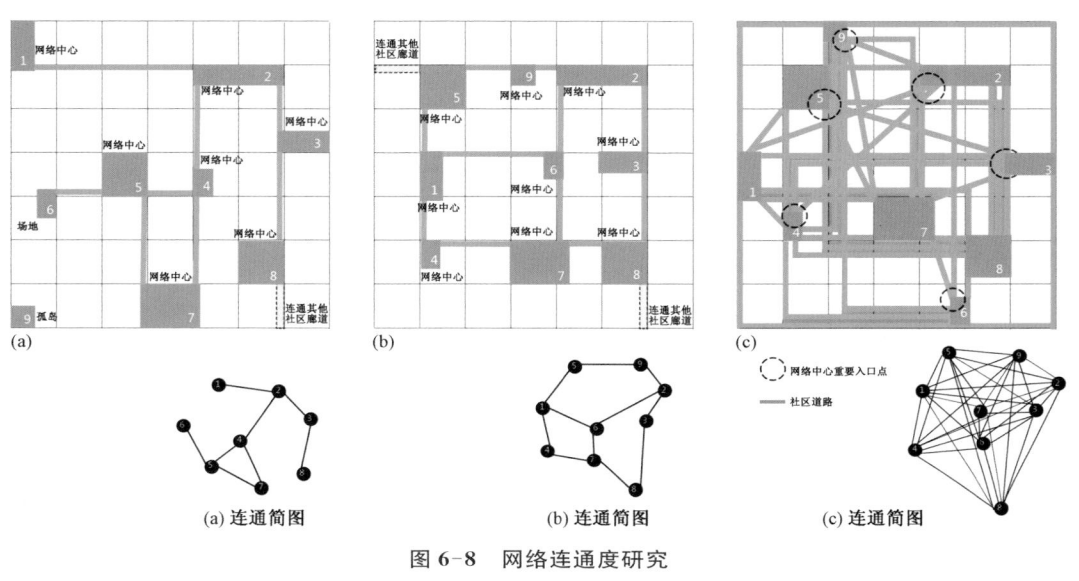

图 6-8　网络连通度研究

图片来源:笔者自绘

（2）节点连通度

当一组网络中心 A、B 生态敏感性与另一组网络中心 C、D 对应生态敏感性相似,且其他廊道连通优先原则相近,两组内的连通类型与连通长宽度相仿,但 AB 之间与 CD 之间连通度不同时,应先连通连通度低的一组网络中心。节点连通度用 r_n 表示,指两处网络中心有效连接线数(有效连接线指可以连通两端的连线)与其最大可能连接线数之比,网络中心有效连接线数可以直接查图,但最大可能连接线数需通过计算两个网络中心之间经过节点的多少来确定。

$$r_n = \frac{L_n}{L_{\max}} = \frac{L_n}{1 + (n-2)L_{\max_{(n-1)}}} \quad (n \geqslant 2) \qquad (公式 6.2)$$

式中 L_n 为两处网络中心有效连接线数,以两个节点连接直线为 1 条连接线,但在 1 条直线上的 n 个节点最多只可形成 1 条连接线,因此要避免多个节点在一条直线上从而导致廊道的脆弱性。同上,若两个节点之间有折线或曲线连接时,要额外加上曲线与折线数目。$L_{\max}$ 为两处网络中心最大可能连接线数,n 为包含两处网络中心及附近所有节点(社区网络中心、社区场地、社区孤岛)的个数,$L_{\max_{(n-1)}}$ 为上一级节点产生的最大可能连接线数,如表 6-4 所示。

表 6-4　不同节点数量对应的最大廊道数目

n	2	3	4	5	6	7	…	n
$L_{\max}$	1	2	5	16	65	326	…	$1 + (n-2)L_{\max_{(n-1)}}$

资料来源:笔者自绘

在图 6-9 中，图(a)有 6 个节点，有效连接线为 3 条，其节点连接度为 0.046。图(b)较图(a)少了 AF 线，只有两条连接线，节点连接度为 0.031。因此应优先改造图(b)。如果只连通两个节点的话，可以连接 CD、CE、CF、CG、HF、HG、EF、EG，将 CD、CF、CG、HF、HG、EF、EG 连通后只能增加 1 条有效连接线，节点连接度仍为 0.031，而连接 CE 可以增加 2 条有效连接线，形成"C—H—D""C—H—E—D""C—E—D""C—E—H—D"4 条有效连接线，节点连接度变为 0.062，如图(c)所示，因此 E 点为增加 CD 节点连通度的"关键战略连通节点"。由此可见，要增加节点连通度应首先连通含有廊道连接最多的节点。但根据廊道优先连通均衡性原则，可以再考虑将 CF 连通，将 F 场地变为网络中心。

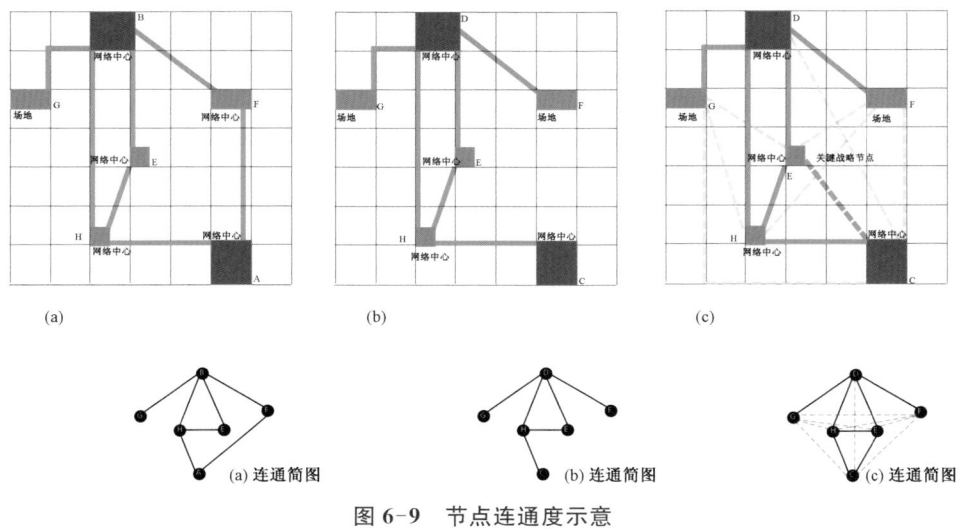

图 6-9　节点连通度示意

图片来源：笔者自绘

从图 6-10 仍可看出，当增加 GI 潜力区时，要避免和附近将要连通的网络中心在一条直线上。当 3 处及以上网络中心基本在一条直线上时，可以调整网络中心的相对大小与位置，使连通廊道平行邻近布局，廊道与廊道互不干扰，且一处廊道破坏时，可以形成潜在通道连接最近平行廊道。廊道之间的空白也可以作为步道与自行车道。

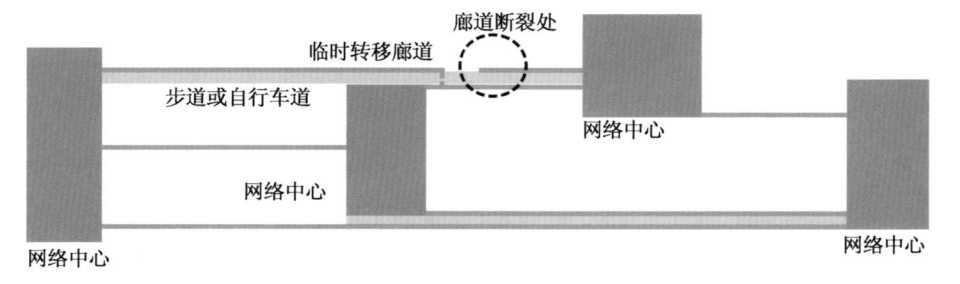

图 6-10　廊道错位布局示意

图片来源：笔者自绘

（3）廊道连通度

在绿色网络中，廊道并非简单直线连接网络中心。城市中生态廊道系统与城市交通系统类似，往往由多条廊道交织在一起，廊道不仅是两端网络中心的交通线道，也是联系其他廊道与 GI 节点的选择通道。

生物廊道的连续与连接其他廊道的能力称为廊道连通度,可以通过廊道连续性与廊道连接性来表达。廊道连续性可以通过一条完整廊道的连接数量来衡量,反映了一条廊道穿越的交汇点的多少。廊道连通性是指廊道与其他廊道或线路连接的数目,反映了廊道的连接能力[①]。

图 6-11 演示了廊道连续性与廊道连接性的区别。首先识别出该绿色网络中的廊道,两条线路交点为交汇点,线路无交汇点的终点为端点,廊道划分必须以单直线或单曲线为 1 条,在 1 条线路上先在两处 GI 节点(网络中心或场地)之间划分廊道,然后再在 GI 节点与端点之间划分廊道,在没有 GI 节点的线路上在端点到端点之间划分廊道,最后在端点到交汇点或交汇点到交汇点之间划分廊道,由此图中划为 a～h 8 条廊道。其次计算 8 条廊道的连续性与连通性(表 6-5)。

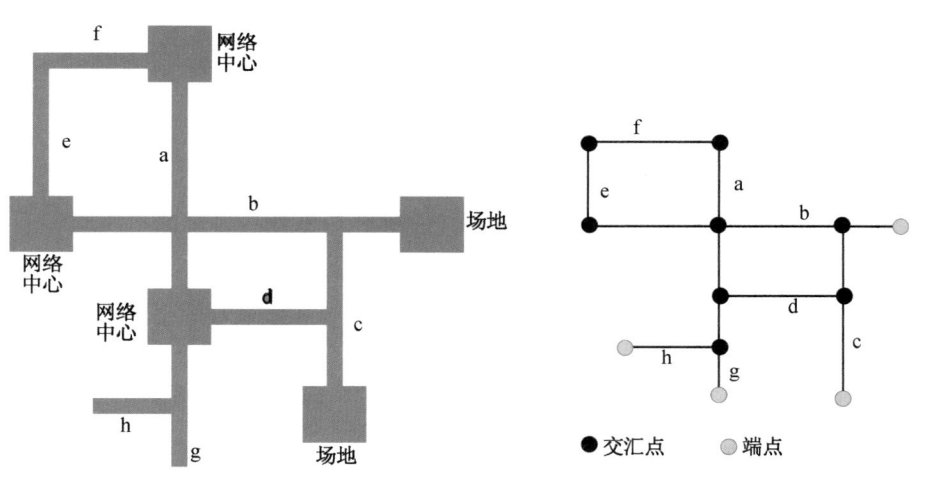

图 6-11　廊道连通度示意

图片来源:笔者自绘

表 6-5　图 6-11 中廊道连续性、连通性及连接的斑块数量计算

廊道序号	a	b	c	d	e	f	g	h
廊道连续性	2	3	2	1	1	1	2	1
廊道连通性	5	4	3	4	2	2	3	2
直接连接的网络中心与场地数量	2	2	1	1	1	1	1	0

资料来源:笔者自绘

廊道连续性从侧面反映廊道对应断裂状况时的弹性处理能力,廊道连续性越高,在廊道部分断裂时,物种迁移通过其他通道的概率越高。廊道连通性从侧面反映廊道之间互相连接方面的处理能力,廊道连接性越高,说明与之发生连接的 GI 数量越多,廊道的连通重要性越高。此外,如果廊道的连续性低而连通性高,说明该廊道两端的网络中心连接着多条廊道,反之则说明廊道单线完整性低,而两端的 GI 节点连通性不高。在社区公共空间设置线型连接廊道时,要注意避免两种极端情况出现,保证廊道连续性与廊道连通性合理配比,以及廊道的弹性连通功能与关键位置布局,并修复与强化连续性与连通性较高的主线廊道,完善与补充次级支流廊道。

① 马歇尔.街道与形态[M].北京:中国建筑工业出版社,2011:120.

3. 连通廊道宽度选择

宽度是影响廊道连通功能发挥的重要因素,已有研究指出 100～200 m 是反映廊道内部是否可以建立栖息生境的关键值,也是决定廊道是否具有独立生态功能的关键,由此区域级廊道宽度至少应为 200 m 及以上。60 m 是判别廊道是否具有生物多样性保护功能的关键值,因此城市廊道宽度应在 60～200 m,并根据城市具体情况,尽可能取最大值。3 m 是形成社区廊道的基本取值;12 m 是宽度与物种关系的显著阈值,12 m 以下的廊道生物多样性基本为 0;30 m 是植物种群受到边缘效应影响较小的宽度,也是基本满足边缘物种保护的取值,因此社区廊道宽度可定在 3～60 m①。由此在公共空间相关建设中,绿色街道沿线的分隔绿带、广场内分隔绿带及公园内的软质非机动车道尽量控制在基本值 3 m 及以上;护城河岸绿带及社区内小尺度带状公园宽度应在 12 m 以上;社区带状公园、社区级公园内绿带及林荫大道宽度应在 30 m 及以上;城市级道路绿化林带及道路缓冲带与河岸廊道宽度应在 60 m 及以上(表 6-6)。社区内由小型行列绿点与树冠组成的生态跳点只能作为鸟类、昆虫、部分小型啮齿类动物、部分小型无脊椎动物、植物种子迁移与临时停驻的落脚点,其密度越高、宽度越宽、构成越复杂则作为廊道的连通性功能越强,在公共空间条件有限的情况下可以布置高密度生态跳点作为廊道的补充。

表 6-6 不同宽度廊道的功能特征及适应的公共空间类型

宽度值 d(m)	功能特征	适应的公共空间或 GI 类型
$3 \leqslant d < 12$	廊道宽度与草本植物和鸟类的物种多样性之间相关性接近零,基本满足保护无脊椎动物种群的功能	绿色街道沿线的绿带;广场内分隔绿带;软质非机动车道
$12 \leqslant d < 30$	对于草本植物和鸟类而言,12 m 是区别线状和带状廊道的标准。12 m 以上廊道中,草本植物多样性平均为狭窄地带的 2 倍以上;12～30 m 能够包含草本植物和鸟类多数的边缘种,但多样性较低,满足鸟类迁移;保护无脊椎动物种群;保护鱼类、小型哺乳动物	护城河岸绿带;社区林荫道;小型线状公园
$30 \leqslant d < 60$	含有较多草本植物和鸟类边缘种,但多样性仍然很低;基本满足动植物迁移和传播及生物多样性保护的功能;保护鱼类、小型哺乳、爬行和两栖类动物;30 m 以上的湿地同样可以满足野生动物对生境的需求,截获从周围土地流向河流的 50% 以上沉积物;控制氮、磷和养分流失;为鱼类提供有机碎屑,为鱼类繁殖创造多样化的生境	社区带状公园;社区林荫道;社区级公园内绿带;社区道路缓冲带
$60 \leqslant d < 100$	对于草本植物和鸟类来说,具有较大的生物多样性;满足动植物迁移和传播以及生物多样性保护的功能;满足鸟类及小型生物迁移和生物保护功能的道路缓冲带宽度;许多乔木种群存活的最小廊道宽度	城市级道路绿化林带及道路缓冲带;河岸廊道;社区林荫大道
$100 \leqslant d < 200$	保护鸟类以及保护生物多样性较为合适的宽度	城市级森林公园内自然绿带;城市林荫大道;河岸与湖岸绿地
$200 \leqslant$ $d < 1\ 200$ 或 $d \geqslant 1\ 200$	能创造自然的、物种丰富的景观结构;含有较多植物及鸟类;通常森林边缘应有 200～600 m 宽,森林鸟类被捕食边缘效应范围大约为 600 m,窄于 1 200 m 的廊道不会有真正的内部生境;满足中等及大型哺乳动物迁移的宽度从数百米至数十千米不等	环城防风带;郊野自然绿带与绿地

资料来源:参考宗敏丽. 城市绿色基础设施网络构建与规划模式研究[J].上海城市规划,2015(3):104-109.

---

① 左莉娜.基于生物多样性理论的城市生态廊道系统构建研究[D].成都:西南交通大学,2012:56-58.

河岸湿地廊道较绿地廊道在生态功能上更为重要,河岸植被维持河流生态系统稳定性的最小宽度标准是 12 m[①];河岸植被宽度在 30 m 以上时,能够为鱼类提供足够的有机物且可以过滤氮、磷等污染物;当河岸植被宽度达到 60 m 以上时,能为生物提供连续性的生境,保护鱼类与两栖类,是河岸湿地廊道具有生物多样性保护功能的基本宽度;当河岸植被宽度达到 80～100 m 时,能较好地控制沉积物,防止水土流失[②]。因此在布置城市滨河公园、沿岸线性步道与自行车道时,应根据相关条件达到 12 m、30 m、60 m、80～100 m 4 处阈值,维持河道生境和物种多样性。

4. 连通廊道类型与等级

连通网络中心的生态廊道按相对连通性由强到弱可分为绿色廊道、湿地廊道、河流廊道、软质非机动车道、小型生态跳点。绿色带状生态廊道主要由稳定的植物群落构成,其本底可以是自然区域,也可以由人工设计建造而成,是陆地生物的主要移动通道。绿色廊道与公共空间结合最紧密的空间类型为带状公园,处于 GI 网络与公共空间结构的关键位置。湿地廊道是介于河溪与高地植被之间的过渡带,它既受到陆地系统的影响,又受到水体的影响,具有明显的边缘效应[③],是两栖动物与鸟类的主要栖息与移动空间,同时兼具多种景观与休闲功能,因此湿地线型公园与非机动车道应合理规划,防止非机动车道阻断湿地廊道的生态流通功能。河流廊道是城市内联系在一起的自然水域及人工开凿的护城河、运河、景观溪流等,主要功能在于供水、控制水和方便矿质养分的流动,对一些水生物种的迁移起着通道作用。河流廊道与湿地廊道往往结合在一起形成城市的水文廊道,是城市公共空间中重要的滨河景观。软质非机动车道是大型公园与绿地中的自行车道与步道,基本不阻隔公园与绿地中小型生物的横向移动,并伴随带状绿地景观联系城市与社区内的网络中心,是兼顾公共功能与 GI 连通功能的"共生廊"。小型生态跳点是社区街道两侧与广场内部起隔离与分区作用的行列点式绿化与独立的街头绿地、交通孤岛绿地及其他类型的较大尺度 GI 孤岛形成的虚线型廊道系统,为社区边缘物种在空间中提供移动与暂居的可能,是 GI 廊道建设限制区域的补充,但小型生态跳点不宜过长,且尽量避免联系生态敏感性高的网络中心(表 6-7)。

表 6-7　连通廊道的类型及对应的公共空间

一级分类	廊道					小型生态跳点			
二级分类	绿色廊道	湿地廊道	河流廊道	软质步道	软质自行车道	乔木为主	灌木为主	点式草坪为主	植被种类混合
相对连通性	强	强	强	中	中	弱	弱	弱	弱
对应公共空间	公园/广场/街道	滨河线型公园/街道	滨河线型公园/街道	公园/绿色街道	公园/绿色街道	公园/广场/街道	广场/街道	广场	公园/广场/街道
与公共空间关系	借景/贯穿/交叠/结合/内置	借景/贯穿/交叠/结合/内置	借景/贯穿	贯穿/内置	贯穿/内置	贯穿/交叠/内置	贯穿/内置	贯穿/内置	贯穿/交叠/内置

资料来源:笔者自绘

---

① 林琨. 福州市城市生态廊道景观结构的研究[D]. 福州:福建师范大学,2015:37.
② 蒙倩彬. 基于生物多样性保护的城市生态廊道研究[D]. 北京:北京林业大学,2016:47.
③ 王琛. 重庆市主城区城市生态廊道景观空间结构研究[D]. 重庆:西南大学,2010:59.

5. 自然基底型社区与人工基底型社区

生物多样性社区依据主导的自然资源的属性可分为自然基底型社区与人工基底型社区。自然基底型社区含有大面积高生态敏感的自然保留区域,而人工基底型社区内的自然资源主要为社区公园、花园及人工绿地等。例如在"里士满的城市空间转变为 GI 的规划方法研究"中①,贝尔米德(Bellemeade)社区与布莱克威尔(Blackwell)社区分属于自然基底型社区与人工基底型社区,两种社区内的 GI 网络连接结构也有所区别(图 6-12)。自然基底型社区中大型自然资源作为主要的网络中心节点,公共空间作为连接廊道、场地及起过渡作用的小型网络中心;人工基底型社区通过将社区内人工绿地进行合理规划,形成稳固且有序的 GI 网络,但社区的生物多样性功能较差。自然基底型社区中有 1 条或几条主要连接廊道,主导公共空间结构远离生态敏感性较高的 GI,并与自然景观形成借景关系;人工基底型社区中主导公共空间结构可能与社区 GI 网络交织在一起,相互包含与影响。

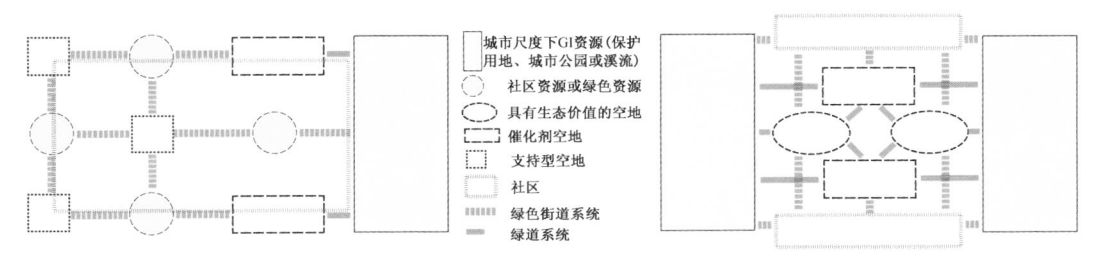

图 6-12　人工基底型社区——布莱克威尔社区 GI 连通模式(左)与
自然基底型社区——贝尔米德社区 GI 连通模式(右)

图片来源:宫聪,吴祥艳,胡长洀.城市空地转变为绿色基础设施的系统性规划方法研究——以美国里士满为例[J].中国园林,2017,33(5):74-79.

6. 基于社区公共空间基底的 GI 连通性规划要点

GI 连通是为了保持生物的多样性,是城市 GI 网络最重要的功能,也是社区 GI 网络的主要特征。依据 GI 连通度、宽度与类型方面的研究,连通性意义下基于公共空间基底的 GI 规划应注意以下几点②。①在空间资源充足条件下尽量保证网络中心与场地错落布局,增加点面型 GI 的连通廊道数量。②依据优先连通原则,强化与完善临近大型网络中心的 GI 的最小阻力路径。③重视关键战略连通节点(生态催化剂地块)位置,增强节点连通性。④依据街道肌理规划连通廊道,保证廊道连续性与连通性在可控范围之内。⑤尽量减少社区孤岛数量,发挥 GI 多种生态功能。⑥廊道宽度与类型依据公共空间功能与 GI 网络结构需求进行分级。⑦公共空间结构网络系统与 GI 结构网络系统分离、过渡、结合,使社区从公共性主导区域到生态性主导区域平缓过渡。⑧廊道与社区线型公共空间整合,重点与非机动车道结合。⑨生态跳点应规划在公共活力高的区域,作为廊道连通功能的补充。⑩廊道与街道、线型公共空间、交通空间交叉处尽量设置立体交通,避免硬性交叉。⑪半公共开放空间与非公共开放空间的小型 GI 应作为社区 GI 网络的补充连接邻近开放空间的大型 GI。(图 6-13)

---

①　宫聪,吴祥艳,胡长洀.城市空地转变为绿色基础设施的系统性规划方法研究——以美国里士满为例[J].中国园林,2017,33(5):74-79.

②　动植物可达性最大距离为 1~2 km,以 2 km 为最大服务半径,以 500 m 为最佳服务半径,规划增加绿地。黄翌,胡召玲,王健,等.基于 GIS 的徐州主城区公共绿地可达性研究[J].江苏师范大学学报(自然科学版),2009.

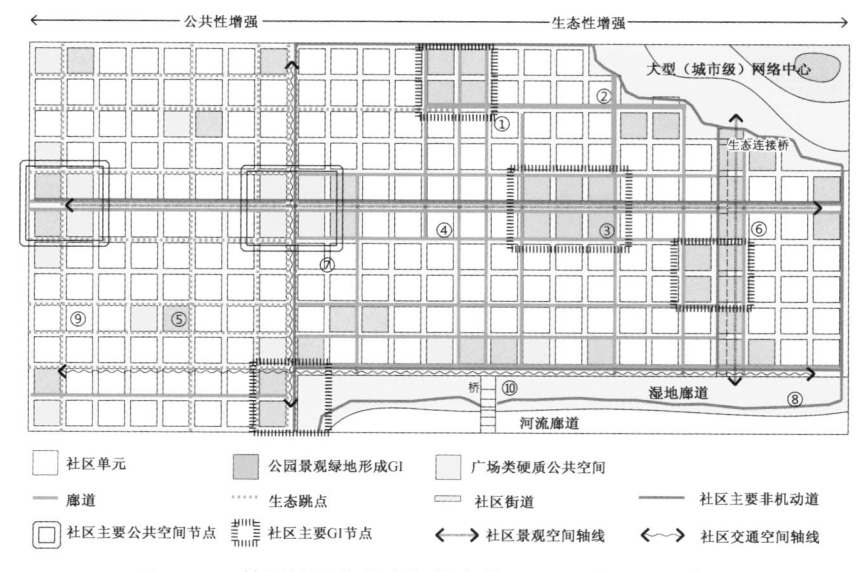

图 6-13　基于社区公共空间基底的 GI 连通性规划概念图

图片来源：笔者自绘

6.2.3　基于生物多样性意义优先的社区公共空间更新规划方法——以南京新街口街道为例

南京新街口街道东起太平北路，西至中山路，南起中山东路，北至北京东路，面积约 $2.6~km^2$。通过调研发现，该区域虽然位于城市中心区，但部分公共空间的公共活力依然不足，部分公园处于"闲置状态"，例如北京东路与丹凤街交叉路口的公园几乎没有公共活力，而该区域内及周边具有北极阁公园、鼓楼公园、鸡鸣寺、东南大学与南京大学等较为重要的社区级 GI，并且该区域处于紫金山与玄武湖两处城市级 GI 的邻近位置，因此新街口街道可以作为"基于生物多样性意义优先的社区公共空间规划"试点区域（图 6-14）。

1. 规划目标

（1）空间景观改善

通过将景观要素与城市公共空间要素合理有机组合，赋予公共空间自然特质与趣味，增加社区人均绿量与人均绿视率，调节居民的情绪，实现空间生态环境和使用品质的提升，最终提高公共空间的公共活力。另外，利用 GI 改善不同尺度与形态的开放空间，不仅有益于整合土地、空气、水和绿地系统，而且能激发居民活力与创造力。

（2）生物物种恢复

基于 GI 生物多样性意义优先的社区公共空间的规划手段在于寻找潜在公共空间，并将其转变或改善为利于生物栖息、移动、驻留的 GI 恢复区与恢复廊道，从而形成具有生物多样性及丰富性、生态功能完善且相互连通的点线面相结合的社区绿色生态网络系统。而物种修复的关键是社区尺度 GI 与高敏感性 GI 以及潜在的 GI 之间的连通，及社区内大面积绿色保留区域的保护。

（3）实现自然与社会共生

规划的最终目的是利用公共空间完善社区内自然生态流动的过程并保持其连续性与连接性，实现生态系统的全部或部分功能，以满足社区内人工环境中生物生存和活动的基本需

图 6-14　新街口街道研究范围

图片来源:笔者自绘

求以及人在日常生活中的物质和精神需求,进而协调人工生态系统与部分保留的自然基底在保证自然需求及人的需求之间的平衡,实现自然与社会的和谐共生①。

2. 规划原则

(1)尺度性

中观尺度生物多样性意义优先的社区公共空间规划是在宏观尺度城市景观生态安全格局规划与城市公共空间规划控制之下的用地类型分配与空间结构调整,属于控制性规划。社区公共空间规划承接城市公共空间总体规划,是城市公共空间总体规划的补充与细化,又对微观尺度场地设计起着整体控制性作用,处于公共空间系统规划与设计中的中间"链接"环节。

(2)连通性

恢复社区生物多样性的关键点在于已有与潜在绿色资源的连通,而加强开放空间公共活力的重要措施也在于公共空间之间交通线路的组织,形成便利且相互贯通的交通网,因此连通性是基于生物多样性的公共空间规划的重要原则之一。在规划中要区分两种"交通连接系统",尽量避免流线的交叉,并根据用地资源条件形成并列、结合、分离多种组合关系。

(3)等级化

社区公共空间地块与 GI 地块应根据各自的公共活力与生态敏感性强弱进行分级研究。公共活力较高的社区主导公共空间应与自然程度较高的大面积 GI 及自然保护用地分离且保持一定距离,避免两种系统的干扰;公共活力不足且有潜力进行生态改造的公共空间以及生态功能需求不高且有潜力转变为公共空间的 GI 可以形成"共生区",以方便两者结合发展;公共活力不足且多余的公共空间可以转变为 GI 要素,促进社区 GI 网络形成与发展。

---

① 张晓鹍,李卓辉,熊和平.基于绿色基础设施建构的社区线状空间的近自然设计[C].2013 中国城市规划年会,2013.

3. 规划方法

新街口街道呈现散点式公共空间结构与网状 GI 结构相结合的结构发展方式,区域内绿化率较高,公共空间节点较为明显,属于人工基底型社区。生物多样性意义优先下社区公共空间规划遵循以下技术路线:确定试点社区生态问题,基于生态问题设定目标,依据问题与目标找出关键点与实施手段。建设生物多样性社区的关键点在于形成社区内已有及潜在 GI 的连通以及与城市 GI 网络的连接,形成公共空间与 GI 双系统的激活与流通,最终实现 GI 的生态敏感性及空间的公共活力的增强。

首先,通过实地调研找出试点社区内的公共空间,并依据构成类型分为广场类、公园类及非机动道路 3 种要素。广场类公共空间包含了区域内所有的步行广场、街角广场、下沉广场、入口广场、商业广场、校园广场等以硬质铺地为主的公共空间;公园类公共空间包含了区域内所有的社区公园、纪念公园、口袋公园、街角公园、带状公园、建筑附属公共公园与花园、大学校园内的花园等以绿地为主的公共空间;非机动道路包含了区域内所有依附干道的步道与自行车道。通过对各类公共空间指标测算(表 5-7,表 5-8),并整合热力图(图 6-15)与场地调研,对各类型公共空间进行公共活力评价,将公共活力间性按要素分为"高、中、低"3类,形成"新街口街道公共空间要素公共活力分析图"(图 6-16)。通过调研发现,双龙巷、大石桥街、四牌楼部分步行道宽度不足 1 m,几乎没有非机动交通空间。

图例: ▬▬▬▬▬▬▬ 公共活力高—低

图 6-15　新街口街道及周边区域的热力地图

图片来源:笔者自绘

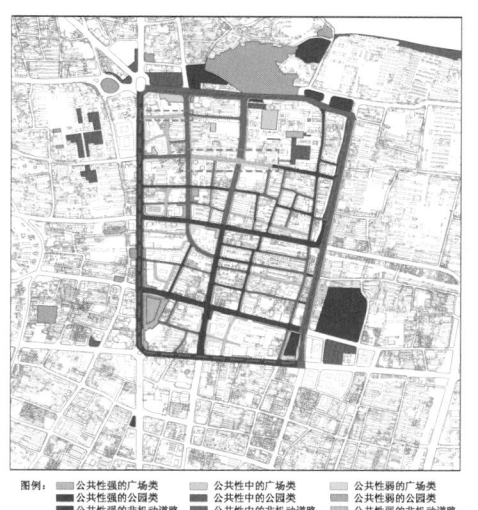

图例: ■公共性强的广场类　■公共性中的广场类　□公共性弱的广场类
　　　 ■公共性强的公园类　■公共性中的公园类　□公共性弱的公园类
　　　 ■公共性强的非机动道路　■公共性中的非机动道路　□公共性弱的非机动道路
　　　 ┈┈ 缺失非机动道的街道　━━ 研究范围

图 6-16　新街口街道公共空间要素公共活力分析图

图片来源:笔者自绘

其次,利用 ArcGIS 软件提取研究区域及周边地块所有的 GI(图 6-17),并按照构成类型对 GI 分类:网络中心、场地、孤岛、廊道、生态跳点(图 6-18)。研究各类型 GI 的生态敏感因子,挑选表 5-11 与表 5-13 中适用于社区尺度的部分影响因子①,根据各自分值与相对权

---

① 社区尺度下的网络中心、场地、孤岛等点面状 GI 选取了面积、网络连通度、GI 分类、坡度(坡度百分数)、高度、斑块数量、植被覆盖率、连接廊道数目等评价指标,计算出 1.96~8.82 不同分值;廊道、生态跳点等线状 GI 选取了曲度、GI 分类、植被覆盖率、宽度、斑块连接数、网络连通度等评价指标,计算出 1.80~5.66 多项分值。

重,利用 ArcGIS 软件绘制"新街口街道及周边区域的 GI 生态敏感性分级与评分图"(见文后表 F-8、表 F-9),将点面状 GI 与线状 GI 根据各自生态敏感性的相对分值分为"强、较强、中等、较弱、弱"5 类,并找出社区潜在的 GI 恢复区及恢复廊①。(图 6-19)

图 6-17　新街口街道及周边区域的 GI 要素提取　图 6-18　新街口街道及周边区域的 GI 要素分类

图片来源:笔者自绘　　　　　　　　　　　图片来源:笔者自绘

　　通过对研究区域及周边地块内 GI 的生态敏感性评价研究,建议在连接南京大学与东南大学的汉口路—大石桥街—四牌楼规划 GI 恢复廊道;在连接东南大学与北极阁公园的进香河路规划 GI 恢复廊道;在北京东路北侧规划连续的恢复廊道以连接北极阁公园、鼓楼广场、鼓楼公园等敏感性较高的网络中心。北京东路与中山路交叉路口的环岛绿地属于 GI 中的孤岛,建议规划绿桥以增强其生态敏感性;鸡鸣寺地铁站附近的和平公园生态敏感性较低,可以考虑增加连接周围网络中心的廊道;建议在四牌楼与进香河路路口处规划街角公园,作为两条恢复廊的生态场地与网络中心(图 6-19)。

　　最后,将"公共空间要素公共活力分析图"与"GI 生态敏感性分级与评分图"叠图,找出恢复廊与恢复区附近公共活力弱的公共空间进行重新规划。并基于社区 GI"廊道优先连通原则"与"GI 连通性意义下的社区公共空间规划要求",寻找区域内的公共空间潜力地块与街道,按需求增加不同类型廊道,并利用廊道连通社区已有和规划的 GI,调整规划后的 GI 在公共空间中的结构最终形成"基于 GI 生物多样性功能的公共空间规划图"(图 6-20)。

　　公共空间有 3 种生态改造方向:①公共空间的生态等级提升,例如将增加的内部绿化面积或广场划为公园,公园划为保护用地,街道两侧序列生态跳点变为绿色廊道,或街道变为自行车道,硬质自行车道变为软质自行车道等;②利用线型公共空间增加生态廊道,提升网络中心之间的连通性,将场地、孤岛变为网络中心;③在线型 GI 与公共空间交叉点设置立

---

　　① 社区尺度下的 GI 恢复区和恢复廊与城市尺度下的恢复和恢复廊概念类似。恢复区是指在社区生物廊道连通中起重要作用且有潜力成为网络中心的 GI 场地、孤岛及公共空间。恢复区可根据生态修复程度及公共空间属性分为 3 种:一级保护用地、二级面状公园、三级绿地广场。恢复廊是连接恢复区之间或恢复区与现有社区网络中心之间的潜在廊道,可分为一级保护用地、二级线状公园与绿带、三级行道树列。

体交通,营造立体绿化景观。

依据"基于 GI 生物多样性功能的公共空间规划图",从新街口街道的生物多样性意义出发,对试点区域提出以下建议:①在北京东路与中山路交叉路口的交通绿岛与周边的公园和绿地之间增设立体绿桥,将绿岛变为网络中心,而非仅仅具备观赏功能的绿地;②在荔枝广场与邮政储蓄银行附属广场内增加连接街道树列的绿植,提升路口的生态效益,同时间接增强地块的公共活力;③在北京东路北侧规划连接北极阁公园与鼓楼公园的带状绿地,增加两处网络中心的生态抗干扰能力;④鉴于丹凤街与北京东路交叉口之间的口袋公园的低公共活力,以及公园处于较为重要的生态位置的现状,建议将其规划为生态绿地;⑤在汉口路—大石桥街—四牌楼沿线规划绿带,拓宽非机动车道,增强连接东南大学及南京大学两处网络中心的廊道敏感性及道路的公共活力;⑥在羲和广场增设绿地,作为两处高校之间廊道连接的"GI 场地";⑦在和平公园与周边绿地之间规划立体绿桥,避免公园成为生态孤岛;⑧拓宽双龙巷非机动车道宽度,规划沿街树列。总之,新街口街道现状大体形成从北京东路到中山东路公共活力由弱到强以及生态敏感性由强到弱的社区生态空间格局。

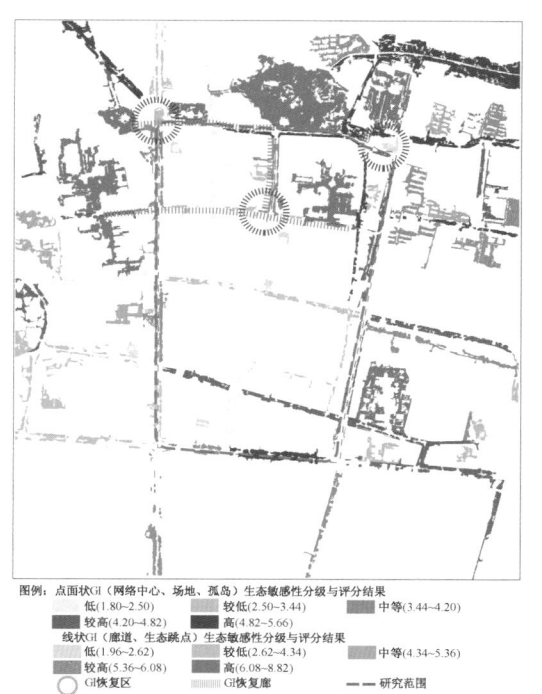

图 6-19　新街口街道及周边区域的 GI 生态
敏感性分级与评分

图片来源:笔者自绘

图 6-20　基于 GI 生物多样性功能的新街口街道
公共空间规划图

图片来源:笔者自绘

此外,规划图应与现有公共空间规划、城市 GI 网络、城市空间景观、交通流线等不同方面进行整合,使区域内的 GI 网络与城市网络进行缝补交织,区域内的公共空间结构适应城市空间结构的发展,区域内绿地景观顺应城市景观特征,GI 优化后的公共空间交通序列趋于完整。

6.3 基于 GI 雨水管理功能为主的社区公共空间规划

在雨洪控制利用中起到重要作用并应用于大量实际工程的 GI 称为绿色雨水基础设施（Green Stormwater Infrastructure，本文简称 GSI），其主要是指针对城市雨洪管理的一类 GI，例如生物滞留池、雨水花园、渗透铺装、绿色屋顶、下沉绿地、植物浅沟等①。GSI 与国内提出的海绵城市以及低影响开发（LID）内涵大同小异，海绵城市强调雨水最大限度地就地下渗，低影响开发强调通过规划小规模、分散式的雨水工具实现海绵城市理念的具体技术与设计②，而 GSI 更直接地强调雨水渗透、传输、净化、调蓄③。

从社区规划尺度上，GSI 根据形态、主要功能特征及雨水处理特点分为点型 GSI、线型 GSI、面型 GSI（表 6-8）。点型 GSI 包含街区公园、转角公园、雨水花园、绿色屋顶等自然软质界面，主要起到对较小降雨量的入渗和回用作用，对应建筑附属公共场地及小尺度公共空间④。线型 GSI 包含带状公园、道路旁滞留带、渗透沟、下沉绿带等在空间上有一定长度的、呈线型的城市绿地，主要针对面域功能空间承担疏导功能，对应社区非机动车道及线型公园。线型 GSI 还包括可渗透地面、铺装等渗透型灰色设施。面型 GSI 吸收和处理雨水的能力是这 3 种 GSI 中最大的，主要收集服务区域内雨水径流并进行调蓄与下渗，如人工湖泊、湿地、大面积下沉绿地等，对应社区公园、广场及其他社区级公共空间⑤。

表 6-8　不同类型 GSI 及特征

GSI 形式类型	内容	主要功能	GSI 系统占绿地面积	管理雨量大小	径流来源	雨水系统处理形式	雨水处理能力		
							渗透能力	过滤能力	减速能力
面型 GSI	a. 湿地；b. 池塘；c. 社区雨水公园；d. 草坪；e. 大面积灌木群；f. 乔木群；g. 大面积混合植被群；h. 下沉绿地等混合雨水处理场地（含有点线面多种类型）	主要过滤渗透、汇集	40%～70%	任何降雨	场地内、场地外	集中式	强	强	弱

---

① 陈楠，万艳华，基于绿色雨水基础设施的武汉市雨洪调控研究[C]. 2012 中国城市规划年会，2012.

② 海绵城市利用 LID 技术，在场地开发过程中，尊重水、植被、表土、地形，采用源头分散措施，使土地尽量保持开发前的水文下垫面特征，以维持开发后场地的降雨水文特征基本不变。伍业钢. 海绵城市设计[M]. 南京：江苏科学技术出版社，2016：37.

③ 在美国，绿色基础设施在大多数情况下代指绿色雨水基础设施。美国规划协会对绿色基础设施的定义为："由林荫街道、湿地、公园、林地、自然植被区等开放空间和自然区域组成的相互联系的网络，能够以自然的方式控制城市雨水径流、减少城市洪涝灾害、控制径流污染、保护水环境。"车伍，赵杨，李俊奇. 城市消极空间的生态化景观改造[J]. 景观设计学，2012，24(4)：48-52.

④ 宋珊珊. 基于低影响开发的场地规划与雨水花园设计研究[D]. 北京：北京林业大学，2015：16-21.

⑤ 景天奕. 海绵城市目标下的居住区低影响开发系统模型设计——以南京江心洲洲岛家园为例[D]. 南京：南京大学，2016：59-60.

续表 6-8

GSI 形式类型	内容	主要功能	GSI 系统占绿地面积	管理雨量大小	径流来源	雨水系统处理形式	雨水处理能力		
							渗透能力	过滤能力	减速能力
线型 GSI	a. 生物滞留带；b. 种植渗沟；c. 乔木绿化带；d. 灌木绿化带；e. 草坪绿化带；f. 混合植被绿化带；i. 带型下沉绿地	主要生态传输	40%～60%	中小型降雨	场地内、场地外	沿长边，形成狭长形	弱	中	强
点型 GSI	a. 小型生态滞留系统（小型雨水花园）；b. 小型生态渗透系统（不强调植物种植）；c. 小型过滤系统（砂石铺面）；d. 小尺度草坪；e. 小尺度灌木丛；f. 小尺度乔木群；i. 绿色屋顶	主要沉淀滞留、汇集	30%～50%	小型降雨	场地内	小型分散式	中	中	弱

资料来源：笔者自绘

不同地区的公共空间应根据不同的雨水管理目标进行相应的可持续规划与设计：在暴雨频发区域应以减缓雨水汇集为目的，在社区公共空间合理布局 GSI 来减缓雨水流入汇水区的速度并过滤雨水、滋养景观植被与地下水；在偶发特大雨洪地带以雨水快速流入汇水点为目的，需要加强城市排水管道，并将城市低洼汇水区域规划为湿地景观，结合快速渗透型 GSI，连通城市水系；在常年少雨区域应以雨水回收为目的，利用相关设施点式收集屋顶与城市空间雨水，然后净化再利用。社区 GSI 规划适用于雨洪频发或偶发地区，基于洪涝控制、径流消减、水质保护及部分地区与水资源利用等目标，雨水首先在起点附近通过点型 GSI 进行渗透与过滤，过量雨水经由线型 GSI 缓冲与过滤后在较大尺度面型 GSI 汇集与渗透，实现雨水在城市空间中的沉淀滞留、过滤渗透、生态传输等一系列生态过程。本节在社区公共空间规划与社区 GSI 规划关联研究的基础上，重点研究如何基于社区公共空间肌理规划 GSI 以管理雨水，以及如何基于雨洪管理目标制定公共空间规划方法。

6.3.1 社区公共空间与 GSI 结合

1. 社区公共空间要素与 GSI 要素结合

社区公共空间要素按功能分类有广场、公园、街道、社区水系公共空间、建筑附属公共用地即场地，与之相对应的 GSI 要素类型有以下几种。①GSI 与社区广场。在社区广场内常见的 GSI 形式多为点型，如雨水广场、调节雨水塘及雨水树池等，有集流、储蓄及净化雨水功能。②GSI 与社区公园。GSI 最适宜与公园结合，例如雨水花园、雨水池塘（渗透塘、滞留塘、湿塘）、下凹绿地等点型 GSI，以及尺度较大的湿地公园等面型 GSI。雨水经过点型小尺度公园与绿地被集流、渗透、多次净化后，多余的雨水最终到达面型湿地公园被储蓄及自然净化。③GSI 与社区街道。线型 GSI 与线型公共空间较宜结合，如雨水滞留带、线型下凹绿地、可渗透地面、浅草沟、渗水沟、过滤带等,另外生态树池、街旁绿色停车场等点型 GSI 也可依据需求在街道两侧布置(图 6-21)[①]。④GSI 与社区场地。点型小尺度 GSI 在大多情况下依据建筑附属场地布置,用来收集及处理建筑屋顶、街道、场地的雨水,如雨水花园、渗井、雨水池塘、生物滞留池、公共绿色屋顶等。⑤GSI 与水系。社区雨水经不同的 GSI 与灰色基础设施处理后,多余雨水最终到达城市水体。滨水公园、湿地公园及其他滨水绿色开放空间的面型 GSI 有过滤、滞留、临时储蓄、调蓄、净化等重要雨水处理功能(表 6-9)。

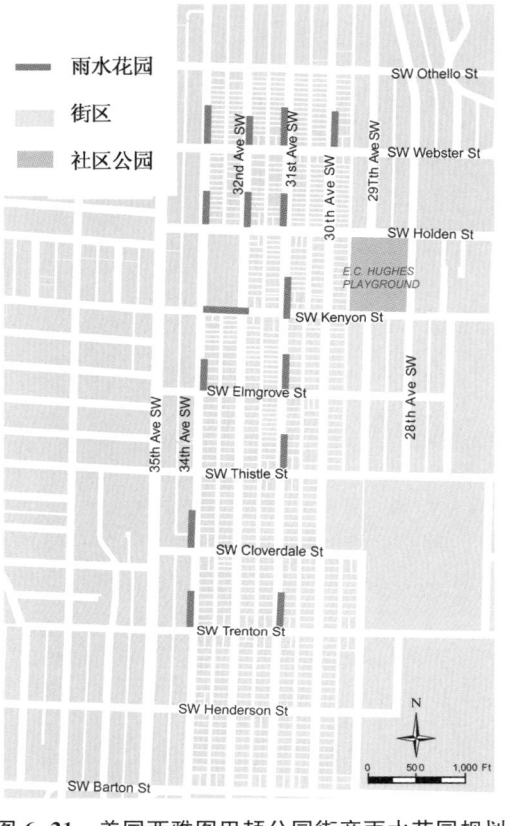

图 6-21　美国西雅图巴顿公园街旁雨水花园规划
图片来源:http://www.seattle.gov

　　不同类型的公共空间应充分结合地形地貌与场地布局规划不同类型的 GSI,形成雨水径流在点型 GSI 集流渗透、在线型 GSI 滞留过滤、在面型 GSI 储蓄净化的雨水网络化处理序列,并形成多级控制阻滞系统、支流传输系统和储蓄净化系统[②],保障社区公共空间生态安全、生态循环与生物多样(图 6-22)。

---

　　①　Green Stormwater Infrastructure 2016 Overview—700 Million Gallons[R/OL]. King County,Department of Natural Resources and Parks,Wastewater Treatment Division,2016. http://www.700milliongallons.org/wp-content/uploads/2017/02/1702_8095m_2016-GSI-accomplishment-Report-pages.pdf
　　②　中华人民共和国住房和城乡建设部. 海绵城市建设技术指南:低影响开发雨水系统构建(试行)[M]. 北京:中国建筑工业出版社,2015:26-34.

表 6-9　GSI 要素类型及适用的公共空间

编号	GSI 要素类型	GSI 形式	适用的公共空间类型					主要雨水功能	图示
			公园	广场	街道	场地	水系		
1	雨水花园	点型	⊠	⊠	⊠	●	⊠	集流、渗透、净化	
2	渗井	点型	●	⊠	⊠	●	○	渗透、净化、储蓄	
3	人工土壤渗滤[1]	点型	⊠	●	○	○	○	渗透	
4	渗透塘(渗透盆地)	点型	●	●	●	⊠	○	渗透、净化、临时储蓄	
5	调节塘(干塘)	点型	●	●	⊠	⊠	○	调蓄、净化	
6	湿塘	点型	●	○	○	●	⊠	储蓄	
7	生态树池	点型	⊠	●	●	●	○	集流、渗透、净化	
8	生物滞留池	点型	○	⊠	●	●	⊠	集流、渗透、净化	
9	公共绿色屋顶[2]及雨水罐	点型	⊠	○	○	○	○	集流	
10	绿色停车场	点型/线型	⊠	⊠	●	●	○	集流、渗透、净化	
11	社区下凹绿地	点型/线型	●	⊠	●	⊠	⊠	集流、传输、净化、过滤	
12	可渗透路面(透水铺装/透水混凝土)	点型/线型	⊠	⊠	●	●	○	渗透、净化	
13	浅(植)草沟	线型	○	⊠	●	●	○	集流、传输、净化、过滤	
14	渗水沟/渗管	线型	○	⊠	●	⊠	○	集流、渗透、净化	
15	过滤带	线型	○	⊠	●	⊠	⊠	过滤	
16	植被缓冲带(生态驳岸)	线型	⊠	⊠	⊠	○	●	传输、净化	
17	砂砾过滤系统[3]	线型	○	⊠	●	⊠	⊠	过滤	
18	人工湿地	面型	●	⊠	○	⊠	●	渗透、调蓄、净化、储蓄	
19	湿地公园	面型	●	○	○	⊠	●	渗透、调蓄、过滤、净化、储蓄	
20	社区其他点线面型非雨水功能绿地	点型/线型/面型	●	○	⊠	●	⊠	集流、传输、净化、过滤	

注：●—宜选用；⊠—可选用；○—不宜用。

1）人工土壤渗滤主要用作蓄水池等雨水储存设施的配套雨水设施，适用于有一定场地空间的小区及城市绿地。伍业钢.海绵城市设计[M].南京：江苏科学技术出版社，2016：114.

2）公共绿色屋顶基本分为两种：公共空间中绿色建筑的绿色屋顶与公共建筑对外开放的可上人绿色屋顶。

3）砂砾过滤系统分为地表砂滤与地下砂滤，位于水流控制装置下游，将雨水初始产生的径流导流到过滤设施中。阿肯色大学社区设计中心.LID 低影响开发：城区设计手册[M].卢涛，译.南京：江苏凤凰科学技术出版社，2017：180-182.

资料来源：表自绘，图参考《LID 低影响开发：城区设计手册》

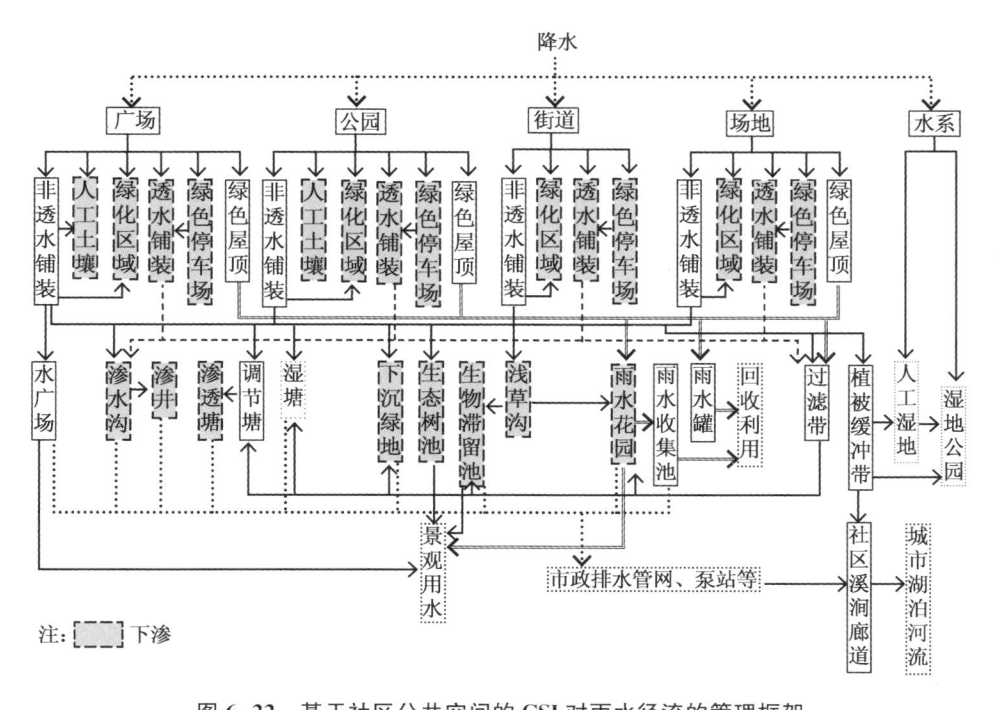

图 6-22　基于社区公共空间的 GSI 对雨水径流的管理框架

图片来源：笔者自绘

2. 社区公共空间结构与 GSI 结构结合

GSI 结构不一定以社区公共空间结构为主要依托，而是依循社区开放空间肌理呈现的网络状均匀布局，一般有以下几种模式：①点渗模式；②点线模式；③点线网模式；④放射集中模式；⑤环形放射模式；⑥多中心模式；⑦主干线模式；⑧干线并联模式；⑨规则网络模式[①]（图 6-23）。点渗模式强调点状 GSI 在开放空间的均衡散落布局，降低 GSI 聚集度和非透水面积连接度，增加场地型绿地在社区绿地规模中的占比。点线模式加强点面型 GSI 之间的联系，使不同等级的雨洪调蓄设施形成线型雨水处理系统。点线网模式强化带状 GSI 的廊道功能，强调点线面型 GSI 呈现的网络化复杂的雨水处理过程。放射集中模式和环形放射模式 GSI 结构与社区放射式公共空间结构相适应。放射集中模式放射点有集中处理雨水的面型 GSI，如湿地公园、中心湖、大型雨水调蓄广场等。环形放射模式与放射集中模式的雨水径流过程大体类似，不同在于环形带状 GSI 对径流的横向传输，雨水径流会经过环形 GSI 再次调蓄，通过两次调蓄的雨水最终汇入中心绿地[②]。多中心模式中的社区有多处面型 GSI 以处理不同区块内的雨水径流，此类结构应在不同区块内设置点状 GSI，使得径流在分区内被充分处理。主干线模式有明显的带状雨水集中处理设施，如社区带状公园、线型湿地、溪涧与河道等，可以在带状绿地相垂直的街道增加线型 GSI，形成网络结构以增加径流至终端处理间的调蓄过程。干线并联模式有两条以上的不相交带状 GSI，雨水径流可以通过不同类型的带状 GSI 层层处理，到达低洼处的水体或绿地。规则网络模式的社区公

---

① 刘冬冬.武汉市东湖片区绿色雨水基础设施优化策略研究[D].武汉：华中农业大学，2014：50-53.

② 袁媛.基于城市内涝防治的海绵城市建设研究[D].北京：北京林业大学，2016.

共空间呈均匀网格分布,路网结构清晰,地表径流纵横交错,可以借助路网与社区公园形成径流处理过程明晰的 GSI 结构。

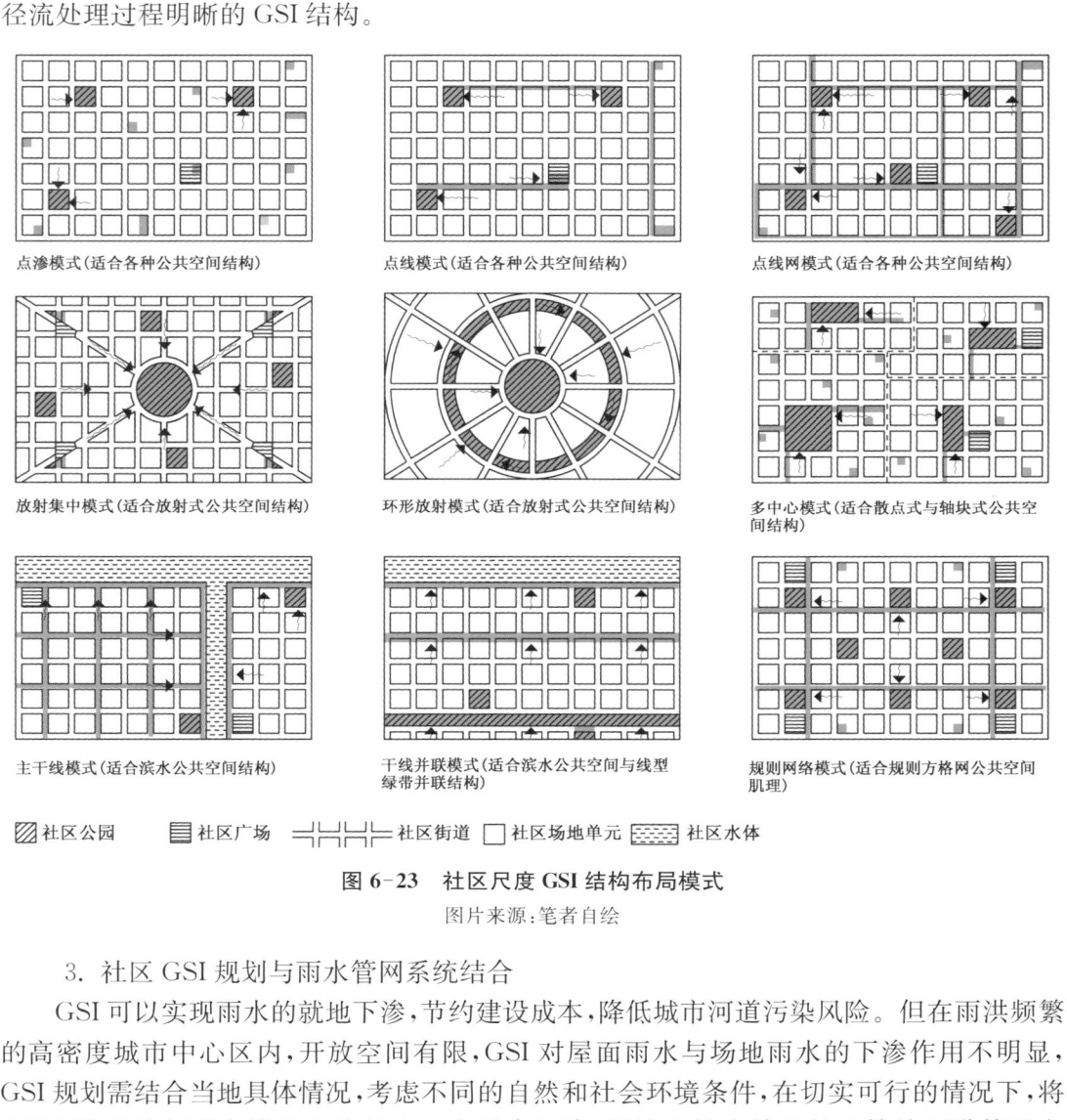

图 6-23　社区尺度 GSI 结构布局模式

图片来源:笔者自绘

3. 社区 GSI 规划与雨水管网系统结合

GSI 可以实现雨水的就地下渗,节约建设成本,降低城市河道污染风险。但在雨洪频繁的高密度城市中心区内,开放空间有限,GSI 对屋面雨水与场地雨水的下渗作用不明显,GSI 规划需结合当地具体情况,考虑不同的自然和社会环境条件,在切实可行的情况下,将 GSI 网络系统与雨水管网系统纳入一个适合经济、环境和社会效益的可持续雨洪管理方案[1]。以西雅图南向公园社区(South Park Neighborhood)雨污规划为例,坐落在西雅图杜瓦梅斯河(Duwamish River)西岸的南向公园社区,居民常年受环境污染影响且人均开放空间面积仅 $3.7 m^2$(西雅图其他社区为 36 m^2)。2014 年西雅图公园基金会(Seattle Parks Foundation)在《南方公园社区绿色空间远景规划》(*South Park Green Space Vision Plan*)中通过基础数据收集与实地调研,分析社区透水区域布局〔图 6-24(a)〕、雨污合流区域与管线关系、雨污分流区域与管线关系〔图 6-24(b)〕,发现社区中心的雨污合流区域也是可渗透

---

① 李辉,李娜,俞茜,等.海绵城市建设基本原则及灰色与绿色结合的案例浅析[J].中国水利水电科学研究院学报,2017,15(1):1-9.

绿地密度较低的区域,雨水没有经过生态过滤直接流入雨污合流管道,严重污染了杜瓦梅斯河。规划基于对排水区与现有雨污处理管线的调研〔图 6-24(c)〕,沿社区街道肌理按量规划可渗透铺装、生物沟与滞留带、可渗路面等线型 GSI〔图 6-24(d)〕,使雨水直接渗入地下或经过绿带过滤后汇入雨污合流管道,并结合更新后的雨水公园,最终与步行流线、自行车流线、主要绿地节点结合,形成社区中心绿带网〔图 6-24(e)〕。①

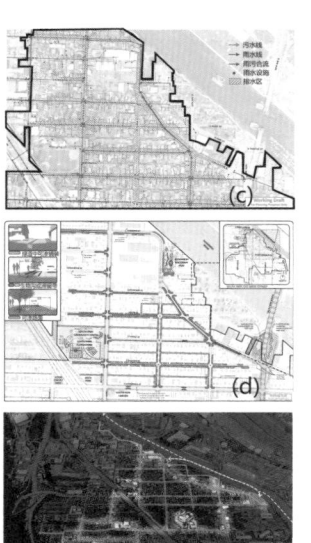

图 6-24   南向公园社区雨污规划

图片来源:(a)和(b)根据 http://www. sustainabilityambassadors. org/south-park -neighborhood-maps 笔者改绘,(c)和(d)、(e)根据 *South Park Green Space Vision Plan* 笔者改绘.

4. 公共空间的雨水处理功能规划的关键——实现社区 GSI 网络化分布

社区 GSI 的主要功能是实现雨水自然处理过程,公共空间主要用于满足居民日常活动的交往过程,而两者相结合的关键在于 GSI 网络均衡分布,即城市开放空间(包含公共空间)领域内的 GSI 形成连点成线、连线成网的序列结构布局。在低密度高绿地率社区中 GSI 网络均衡分布有助于生态过程的自我修复与适应,在高密度低绿地率社区中 GSI 网络均衡分布有利于提高雨水管理的效率与公平。公共空间的 GSI 网络化分布不仅可以满足公共空间的绿地平均化、保障公共活动空间的完整性与绿视率、提升公共空间品质与景观价值,还可以最大程度恢复原址未开发绿地的生态过程、实现雨水的就近绿地下渗。雨水径流在流经分散的、高连通性的、高容纳能力的 GSI 网络的同时,得到了源头过滤下渗、廊道滞留、蓄水净化后补充水体及地下水等的高效处理。与大的设施相比,分散式的小设施通常能提供更有效的处理能力、更多样化的生境,更适于生态敏感区,独立且分布合理的 GSI 及绿色空间仍然能够发挥 GI 的系统功能(图 6-25)。

---

① South Park Green Space Vision Plan〔R/OL〕. Seattle Parks Foundation,2014. https://www. seattleparksfoundation. org /wp-content/uploads/2016/10/South-Park-Green-Space-Vision-Plan

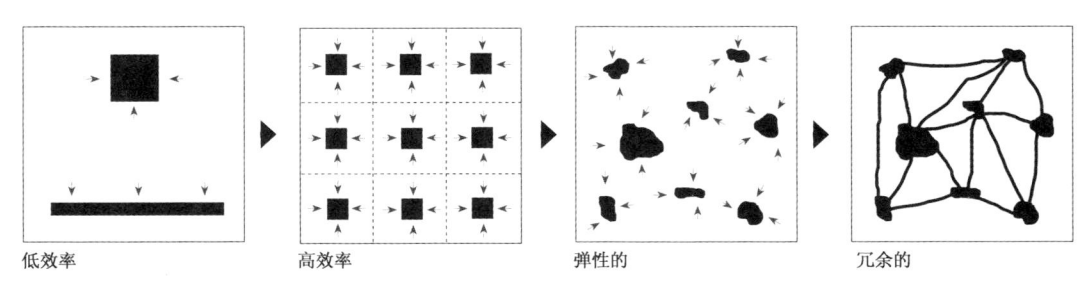

低效率　　　　　　高效率　　　　　　弹性的　　　　　　冗余的

图 6-25　社区 GSI 网络化分布示意

图片来源:笔者自绘

6.3.2　基于社区公共空间规划基底的 GSI 网络化研究

1. 基于社区公共空间的 GSI 网络化特征

社区 GSI 依据公共空间肌理、雨水处理过程及目标而布局,有以下几个特征。①序列化。GSI 在社区公共空间布局时应按照一定的等级序列,而非杂乱无章。当暴雨超过地下管道容积时便会从分水岭至城市下游在地表流动,在此期间雨水夹杂着大量的城市污染物且在下游发生雨洪。图 6-26(a)中社区建筑与公共空间布局主要集中在城市下游,易被雨洪淹没;(b)恰好与(a)相反,社区建筑与城市公共空间在暴雨时并无雨洪忧虑,但流经上游社区的污染雨水集中沉积在下游,并对下游绿地造成破坏;(c)社区公共空间与城市 GI 在社区中穿插而设,并留出下游汇水处作为雨水公园。A、B、C、D 点处的公共空间的公共活力依次减弱但 GI 敏感性依次增强,A 点景观视野最好,且从 A 至 D 层层过滤城市雨水,公共空间景观序列与城市 GSI 功能序列完整,为最佳布局。②地形化。社区公共空间类型规划应符合地形要求与地表径流自然过程,社区汇水低地带作为 GSI 雨水处理过程的终端,应设置连通水系的湿地公园,且选择根系发达的耐水植物;中地带作为高地带与低地带的缓冲带,其公共空间的景观植被应为深根性的护坡植物;高地带的景观植被应选择耐旱的当地植被。③阶段化。不同公共空间类型内的 GSI 措施应根据社区雨水径流过程对其分阶段进行控制,主要包括源头削减措施(产流、汇流过程控制)、中站传输措施(传输过程控制)和终端控制(调蓄、排放过程控制)措施,形成连续的、分阶段的雨水处理网络。④贯通化。社区 GSI 网络应与邻近 GSI 网络彼此贯通,社区面型 GSI 与城市大型湿地公园、河道水系、自然保护区连通,形成一个整体的海绵城市网。⑤弱公共化。公共活力弱的社区公共空间可以设置 GSI 吸引市民,同时增加地块活力与经济价值。而在一些社区常年被淹没的低洼点重新考虑地块类型与用途,将其作为雨水处理的战略点。⑥复合性。GSI 作为一种降低城市基础设施建设成本的雨水处理设施,其系统性的网络规划应与城市灰色基础设施规划相通,绿地系统与混合地面设施、地下管网相连,以应对城市强降雨、土壤排水不良等问题。⑦自然化。在社区公共空间规划更新过程中,应最大限度保留原有的绿地与湿地布局和形态,减少城市建设对原有自然环境的影响,且重点保护水生态敏感区,尽量维持或恢复社区开发前的自然水文特征。⑧离散破碎化。要实现雨水在落点处附近的 GSI 就地下渗,发挥城市开放空间的海绵作用,就要研究社区内 GSI 斑块的离散破碎化。GSI 的离散破碎化是指绿地景观布局由传统单一的、集中的、独立的景观中心转变为复杂的、分散的、连续的斑块相嵌网,以实现生态过程在公共空间的高效整体发挥,避免独立绿地格局衍生的生态风险。社区公共空间中 GSI 的离散破碎化程度可以根据破碎度、离散度、离散均衡值分析来界定。

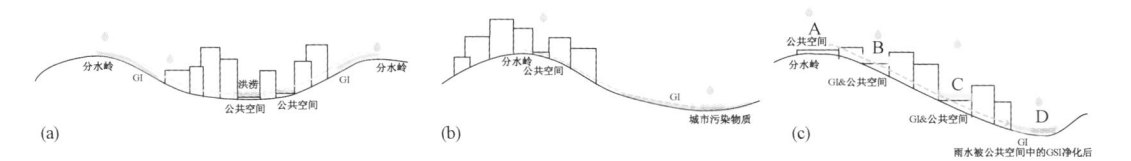

图 6-26 社区 GSI 依据序列化原则布局示意

图片来源:笔者自绘

2. 社区 GSI 离散破碎度研究

(1) 破碎度

GSI 破碎度分析是指研究区域内 GSI 的分布聚散程度,由斑块数量(NP)、斑块密度(PD)、平均斑块面积($AREA\_MN$)组成。PD 表示研究区单位面积斑块数量,反映研究区斑块密集程度,单位为个/ha,公式为:

$$PD = \frac{n_i}{A} \qquad (公式 6.3)$$

式中 A 为研究区总面积,单位为 ha,n_i 为研究区 i 类 GSI 斑块总数。

$AREA\_MN$ 反映了斑块间的密集程度以及景观异质性等特征,与破碎度成反比关系,单位为公顷(ha),公式为:

$$AREA\_MN = \frac{A_i}{n_i} = \frac{\sum_{i=1}^{n} a_i}{n_i}\left(\frac{1}{10\ 000}\right) \qquad (公式 6.4)$$

式中 A_i 表示 i 类 GSI 斑块总面积,a_i 为每个 i 类型 GSI 斑块的面积,除以 10 000 表示转化为公顷(ha)。

研究表明,GSI 斑块数量越多,破碎度越高;GSI 斑块密度越大,破碎度越高;GSI 平均斑块面积越小,破碎度越高。因为斑块少,斑块密度小则斑块之间的孔隙度小,斑块分布相对集中,说明社区内绿地的分布相对不透水面更加集中。反之,斑块化整为零后,每处小斑块面积小但数量多、密度高,能有效打破不透水面之间的连通性,减缓城市排水压力。在图 6-27 中,(a)与(b)斑块面积相同,(a)平均斑块面积是(b)的 4 倍,但(b)斑块数量与斑块密度均是(a)的 4 倍,说明(b)破碎度高于(a),更易分散解决积水问题。因此在相同绿地面积指标下,应将整体绿地依据地形适当分散布局,减少不透水地面集中分布的格局。

(2) 离散度

GSI 离散度分析用于研究社区内斑块的离散聚集程度,用离散程度平均值(ENN_MN)表示,为社区景观中每一个斑块与其邻体最近距离总和除以具有邻体的斑块的总数,单位为 m,数值越大则相邻斑块间的距离越远。

$$ENN\_MN = \frac{D_i}{n} = \frac{\sum_{i=1}^{n}\sum_{j=1}^{n-1} d_{ij}}{n} \qquad (公式 6.5)$$

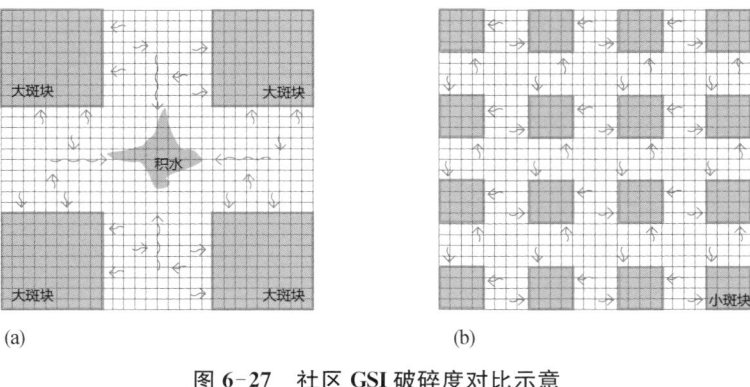

(a)　　　　　　　　　　　(b)

图 6-27　社区 GSI 破碎度对比示意

图片来源:笔者自绘

式中 d_{ij} 为斑块 i 距离其他斑块 j 边缘到边缘的最近距离,D_i 为社区每一个 i 类型 GSI 斑块与其他斑块最近距离总和之和。n 为社区斑块总量。计算 d_{ij} 距离时应取雨水在公共空间中流经的实际距离,而非两处斑块的直线距离。例如在图 6-28 中,图(a)与图(b)破碎度各数值相同,但两处社区离散值不同,(b)比(a)离散值更高,因此(b)在中间部位更易积水。因此,在斑块数量与斑块总面积一定的社区空间格局中,斑块离散应控制在一定数值范围内,不宜过高与过低。如果每处 GSI 斑块只能处理距其边缘最短距离为 X 之内的区域,则在方格网肌理社区中,GSI 周边雨水处理能力图形应为边长 $\sqrt{2}X$ 的正八边形,GSI 斑块应规则矩阵分布。

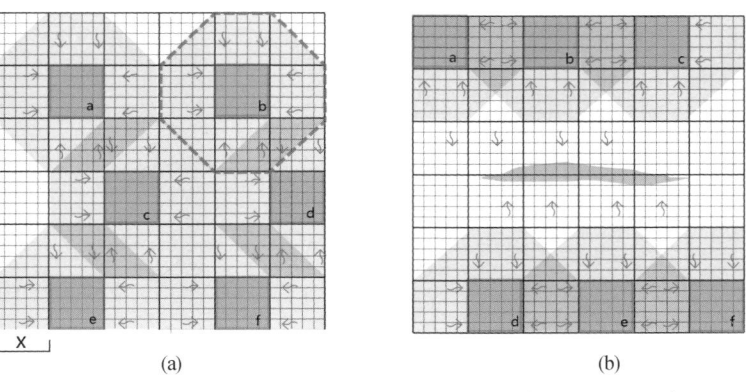

(a)　　　　　　　　　　　(b)

图 6-28　基于公共空间网络肌理的社区 GSI 离散度对比示意

图片来源:笔者自绘

（3）离散均衡值

当社区斑块破碎度与离散度相同时,斑块分布不均亦可能造成社区局部积水,如图 6-29 中(a)与(b)社区所示,两者离散值均为 $16X$,但社区(b)更易在中间部位积水,这就需要计算两者的离散均匀值。本节用"图形定位法"来计算与比较相同面积社区 GSI 斑块的离散均匀度①。

首先将社区内所有斑块"位点"化,当斑块为复杂或规矩平面时找其中心点作为"位点"。

① 高祥伟,张志国,费鲜芸.城市公园绿地空间分布均匀度网格评价模型[J].南京林业大学学报(自然科学版),2013,37(6):96-100.李锋,王如松,等.城市绿色空间服务功效评价与生态规划[M].北京:气象出版社,2006:202.

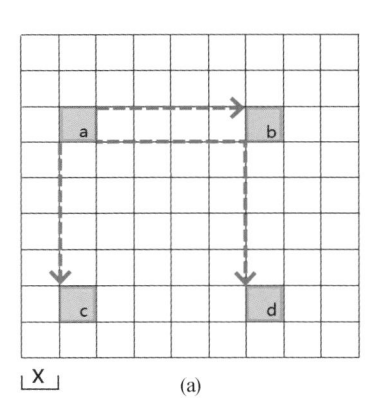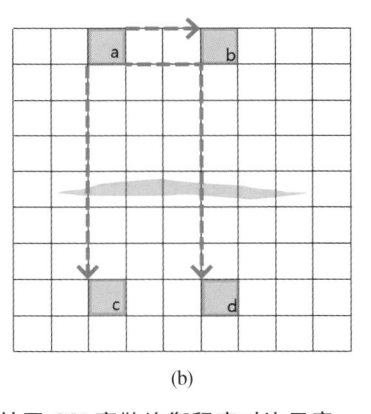

图 6-29　基于公共空间网络肌理的社区 GSI 离散均衡程度对比示意

图片来源:笔者自绘

其次,根据街区肌理绘制"单位网",例如在方格网社区中应绘制"方格单位网","单位网"起到衡量该社区"均衡标尺"的作用,其最小单位尺度最大为社区所有"位点"中距离最近两点的直角三角形最短边,如图 6-30 所示。方格网最小单位值越小,离散均衡值越精细。再次,找出社区地图上所有"单位网交点"也就是"单位点"到所有最近"位点"的"实际最大距离"(不一定为直线距离)与"实际最小距离"。两处距离是用来描述现实点与理想均衡点的差异程度。最后"实际最大距离"与"实际最小距离"的比值即为离散均衡值。因为方格网最小单位最大值的界定,"实际最小距离"至少在一个单位及以上且不能为 0,且该值只用于社区面积相同且内部"位点"至少为 2 个及 2 个以上的社区之间斑块均衡度的相互比较。离散均衡值用 E 表示:

$$E = \frac{d_{\max}}{d_{\min}} \qquad (公式 6.6)$$

因此,离散均衡值至少为 1,且数值越小说明社区内位点分布越均匀,位点完全均匀分布的社区的离散均衡值为 1。在图 6-30 中,实际最大距离为 y 点—s18,即 11,实际最小距离为 x 点—d6,即 1,所以离散均衡值为 11。

社区内的 GSI 在公共空间中的分布往往是形态复杂、尺度多变的,在计算与比较社区 GSI 离散均衡值时,可以选择尺度类似的点线面状 GSI 进行简化来寻找位点。例如在图 6-31 中,可以依据社区肌理确定"方格单位网",将面型与线型 GSI 切割成单位方格网内的 GSI,方格网内所有 GSI 的中心点作为计算所需位点进行 E 值计算。

3. 社区 GSI 斑块规模研究

(1) 社区渗透型 GSI 总面积规模

渗透型 GSI(以点型 GSI 为主)一般分为两种:一种是绿色屋顶、可渗路面、透水铺装等以雨水下渗为主,基本没有蓄水能力,可通过参与综合雨量径流系数计算的方式确定其规模;另一种是雨水花园、滞留池、渗水沟等可蓄水渗透设施,其面积规模由雨水服务区域内地表径流量与地区降雨量等决定。

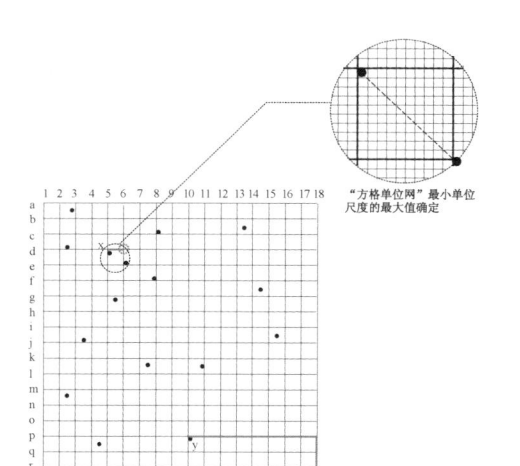

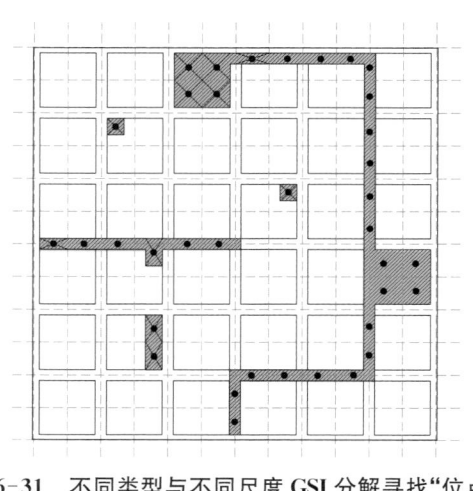

图 6-30　"图形定位法"计算离散均衡值示意　　图 6-31　不同类型与不同尺度 GSI 分解寻找"位点"

图片来源：笔者自绘　　　　　　　　　　　　图片来源：笔者自绘

$$A_s = \frac{W_p}{t_s KJ} = \frac{S_草\ \psi_草\ T + S_沥\ \psi_沥\ T + S_土\ \psi_土\ T + S_砖\ \psi_砖\ T + \cdots}{t_s KJ} \qquad (公式\ 6.7)$$

式中 A_s 为社区渗透型 GSI 总面积（m²）；t_s 为渗透时间（s），指降雨过程中设施的渗透时间，一般可取 2 h；K 指社区规划的渗透型 GSI 的渗透系数（m/s），J 为土力坡降，一般 $J = 1$；W_p 为渗透量（m³），即不同社区内不同地表材质产生的径流总量；$S\psi T$ 为不同材质的径流量，S 为不同材质汇水面积，ψ 为径流系数（见文后表 F-10）；T 为当地 24 h 最大降雨量（也可根据场地面积或设计预算等客观原因选择 5 年一遇 24 h 最大降雨量，10 年一遇 24 h 最大降雨量等）[①]。公式为粗略计算法，且 GSI 总面积值为社区所有 GSI 之和的最大面积，GSI 分布越离散均衡，处理地块雨水的效率越高，有效 GSI 总面积越小。

（2）社区传输型 GSI 规模

传输型 GSI（以线型 GSI 为主）主要指植草沟、过滤带、旱溪等雨水滞留传输设施，其设计目标通常为排除一定设计重现期下的雨水流量。线型 GSI 雨水流量公式为：

$$Q = (S_草\ \psi_草 + S_沥\ \psi_沥 + S_土\ \psi_土 + S_砖\ \psi_砖 + \cdots)q \qquad (公式\ 6.8)$$

式中 Q 为该社区雨水设计流量（L/s），q 为设计暴雨强度（L/s·ha）。一般社区划分为小尺度街区与场地分别进行流量计算，在每条流线系统内区取街区或场地雨水设计流量最大值确定线型传输型 GSI 体积规模。

（3）社区调蓄型 GSI 规模

调蓄型 GSI（以面型 GSI 为主）主要指雨水处理流线的最后一站，即雨水塘、蓄水池、雨水湿地等以雨水储蓄为主要功能的雨水设施，其容积计算公式为：

$$V = 10H\psi F \qquad (公式\ 6.9)$$

式中 V 为设计调蓄容积，F 为调蓄区域内汇水总面积（ha），ψ 为综合雨量径流系数，可

① 牛童. 基于海绵城市背景下的雨水花园规划设计探究[D]. 青岛：青岛理工大学，2016：51-52.

以根据文后表 F-10 进行加权平均计算，H 为设计降雨量[①]。

社区 GSI 的雨水处理能力除了与 GSI 面积有关外，还与当地降雨水文、场地坡度、土壤性质、洼系数（粗糙系数）等密切相关。因此在社区基于公共空间的 GSI 网络化规划中，除了 GSI 依据计算面积均衡离散布局外，还要综合考虑社区公共空间地形条件、景观需求、用地属性、水文气候及径流过程，并与已有绿色资源相结合。

4. 基于社区公共空间肌理的 GSI 网络化规划要点

社区 GSI 在公共空间中的网络化布局不仅仅是依据雨水处理需求容量的散点分布，而是不同层次的雨水节点相互作用，结合雨水集中处理战略点与公共活动空间序列形成有序且立体的社区雨水景观处理系统。以美国西雅图高点社区（High Point）为例，GSI 网络化规划要点有：①依据年降雨量的多少与社区灰色基础设施雨水处理性能调研情况确定 GSI 总面积以及适宜类型；②连接城市级 GSI 系统，使相邻社区的 GSI 产生网络整体效应，并考虑 GSI 的雨水溢流路径，在遭遇超标准降雨时，超标径流可通过溢流路径排入城市尺度雨洪基础设施；③顺应社区开放空间肌理规划 GSI，便于 GSI 与公共空间结合与管理；④年降雨量较高、地形高差起伏较大、绿地资源有限的区域可以依据地势层层处理雨水，形成广场—公园—湿地的序列结构；⑤社区落差较大的低洼地带与常年降雨集聚区域重点改造为调蓄雨水的敏感 GSI；⑥社区落差较大的斜坡设置带状 GSI，且植被选用深根系乔灌木，防止水土流失；⑦滨水公共空间的 GSI 作为雨水排入河道的最后一道滞留过滤设施，应重点考虑；⑧部分街道采用波浪线设计，减缓社区车速，并在街道旁留出足够公共空间规划 GSI；⑨在社区主要公共空间节点与轴线上规划具有教育意义的艺术化雨水处理设施；⑩公共活力弱的公共空间优先改造，将 GSI 与公共活动空间、景观空间相结合；⑪将雨水引入社区农场；⑫GSI 规划与城市地下雨水排水设施规划结合；⑬保留原有开放空间的重要绿色资源，并限制湿地及其他水体及周围缓冲区域的开发，限制在 100 年一遇的洪水风险区以内进行开发；⑭社区内大面积开放停车区域必须分散设置渗水排水设施；⑮不透水硬地与透水区依据需求面积错落布局，互相交织，对雨水源头进行管理，净公共空间需求度高的广场与场地可以采用透水铺装；⑯对社区高生态敏感区域外围规划滞留沟，避免城市顺流的污染雨水造成破坏；⑰树冠层作为减缓雨水径流的重要资源，应分散布局；⑱场地空间—街区共享空间—社区公园的序列空间结构可以作为雨水花园—街区滞留设施—雨水公园的雨水处理结构[②]。（图 6-32）

6.3.3 结合 GSI 雨水处理功能的社区公共空间更新规划方法——以南京新街口街道为例

南京新街口街道绿化率北高南低，有丰富的 GSI 与公共空间资源，却常常出现洪涝现象，例如东南大学西区东门入口广场以及东区体育馆路在雨季经常发生积雨，严重影响师生出行，因此该区域适宜作为试点研究区域。研究区域内除东南大学为较大的绿地斑块外，基本没有大尺度的集中绿地，呈现点渗模式的 GSI 结构与散点式公共空间结构结合发展的趋向。

① 彭乐乐. 海绵城市目标下的公园绿地规划设计研究——以福州市为例[D]. 福州：福建农林大学，2016：36-39.
② 王佳，王思思，车伍. 从 LEED-ND 绿色社区评估体系谈低影响开发在场地规划设计中的应用[C]. 国际绿色建筑与建筑节能大会，2013.

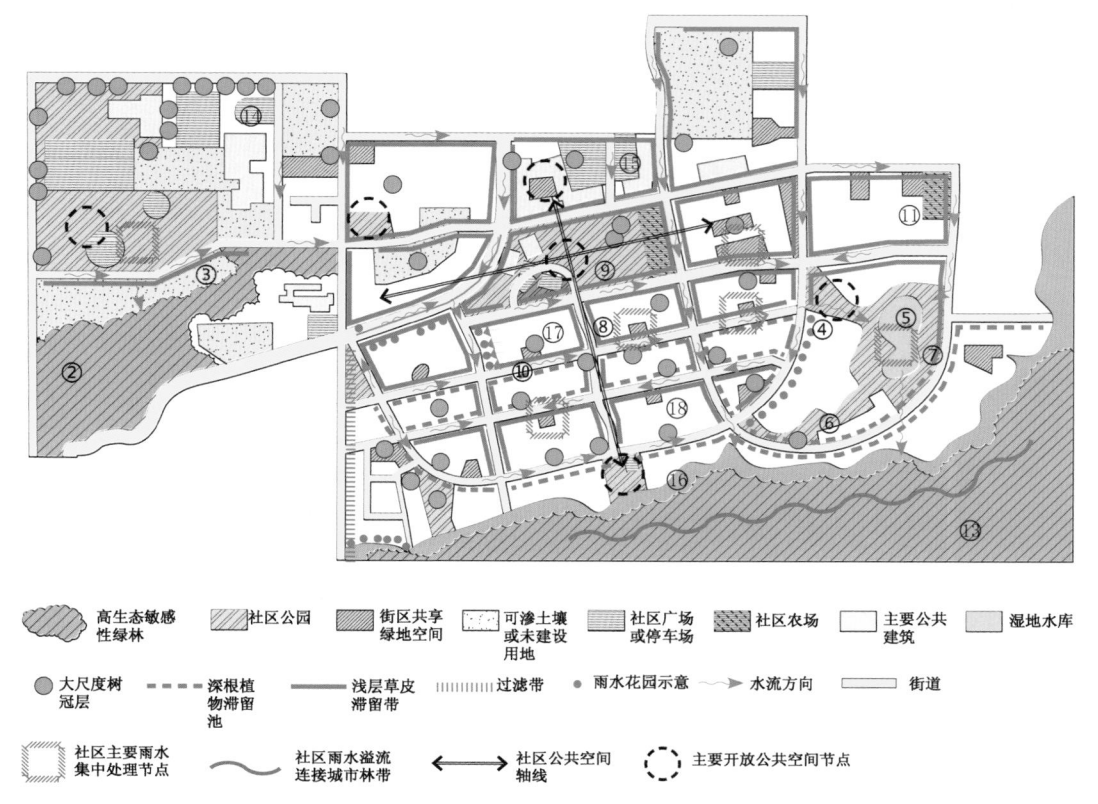

图 6-32　基于社区公共空间肌理的 GSI 网络化规划分析图——以高点社区为例

图片来源：笔者自绘

1. 规划目标

（1）减缓雨水汇集，防止城市洪涝

由于城市硬质表面增多而造成的地表径流变化极大增加了城市的排水压力，具有调蓄雨水、分流滞洪等功能的水塘洼地、湖泊水体等自然系统组成部分在城市建设过程中被占用和毁坏造成了自然水系缩减与调蓄量的降低，再加上现有雨水管网设计标准偏低，导致城市在暴雨时内涝的频发。结合 GSI 的社区规划分析出不同地带的洪涝发生频率，在高频发生地带以迅速下渗和留滞为主；在中频发生地带 GSI 根据区域内的重要汇水点布局，把控住区内的主要汇水源；在低频发生地带引导径流和雨水下渗，补充城市的水资源。

（2）过滤雨水资源，减轻河道污染

雨水径流在流经城市的过程中携带了大量固体杂质、化学废物、生物有机废物和生物细菌等。美国环境保护署（EPA）研究表明，约 70％的湖泊与河流的污染是由携带污染物的雨水径流流入导致的。结合雨洪管理的公共空间规划依据"源头—过程—终端"对雨水径流分析，并对径流中污染物的移动和扩散过程进行系统的详细分析，从而得出控制的关键点的地理位置和空间联系，最终形成基于开放空间肌理的由点状源头收集雨水的点型 GSI，到线型过程引导和净化的线型 GSI，最后汇入面状湿地或池塘的"点—线—面"绿色雨水净化网络体系。

（3）滋养社区绿化，循环景观用水

雨水资源化利用包括就地下渗以补给地下水与回收利用两方面。在对社区公共空间的 GSI 规划时，对雨水资源的实际需求量以及场地的雨水下渗适宜性与雨水径流的过程等进行模拟和综合分析，从而得出雨水利用的重点战略区域，可以改造重点区域为收集和储存雨水的湿地或坑塘，并结合场地内的景观水体包括湿地、坑塘等自然雨水储存设施以及水广场、雨水瀑布景观等人工蓄水设施，形成大面积的雨洪资源调蓄区域与水景观空间结构，最大限度地达到城市雨水资源的合理利用[①]。

（4）实现教育意义，提升公共活力

结合 GSI 的公共空间规划最终目标是提升社区公共活力。通过对社区雨水功能性景观空间的规划与设计，可以激发居民与景观空间的互动性与参与性。例如可以在下游雨水集中处设计瀑布景观公园以供居民嬉戏、观赏，并起到基于生态过程的教育作用，普及居民对雨水过程的知识及增加居民与雨水景观互动的兴趣；也可以将雨水引入雨水花园与社区农场，并制定相关的奖励措施与规定，引导居民参与到雨水利用过程中；最终，城市自然水域的修复与净化可以恢复原有的水生物生境系统，并进一步提升公共活力[②]。

2. 规划原则

（1）尺度性

基于 GSI 功能的公共空间规划按不同空间尺度可划分为 3 个层面：宏观尺度基于城市所处流域水文过程与水文效应，形成以自然水生态格局为主的城市空间骨架规划；中观尺度结合滨水空间、公共绿地、河道与坑塘等公共空间与自然水系，形成以模拟自然径流通道为主的社区雨洪空间；微观尺度下研究城市公园、水广场、道路、场地等地块的雨水系统建设，以模拟自然入渗、蒸发、净化的源头雨洪空间设计[③]。社区级基于雨洪管理的公共空间规划应在宏观调控控制之内，并进一步指导微观 GSI 公共空间景观设计[④]。

（2）生态资源保留

GSI 规划是一个模拟自然的过程，其中的一切规划设计都以顺应自然系统中水循环过程为准。而开发前的场地最能体现与处理自然过程的演化与流程。在社区公共空间规划过程中，尽量保护生态敏感性高的林地与水域，避免对自然排水路径的干扰，并依据社区场地自然特性与自然过程进行设计，尽量减少不透水面，打破连续的不透水面，减少对原有自然生态环境的改变。

（3）因地制宜性

地域性是城市在一定自然环境中形成的特征，不同的城市、社区、场地都有其自身的特点。社区公共空间规划应在充分调研基础资料的前提下，根据社区地形条件、水文特征、绿

---

① 宋珊珊. 基于低影响开发的场地规划与雨水花园设计研究[D]. 北京：北京林业大学，2015：18.

② 张青萍，李晓策，陈逸帆，等. 海绵城市背景下的城市雨洪景观安全格局研究[J]. 现代城市研究，2016(7)：6-11，28.

③ 刘丽君，王思思，张质明，等. 多尺度城市绿色雨水基础设施的规划实现途径探析[J]. 风景园林，2017(1)：123-128.

④ 城市尺度的 GSI 规划是整体框架的规划，各元素之间应充分体现自然水文循环的原理，还要考虑与下一级系统的连接。社区尺度 GSI 规划是连接雨水收集设施和城市尺度设施的纽带，强调人工修建的社区 GSI 对雨水渗、蓄、滞、排等功能的综合。社区尺度雨洪设施的设计标准应低于城市尺度的设计标准，一般为 10～25 年。场地尺度 GSI 重点研究 GSI 结合城市开放空间的具体设计，场地尺度 GSI 的目的是将雨水控制在源头，源头设施通常可控 2～25 年一遇的降雨。由于源头设施的设计标准偏低，溢流路径是设计中的主要考虑因素。王虹，李昌志，章卫军，等. 城市雨洪基础设施先行的规划框架之探析[J]. 国际城市规划，2015，30(6)：72-77.

地资源等统筹规划。例如城市中常年积水处的公共空间,转变其用地属性,建立低势绿地,形成雨水公园;在社区陡坡路面规划层层雨水滞留设施;植物搭配宜选择乡土适生品种,考虑景观的可持续性等等。

（4）系统整合

在 GSI 与公共空间结合规划过程中,应对水体、建筑、道路和绿地统筹考虑,在绿地资源较好的区域尽量形成雨污分流,而在建筑密度较高且公共空间有限的区域将 GSI 离散破碎化,使雨水能够顺利地通过多种 LID 渠道实现就地下渗、雨污合流排放和蓄存利用(图 6-33)。通过雨水流线与公共空间流线的规划,提升结合公共空间肌理的雨水设施处理效率与公共空间使用效率,并在公共空间形成雨水景观。最终充分利用城市公共空间,利用各种技术手段将城市绿地与地表水体、市政管网连通成一个有机整体①。

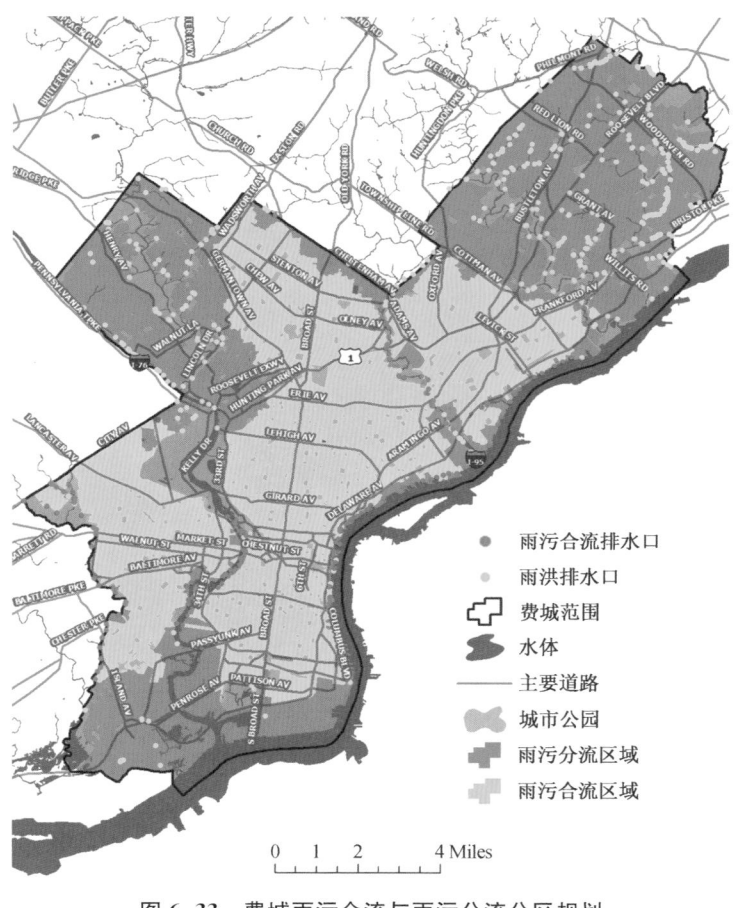

图 6-33 费城雨污合流与雨污分流分区规划

图片来源:笔者改绘 http://www.phillywatersheds.org/maps/

（5）绿地网络分散化

GSI 最主要的功能为就地下渗,减少地表径流,补充地下水,使整个城市像"海绵"一

---

① 王景.基于低影响开发(LID)理念的城市公园规划设计研究[D].成都:四川农业大学,2015:24.

样吸水、蓄水。而 GSI 规划的原则之一便为实现社区点线面形式 GSI 均衡分散布局,场地上每一单位的雨水设施有容量处理附近的地表径流。在社区公共空间规划中,GSI 结合公共需求与雨水处理功能合理布局,形成分散的、均衡的、尺度适宜的、弹性的、冗余的绿色雨水网络。

3. 规划方法

根据新街口街道公共空间布局特征以及规划目标与规划原则,雨洪管理意义优先下社区公共空间规划遵循以下技术路线:制定基于 GI 雨水管理功能优先的社区公共空间规划目标,通过对雨水径流、滞留洼地、现有绿色资源及公共空间可利用性分析,找出公共空间中有潜力增设与转变为 GSI 的公共节点与街道,与现有绿地网络结合形成社区 GSI 网络,并形成公共序列结构与雨水处理结构并存的社区公共空间规划。

首先,利用 GIS 与 RS 技术截取新街口街道的景观类型分布图,根据研究区特点和研究内容,选取景观指标。并利用景观空间格局分析软件 Fragstats 4.2 进行计算[①](表 6-10)。通过分析发现,该区域绿地只占景观总面积 22.4911%,非透水面和道路两类人工建设工程占景观总面积的 76.7018%,表明绿化率适中;绿地斑块数量与斑块密度较道路与非透水面高,表明绿地斑块破碎度较高;绿地离散值为 12.9779,较为离散。然而具备如此散布与破碎绿地布局的社区依然存在暴雨内涝灾害,说明 GSI 规划结构性的不合理和各类 GSI 雨洪管理功能的未实现是主要致灾因素。

表 6-10 研究区域景观类型指标

景观指数名称		总值	景观类别			
			水面	绿地	道路	非透水面
斑块类型面积(TA/CA)(ha)		213.117 5	1.720 0	47.932 5	32.675 0	130.790 0
斑块类别占总面积比值(PLAND)(%)		100	0.807 1	22.491 1	15.331 9	61.369 9
破碎度	斑块数量(NP)	1 117	12	705	233	167
	斑块面积均值(AREA_MN)(ha)	0.200 6	0.143 3	0.068 0	0.140 2	0.783 2
	斑块密度(PD)(个/100 ha)	524.124 0	5.630 7	330.803 4	109.329 4	78.360 5
离散值(EMN_MN)(m)		12.754 5	15.687 4	12.977 9	11.962 8	12.704 9

资料来源:笔者自绘

其次,利用 GIS 软件提取研究区域及周边场地的 GSI,包括毗邻的大型绿地、连接的绿色廊道及水体,并分为面型 GSI、线型 GSI、点型 GSI 3 类,绘制"GSI 要素分析图"(图 6-34)。基于"GSI 要素分析图",通过 ERDAS 和 GIS 软件的分析计算研究区域中 GSI 的离散值、GSI 的聚集度(LISA)以及 GSI 单元格最近距离(图 6-35),发现研究区域内四牌楼以北地块的 GSI 较为聚集,电视台与邮政大厦所在地块、珠江路地铁大厦与珠江路一号所在地块、德基广场所在地块、石婆婆庵和小纱帽巷小区所在地块的 GSI 分布较为离散与稀疏。因此,研究区域内绿地的破碎值与离散度较高,却存在着离散不均衡分布的倾向。

① 刘冬冬.武汉市东湖片区绿色雨水基础设施优化策略研究[D].武汉:华中农业大学,2014:45.

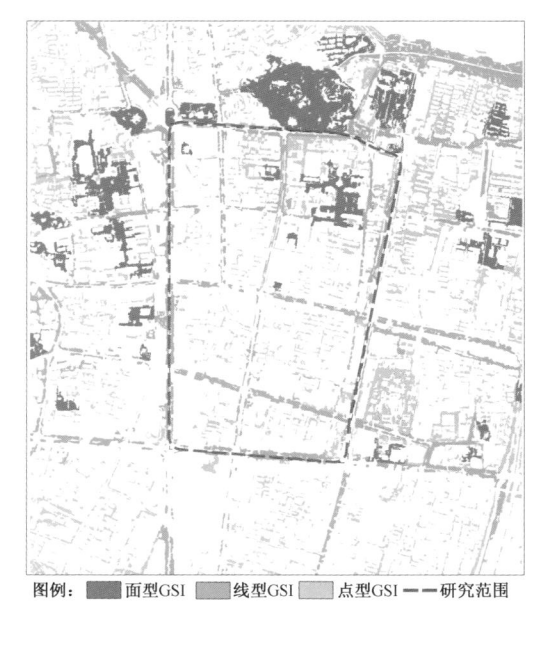

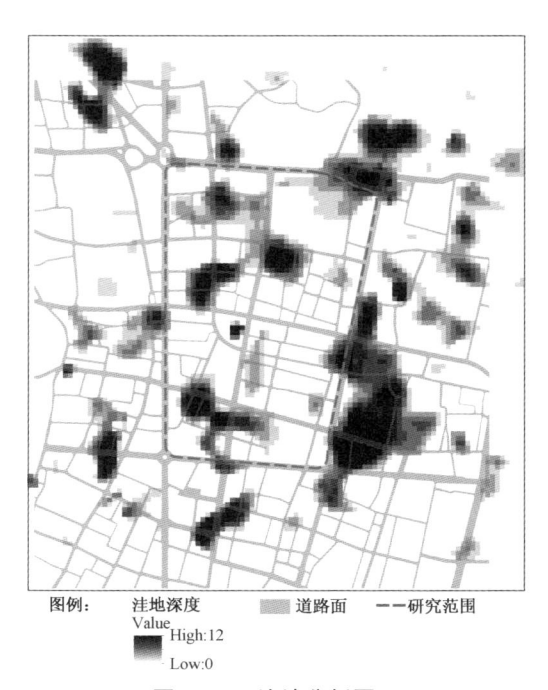

图例： ▉面型GSI ▉线型GSI ▉点型GSI ━━研究范围

图例： 洼地深度 ▨道路面 ━━研究范围
Value
■High:12
□Low:0

图 6-34　GSI 要素分析图
图片来源：笔者自绘

图 6-36　洼地分析图
图片来源：笔者自绘

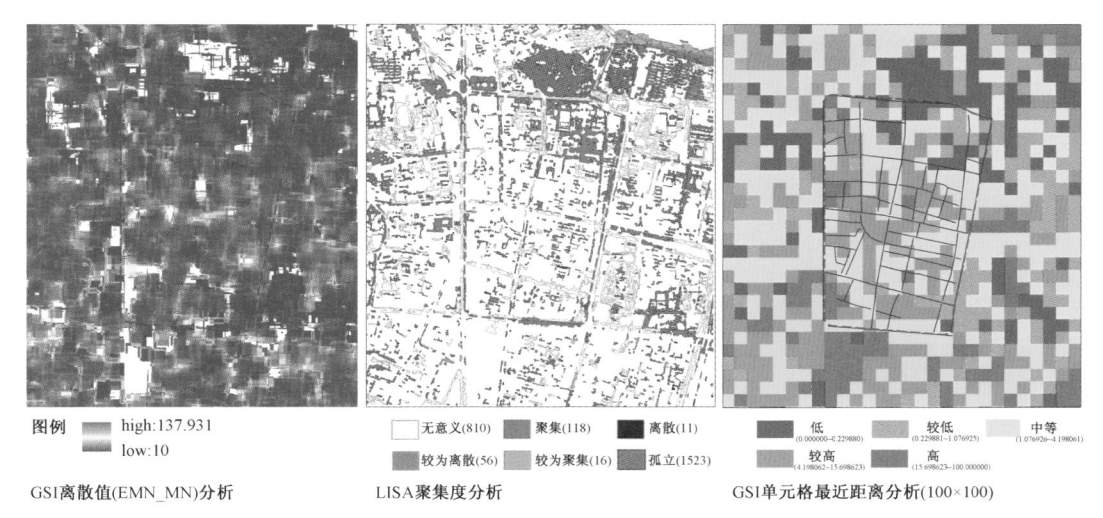

图例： ▓high:137.931
　　　□low:10

GSI离散值(EMN_MN)分析

□无意义(810)　▨聚集(118)　■离散(11)
▨较为离散(56)　▨较为聚集(16)　▨孤立(1523)

LISA聚集度分析

▉低
(0 000000~0 229880)
▉较高
(4 198062~15 698623)
▨较低
(0 229881~1 076925)
▨高
(15 698623~100 000000)
□中等
(1 076926~4 198061)

GSI单元格最近距离分析(100×100)

图 6-35　GSI 的聚集离散相关分析图
图片来源：笔者自绘

　　再次，根据已有 DEM 数据分析试点区域的滞水洼地分布，判别社区分水岭、滞水区①及径流流经路线。根据"洼地分析图"，区域内洼地相对较深处达到 12 m 左右，洼地较深的区域有石婆婆巷小区、四牌楼与进香河路交叉口东南地块、丹凤街两侧的同仁新寓与木马公寓地块、北门桥路小区、太平商务大厦附近地块、长江贸易大楼地块以及中国民生银行地块；而

――――――――――

　　①　滞水区广义上包括水塘、湿地、湖泊、河道、滞水洼地，本节主要解决公共空间中滞水洼地的积水问题。

次深的区域有东南大学五五楼附近地块、成贤街与沙塘园交叉口西北地块、东南大学交通学院北侧地块、中心大厦附近区域、香铺营小区、国立美术馆旧址北侧地块、忠林坊（图 6-36）。利用 ArcGIS 软件分析研究区域内的雨水径流，形成"流域分析图"（图 6-37）与"汇水线分析图"（图 6-38），图中可以看出场地横跨 4 处水域，两条汇水量大于 800 个地图单元的地表径流分别位于如意里小区与杨将军巷以及东南大学校园。将研究区域的"洼地分析图""汇水线分析图"以及"GSI 要素分析图"叠加，形成"基于 GSI 布局的洼地分析图"。通过分析，发现位于重要汇水线、处于较低地势且 GSI 分布较为离散的地块有苏粮国际大厦东侧地块、石婆婆巷小区、东南大学交通学院北侧地块、靠近北京东路的成贤街两侧地块、赛格数码广场附近、吉兆营与丹凤街交叉口附近地块、北门桥住宅小区、东南大学医院、德基广场东北侧地块、临近青石街的洪武北路两侧地块等 10 处区域（图 6-39）。通过雨天实地调研，发现洼地处积雨现象严重，影响出行，并对场地建筑与街道造成污染与破坏。

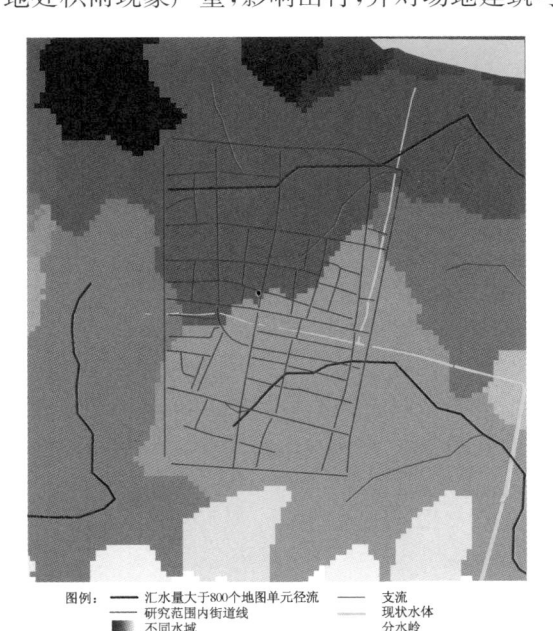

图 6-37　流域分析图

图片来源：笔者自绘

图 6-38　汇水线分析图

图片来源：笔者自绘

再次，基于规划目标找出试点社区所有开放公共空间，包含公园、广场、街道、建筑附属公共用地及滨水公共空间，绘制"社区公共空间地图"，并进行公共活力评价与分析，形成"公共空间要素公共活力分析图"（图 6-16）。

最后，将"公共空间要素公共活力分析图"与"基于 GSI 布局的洼地分析图"叠加，根据 GSI 网络化原则与布局模式，在叠加图公共空间的空白处（绿地密度较低）结合设置点型 GSI，在部分低洼公园绿地增设 GSI，在汇水点设置处理雨水能力较强的 GSI 战略点，在坡度起伏较大的街道规划线型滞留功能的 GSI，尽量在不破坏现有 GI 结构情况下连通现有 GI，形成社区 GSI 结构。最终形成"基于 GI 雨洪管理功能的公共空间规划图"（图 6-40）。

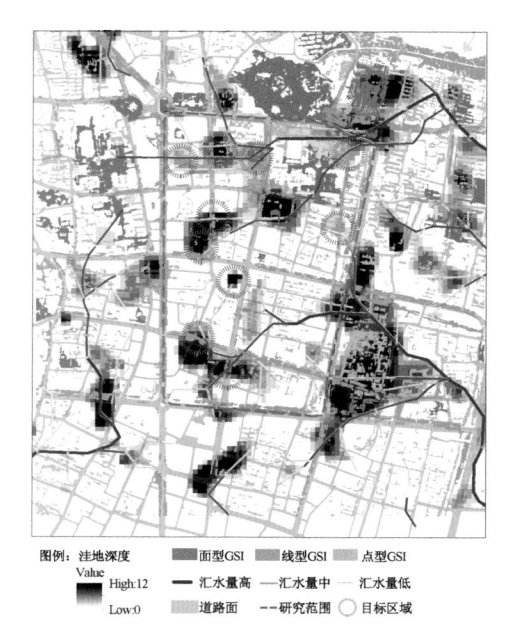

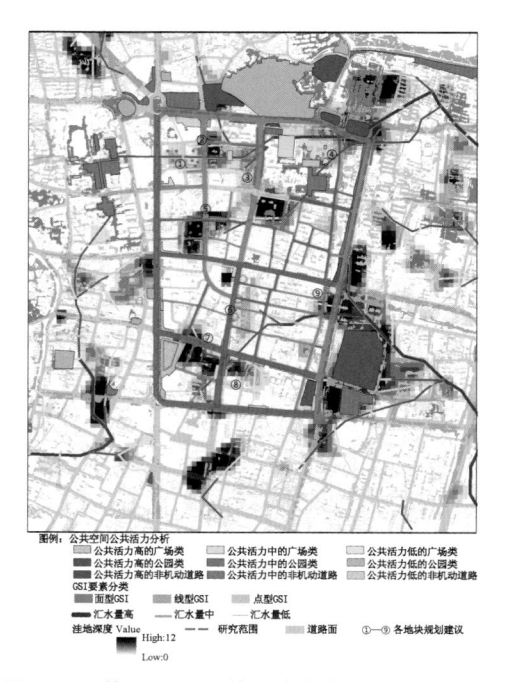

图 6-39　基于 GSI 布局的洼地分析图　　图 6-40　基于 GI 雨洪管理功能的公共空间规划图

图片来源:笔者自绘　　　　　　　　　　　图片来源:笔者自绘

　　依据"基于 GI 雨洪管理功能的公共空间规划图",从新街口街道的雨洪生态管理意义出发,对试点区域提出以下建议。①在苏粮国际大厦地块设置下沉树池以及其他点型 GSI,增加该区域内绿地的聚集度。②在石婆婆巷靠近丹凤街一侧规划下沉绿地,过滤及储蓄街道与周边场地雨水,防止内涝。③顺进香河路规划线型 GSI,滞留街道雨水,在东南大学西区东门入口处规划下沉绿地或雨水广场,以解决雨季积水问题。④将东南大学五五楼附近的公园与绿地改为下沉绿地;在积雨较深的硬质地面设计雨水广场;在临近北京东路的成贤街端部两侧规划滞留功能 GSI;根据雨洪情况与鸡鸣寺地铁地下布局情况将和平公园规划为滞留与过滤雨水的湿地公园,引导净化后的雨水排入太平北路沿线河道。⑤在吉兆营两侧规划滞留功能的 GSI;在越时空通信广场与赛格数码广场设计雨水收集设施,解决内涝的同时保持公共活力;在同仁新寓与同仁小学地块内规划点型 GSI。⑥洪武北路东侧地段的低活力口袋公园改为雨水花园。⑦在长江路两侧规划滞留功能 GSI 或下沉树池;将南京文化艺术中心广场设计为雨水广场或雨水公园,吸引人流;德基广场东侧地块与斯亚置地广场的停车场规划为雨水停车场。⑧民生银行附近的步行广场增设滞留与渗透功能的 GSI,在邓府巷附近的公共空间规划雨水花园与下沉绿地。⑨将太平北路与珠江路交叉路口西南方位的街角公园规划为雨水公园,引导净化后的雨水流入沿线河道,在太平北路形成"路面—雨水公园—过滤带—河道"的雨水处理结构。

　　除此之外,规划图应与现有公共空间规划、绿地规划、交通规划整合,调整"基于 GI 雨洪管理功能的公共空间规划图"的 GSI 要素与结构。例如步行观景路线与雨水处理过程的结合,公共空间结构与 GSI 布局结构的交合、GSI 与城市下沉绿地安全性规划以及城市雨水管网的结合等等。

6.4 基于 GI 多种社会功能影响的社区公共空间规划

社区 GI 与其他保护土地与自然资源的方法不同,其承认了人们对居住、工作、购物和享受自然所需场所的需求,同时兼顾了人类和自然的需求。因此除了保护生物多样性并避免生境的破碎化、维持与恢复社区生态过程避免集中化外,社区 GI 还有娱乐、运动、游览、休闲、审美、冥想、教育、生产、社会交流、避难等多种服务市民的功能。这种具有多种社会服务功能并能高效、公平、稳定地发挥各种作用的 GI 可称为"多功能性 GI",高效指方便服务于社区居民,公平指布局均衡且服务覆盖面完整,稳定指 GI 具有一定的自我生态修复弹性与抗干扰性。

多功能性 GI 与公共空间既有重合点又有区分处,多功能性 GI 更强调除了生态效益与经济效益外的社会功能效益,包含所有具有不同社会功能的 GI,并不从公共开放程度上定义。相较于公共空间的点线面,多功能性 GI 从形态与功能上分为节点型 GI、设施型 GI 和流线型 GI。节点型 GI 是 GI 结构中的主要节点,一般为不同等级的社区公园;设施型 GI 是对节点型 GI 主体服务功能的补充,有驻停、休闲、景观、交流等社会功能,一般结合不同功能属性用地形成小型公园与花园。流线型 GI 是连接不同 GI 的重要交通通廊,一般为与非机动车道结合的绿道(表 6-11)。多功能性 GI 影响的社区公共空间规划主要研究具有生态性与社会性双重功能的 GI 与公共空间的结合,也就是对"结合区"功能(用地性质)、布局(空间结构)、基于绿色交通系统下优化可达性的再规划。

表 6-11 不同类型的多功能性 GI 内容

满足居民社会功能需要的 GI	内容
节点型 GI	社区健身公园、生态农场、共享花园、社区室外教室、社区休闲公园、社区避难场地
流线型 GI	结合步道与自行车道规划的绿道,如滨林道与滨河道
设施型 GI	结合公交站点与其他公共服务设施(社区图书馆、社区医院、学校、幼儿园、商业街区)的绿地开放空间,作为节点型 GI 多种功能的补充

资料来源:笔者自绘

6.4.1 社区公共空间与多功能性 GI 结合

既属于公共空间又能提供多种功能的 GI 一般为"结合区",对两者的结合研究即是基于 GI 多种社会服务功能从要素、结构、肌理、绿色交通几方面对"结合区"的再探讨。

1. 社区公共空间与多功能性 GI 要素复合

多功能性 GI 要素包含社区内所有具有社会功能的生态设施空间,其与公共开放空间紧密贴合,主要分为 3 方面:功能复合、形态复合、类型复合。在社会功能方面,多功能性 GI 主要有休闲、游憩、避险、教育、生产、运动、交通、景观 8 大功能,其也是公园、非机动车道等公共空间的主要公共性功能[①]。在形态方面,多功能性 GI 分为节点型 GI、流线型 GI 和设

---

① 郭春华、李宏彬,肖冰,等. 城市绿地系统多功能协同布局模式研究[J]. 中国园林,2013,29(6):101-105.

施型 GI,与社区尺度的面型、线型、节点型公共空间基本复合。在类型方面,节点型 GI 是设施发挥社会功能作用的集中点,具有聚集、发散等结构作用,也是公共聚集节点;流线型 GI 是设施连接节点型 GI 的通道,具有流通、连接、景观缓冲等结构作用,也是公共通廊;设施型 GI 是社区内重要服务设施产生的主体公共功能所附带的社会功能,具有补余、扩散、网络等结构作用,是公共散点。除此之外,公共空间与多功能性 GI 在"城市—区域—社区"等级尺度上复合(表 6-12)。

表 6-12　不同等级公共空间与多功能性 GI 要素复合

GI 类型		节点型 GI (对应各级面型公共空间)					流线型 GI (对应各级线型公共空间)				设施型 GI(对应各级点型公共空间)	
主要社会功能		休闲	游憩	避险	教育	生产	游憩	休闲	运动	交通	景观	休闲
对应 GI 与公共空间	城市	城市级公园、动植物园、专类公园	城市湿地公园、名胜景区、观光农园	中心防灾公园	城市自然教育中心	城市生产性公园、观光农园	城市景观游憩线路、景观轴线、河流廊道、城市绿道	城市滨河非机动车道、景观大道、城市绿道	城市专用非机动车道	城市混合车道交系统	城市公共设施中心景观绿地	城市公共设施中心配套公园
	区域	区域级公园、中小型广场绿地	社区级综合公园	一般防灾公园	户外教育基地	区域生产性公园与花园	景观次轴线、河流廊道	景观次轴线、河流廊道、线型公园	区级专用非机动车道	区级混合车道交通系统	大型公共建筑附属景观绿地	大型建筑的附属的公共性公园
	社区	社区级公园	生态社区景观	紧急避险、临时避险绿地	社区户外教室	社区农场、社区花园、社区采摘林	社区绿道、社区景观轴线	绿色街道、公共绿色连接系统、社区线型公园	慢跑步道、自行车道、社区专用非机动车道	社区混合街道	社区广场景观绿地、街旁绿地、屋顶花园与垂直绿化	转角公园、建筑附属的公共性公园与休息场地

注:表中除去生产功能的非公共 GI、屋顶花园、垂直绿化及建筑非公共附属绿地空间之外,所有 GI 要素均与公共空间要素关联。

资料来源:笔者自绘

2. 社区公共空间与多功能性 GI 结构结合

多功能性 GI 结构依托部分社区公共空间结构,与公共空间结构紧密结合,相互吸引、融合、互补。多功能性 GI 结构一般有以下几种:①中心型;②分散型;③中心分散型;④轴线型;⑤廊道型;⑥资源利用型;⑦设施型(图 6-41)。中心型 GI 结构有明显的中心位置的节点型 GI,资源集中性与社区识别性强但服务范围有限,常出现在轴块式与放射式公共空间结构中。分散型 GI 结构中节点型 GI 资源分布均匀,公平性与可达性更高,可与轴块式与散点式公共空间结构复合。中心分散型 GI 结构是中心型 GI 结构与分散型 GI 结构的结合,GI 分级明显,并有一定的向心性与分散性,弥补了上述两种 GI 结构的不足。轴线型 GI 结构中轴线序列明显,节点型 GI 依序在轴线上布局,理想服务范围也依循 GI 结构呈现轴线状,适合轴块式与放射式公共空间结构类型。廊道型 GI 结构中有明显的流线型 GI 廊道,与节点型 GI 结合并呈现网络结构,公共空间景观序列完整且连通性强,适合各种公共空间结构类型。呈现资源利用型 GI 结构的社区一般邻近大尺度自然资源或城市尺度大型 GI,多功能性 GI 与公共空间一般借用自然资源形成景观空间序列,如美国芝加哥千禧公园周边社区。部分高密度城市中心社区由于地块布局紧凑,基本不设节点型 GI,公共活动与景观绿地分布在建筑附属的设施型 GI 内,GI 结构呈现点网状,称为设施型 GI 结构。设施型 GI 结构可与散点式、棋盘式公共空间结构复合。

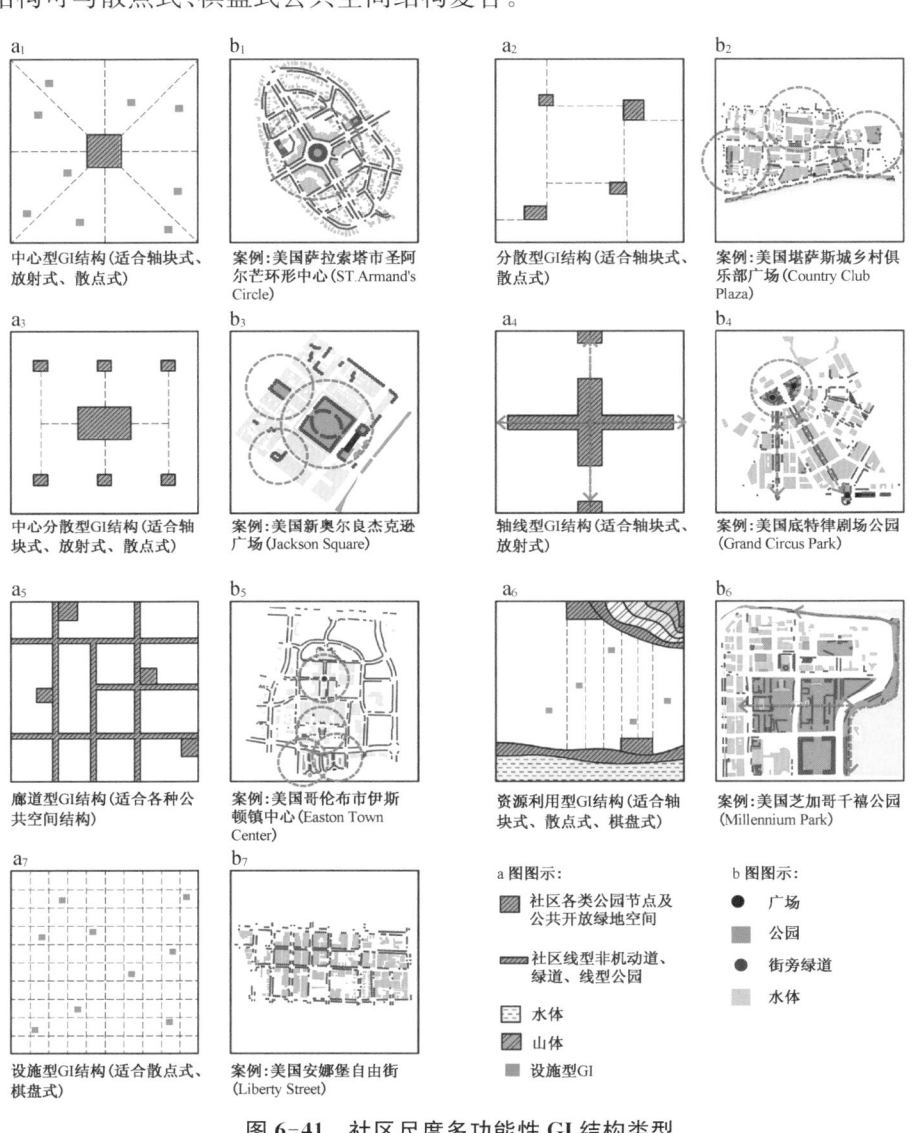

图 6-41 社区尺度多功能性 GI 结构类型

图片来源:笔者自绘

3. 社区绿色交通系统与多功能性 GI 关联研究

社区多功能性 GI 不仅与公共空间要素、结构紧密结合,且与公共空间肌理及公共绿色交通系统关联。节点型 GI、流线型 GI、设施型 GI 一般在公共空间肌理上呈现块、线、点形态均匀分布,而公共活力高、非机动车道完整的区域一般也与节点型 GI、流线型 GI 完善的街区叠合,公共服务设施与公交站点密集的轴线与设施型 GI 集中区域复合。

以美国西雅图中心社区为例,社区呈现分散型 GI 结构与散点式公共空间结构相结合的方格网街道肌理布局。社区节点型 GI 主要有 3 处:自由大道公园(Freeway Park)、市府公园(City Hall Park)、维克多·施泰因布卢克公园(Victor Steinbrueck Park),节点型 GI 尺度一般有半个街区单元到 4 个街区单元,而设施型 GI 小于半个街区。社区中设施型 GI、节点型 GI、广场类硬地空间节点依据公共空间肌理基本均匀分散布局(图 6-42)。在对社区内不同密度的树冠层形成的绿道网及公共街道步行活力进行研究后,发现步行活力较高的区域位于树冠层密度高且树木繁盛成熟的街道,且位于 3 处节点型 GI 附近,而步行活力较低的区域也恰邻近节点型 GI(图 6-43)。社区自行车交通系统基本分布在设施型 GI 与树冠层浓密的主干道与景观条件得天独厚的滨河大道上(图 6-44)。社区公共交通站点与社会服务设施基本分布在第二大道、第三大道、第四大道附近,与设施型 GI 密集区域重合[1](图 6-45)。

4. 基于公共空间的多功能性 GI 规划关键点——满足社区 GI 可达性

公共空间的 GI 高效且公平地发挥多种社会服务功能的实现离不开对 GI 可达性的研究。社区 GI 可达性指从社区平面空间中任意一点到该 GI(源)的相对难易程度,其也是评价社区内社会服务性绿地建设水平的重要指标之一[2]。在不考虑社区内功能分区、人口分布、地形、

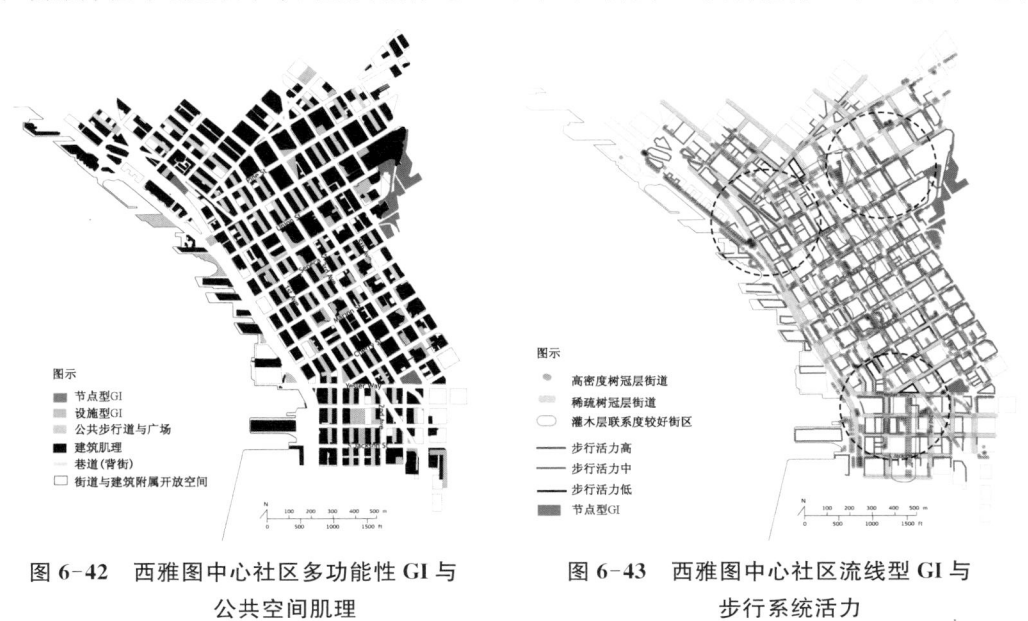

图 6-42　西雅图中心社区多功能性 GI 与
公共空间肌理

图 6-43　西雅图中心社区流线型 GI 与
步行系统活力

图片来源:参考 Downtown Seattle 2009-Public Space and Public Life[R/OL]. GEHL,2009. https://www.seattle. gov/dpd/cs/groups/pan/@ pan/documents/web_informational/s048430. pdf

---

①　Downtown Seattle 2009-Public Space and Public Life[R/OL]. GEHL,2009. https://www.seattle.gov/dpd/cs/groups/pan/@ pan/documents/web_informational/s048430. pdf

②　陈书谦. 基于网络分析法的公园绿地可达性研究——以深圳市南山区为例[D]. 哈尔滨:哈尔滨工业大学,2013:16-17.

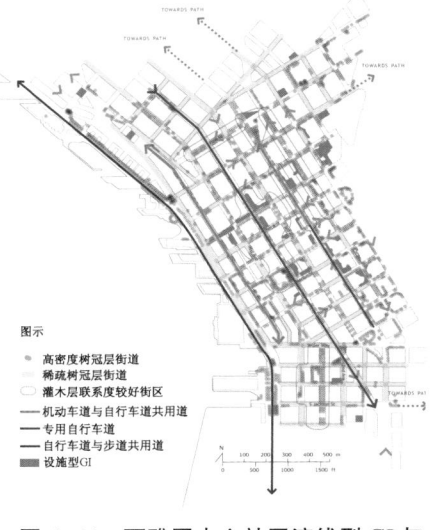

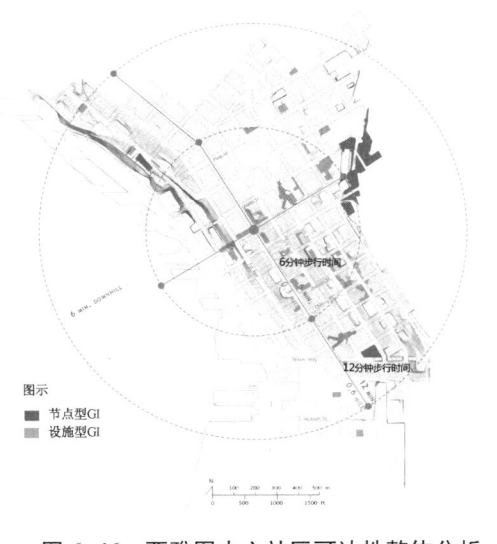

图 6-44　西雅图中心社区流线型 GI 与
自行车交通系统

图 6-46　西雅图中心社区可达性整体分析

图片来源：参考 Downtown Seattle 2009-Public Space and Public Life[R/OL]. GEHL，2009. https://www. seattle. gov/dpd/cs/groups/pan/@ pan/documents/web_informational/s048430. pdf

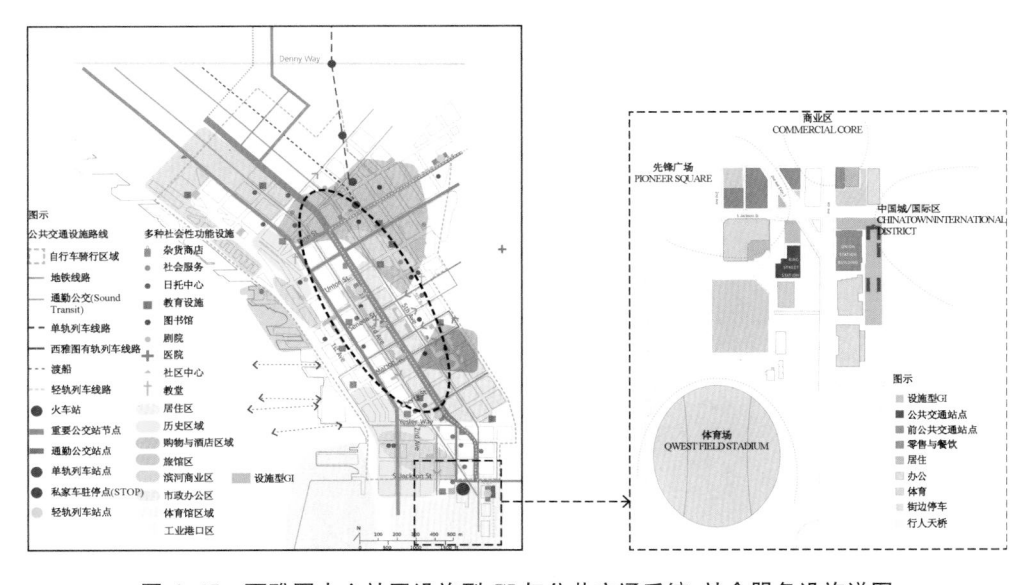

图 6-45　西雅图中心社区设施型 GI 与公共交通系统、社会服务设施详图

图片来源：参考 Downtown Seattle 2009-Public Space and Public Life[R/OL]. GEHL，2009. https:// www. seattle. gov/dpd/cs/groups/pan/@ pan/documents/web_informational/s048430. pdf

目标引力等条件下，GI 可达性取决于不同街道网络下的资源空间分布形态以及不同交通模式下到达资源所用时间。从西雅图中心社区的中心位点徒步到达 90 m×90 m[①] 的方格网

---

①　90 m×90 m 指的是街区路缘石到路缘石的距离，街区两侧路中间至路中间的距离为 100 m。

社区短边需要 6 min，最远距离需要 12 min，到达 3 处节点型 GI 均在 10 min 之内（图 6-46）。GI 资源合理分布则指基础功能完善、满足服务距离等条件下达到资源在社区公共空间规划中最大化的优化节省，即满足 GI 服务范围最大且 GI 数量最少[①]。服务范围最大是指通过 GI 合理规划，使超出最远服务距离的使用者最少，需要 GI 依据可达性最高值布局，且可达性范围图形在社区内；GI 数量最少是预先设定服务距离上限情况下，使投入的设施最少，需要 GI 可达性范围图形边界紧贴或折中性重合[②]，并且多种功能设施位点重合（图 6-47）。

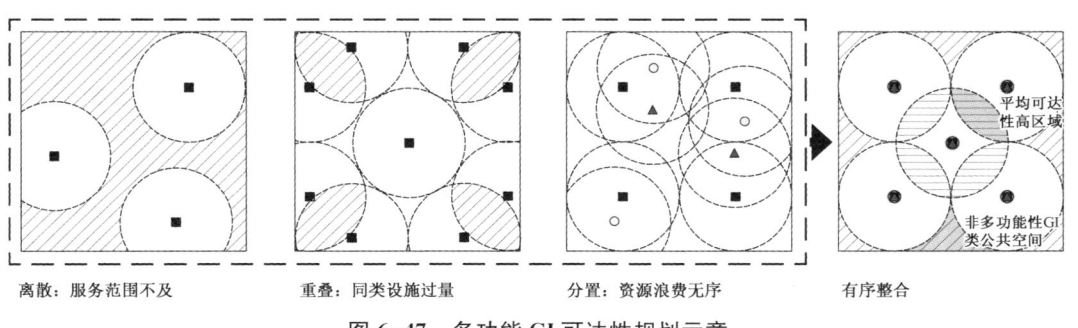

离散：服务范围不及   重叠：同类设施过量   分置：资源浪费无序   有序整合

图 6-47　多功能 GI 可达性规划示意

图片来源：笔者自绘

6.4.2　基于社区公共空间网络布局分析的 GI 可达性研究

可达性是评价多功能性 GI 服务效能的重要指标，本节在对可达性相关标准值作研究界定后，主要探讨在生态社区环境下以鼓励慢行交通出行方式对目标 GI 的可达性范围图形、相关可达值及可达性规划[③]。

1. 相关标准值界定

国内外学者已对生态社区公共服务设施的可达性评价进行了一定的研究，基本有 5 种相关分析方法：缓冲分析法、邻近距离法、引力模型法、进行成本法和网络分析法。前 4 种或用直线距离法或对阻力面赋值，并不能准确测量与规划服务设施的可达性[④]。本节采用网络分析法，暂不考虑出行目的、费用成本、土地性质及人口分布，限定研究地图上与 GI 布局相关的社区公共空间规划，重点研究起始点与 GI 距离因素，以及直观反映居民优先选用慢行交通方式的路网适宜数据、不同等级 GI 的服务距离、不同慢行交通方式下所用时间等。

（1）慢行网络可达性下相关路网标准值

通过慢行交通到达社区 GI 的可达性在空间布局上与路网尺度、路网形态、用地结构密切相关[⑤]。适宜的路网尺度包括社区内街区密度、交叉口密度、街区长度及街区面积。通过对部分城市的调查显示，当街区尺度约为 100 m 时适宜步行的，此时街区面积为 1 ha，在

---

①　宋小冬. 选址与配置模型——一种优化公共设施布局的规划方法[M]//王宝宁. 理想空间 67：公共设施网点布局规划. 上海：同济大学出版社，2015：4-6.

②　GI 可达性范围图形边界往往不能紧贴，需要增设 GI 补足可达范围之外的空隙，GI 可达性范围图形便会有重合现象，而重合部分在社区内到达各个 GI 的平均可达性较高。

③　便捷的慢行网络是完善绿色交通的必要条件。在社区公共空间路网规划中，慢行网络的尺度、连通性应符合出行方式特征，尽量减少不必要的绕行，从而便捷易达。

④　陈书谦. 基于网络分析法的公园绿地可达性研究——以深圳市南山区为例[D]. 哈尔滨：哈尔滨工业大学，2013：12.

⑤　张泉，黄富民，王树盛，等. 低碳生态的城市交通规划应用方法与技术[M]. 北京：中国建筑工业出版社，2016：77-82.

1 km×1 km 的方格网社区内交叉口密度为 101 个/km²，街道密度为 22 km/km²。路网形态对可达性的影响是通过社区内街道交叉节点连通度与路段/节点比决定的。节点连通度是交叉口数量与路网节点数量的比值，当节点连通度大于或等于 0.8 时适宜步行网络（图 6-48、图 6-49）。设定 1 km×1 km 方格网社区被 n 条道路内等分，路段与节点为 $2n(n+1)$ 与 $(n+1)^2$，路段/节点比为 $2n/(n+1)$，当比值大于或等于 1.8 时适宜步行。用地结构是指土地利用混合度，混合度越高越利于慢性交通。总之，相互连通且无尽端路的 100 m 街区单元组成的社区内 GI 可达性相交最高。

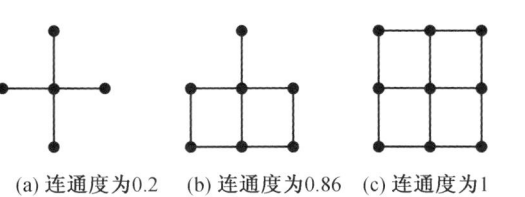

(a) 连通度为0.2　　(b) 连通度为0.86　　(c) 连通度为1

图 6-48　不同形态网络的连通度对比示意简图

图片来源：张泉，黄富民，王树盛，等. 低碳生态的城市交通规划应用方法与技术[M]. 北京：中国建筑工业出版社，2016

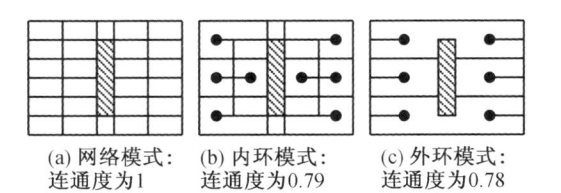

(a) 网络模式：　(b) 内环模式：　(c) 外环模式：
连通度为1　　连通度为0.79　　连通度为0.78

图 6-49　社区公园周边街道布局模式及连通度图示

图片来源：史亚南. 西宁市城市绿色社区空间布局模式研究[D]. 西宁：青海大学，2015

（2）社区 GI 服务半径

社区 GI 最大服务距离可参照不同等级绿地服务标准。英格兰大学休·巴顿（Hugh Barton）与杰夫·戴维斯（Geoff Davis）[①]曾提出具体的不同等级公共空间的服务半径标准，根据区域、城市、片区、社区、邻里、组团自上而下的结构管理模式[②]，区域级的郊野绿地（200 ha 以上）服务半径在 5 000 m 以上，城市级的自然绿地（20 ha）服务半径在 2 000 m 左右，片区级的游戏类场地服务半径在 1 000 m 左右，社区级的公园与开放绿地服务半径在 600 m 左右，邻里级的广场或地方性绿地服务半径在 400 m 左右，组团级的外部共享空间服务距离在 200 m 之内。我国国情虽有所不同，但组团级的组团绿地与转角绿地、邻里级的小型社区公园、社区级公园类节点型 GI 与专用公共绿道的可达服务距离可参照 100～200 m、300～400 m、500～600 m 浮动[③]，根据成年人的平均步行速度与自行车速度[④]，三者远低于 15 min 的步行忍耐值（表 6-13）。

① Guise R，Barton H，Davis G，et al. Design and Sustainable Development [J]. Planning Practice & Research，1994.

② 居住功能的社区组团（邻里组团中心）一般由 4～8 幢组屋组成（4 个街区单元左右），应设有儿童游乐场和小型商店等；社区邻里（邻里中心）一般含 6～7 个社区组团，并设有购物场地、银行、邮政、诊疗所等；社区一般含有 5～8 个社区邻里，应设有各种交通设施与社会功能型设施，如学校、商店、娱乐、图书馆、诊所、养老院、体育设施、公交站点及部分办公等。本章借鉴社区分级的尺度层级，而非限定社区的居住功能。张明. 邻里中心的实践与社区建设新理念[J]. 社会，2001(12)：32-33.

③ 部分国内资料研究三者数值为 100 m，300 m，500 m。贾铠针. 新型城镇化下绿色基础设施规划研究[D]. 天津：天津大学，2013：156.　郭春华，李宏彬，肖冰，等. 城市绿地系统多功能协同布局模式研究[J]. 中国园林，2013，29(6)：101-105.

④ 到达社区 GI 的慢行交通方式一般有 3 种类型：步行、自行车、公交车。大多数人步行速度在 0.8 m/s～1.8 m/s 之间，健康成年人步行速度在 1.5 m/s 左右，而在国内城市人流量较高的地区自行车的速度是 15 km/h，也就是步行速度的 3 倍。在国外城市专用自行车道，自行车速度可以达到 50 km/h。研究 GI 可达性最大距离要以最低交通方式花费最适宜时间到达的实际距离为准。塞克恩，詹皮莉. 慢行系统：步道与自行车道设计[M]. 贺艳飞，译. 桂林：广西师范大学出版社，2016：4.

表 6-13　不同类设施 GI 服务半径及相关值

社区 GI 等级	GI 面积	主体服务对象（平均面积）	出行方式	时间（min）	GI 服务半径（m）	服务面积（ha）	1 km×1 km 规模社区内 GI 数量（个）
街角绿地等小型 GI	<0.2 ha	社区组团（4~8 ha）	步行	2	200	8	13~15
			自行车	1			
小型多功能性 GI	≥0.2 ha	社区邻里（24~56 ha）	步行	5	400	32	3~5
			自行车	1.5			
结合公交站与商贸设施的 GI、连接城市非机动车道的社区专用步道与自行车道、社区级多功能性 GI	≥0.5 ha	社区（100~400 ha）	步行	7	600	72	1~2
			自行车	2.5			

资料来源：参考贾铠针. 新型城镇化下绿色基础设施规划研究[D]. 天津：天津大学，2014.

2. GI 可达性范围图形研究

即定社区最小基础单元尺度为 100 m×100 m，以居民到节点型 GI、线型 GI 与含有医疗、教育等服务设施的 GI 最远实际距离 500 m（5 min 步行距离，2 min 左右自行车距离）为设施服务范围标准值，根据方形、放射形、格网放射形、不规则形的社区街道肌理研究不同类型 GI 可达性范围图形。如图 6-50 所示，经过研究，方格网街道肌理的社区 GI 可达范围线为与道路线成 45°角且对角线长为 2 倍"GI 最远实际距离"（1 000 m）的正菱形（图 6-50-a）。而依据 GI 中心点画圆的基本方法并不精确，在方格网肌理下，距离 GI 500 m 的点有可能实际距离为 750 m（图 6-50-a-1）。放射型街道肌理的社区 GI 范围线分两种形态：当 GI 在放射中央点时，GI 可达范围图形为半径为"GI 最远实际距离"锯齿状边圆形（图 6-50-b-1）；当 GI 在其他位置时（图 6-50-b-2、6-50-b-3），GI 可达范围图形为类四边形。方格网与放射型结合的社区肌理分为 3 种情况：当 GI 在放射中央时，GI 可达范围图形为最长半径达到"GI 最远实际距离"的类八边形（图 6-50-c-1、图 6-50-c-2）；当 GI 在放射线上但非放射线交点时，GI 可达范围图形为类六边形（图 6-50-c-3）；当 GI 偏离放射线时，放射线带来的便捷性不再明显，GI 可达范围图形类似于方格网肌理的正方形。不规则街道肌理最为复杂，但可以简化计算，先找出街道延展的两处基本方向，将社区沿两处方向方格网化布局 GI（图 6-50-d）。当社区有城市级大尺度 GI 斑块时，可以激活其社区 GI 功能，因此与大型 GI 斑块边缘线平行的"GI 最远实际距离"之内可以不用再建造社区 GI。当社区为方格网布局时，最集约 GI 布局应为与社区道路呈 45°角且边长为 $\sqrt{2}$ 倍"GI 最远实际距离"的矩阵排列图形（图 6-50-e），此时每处 GI 均应为多种功能的复合 GI。

3. GI 可达值与可达均值

（1）研究点到社区 GI 可达值

研究点到社区 GI 可达值是用来描述社区内任意一点到各种功能、类型的 GI 平均可达程度。例如研究社区任意一点到社区所有线型 GI 与户外教室、休闲公园、健身游园等服务功能的节点型 GI，如果数值为 500 m 说明该点到 GI 的可达值为最大临界点，大于 500 m 时

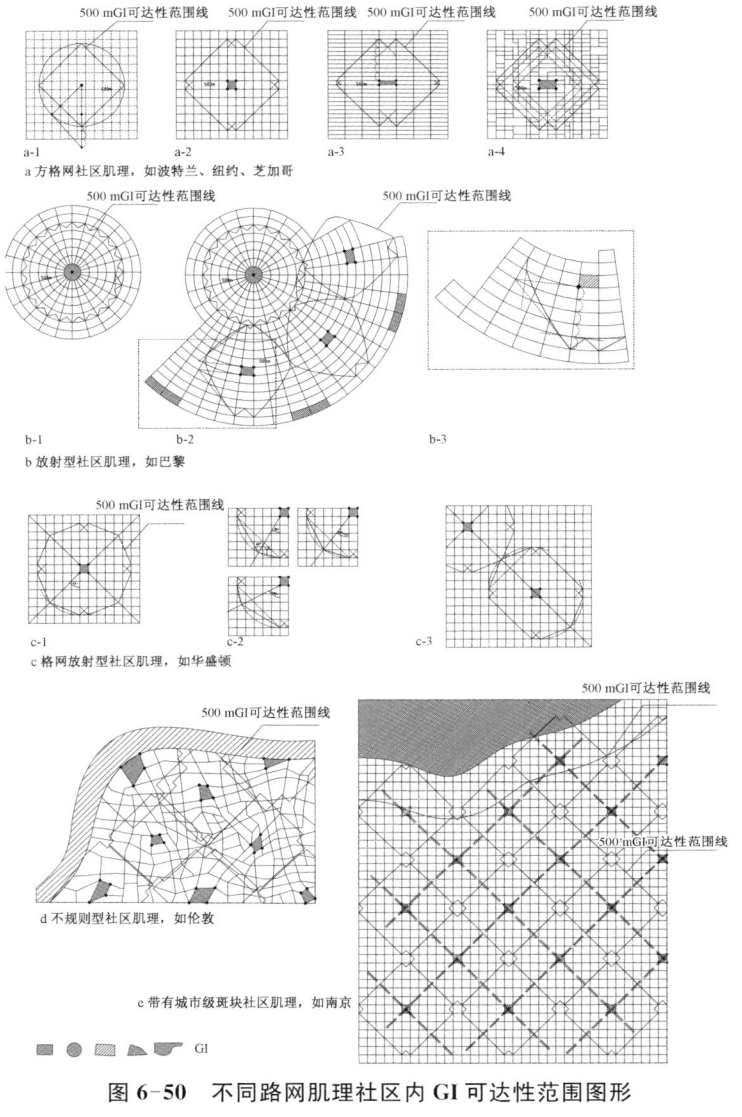

图 6-50 不同路网肌理社区内 GI 可达性范围图形

图片来源：笔者自绘

说明该点到 GI 平均实际距离远且不便,GI 可达性差,小于 500 m 时说明该点到 GI 平均实际距离较近,可达性好。GI 可达值用 A_i 表示,单位为 m。

$$A_i = \frac{1}{n} D_{ij} = \frac{1}{n} \sum_{j=1}^{n} (d_{ij}) \qquad (公式 6.10)$$

公式 6.10 中 D_{ij} 为研究社区内所有 GI(j)边缘点到研究点 i 的最近实际距离总和,n 为社区内 GI 个数,d_{ij} 为 j 点到 i 点的最近实际距离。最近实际距离是 i 点到 GI 的最近交通距离,不一定为两点直线距离。如图 6-51 所示,A 点可达值为 500 m,B 点可达值为 429 m,C 点可达值为 729 m,可达值 $C>A>B$,可达性 $B>A>C$,由此可见,距离研究区域内周围所有 GI 的中心位置越近的地块,可达性越好。

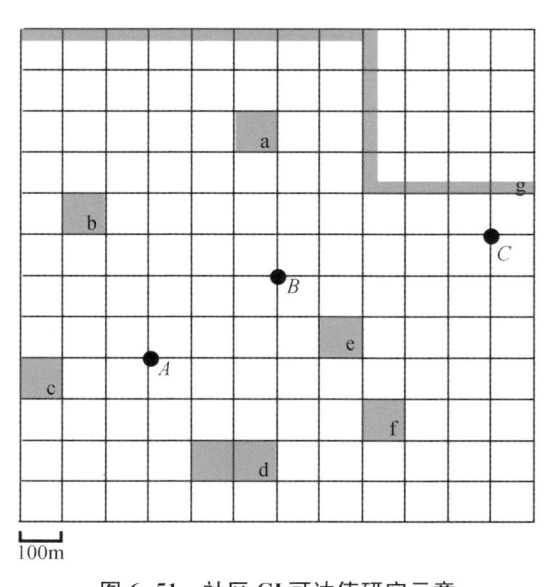

图 6-51　社区 GI 可达值研究示意

图片来源:笔者自绘

（2）社区 GI 可达均值

社区所有研究点到社区 GI 的可达值之和除以研究点的数目,即为该社区所有 GI 可达均值($\overline{A_I}$),单位为 m,反映了社区 GI 的紧凑度与均衡性。

$$\overline{A_I} = \frac{1}{m}\sum_{i=1}^{m}(A_i) \qquad \text{（公式 6.11）}$$

公式 6.11 中 m 为所有点(i)的数目。如图 6-52 所示,当研究点外围被与街道呈 45°角的菱形带状 GI 均匀包裹时,这个中心点到带状 GI 每处点的距离均为方形对角线距离的一半,且从方形中心点越往外的点 GI 可达值越高,可达性越低(图 6-52-a-1)。点状 GI 越往外的点可达性也越低(图 6-52-a-2)。因此当一处菱形环状 GI 中心为点状 GI 时,菱形内越靠近中心位置 A_i 值越低,到邻近所有 GI 可达性越好。若设定社区级 GI 最大服务距离为500 m,超过 500 m 不可达,在中心 GI 节点周边 500 m 菱形可达范围图形规划同等面积的GI,当周围 GI 数量为4个左右时(图 6-52-b-1),建议在中心 GI 节点可达范围线中点布置GI(图 6-52-b-2);当 GI 数量达到8～16个并平均分布时,菱形可达范围图形内所有点的可达值基本相近,可达公平性较高(图 6-52-b-3、6-52-b-4),由此建议在社区级节点型 GI 可达范围图形均衡规划设施型与流线型 GI(图 6-52-c)。综上所述,方格网肌理社区 GI 应呈直径为 2 倍可达临界值的矩阵状排列,当社区没有边界,点带状 GI 均衡布局并与矩阵点状GI 可达性范围线重合时,社区内每处点的 GI 可达值与该社区的 GI 可达均值相等。因此在基于多功能性 GI 的绿地布局中,方格网社区 GI 应尽量采用网状与矩阵点状综合布置,以使该社区每处点的 GI 可达性相同。因此有几种方式可以降低社区 GI 的可达均值:①适当增加社区 GI 数量,也就是提升社区 GI 密度;②节点型 GI 布局尽量均衡;③流线型 GI、设施型 GI 与网格街道呈 45°角均匀规划,且方形中央布置同功能节点型 GI;④放射状空间布局有助于增加公共空间到最近 GI 的直线距离。

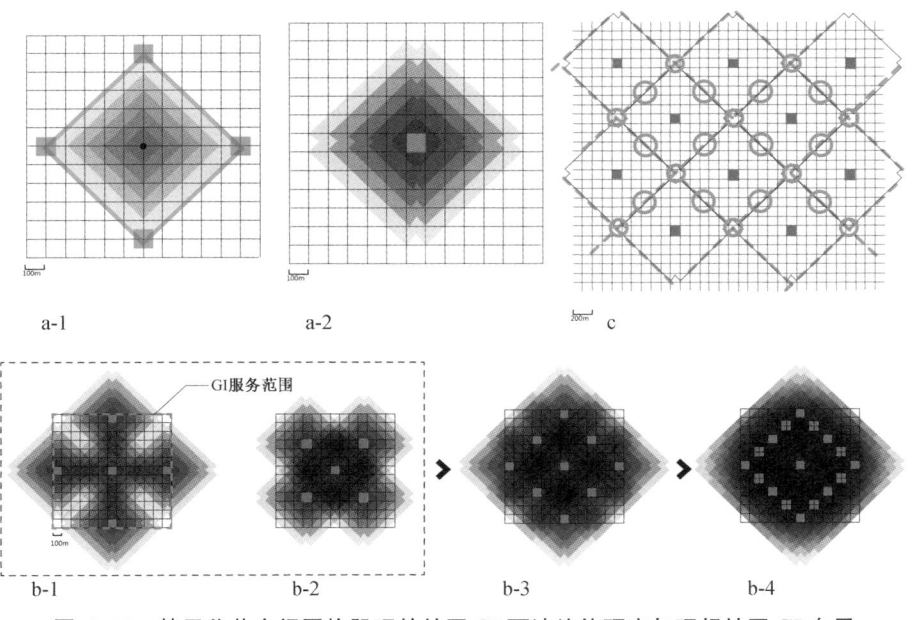

图 6-52 基于公共空间网格肌理的社区 GI 可达均值研究与理想社区 GI 布局

图片来源:笔者自绘

4. 基于可达性均衡的设施型 GI 布局研究

设施型 GI 依据地块的不同公共服务功能划分主要包含基础教育用地附属 GI、公共文化用地附属 GI、体育设施用地附属 GI、医疗用地附属 GI、社会福利用地附属 GI、管理设施用地附属 GI、商业用地附属 GI、公共用地附属 GI(如邮局、公厕等)、交通用地附属 GI 及混合类建筑用地附属 GI,本节重点研究具有公共空间属性且具有一定尺度可以聚集人流的不同功能用地内的附属 GI,也指社区层级的功能设施附属公共绿地。设施型 GI 与社区各种公共服务设施结合紧密,其布局特征并非呈现如社区级公园、邻里级游园、组团级花园结构模式的均匀点网状布局。依据社区内设施型 GI 与社区级 GI 节点的位置关系,以社区 GI 可达性均衡分布为目标,将设施型 GI 布局分为 4 种:中心布局、环绕布局、散落布局和轴线布局①。

中心布局模式内设施型 GI 与社区中心绿地节点往往结合在一起,学校、商业、公共交通站点、图书馆等基础设施毗邻节点型 GI,社区中心活力高但社区可达均值较低,不适宜居住区,但区域特征明显,可适用于文体办公类用地集中的片区。环绕布局模式中设施型 GI 与社区主要公共设施围绕中心绿地布局,当设施型 GI 与中心绿地实际距离在 500 m 最远可达距离,且设施型 GI 绿地总面积与中心绿地面积基本相同时,社区内人均公共绿地可达公平性最大化,是基于 GI 资源公平布局的理想规划模式。对居住区而言,GI 资源分布尽可能公平且实际的规划模式是散落布局,设施型 GI 依附社区中心绿地与邻里级公共绿地,分布均衡且可达性好。轴线布局模式中节点型 GI 与公共交通站点往往密集分布在社区景观大道或公共空间轴线上,适合商业居住混合型社区(表 6-14)。

---

① 刘泉,张震宇.空间尺度的意义——邻里中心模式下珠海市住区公共设施规划的思考[J].城市规划,2015,39(9):45-52.

表 6-14　设施型 GI 布局模式与特征

布局类型	中心布局	环绕布局	散落布局	轴线布局
布局特征	GI 毗邻社区级绿地中心布局,GI 资源集中	GI 环绕社区级绿地中心布局,并有一定距离	GI 有序或无序分置于社区内,一般与邻里级、社区级绿地结合	GI 分布于社区景观、交通、公共空间轴线上
与公交站点规划关系	公交站点在社区级绿地中心聚集	公交站点在设施型 GI 附近	公交站点依需而设	主要公交线路位于轴线附近
适用社区类型	文化、办公	居住、办公	居住、办公	商业居住混合、文化
与节点型 GI 位置关系示意图				
	图示:▨社区级中心节点型 GI　▨社区设施型 GI　- - -节点型 GI 可达性范围线　—设施型 GI 可达性范围线　□100 m×100 m 街区单元　○公共交通设施			
服务范围(500 m)	社区部分在服务范围之外	均在服务范围之内	均在服务范围之内	均在服务范围之内
服务范围图形				
可达公平性	距离绿地中心越远,可达性越差	中心绿地区域到周边设施型 GI 可达性较差	可达公平性较好	距离轴线越远,可达性越差
可达公平性图示[1]				

注:1)在可达公平性分析中,先将沿街设施型 GI 分割成面积单位,每单位面积(单位面积尺度根据分析精确度进行调整)用中心点简化,绘制每个中心点的可达性组成大范围图块,图块颜色越深的区域说明越有机会到达附近 GI,当社区内色块深度相仿时说明 GI 可达均值较低,可达公平性高。

资料来源:笔者自绘

5. 以优化社区公共空间布局为目标的 GI 可达性规划特征

在社区公共开放空间规划中通过分析现有生态公共空间可达性,优化多功能性 GI 的整体布局,达到平等、便利且全面地服务社区居民的目标。以美国波特兰珍珠区(Pearl District)为例①,珍珠区公共空间结构为轴块式结构,GI 结构为轴线型,两者主要结构节

---

① 国开金融绿色智慧城镇开发导则:美国波特兰市珍珠区及啤酒广场街区开发研究案例[R/OL]. 2015,http://energyinnovation. org/what-we-do/urban-sustainability/7118-2/;North Pearl District Plan[R/OL]. City of Portland Bureau of Planning,2008,https://www. portlandoregon. gov/ transportation/article/520815

点与轴线基本重合。以优化社区公共空间布局为目标,GI可达性规划特征有以下方面。①从资源利用最大化角度出发,社区级节点型GI应尽可能复合多种功能。珍珠区主要有4处社区级公园:田野公园(The Fields Park)主要社会功能为休闲与运动;唐纳西公园(Tanner Springs Park)主要为雨水处理、教育、休闲;詹姆森景观公园(Jamison Square)主要功能为儿童活动、娱乐;北区公园(North Park Blocks)主要功能为景观、休闲、运动等。节点型GI形成景观轴线并错列设置,不同功能位于景观序列上,功能集中性较好。②社区内节点型GI与设施型GI均衡分布,提高GI可达公平性。珍珠区公共景观轴线两侧街区可达性较好,但社区角落处部分街区可达值较高,应在可达性差的区域研究可转变为GI的潜力地块。③部分设施型GI可形成公共空间轴线序列,如步行街布局,并与社区主要景观轴线形成互补关系。④社区GI结构与类型明确,便于分类与研究。⑤支持公共交通方式,例如在公共景观轴线设置不同类型公共交通站点。⑥鼓励与提倡慢行交通,珍珠区自行车快速道与邻里绿道分区,邻里绿道以东西向为主,快速车道与专用车道以南北向为主。⑦非机动车道应最大化利用社区内部或邻近的景观资源,如滨河自行车道。⑧室外公共停车场主要分布在社区南侧,保证北侧景观区域以非机动交通与公共交通方式为主。(图6-53)

6.4.3 基于提升GI多种社会功能的社区公共空间更新规划方法——以南京新街口街道为例

南京新街口街道范围内除东南大学外,没有明显的城市或社区尺度的节点型GI,但周围有不同规模、功能、形态的自然与人文景观。通过初步分析发现,研究区域及邻近地块的多种社会服务功能的GI分布并不均衡,各地块公共活力不均,公共空间设施老旧,人口密度较大,多处小区处于周边社区公园500 m可达范围之外,公共空间规划不合理却有较大的更新潜力,因此该区域可以作为试点研究区域。

1. 规划目标

(1)实现社区公共空间依需均衡分布

资源公平布局是传统公共空间规划的重要原则与目标之一,基于提升多种功能的公共空间规划要求资源在可达范围均衡覆盖社区内所有街区的情况下,依照不同人口分布规划不同面积的生态类公共空间,使社区居民在设施数量、功能、距离上享有同等的权利。

(2)提升社区绿地公园多种功能

通过对公共空间更新规划,将社会活动、交流、休息、运动、游览、学习等多种功能结合在一起,发展具备综合功能的公共空间,另外兼顾生物多样性与雨水处理过程等生态功能。资源与功能集中化的社区公园不仅节约成本、提高公共活力,还具备一定的生态抗干扰能力与修复能力。

(3)鼓励发展社区慢行交通系统

社区主要公共空间资源的均衡与可达性的提高必然影响慢行交通系统的发展。此外,慢行交通系统规划强调路网尺度适宜、慢行交通方式分流、与公共交通设施关联、公共设施与景观人性化[1],均与设施型GI、流线型GI的合理规划密不可分。

---

① 秦茜,袁振洲,田钧方.绿色交通理念下的慢行系统规划方法研究[J].规划师,2012,28(S2):5-10.

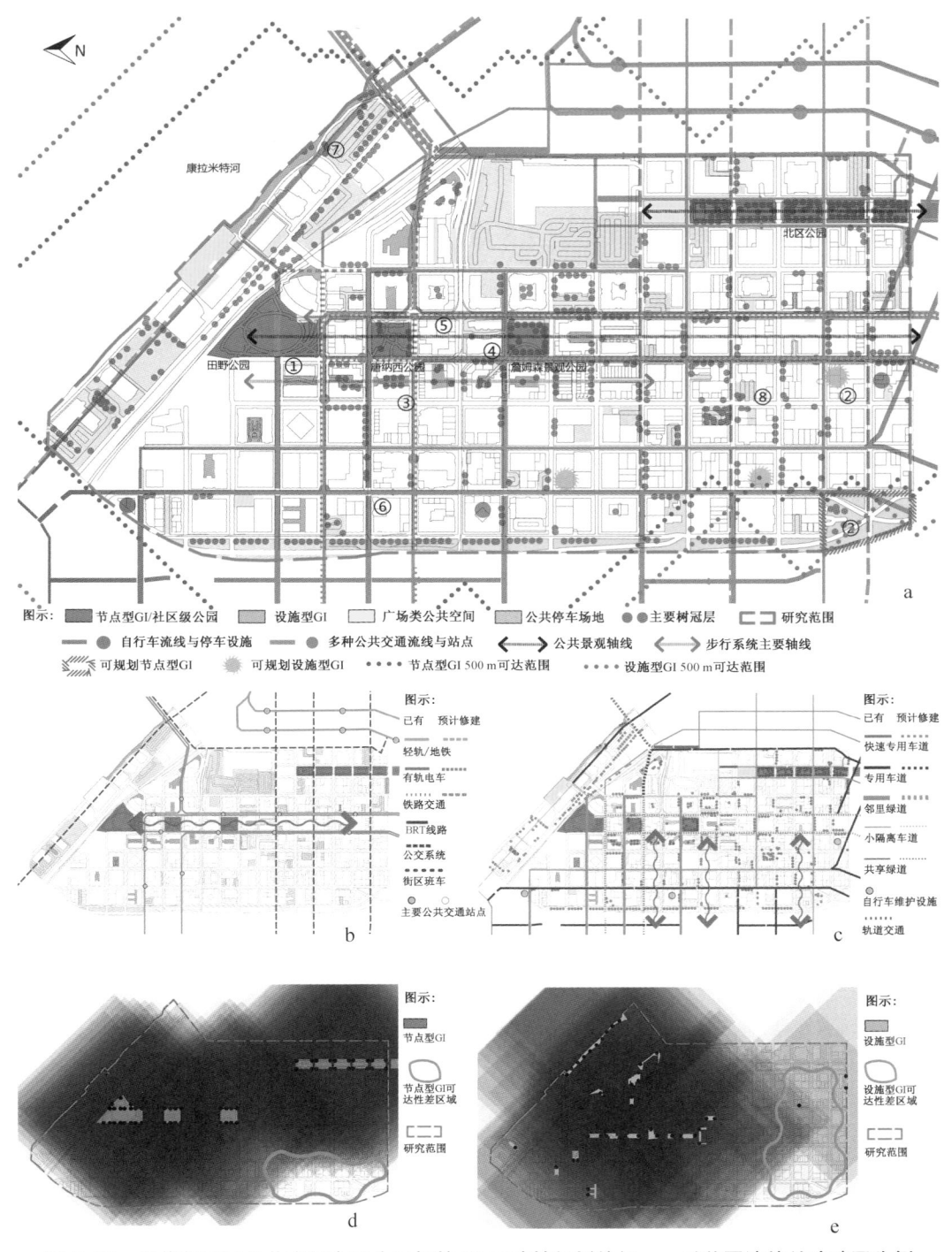

图6-53 以优化社区公共空间布局为目标的GI可达性规划特征——以美国波特兰珍珠区为例
a. 总图分析;b. 公共交通流线分析;c. 自行车流线分析;d. 节点型GI可达公平性分析;
e. 设施型GI可达公平性分析
图片来源:笔者自绘

2. 规划原则

（1）层级性

德国城市地理学家 W. 克里斯塔勒（W. Christaller）与经济学家 A. 廖士（A. Lsch）早在 20 世纪 30 年代就提出了中心地理论，认为高级中心具有数量少、分布集中、服务范围广、功能多样性强等特点，而低级中心反之①。社区公共空间规划，应尽量对城市级、片区级、社区级、邻里级、中心级节点型 GI 的可达范围、主体功能、服务群体等做详细限定与研究，并利用慢行交通与公共交通出行方式将 GI 串联起来以形成尺度层级明确的绿色服务网络。

（2）多功能性

具有完整公共服务功能的社区才能聚集活力，在规划中 GI 应尽量满足社区公共空间的多功能化，如游憩、休闲、教育、运动、健身、交往、儿童游乐等，充分发挥公共空间提供的基本生理需求、健康生活需求、情感需求、空间印象需求、可持续发展需求，并重点打造社区中心节点特色，兼顾邻里节点功能布局均衡，实现社区公共空间资源独特性、公平性、多功能性并存。最终与公交站点、步行轴线、自行车流线以及停车设施结合，使人车和谐共处，构建良好的道路交通通行条件。

（3）复合性

复合性原则包括交通方式与土地利用复合、不同功能公共空间复合。提升 GI 多种社会功能的社区公共空间规划，支持公共交通，提倡慢行交通，公共交通与步行系统集中布置在社区空间轴线及节点型 GI 附近，自行车道可以与自然景观资源、设施型 GI、流线型 GI 结合，形成交通方式互补。在容积率较高的商业街区，应集中利用社区公共空间，将多种功能绿地资源整合在一处，避免空间公共功能的单一化。

（4）可达性

可达性指人们能够通过选择路线轻松到达一个地区的便捷性，是由潜在目的地的空间分布、到达每个目的地的便利程度以及在目的地活动的大小、质量和特征决定的，主要体现在交通花费、目的地的选择、交通选择：在交通上花费的时间和金钱越少，在一定的预算下就可以到越多的地方，可达性越大；目的地越多，可选择性越多，可达性的层次越高；到一个特殊目的地的方式越多，可达性的机会越大。因此在中观社区 GI 规划研究中，可达性是提升 GI 社会多功能效率的一个重要原则与指标。

3. 规划方法

新街口街道呈现分散型社区 GI 结构与散点式公共空间结构结合发展的模式，设施型 GI 呈现散落布局结构特征，道路基本呈方格网肌理布局，地块呈类矩形，街道为类方格网形态，不同功能 GI 的可达范围图形可以归为正菱形。本节以 500 m 作为可达阈值，首先确定试点社会公共空间规划目标；其次在分析现有的不同功能 GI 的布局结构及服务范围后，找出服务不足的地块范围，并结合地块范围内公共活力不高的公共空间进行 GI 改造；再次通过反向选择，以各个地块为主体分析地块对周边 500 m GI 的可达能力，找出可达范围内人均享有 GI 较低的地块并进行公共空间相关规划，满足公共空间中绿色资源的公平分布与

① 蒋朝晖，魏钢，董超. 略论新城公共服务设施的规划设计原则——以安哥拉罗安达新城规划设计为例［M］// 王宝宁. 理想空间 67：公共设施网点布局规划. 上海：同济大学出版社，2015：78.

功能优化。

首先,找出社区所有类型的公共空间,绘制公共空间地图。对社区公共空间进行公共活力评价,形成"新街口街道公共空间要素公共活力分析图"(图 6-16),并得出公共活力弱的区块原因在于绿地服务面积不够、功能设施不足或可达性差。

其次,研究不同社会功能的 GI 在地图上的分布特征与 500 m 范围内的服务能力。找出试点社区所有满足居民社会功能需要的不同类型 GI,绘制"社区多功能性 GI 地图",包括"社区现有多功能性 GI 布局图"(不同功能 GI 布局研究)(图 6-54)、"社区现有多功能性 GI 可达性范围图"(不同功能 GI 可达性范围)及"社区现有多功能性 GI 可达公平性地图",并分别与"公共空间要素公共活力分析图"叠加,对公共空间与多功能性 GI 转换的可能性展开研究。根据新街口街道 GI 主要功能特征,社区 GI 的社会功能主要划分为健身运动、休闲娱乐、风景名胜、公共交通节点和紧急避难 5 种。

通过对研究区域及周边 500 m 范围内的健身运动功能 GI 可达公平性进行分析,发现 3 处开放的高校公共运动场地与 1 处城市健身广场(中国人寿大行宫市民广场)可达范围分布在区域内的北侧与东侧,而该区域内西南侧缺少便于周边居民跑步健身的较大尺度公共空间。从健身运动功能 GI500 m 可达公平性出发,建议将部分中小学运动操场在特定时间向公众开放,或者沿街规划无障碍连续非机动车道,鼓励周边居民户外健身(图 6-55)。

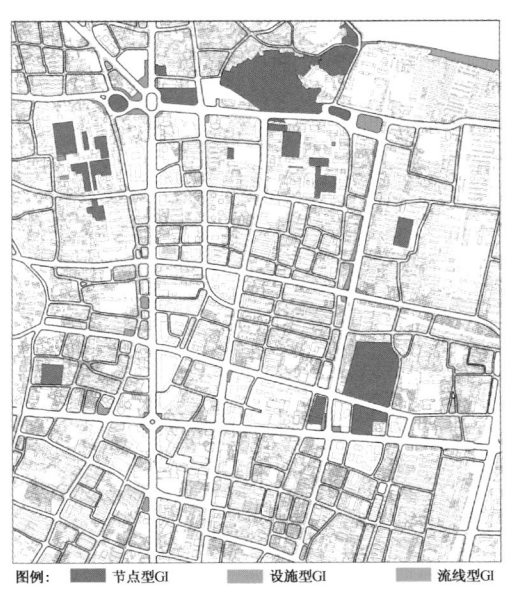

图 6-54　多功能性 GI 要素
分析图

图片来源:笔者自绘

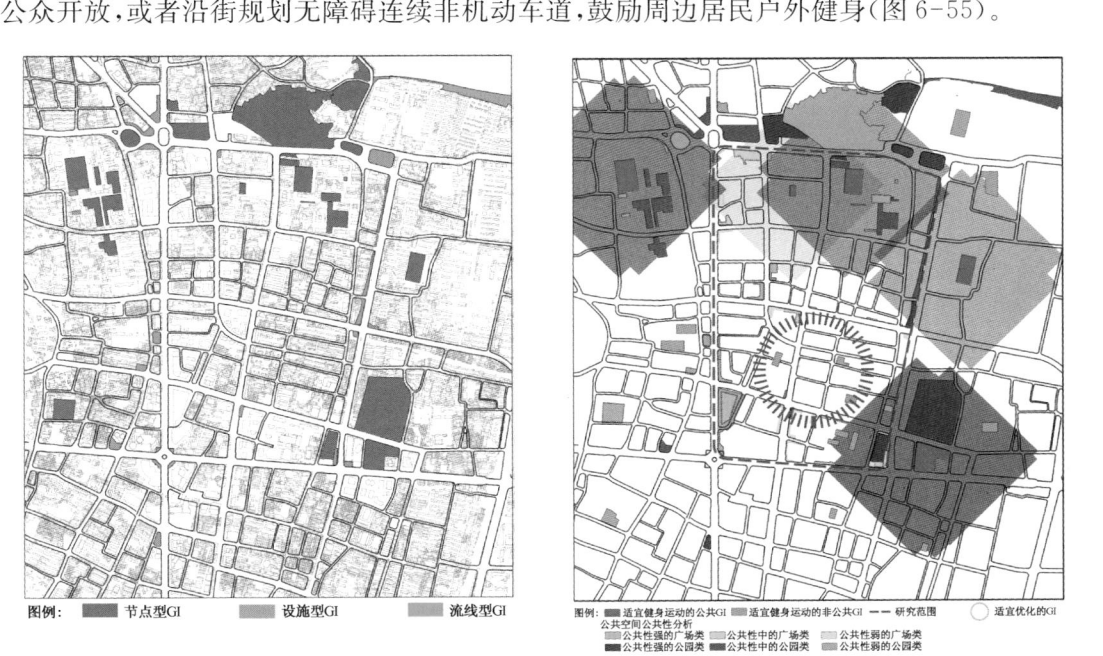

图 6-55　健身运动功能 GI
可达公平性分析

图片来源:笔者自绘

通过对研究区域及周边 500 m 范围内的休闲娱乐功能 GI 可达公平性进行分析,发现 GI 的服务范围呈现"外密内疏"的布局方式,鼓楼公园、鼓楼广场、大钟亭公园、总统府、中国人寿大行宫市民广场等重要节点型 GI 分布在研究范围边界线外,而进香河路与洪武北路两侧的小区居民却不在重要休闲娱乐功能 GI 节点 500 m 辐射范围之内。建议在洪武北路两侧公共活力不高的步行广场与新世界百货广场增设休闲娱乐设施及绿植,用于弥补周边小区的休闲娱乐功能 GI 不足的窘境(图 6-56)。

通过对研究区域及周边 500 m 范围内的风景名胜类 GI 可达公平性进行分析,发现北极阁公园、鼓楼公园、东南大学、南京大学、大钟亭公园、总统府、江宁织造府等 7 处文化与自然风景名胜分布在研究区域东北侧,而研究区域西南侧以新世界百货、德基广场、艾尚天地等商业类公共空间为主。从该区域的风景名胜类 GI 500 m 可达公平性布局出发,建议将"艺术金陵文化创意产业园"打造为该区域的风景名胜并对外开放,满足研究区域及周边风景名胜的均衡发展(图 6-57)。

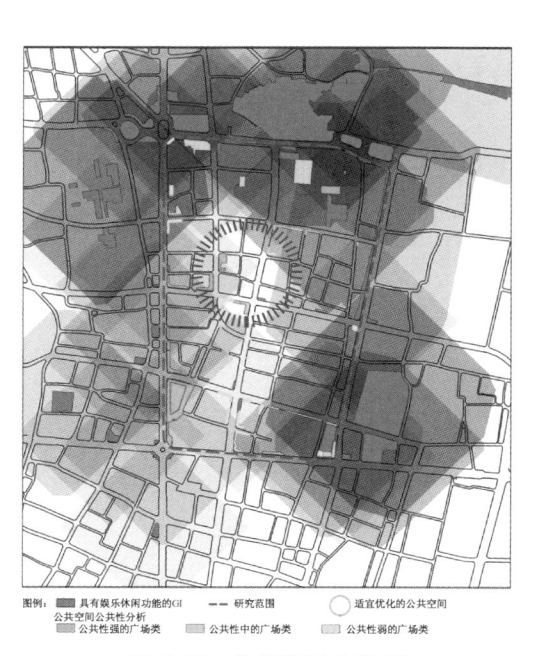

图例: ■ 具有娱乐休闲功能的GI —— 研究范围 ○ 适宜优化的公共空间
公共空间公共性分析
■ 公共性强的广场类 ■ 公共性中的广场类 ■ 公共性弱的广场类

图 6-56 休闲娱乐功能 GI
可达公平性分析
图片来源:笔者自绘

图例: ■ 风景名胜类GI ■ 河道 —— 研究范围 ○ 适宜优化的公共空间
公共空间公共性分析
■ 公共性强的公园类 ■ 公共性中的公园类 ■ 公共性弱的公园类

图 6-57 风景名胜类 GI
可达公平性分析
图片来源:笔者自绘

通过对研究区域及周边 500 m 范围内的紧急避难功能 GI 可达公平性进行分析[1],发现避难场地基本分布均衡,但在四牌楼与长江路两侧的紧急避难功能 GI 服务范围较为稀疏。建议在两条主干道两侧及周边场地结合公共空间增加紧急避难点(图 6-58)。

通过对研究区域及周边 500 m 范围内的公共交通节点可达公平性进行分析,发现公共交通节点基本均衡密集分布,可以拓宽双龙巷与大石桥街的非机动车道,结合公交站点增设绿荫与休闲设施,改善街道公共活力(图 6-59)。通过对研究区域地铁周围设施型 GI 可达公平性进行分析,发现 GI 基本分布均衡,但进香河路与洪武北路附近区域在地铁站 500 m 服务范围之外,珠江路站点设施型 GI 较少,建议附近增设休闲绿地(图 6-60)。

---

① 紧急避难与公共交通节点数据来源于"极海云"网站:https://geohey.com/dashboard

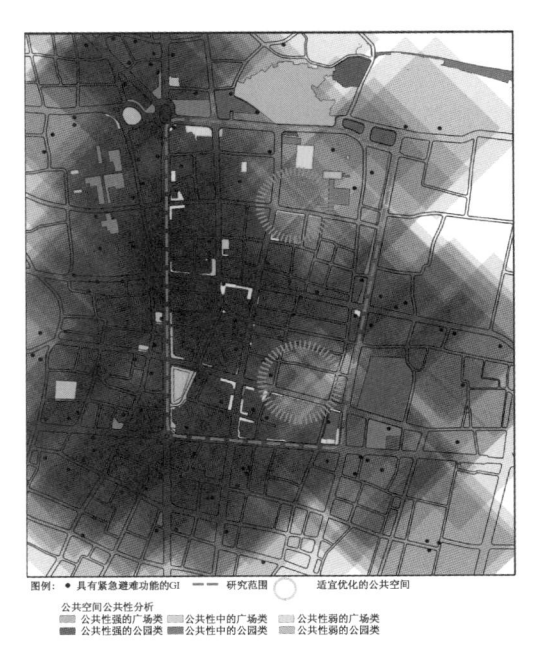

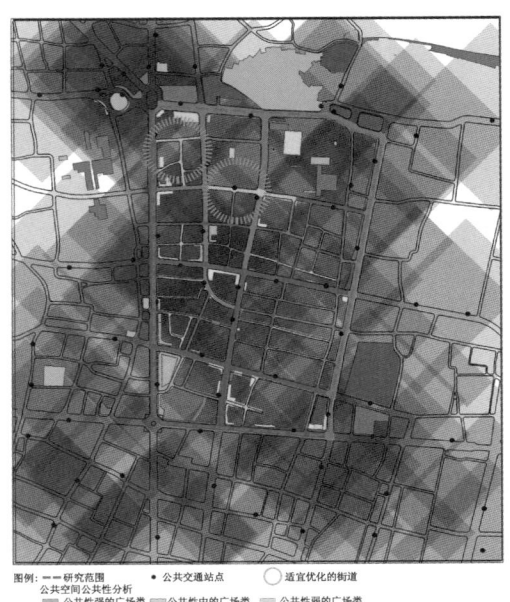

图例：● 具有紧急避难功能的GI ━━ 研究范围 ◯ 适宜优化的公共空间
公共空间公共性分析
■公共性强的广场类 ■公共性中的广场类 ■公共性弱的广场类
■公共性强的公园类 ■公共性中的公园类 ■公共性弱的公园类

图例：━━ 研究范围 ● 公共交通站点 ━━ 适宜优化的街道
公共空间公共性分析
■公共性强的广场类 ■公共性中的广场类 ■公共性弱的广场类
■公共性强的公园类 ■公共性中的公园类 ■公共性弱的公园类
■公共性强的非机动道路 ■公共性中的非机动道路 ■公共性弱的非机动道路

图 6-58　紧急避难功能 GI
可达公平性分析
图片来源：笔者自绘

图 6-59　公共交通节点
可达公平性分析
图片来源：笔者自绘

再次，研究各地块对周边 500 m 内多功能性 GI 的可达能力，以地块为研究主体反向推演 GI 的可达公平性分布，找出邻近多功能性 GI 可达性差的地块，并对地块周边公共空间进行改造。通过对新街口街道各个地块业态与用地性质进行研究（见文后图 F-1），发现研究范围内中心区域以居住用地为主，沿中山路的地块以商住混合与商业用地为主，可以通过地块人口密度与周边可达范围内 GI 总面积关系反映地块的 GI 可达公平程度。根据各地块的容积率绘制研究区域的"各地块容积率对比分析图"，将地块按容积率高低分为 5 类（见文后图 F-2）。找出研究区域及周边 500 m 范围内所有的多功能性 GI，利用 ArcGIS 软件分析不同区域人口分布下可达性差的地块。即利用可达性数值（各地块中心到周围 500 m 可达范围内所有多功能性 GI 面积之和）除以地块容积率[①]（图 6-61），数值较低的为 GI 可达性差的地块，最终绘制"基于人口分布的 GI 可达公平性地图"，并按照数值由高到低将研究区域内的 63 块地块分为"可达性好、可达性较好、可达性中等、可达性较差、可达性差"5 类（图 6-62）。从图 6-62 中可以看出，可达性好的地块有东南大学校区及周边 4 处地块，可达性差的地块有卫巷两侧地块、吉兆营南侧地块、新世界百货所在地块、长江花园小区所在地块以及艾尚天地所在地块等 6 处。

最后，将"公共空间要素公共活力分析图"与"基于人口分布的 GI 可达公平性地图"叠图，根据规划原则与可达性原则，结合上述 5 种多功能性 GI 的 500 m 可达公平性分析，应优先改造 GI 可达性弱、不同 GI 功能缺失且公共活力弱的区块，在弱公共活力的公共空间依据分析结果添加相应类型 GI，对地块紧凑的区域应考虑多种功能复合 GI 规划，最终形成

---

① 地块容积率只是反映各地块之间相对人口密度，此数值也可以选择其他反映各地块人口密度相对值的指标。

"基于 GI 多种社会功能的公共空间规划图"（图 6-63）。

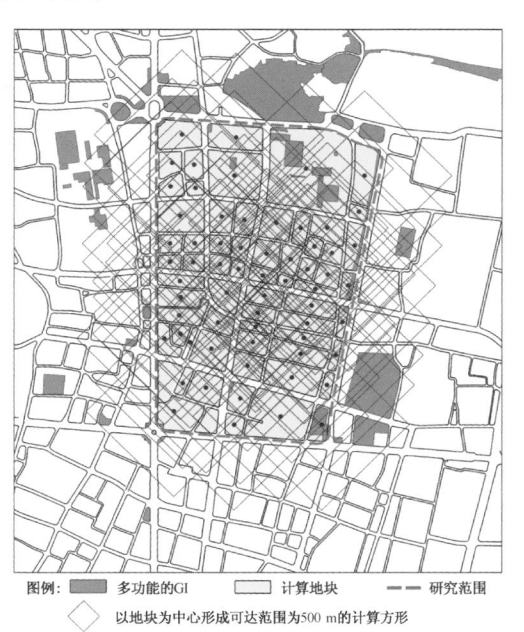

图例：■ 与地铁站点发生关系的设施型GI ■ 研究范围 ○ 适宜优化的公共空间
公共空间公共性分析
■ 公共性强的广场类 ■ 公共性中的广场类 ■ 公共性弱的广场类
■ 公共性强的公园类 ■ 公共性中的公园类 ■ 公共性弱的公园类
■ 公共性强的非机动道路 ■ 公共性中的非机动道路 ■ 公共性弱的非机动道路

图 6-60 地铁周边设施型 GI
可达公平性分析
图片来源：笔者自绘

图例：■ 多功能的GI □ 计算地块 - - 研究范围
◇ 以地块为中心形成可达范围为500 m的计算方形

图 6-61 各地块可达公平性
分析的辅助点
图片来源：笔者自绘

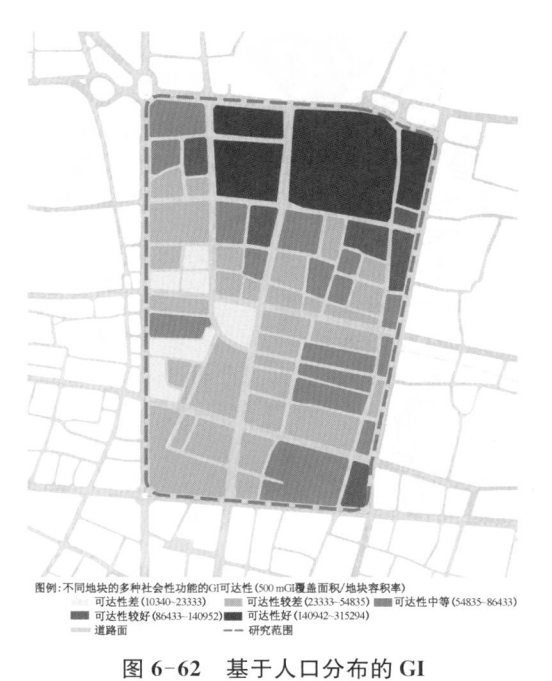

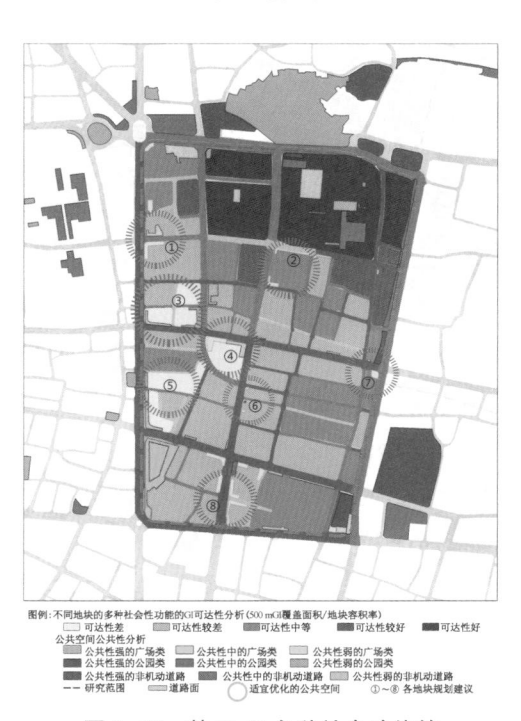

图例：不同地块的多种社会性功能的GI可达性（500 mGI覆盖面积/地块容积率）
可达性差（10340～23333） ■ 可达性较差（23333～54835） ■ 可达性中等（54835～86433）
■ 可达性较好（86433～140952） ■ 可达性好（140942～315294）
— 道路面 - - 研究范围

图 6-62 基于人口分布的 GI
可达公平性地图
图片来源：笔者自绘

图例：不同地块的多种社会性功能的GI可达性分析（500 mGI覆盖面积/地块容积率）
□ 可达性差 □ 可达性较差 ■ 可达性较好 ■ 可达性好
公共空间公共性分析
■ 公共性强的广场类 ■ 公共中的广场类 ■ 公共性弱的广场类
■ 公共性强的公园类 ■ 公共中的公园类 ■ 公共性弱的公园类
■ 公共性强的非机动道路 ■ 公共中的非机动道路 ■ 公共性弱的非机动道路
- - 研究范围 ■ 道路面 ○ 适宜优化的公共空间 ①～⑧ 各地块规划建议

图 6-63 基于 GI 多种社会功能的
公共空间规划图
图片来源：笔者自绘

依据"基于 GI 多种社会功能的公共空间规划图",从新街口街道多功能性 GI 的可达公平性意义出发,对试点区域提出以下建议。①薛家巷汇杰广场、羲和广场苏粮国际大厦步行广场增加绿荫与休闲设施,将其转变为公园性质的建筑附属广场,提升地块公共活力与 GI 可达公平性。②完善四牌楼非机动车道,逐渐转变为休闲与交通并存的林荫道,在老虎桥与进香河路交叉口的广场增设休闲绿地,将老虎桥拥挤人流疏散到绿地广场。③同仁西街以及两侧地块公共性差且对周边的 GI 可达公平性低,因此该区域为重点改造区域,通过规划流线型 GI 与设施型 GI 以增加地块绿化率、完善服务设施、提升活力。④新世界百货所在地块位于研究区域中心位置,周边多功能性 GI 较少,可以考虑在建筑入口与转角广场规划口袋公园,为该地块提供绿荫休闲场所。⑤韩家巷附近地块多功能性 GI 的可达公平性较差,可以考虑在艾尚天地的步行广场增加设施型 GI,或者在陆家里、韩家巷、廊后街沿线规划绿带,激活街道公共活力。⑥洪武北路东侧 2 处街角广场与 1 处街角公园公共性较差,且公共设施老旧,建议结合步行流线重新规划 GI 节点,形成洪武北路的生态景观与游憩功能轴线。⑦珠江路与太平北路交叉口处的街角广场公共性差,却处于重要的线型公园节点,建议将广场改为具备健身、休闲、生态教育等多种功能的"社区多功能公园"。⑧洪武北路与青石街附近地块的多功能性 GI 的可达公平性较差,且沿街广场公共活力不足,建议增加绿带、树池、口袋公园等绿荫设施,利用 GI 的多种功能来优化环境,吸引人流。

此外,规划后的公共空间应与现有规划相整合,调整研究区域内的慢行交通、公共空间结构、街道肌理等,并将流线型 GI 与含有公交站点的设施型 GI 交通流线连接到城市中去。

6.5 基于 GI 综合优化下的社区公共空间规划

社区中 GI 功能的运转是多重且复杂的,一处湿地公园往往具备雨水处理、生物多样保护、居民休闲娱乐等多种功能,GI 综合优化要求统筹考虑 GI 的生物多样性功能、雨水管理功能及多种社会服务功能之间的关系。基于 GI 综合优化下的社区公共空间规划在研究不同功能 GI 与公共空间要素与结构结合形式后,找出基于公共空间基底的不同功能 GI 网络相似处优化、区别处整合,探讨社区公共空间绿地在连通性、网络性、可达性等 3 处重要的 GI 网络特征影响下的布局特征,最终形成基于 GI 综合优化下的社区公共空间规划方法。

6.5.1 基于不同功能的 GI 与公共空间要素、结构结合

1. 基于不同功能的 GI 与公共空间要素结合

社区公共空间要素分类有面型、线型与节点型公共空间。通过本章研究,常常与面型公共空间结合的 GI 类型有网络中心、场地及孤岛等社区级生物多样意义 GI,以及汇集储蓄雨水的面型 GSI,聚集人流的节点型 GI;与线型公共空间结合的 GI 类型有生物迁移廊道及生态跳点、阻滞过滤雨水的线型 GSI、绿色交通功能的流线型 GI;与小尺度散布的节点型公共空间结合的 GI 类型常常有场地、孤岛与生态跳点、雨水就地下渗的点型 GSI,以及结合不同公共设施的设施型 GI。所有线状 GI 通常是能量转移的动态通道,如人、动物、生态过程的沿线移动,而点面状 GI 通常是能量聚集或停留的场所或处理终端,如吸引与服务于人的场地、动物需要的栖息地及雨水下渗绿地等。

在公共空间规划与更新中应根据各类 GI 形态特征、能量运作机制、地形条件、GI 在结构中的作用研究不同功能的 GI 结合方式与重叠位置，并赋予开放空间公共活动功能。例如在社区绿道规划中，要满足绿道处理雨水与生物迁移的生态功能，就要研究场地的地形高差、潜力地块可规划的宽度、雨水收集过程、场地网络中心布局等，并将社区自行车道与步道贯入其中，且连接到城市绿道网络中去，最终沿线依据需求与资源条件设置不同功能公共空间节点，增强绿道公共活力与场地特征。而在诸如湿地公园等面型公共空间规划中，要实现多种 GI 功能且激活地块公共活力，就要整体研究社区地形条件，找出社区分水岭及低洼积水区域，并与网络中心潜力位置结合、与多功能性 GI 可达范围衔合、与公共空间结构整合，最终赋予多种功能。以美国西雅图桑顿溪水质通道公园（Thornton Creek Water Quality Channel）为例，该项目所在地曾是一个 9 英亩的废弃停车场，它有一条长 60 英寸的地下排水管将基流排至桑顿溪，也运送来自商业区域、城市街道及 5 号洲际公路的雨水径流。在分析场地周边社区地形条件、已有绿带资源、雨水径流问题及公共需求后，在一个 3 英亩的场地内建立了一个水质处理通道，并调整了传统的植被配置以确保生物多样性和污染物被高性能吸收，同时将天然河流的水力学与针对行人体验的城市设计元素结合在一起进行设计。最终达到了 3 项目标：改善雨水质量使下游的栖息地受益；为主要的交通枢纽提供公共开放空间，改善空间连通性；用促进周边经济发展的方式来开发项目场地[①]。（图 6-64）

2. 基于不同功能的 GI 与公共空间结构结合

社区公共空间结构形式主要有轴块式、散点式、放射式、棋盘式几种。轴块式与放射式公共空间结构有完整的空间聚集单元与序列流线；散点式公共空间结构只有空间聚集扩散场地而没有明显的主要连通干线；而棋盘式是一种适用于社区内建筑与设施高密度分布、具有格网式空间肌理、自然资源与用地紧缺的公共间结构类型，基本不含有大型的空间节点与轴线。基于生物多样性功能的 GI 结构需要社区内有明显的绿地斑块与廊道，GSI 结构在严格遵循雨洪管理目标下因地而异，多功能性 GI 结构研究社区公共空间结构中生态资源的结构性关联，因此不同功能类型的 GI 结构最易与轴块式和放射式公共空间结构结合。

根据 GI 结构与公共空间结合程度由低到高可分为不结合、部分结合和整体结合。当具有高密度人群的社区公共空间结构以提升空间公共活力并保护高生态敏感的 GI 为目标时，生物多样性 GI 与主要公共空间节点应保持一定距离，避免相互干扰。GSI 网络、重要多功能性 GI 节点与公共空间结构脱离，各种 GI 结构与公共空间结构基本不发生关联，例如居住社区内公共空间结构序列位于中央商业街轴线上，而社区生态廊道、保护用地、公园、雨水处理设施等脱离商业街布局。当社区内有较好的绿地景观条件时，公共空间结构可以依据地形条件及居民需求借用及结合部分自然景观，形成多功能性公园节点。例如社区溪流邻近的生物廊道、网络中心往往与雨水传送带、雨洪处理节点重合，而附近可以设置湿地公园、雨水公园、室外活动及教育场地等多功能性 GI 与公共空间节点。当社区邻近或占有部分大型 GI 并顺延规划时，公共空间结构往往与 GI 边缘整体结合在一起。例如在滨海社区与邻山社区中，公共空间结构序列常常借用自然景观与 GSI、网络中心、公园整合在一起，公共空间序列沿线的公园节点具备维护生物多样、处理雨水及提供各类公共服务等多种 GI 功能（图 6-65）。

---

① Thornton Creek Water Quality Channel FINAL REPORT[R/OL]. MIG|SvR, 2009. http://www.seattle.gov/util/ cs/groups/public/documents/webcontent/spu01_006146.pdf

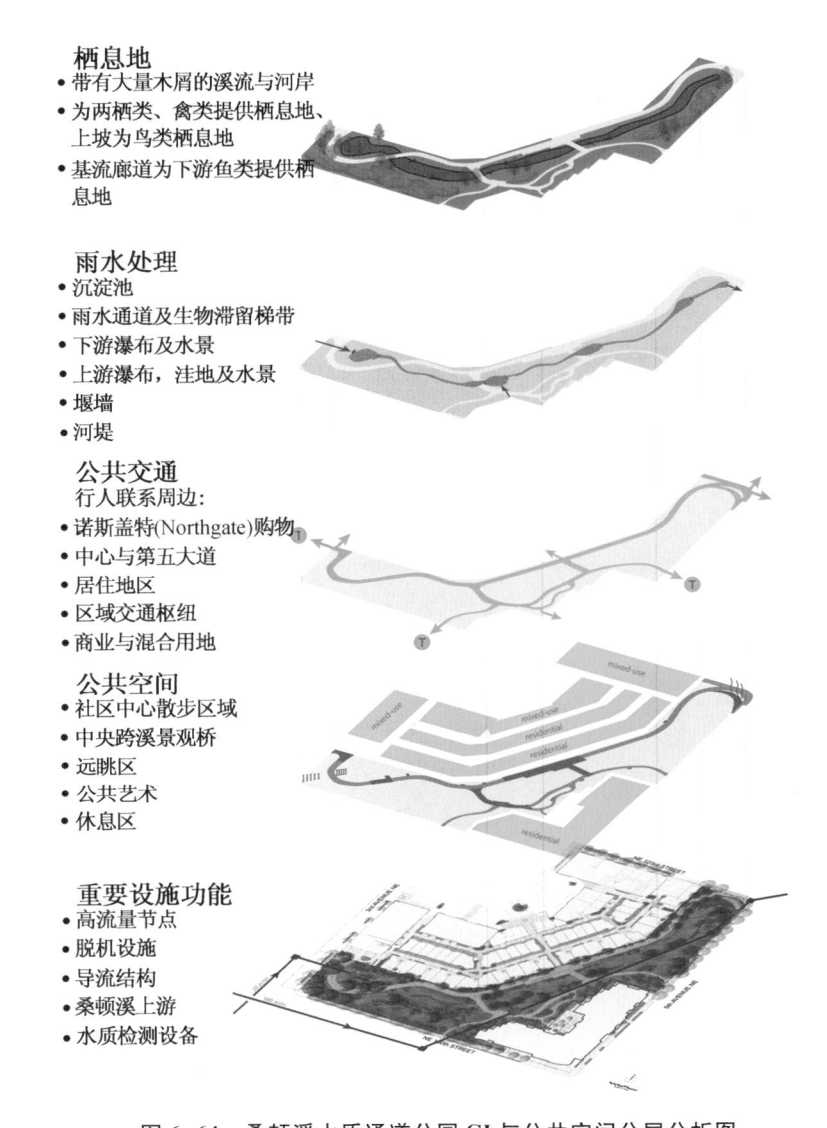

栖息地
- 带有大量木屑的溪流与河岸
- 为两栖类、禽类提供栖息地、
  上坡为鸟类栖息地
- 基流廊道为下游鱼类提供栖
  息地

雨水处理
- 沉淀池
- 雨水通道及生物滞留梯带
- 下游瀑布及水景
- 上游瀑布，洼地及水景
- 堰墙
- 河堤

公共交通
行人联系周边：
- 诺斯盖特(Northgate)购物
- 中心与第五大道
- 居住地区
- 区域交通枢纽
- 商业与混合用地

公共空间
- 社区中心散步区域
- 中央跨溪景观桥
- 远眺区
- 公共艺术
- 休息区

重要设施功能
- 高流量节点
- 脱机设施
- 导流结构
- 桑顿溪上游
- 水质检测设备

图 6-64 桑顿溪水质通道公园 GI 与公共空间分层分析图

图片来源：Thornton Creek Water Quality Channel FINAL REPORT[R/OL]. MIG|SvR，2009.
http://www.seattle.gov/util/cs/groups/public/documents/webcontent/spu01_006146.pdf

在公共空间结构规划中，社区内 GI 结构与公共空间结构在大多数情况下只是部分公园节点重合在一起，在分析社区已有 GI 结构与功能后，在保障公共空间结构不破坏高敏感性 GI 的生物与生态过程的情况下借用 GI 景观以恢复公共活力，并在公共空间与 GI 交叠处尽量形成生态公园节点，确保两种结构类型的完整性与独立性。

6.5.2 基于公共空间基底的不同功能的 GI 网络整合

1. 基于公共空间基底的不同功能的 GI 网络相似处与优化

在基于 GI 功能的社区公共空间规划中，不同功能 GI 网络有多处相似。①层级性：中观尺度的社区 GI 规划既要配合宏观尺度下城市 GI 的整体控制，又要确定微观场地尺度公

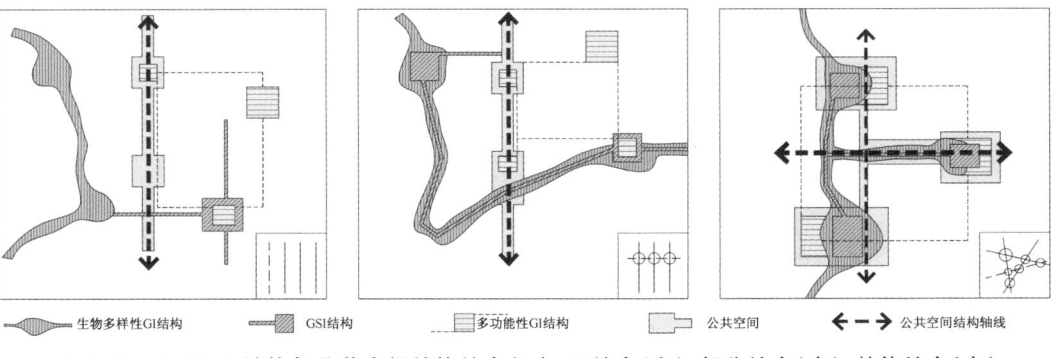

图 6-65   不同 GI 结构与公共空间结构结合程度：不结合（左）、部分结合（中）、整体结合（右）

图片来源：笔者自绘

共空间功能与属性。社区内生物多样性意义优先的网络中心与城市 GI 网络连接，社区 GSI 网络也是城市 GSI 网络系统的一部分，社区级重要公共空间节点通过绿色交通系统与城市节点联系。②弱公共活力：在 GI 网络规划中，弱公共活力的公共空间往往是转变为不同功能 GI 的关键点与优先考虑地块。③均衡性：不同功能 GI 均有网状发展特征，在 GI 发展过程中斑块与廊道在社区中的均衡分布有益于生物多样性 GI 网络的稳定与修复、GSI 处理雨水的系统性与区域化、多功能性 GI 布局的公平性与易达性。④经济性：基于公共空间基底的生物廊道与绿色交通规划首先要从地形、坡度、用地属性、水文条件、海拔、公共节点、已有可利用资源等选择最小阻力路径。⑤贯通性：贯通性适用于所有具有能量流动特征的空间结构，生物迁移与捕食、雨水有序处理程序、公共空间节点的可达均离不开网络的连通。⑥去独立性：在不同 GI 网络规划中都要避免独立的或连通性较差的较大尺度人造绿色斑块，如大型的交通绿岛，独立且大尺度的 GI 斑块不利于雨水分散下渗、物种迁移及社会功能公平性的发挥。⑦重要性：重要性是指在线型 GI 规划中沿街树冠层的重要性，如树冠层可以提供飞行生物驻足与栖息的生态跳点，大型植物根系利于对雨水的吸收，茂盛行道树宜于聚集非机动交通流线，并提供怡人步行环境等。⑧保留性：对林地、保护用地及自然湿地等自然资源的恢复与保留利于原有生物栖息地及物种关系的保护、城市与社区部分生态过程的研究与修复及提供自然游憩景观与生态教育基地。

2. 基于公共空间基底的不同功能的 GI 网络区别处与整合

社区公共空间中生物多样性 GI 网络、GSI 网络及多功能性 GI 网络既有整体相似特征，又有独立特性，在整合规划中要在遵循目标优先原则的前提下对冲突点折中处理。不同功能 GI 网络区别主要有量、形、态、流、合、点。量是指主体斑块尺度与数量不同、连接斑块的廊道宽度与数量不同；形是指斑块布局方式、斑块离散程度、斑块间隔距离、社区 GI 与城市重要斑块的关系、廊道分布特征等有所差异；态是指网络主要斑块边界形态、斑块出入口特征（斑块与廊道交接处）、廊道形态不同；流是指 GI 内部能量流动管理方式及线型 GI 内能量流动方向不一；合则是指多种 GI 与公共空间分形态（点线面）主要结合方式与类型及灰色基础设施关系不同；点是指不同 GI 网络中重要战略点位置不同。基于公共空间基底的多种 GI 网络整合中，需在不破坏社区内生物栖息地、廊道、湿地等自然资源的前提下，结合生态问题与规划目标对冲突点分析与整合，完成量、形、态、流、合、点在生态效益与公共空间利益方面的结合（表 6-15）。

表 6-15　基于公共空间基底的不同功能 GI 网络区别处与整合

分项研究		生物多样意义优先的 GI	雨水管理功能优先的 GI(GSI)	多功能性 GI	基于公共空间基底的多种 GI 整合
尺度与数量	①主体斑块尺度与数量	以大尺度斑块为主,数量依据物种栖息地而定	以散落分布的小尺度斑块为主,面积与数量依据服务区域面积与降雨量而定	以适当尺度斑块为主(一般为半个街区至一个街区),数量依据斑块可达值而定	在保留原有生物栖息地基础上,综合规划节点型多功能性 GI 与点型 GSI,部分节点型 GI 可以与网络中心、场地 GI 结合,部分面型 GSI 可以与节点型 GI、网络中心、场地 GI 结合
	②连接斑块的廊道宽度(m)与数量	生物廊道发挥效益的宽度临界值为 3 m/12 m/30 m/60 m,在保证廊道连续性与连通性合理配比情况下增加廊道数量	具有雨水滞留与传输的生物滞留带、过滤带宽度一般为 0.5～2 m,数量依据年降雨量、周围点型 GSI 数量与渗透能力、线型 GSI 滞留渗透能力决定	专用自行车道宽度至少为 3 m(道路)+ 1 m(绿带),专用步道宽度至少为 2 m(道路)+ 1 m(绿带),绿带宽度依需而定,数量最大值与街网密度相关	在不破坏自然绿带或溪廊沿岸当地物种栖息地的情况下结合自然景观规划 3 m 自行车道、2 m 步道及雨水过滤带;在街网系统中依据网络中心之间廊道需要及优先连通原则规划 3 m 以上生态廊道,并依需设置 0.5～2 m 的线型 GSI;社区专用绿道或线型公园中的雨水滞留廊道与生物廊道可以集中设计,且在 3 m 以上
GI 布局	③斑块布局方式	网络中心尽量相互错落布置,以增加连通廊道数量	同一条雨洪管理流线的面型 GSI 尽量在一处方向,减少弯折	节点型 GI 与路网呈 45°角斜向矩阵,增加 GI 可达均值	当不同功能 GI 斑块结合时,斑块与路网基本呈 45°角斜向矩阵布局,斑块边界与面积依据公共功能需求、物种保护需求、雨水集中处理能力等尽量呈现多样化
	④斑块离散程度	避免网络中心过于离散	GSI 尽量离散破碎	主体功能 GI 与离散破碎的设施型 GI 结合	避免高生态敏感性自然 GI 斑块离散,小尺度场地级绿地依据雨水处理需求及社会服务功能离散设置
	⑤斑块间隔距离(m)	500 m 是物种最佳可达距离,2 000 m 为最大服务半径	视情况而定,雨水径流到 GSI 不超过一个街区	500～600 m 是社区级 GI 可达半径	社区级斑块间距最大值为 1 000 m;邻里级斑块间距最大距离为 600 m;组团级斑块间距最大距离为 200 m
	⑥GI 与城市大型斑块关系	社区级网络中心尽量趋近大型生态斑块,并形成重要生态廊道	大型蓄水设施与高生态敏感性斑块保持一定距离,并在周边设置隔离过滤带	社区 GI 应与城市自然景观形成互动关系,并用绿色交通流线联系	蓄水设施与城市 GI 保持一定距离,其他类型的 GI 可以与城市级 GI 建立互利联系
	⑦廊道分布	错综交叉规划,增加系统复杂程度与廊道选择性	基本沿街道与绿带肌理有序规划	沿街道规划、结合绿道规划、贯穿公园规划	保留社区原有重要生物廊道,基于街道肌理完善节点型 GI 之间的绿色交通系统,增加行道树与沿街绿带,雨洪频繁地区结合点型 GSI 与面型 GSI 沿路网增加滞留带与生物沟渠

续表 6-15

分项研究		生物多样意义优先的 GI	雨水管理功能优先的 GI(GSI)	多功能性 GI	基于公共空间基底的多种 GI 整合
GI形态	⑧斑块形状	斑块形状指数[1]越大,内部生境效益越高,边缘抗干扰性越强	斑块形状以规划与保留雨水设施形态为主	基于可达性考虑,方格网社区中节点型 GI 斑块理想形状为正菱形	不同功能 GI 斑块结合时,保留与修复公园中生物多样性斑块的复杂性,公园边界尽量贴合街区形态
	⑨斑块出入口特征	交接处尽量保持生境内容不变,减少异质阻碍,使物种能够顺利迁徙	线型 GSI 与面型 GSI 交接处可以设置雨水过滤设施	非机动车道与公园交接处可设置休息设施、停车设施及公交站点等	不同功能 GI 斑块结合时,出入口要求按照各自需求而设
	⑩廊道形态	廊道以不规则形态自然绿带、隔离带、街道绿带、防护林带、绿道、线型公园、行道树及序列灌木丛等生态跳点为主	廊道以不规则形态自然绿带、溪流、街道滞留带、生物沟渠、减缓车速的波浪形街旁绿带等为主	廊道以结合自行车道、步道、公共交通的绿道为主,形态贴合路网与公园绿道,沿途设置相关服务设施并结合周边景观绿地与公共空间规划	依据地理位置、用地性质、GI 功能目标及场地条件确定廊道形态
GI内部能量流动	⑪能量流动管理方式	基本无序,随机性强	主动引导,层层过滤	主动自发	分区规划
	⑫线型 GI 内能量移动方向	受食物与天敌影响,基本沿线移动	受地势高差与边缘阻碍物影响沿线移动,沿垂直缓冲带移动	受目的地与行动动机吸引沿线移动,随机性强	雨洪频繁地区雨水过滤带不宜与生物廊道结合
多种GI与公共空间分形态(点线面)主要结合方式	⑬面型公共空间	包含、交叠、结合	结合	结合	常见结合类型有社区湿地公园、人工湿地系统、综合类游园等
	⑭线型公共空间	包含、部分交叠、被包含	包含、被包含、交叉	结合	常见结合类型有社区绿道及树冠层茂盛的专用非机动车道,当 GI 廊道与线型公共空间交叉时,应设置立体交通
	⑮点型公共空间	包含、结合、交叠	被包含、结合	结合	常见结合类型有雨水花园、小型植物园、小块自然绿地等,生物多为边缘物种
⑯多种 GI 与灰色基础设施关系		不结合	与雨水管道网结合	与服务设施结合	分项结合规划
⑰GI 重要战略点位置		高生态敏感性网络中心潜在连接廊道断裂处	社区低洼地带与常年积水区域	多种服务功能可达性差的区域	三种战略点重叠处应重点考虑,可将生物廊道修补节点与积水处的雨水公园错开设置,并规划湿地公园

注:1) 在生物多样性研究中,斑块形状指数是景观格局指数的重要指标之一,反映了斑块形状的复杂程度,为斑块周长除以同面积的圆周长所表示的指数。

资料来源:笔者自绘

3. GI 连通—网络—可达特征整合

连通性、网络性、可达性分别是基于社区公共空间规划的生物多样性 GI 网络、GSI 网络、多种社会功能 GI 网络的重要特征与规划原则，但 3 种 GI 网络结构中往往具备 3 种特征的整合。连通性不仅适合网络中心与廊道的连通，还适合 GSI 网络中雨水处理流线连通[①]、多功能性 GI 节点之间贯通、公共空间节点相互连通。GI 节点网络性包括生物多样性 GI 网络化分布、GSI 布局网络化、多功能性 GI 服务功能网络化以及公共空间绿色系统网络化。具备可达性的 GI 网络特征有物种迁移距离可控、雨洪径流处理距离合理及多功能性 GI 便捷易达。

基于社区公共空间规划的 GI 连通—网络—可达特征整合是指在结合社区公共空间肌理、要素、结构的基础上，社区 GI 在连通性稳定结构、网络性均衡分布、可达性距离可控等各自特征框制下形成的理想布局。理想条件下的整合分为两种情况：GI 面积一定时呈现十字轴线与田字网格结合结构，主要 GI 节点数量一定时呈现叉形田字结构。当社区内 GI 规划总面积一定时，基于生物多样性的 GI 布局要求网络中心尺度尽量放大且斑块集中布局，廊道尽可能宽（图 6-66-a）；基于雨水处理效益的 GSI 布局则正好相反，要求斑块均衡散点式布局，在源头处理雨水，廊道宽度适宜（图 6-66-b）；而基于多功能 GI 布局要求斑块尺度依据服务区域人均 GI 水平而定，强调节点型 GI 可达性与分布公平性以及绿色交通廊道的连通性与多样性（图 6-66-c）。理想社区 GI 综合布局的中央网络中心也是社区级节点型 GI，主要生物廊道连通社区级网络中心与邻里级网络中心，并与城市重要网络中心连通；雨水管理主要依靠均衡布局的组团级 GSI 及邻里级 GSI；邻里级节点型 GI 与设施型 GI 位于社区级节点型 GI 可达范围线上，并用绿色交通连接；社区公共空间结构基本穿过中央社区 GI 节点（图 6-66-d）。当社区主要 GI 节点数量一定且每处 GI 节点同时具备生物多样、雨水管理、社会服务 3 项功能时，基于生物多样性的 GI 布局依据连通原则，在各个点之间互相连通且不交叉的情况下能达到网络连通度最高且连通最稳固（图 6-67-a）；基于雨水管理功能的 GSI 布局依据网络性原则，GI 节点根据雨水处理性能均衡分布，社区理想管理范围呈现斜向十字状，GI 节点之间的离散均衡值为 1（图 6-67-b）；基于多种服务功能的 GI 布局依据可达性原则，GI 节点在中央节点可达性范围线上均匀分布，社区理想边界线为中央节点可达范围线，社区内所有 GI 的可达值基本公平（图 6-67-c）。这时在理想社区的 GI 综合布局中，社区理想边界线为中心 GI 节点可达范围线，GI 节点均匀位于中央节点可达范围线上，形成可达线的内接正方形，GI 节点为社区网络中心，生物廊道穿过网络中心且互补重叠；雨水处理廊道密集分布在街区肌理中，GI 节点也可能是面型 GSI；绿色交通流线顺应街区肌理主要分布在 GI 节点之间；公共空间结构依据实际情况可以结合任意 GI 节点（图 6-67-d）。

6.5.3　基于 GI 综合优化下的社区公共空间更新规划方法

基于 GI 综合优化下的公共空间更新规划以满足社区生物保护、雨洪生态管理、GI 功能均衡多样及公共活力提升等为目标，根据主次性、层次性、场所性、资源保留性、复合性等规划原则，对城市 GI 资源与公共空间资源进行用地调整。主次性指规划过程中对于目标冲

---

① 匙亚.基于雨洪控制利用的城市绿地系统研究［D］.北京:北京建筑大学，2016:27-29.

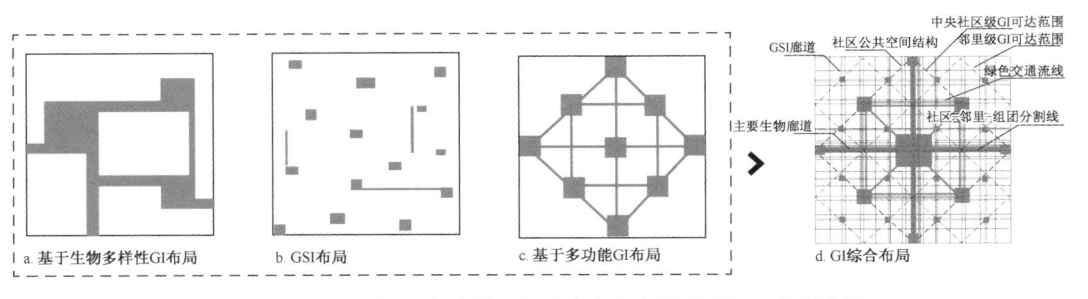

图 6-66　GI 面积一定时基于公共空间规划的社区 GI 理想布局

图片来源：笔者自绘

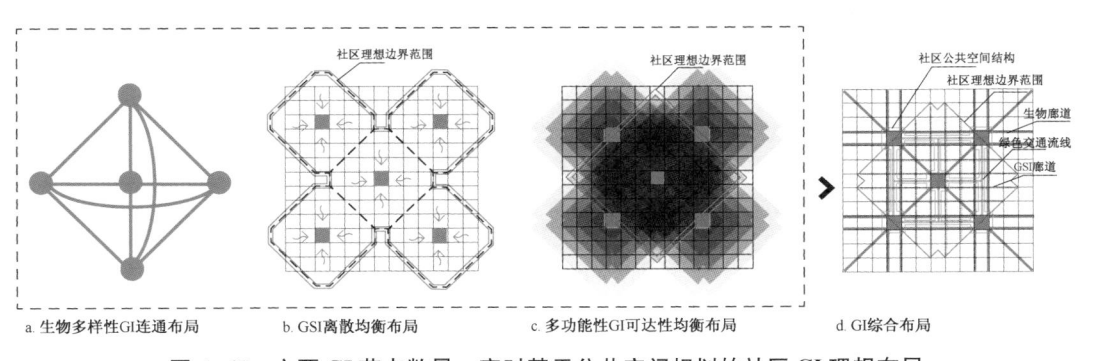

图 6-67　主要 GI 节点数量一定时基于公共空间规划的社区 GI 理想布局

图片来源：笔者自绘

突点分清问题主次，优先解决主要问题；层次性指中观层面的社区控制性与修建性规划在宏观层面的城市总体规划与微观层面的场地具体设计中的规划位置；场所性是指规划遵循城市开放空间肌理，保持城市图底特征与场所特点；资源保留性是指对社区内已有大型 GI 资源的分析与保留；复合性是指不同 GI 功能在公共空间中结合以实现资源利用最大化。具体的规划步骤有：

（1）确定试点社区主要与次要生态问题，基于问题设定优先目标。在分析现有的 GI 资源与公共空间条件后，找出适宜转变为 GI 的公共空间及适宜转变为公共空间的 GI，完善不同功能 GI 网络与公共空间结构，实现人与自然的共生。

（2）依据网络中心、场地、孤岛、廊道、生态跳点分类找出社区内的所有 GI 与树冠层，研究各类型 GI 生态敏感因子，绘制含有"潜力区"与"潜力线"的"社区 GI 生态敏感性分级与评分图"。

（3）通过查询社区相关资料与 DEM 数据绘制"社区洼地分析图"与"社区汇水线分析图"，并与"GSI 要素分析图"叠加形成"社区基于 GSI 布局的洼地分析图"，并根据 GSI 网络化原则与布局模式，找出图中基于开放空间潜在的点型 GSI、线型 GSI、汇水处的面型 GSI。

（4）基于社区人口调查数据与现有多功能性 GI 布局，绘制"社区基于人口分布的 GI 可达公平性地图"，找出可达性差的区域。

（5）依据点线面分类找出社区所有公共空间，重点标记"非 GI 类公共空间"，评价各类型公共空间公共活力，绘制"社区公共空间要素公共活力分析图"。

（6）将"社区公共空间要素公共活力分析图""社区 GI 生态敏感性分级与评分图""社区

基于 GSI 布局的洼地分析图""社区基于人口分布的 GI 可达公平性地图"叠加，根据优先目标将弱公共活力的公共空间改造为不同功能的 GI，以及将弱生态敏感性 GI 与过量集中布局的 GSI 转变为公共空间，不同功能 GI 的改造潜力区域重合处依据优先目标而定，最终形成完整的高连通性的生物多样性 GI 网络、均匀密集分布的 GSI 网络、可达范围均衡的多功能性 GI 网络及基于生态性、公平性、可达性的公共空间网络。

（7）规划后的"基于 GI 综合优化下的社区公共空间网络图"分别与城市公共空间系统、城市 GI 系统整合，并综合考虑城市交通、沿河天际线及视觉通廊等各个规划方面。

6.6 本章小结

本章重点讨论了在社区尺度下怎样结合 GI 功能以优化公共空间的规划与更新方法。传统的中观层面公共空间规划遵循要素布局、结构规划、城市衔接等各个方面，公共空间更新遵循要素调研、结构更新、场所感营造等不同方向，但在生态视角下两者都存在规划方法与更新策略的局限性，导致社区公共空间一系列生态问题与社会问题的产生。公共空间规划继而引入社区级 GI 要素与结构规划，从 GI 的生物多样性功能、雨洪管理功能、产生的多种社会功能出发探讨两者在中观尺度结合规划的可能性，形成了"基于 GI 的社区公共空间整体规划框架"。

在"基于生物多样性意义优先的社区公共空间规划"一节中，首先讨论了社区公共空间与基于生物多样性 GI 在要素与结构方面的结合，细化了"广场、公园、街道"与"网络中心、场地、孤岛、廊道、生态跳点"之间的耦合关系，以及"网状、枝状、带状、放射状、环状"几种社区 GI 结构与公共空间结构的共生特征，继而引出"社区 GI 连通"才是同时实现两者效益的关键点，对基于社区公共空间规划基底的 GI 连通性特征展开研究。其次，探讨了生态廊道优先连通选择的 8 项原则，从绿色网络连通度、节点连通度、廊道连通度 3 方面对廊道连通度进行量化研究，并对社区公共空间内连通廊道的宽度、等级与类型展开研究，以及区分了"自然基底型"与"人工基底型"两种社区 GI 网络连通结构，提出了"基于社区公共空间基底的 GI 连通性规划要点"。最后，利用垂直叠加法、水平分析法、软件计算法、理论交叉法、实践调研法等多项研究方法对南京新街口街道展开研究，形成了基于生物多样性意义优先的社区公共空间更新规划方法，并从生物多样性角度对新街口街道公共空间更新规划提出了建议。

在"基于 GI 雨水管理功能为主的社区公共空间规划"一节中，首先对社区公共空间与 GSI 要素与结构结合关系展开研究，探讨了点型 GSI、线型 GSI、面型 GSI 与公园、广场、街道、场地、水系结合形成的公共空间元素，9 种 GSI 结构模式与公共空间结构结合发展方式，以及以西雅图南向公园社区雨污规划为例阐述社区 GSI 规划与雨水管网系统关系，引出社区中"GSI 网络化分布"是公共空间中雨水生态管理规划的关键点，并基于社区公共空间规划基底的 GSI 网络化展开研究。其次，讨论了基于社区公共空间肌理的 GSI 网络化合理分布的 8 项原则，从破碎度、离散度、离散均衡值等 3 方面对 GSI 网络化分布展开量化研究，以及对渗透型 GSI、传输型 GSI、调蓄型 GSI 的设计规模展开研究，并以美国波特兰高点社区为例总结了基于社区公共空间肌理的 GSI 网络化规划要点。最后，利用垂直叠加法、软件计算法、理论交叉法、实践调研法等不同研究方法对南京新街口街道展开研究，形成了结合

GSI 雨水处理功能的社区公共空间更新规划方法,并从 GSI 的雨洪管理角度对新街口街道公共空间提出了建议。

在"基于 GI 多种社会功能影响的社区公共空间规划"一节中,首先,从要素与结构两方面对社区公共空间与多功能性 GI 进行结合研究,探讨了节点型 GI、设施型 GI、流线型 GI 与公共空间要素在功能、形态、类型方面的复合,以及多功能性 GI 7 种结构与公共空间结构结合发展方式,并以美国西雅图中心社区为例,引出社区绿色交通系统与 3 种多功能性 GI 的关联研究,继而引出"满足社区 GI 可达性"是基于公共空间肌理的多功能性 GI 规划的关键点。其次,对公共空间基底的 GI 可达性布局进行研究,在梳理国内外相关标准值后,对社区街道肌理的 GI 可达范围图形、研究点到社区 GI 可达值、社区 GI 可达均值进行量化研究,讨论了基于可达性均衡的设施型 GI 4 种布局特征,并以美国波特兰珍珠区为例讨论了以优化社区公共空间布局为目标的 GI 可达性规划特征。最后利用垂直叠加法、软件计算法、理论交叉法、实践调研法等不同研究方法对南京新街口街道展开研究,形成了以提升 GI 多种社会功能为主的社区公共空间更新规划方法,并从多种社会功能 GI 的可达公平性角度对新街口街道公共空间更新规划提出了建议。

最后,在"基于 GI 综合优化下的社区公共空间规划"一节中,首先整理了生物多样功能、雨水管理功能及多种社会服务功能的社区多种 GI 与公共空间在要素与结构方面的统一结合特征。其次总结了基于公共空间基底的不同功能的 GI 网络 8 处相似特征并进行优化,以及 17 处矛盾点并进行整合,继而推导了 3 种 GI 网络与公共空间规划相结合的关键特征——连通性、网络性、可达性。最后,根据上述整合研究提出了基于 GI 综合优化下的社区公共空间更新规划方法。

总之,中观层面社区 GI 的合理规划与布局可以在一定程度上弥补公共空间传统规划与更新方法的弊端,解决公共空间生态与社会问题。在分析社区公共空间公共活力与 GI 功能特征基础上,形成基于 GI 多种功能与综合优化下的社区公共空间更新规划方法,达到基于城市公共空间基底的 GI 形成网络中心与廊道的网络连通,以提升生物迁移与驻留的多选择性;GSI 形成绿色斑块的均衡离散布局,以保障雨水在自然过程中的处理效率;GI 形成绿色服务设施的公平分布与便捷可达,以满足其多种公共功能的有效发挥。

7 微观——结合 GI 功能的场地研究尺度公共空间生态技术实施

　　场地研究尺度公共空间是城市开放空间生活不可忽视的重要部分,其与居民的户外日常生活关系极为密切。微观层面的城市公共空间设计的主要任务是在宏观定性、中观定量的基础上进行进一步的近人尺度的处理,因此与场地条件、建筑形态及其周边环境有着密切而直接的关联。微观研究尺度公共空间设计在生态问题与设计方法上的不足引出了多功能场地 GI,除了基于城市与社区范围的 GI 网络规划外,在场地设计尺度,城市 GI 的另一层含义就是生态化的人工基础设施①。从建筑附属空间到城市开敞空间形成的 GI 为城市公共空间提供了自适应与自循环的高品质环境,而 GI 与公共空间在设施服务特性以及多形态、多功能、多目标特征的匹配与结合是本章的研究基础(图 7-1)。

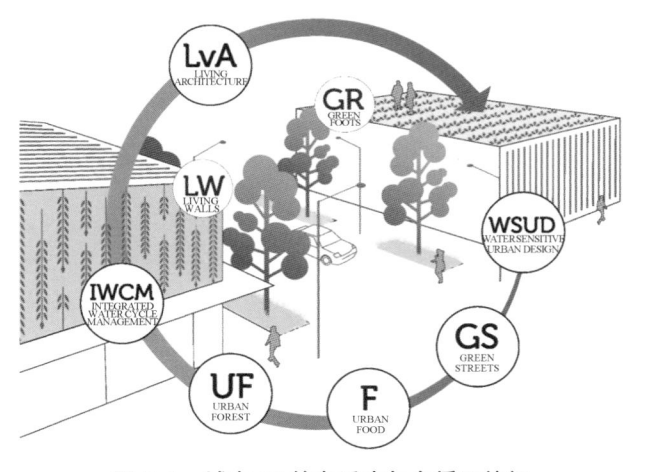

图 7-1　城市 GI 的自适应与自循环特征

图片来源:https://cn.bing.com/

　　本章依据问题导向型研究方法提出微观视角下不同功能 GI 与公共空间相结合的研究方向,并找出基于生物多样、雨洪管理、多种复合功能、绿色交通、棕地修复等不同功能的 GI 与公共空间研究相结合的方法,形成生物多样性公共空间、雨洪管理类公共空间、多社会功能性公共空间、绿色交通类公共空间及棕地生态修复类公共空间 5 类公共空间设计,并分别展开研究。

---

①　人工基础设施"生态化"的概念为 21 世纪初期的规划理论带来了全新的思路,GI 则用简单甚至低于建筑成本的规划与设计途径为解决城市问题提供了新的方法。因此城市 GI 规划与其说是一种设计理论,不如说是一种在设计实践领域的创新。王春晓.西方城市生态基础设施规划设计的理论与实践研究[D].北京:北京林业大学,2015:93.

7.1　GI 导向的场地公共空间背景

　　微观尺度的传统公共空间与人性化的公共生活有关,相关研究主要基于街道空间、广场空间、公园空间、滨水空间、公共空间群、商业空间、校园空间、建筑灰空间等室外公共空间的功能基础,对其空间的尺寸、形状、质感、界面、边缘、基面、秩序、内容、风格特征、建筑退线距离等具体的要素与指标与空间场所意义下的性格特征进行分项研究,是城市公共空间建设的最终实施阶段。传统城市公共空间设计注重人工要素与符号设计对使用者在物质形态与精神层面的引导与影响,却忽略了自然要素的多种功能与效益,微观 GI 技术的引入不仅保障了公共空间的公共性与场所感,而且使空间集自然过程与人文影响于一体,真正实现了空间的生态、文娱、教育、展示、引导等多重功能。

7.1.1　场地公共空间传统要素构成、微观功能及设计内容

　　微观层面的城市公共空间研究更多地从应用角度探讨物质空间作为一种载体和介质如何对公共生活产生作用,以及产生何种作用,以及反过来公共生活对城市环境的物质形态如何产生影响,产生何种影响[①]。户外共享公共空间强调空间的渗透性、适应性、参与性、开放性、人性化设计等特征。

　　微观尺度的公共空间的要素构成包含物质要素与活动要素。物质要素是既已存在或不断添置的空间物质内容,可以按自然特性分为气候、地形、土壤、大气、水体及生物植被等自然景观要素以及道路系统、娱乐设施及公共服务设施等人工要素,也可以按空间界面类型分为基面要素、维护面要素及设施小品要素;而活动要素是以人为主体的能量活动[②]。根据杨·盖尔(Jan Gehl)的户外活动理论,居民在户外公共空间活动有 3 种类型:必要性活动,如上班、上学、购物等活动,主要依靠线型交通空间完成;自发性活动,如锻炼、休憩、遛狗等行为,主要依赖线型交通与点面型公园、广场;社会性活动,通常有必要性活动与自发性活动引发,如交谈、儿童嬉戏及其他一些被动式接触等,主要依靠线型交通与点面型空间完成,但居民更倾向于在公园与广场等环境优美的地方实现此类活动[③]。

　　依据公共空间的特征与要素构成,公共空间的场地功能有两大类:社会功能与生态功能。社会功能包括:①娱乐、运动、集会、健身、交通等动态功能;②游憩、休闲、观赏、交友等静态功能;③户外教育及生物研究等教育功能。生态功能包括:①美化环境、提高空气质量、提升心理愉悦感等美化功能;②大面积绿化与水体维持局部乃至城市生态系统的平衡,起到生态保育功能。公共空间的社会功能通常与居民的场地活动需求密切相关,而生态功能则从更深层、更宏观的角度影响公共空间的可持续发展与使用。

　　城市传统微观层面的公共空间设计依据功能性原则(心理安全需求与生理需求)、行为尺度原则(人体工学尺度、空间尺度、心理尺度)、公平性与连通性原则、地域性原则(场所感、识别性、艺术性)、可持续发展原则(尊重自然、绿色材料、生态出行),从空间形式、场地需求、

---

①　廖方. 微观层面的城市公共空间设计研究[D]. 南京:东南大学,2006:7.

②　简霞,韩西丽,李贵才等. 城市社区户外共享空间促进交往的模式研究[J]. 人文地理,2011,26(1):34-38.

③　杨·盖尔. 交往与空间[M]. 何人可,译. 北京:中国建筑工业出版社,1992:2.

场地要素、场所精神、场地环境、图示以及空间的叠加与拟合等方面出发,达到空间的功能性、易达性、公共性、生态性、艺术性等目标,实现空间的社会学、生态学以及美学价值。公共空间设计主要包括两方面内容:空间形态与场所精神。空间形态主要指公共空间的尺寸、形状、围合与层次等形态要素,以及质感、界面、边缘、基面、设施小品、公共艺术等构成要素[1],和道路、边界、区域、节点、标志物等意向要素[2],以及秩序、风格特征、用地性质、建筑退线距离等空间控制指标。场所精神是指通过对公共空间所处地域性、文化性、历史性符号的继承引发使用者的认同感、方向感与安全感[3]。

7.1.2　微观层面公共空间生态问题与设计缺陷

城市公共空间在微观层面的生态问题主要体现在两大方面:生态要素缺失及绿地功能供给不足而间接或直接导致公共空间的公共活力低、公共环境差、公共功能弱。城市中绿色线型空间的断层、建筑附属公共空间的私有化、大面积公共绿地空间的功能及服务人群的单一化等等一系列问题导致了公共绿地空间的供求关系不能匹配,而部分城市低质量的公共绿地环境直接导致空间的低利用率及低公共活力。除此之外,多数城市公共空间往往重视人工设施的规划,而忽略已有自然资源的多功能性与整体性,附加的绿色设施只能起到景观美化作用,并不能有效发挥绿地的多重复合功能。

在城市公共空间设计方面,传统的绿色公共空间设计与研究方法也存在着缺陷:强调美观性与可见性而忽略生态功能性、自然要素与公共空间脱离、重绿化指标而不重生态效率[4]。在城市规划与场地设计规程中,城市绿化对空间的表面美化功能得到了政府的过分强调和重视,但绿地所应具有的生态功能及其实际效益被严重忽视;自然绿化在设计过程中往往以独立修复和保护为重点,而其与城市步行系统、公共空间系统、公共服务设施系统等脱离,整体上降低了土地自然服务功能的发挥;公共绿色开敞空间的总体数量和布局方面在规划设计中往往得到了较好地满足,而对该区域原始生态脉络的尊重却被忽视,这降低甚至破坏了原始生境的自然服务功能。

微观层面的城市公共空间生态问题是多方面原因造成的,例如研究不健全,缺乏对生态格局的宏观把控,常常出现大尺度生态孤岛及城市雨洪生态问题,以及在自然生态过程与原理的景观化研究方面的缺失;设计不全面,欠缺对地域设计和乡土物种保护的考虑,欠缺对绿地资源的多种社会性服务功能的考虑,以及绿地建设流于形式而造成生态效益低下;管理不完善,城市建设空间蚕食绿地,建筑基面侵占步行空间等,并且建成绿地的后期管理与宣传教育政策不够完善;生态意识弱,对于已经或必须侵占的生态绿地,决策者往往缺乏生态恢复及生态补偿的基本意识,局部场地生态要素的缺失必将最终导致城市整体生态系统的彻底崩溃[5]。

---

① 王长宏. 城市公共空间设计[J]. 北京规划建设,2010(3):34-36.

② 林奇·凯文. 城市的印象[M]. 项秉仁,译. 北京:中国建筑工业出版社,1990.

③ 挪威学者诺伯·舒兹(Christian Norberg—Schulz)提出两种场所精神——定向感或导向感以及认同感。前者是指人所具有的辨识空间的能力,知道自己所在的位置;后者是指对这样场所的认同感与安全感。诺伯·舒兹. 场所精神——迈向建筑现象学[M]. 施植明,译. 武汉:华中科技大学出版社,2010:19.

④ 仁洁. "绿色基础设施"专项研究:以新疆五一新镇规划为例[D]. 北京:清华大学,2013:1-2.

⑤ 任莲志. 城市中心区公共空间生态设计研究[D]. 重庆:重庆大学,2010:24-25.

7.1.3 GI 导向的场地公共空间研究方向

在场地设计尺度,GI 更注重"基础设施"的多种场地服务功能,且更偏重于城市基础设施与生态资源在技术实施方面的结合与相互影响。城市 GI 对于公共空间在微观尺度上主要具有保障场地的生物多样性与废弃空间的生态修复等生物功能,提供食物、水、清洁的空气等生产供应服务、场地雨洪管理、气候调节等非生物功能,以及改善与促进绿色交通、优化空间的多种社会服务等文化功能①。多功能性的 GI 与传统公共空间研究基础、公共空间相关的生态问题、公共空间设计与研究方法的不足形成互补,并具备低成本、高效益、功能复合等多种优势。

基于 GI 多种功能的城市公共空间微观研究方向应从公共空间的基本现状以及公共空间与 GI 功能的可结合程度考虑。公共空间的基本现状是指不同 GI 要素与功能被置入后,绿色空间在经济与生态方面的研究价值潜力、两者结合是否具备问题解决的紧迫性以及两者形成的研究方向是否具有创新性等方面,例如 GI 的生产供应服务功能与气候调节功能在城市公共空间场地置入后不具备太高的新颖性,不宜作为一处创新性的研究方向。公共空间与 GI 可结合程度也是确定研究方向的另一个考虑要素,例如城市农场公园作为提供生产供应服务功能的 GI,应有一定的控制界面与管理措施,而不宜规划于公共活力较高的城市空间之中。经过研究与筛选,最终确定 GI 在改善雨洪的生态管理、促进城市生物多样、优化棕地生态修复、实现绿色交通与社会功能复合 5 方面与公共空间在微观层面进行结合研究(表 7-1)。

表 7-1 场地尺度 GI 的主要功能与公共空间结合研究潜力

城市场地尺度 GI 的主要功能		是否适宜与城市公共开放空间结合	研究价值潜力		研究紧迫度	研究创新性	研究方向
			经济价值	生态价值			
生物功能	生物多样性	√\	√\	√	√	√	√
	生态修复	√\	√	√	√	√	√
非生物功能	生产供应服务功能	×	√	√\	√\	×	×
	雨水管理	√	√\	√\	√\	√	√
	气候调节功能	√	√\	√\	√\	×	×
文化功能	促进绿色交通	√\	√	√	√	√\	√
	促进多种社会服务功能	√	√	√\	√\	√\	√

注:√适宜或关联紧密;√\ 较适宜或关联一般;×不适宜或基本不关联。
资料来源:笔者自绘

7.1.4 研究内容与框架

基于微观视角下城市公共空间生态问题及设计方法的不足,引入不同功能场地研究尺

---

① 贾铠针,洪再生.绿色基础设施作为生态支持系统重要作用研究[C].2014 城市规划与发展大会城市发展研究国际学术会议论文集,2014.

度下的 GI，确定基于 GI 生物多样性功能的公共空间设计、基于 GI 雨水管理功能的公共空间设计、基于 GI 多种社会服务功能的公共空间设计、基于 GI 促进绿色交通功能的公共空间设计、基于 GI 生态修复功能的公共空间设计 5 个研究方向，并对相应的公共空间分类展开研究。

基于 GI 生物多样性功能的公共空间具体包括对其分类研究、具有生物栖息地功能的公共空间生境内容研究、具有生物迁移功能的城市绿道研究、线型公共空间与线型生物多样性 GI 位置关系研究等；基于 GI 雨水管理功能的公共空间包括分类研究、公共空间景观要素研究、不同雨水管理特征下公共空间群及灰空间分类研究等；基于 GI 多种社会服务功能的公共空间包括城市级多功能生态公园及多功能绿道研究、社区级多功能绿色公共空间研究及中心区多功能绿色公共空间研究；基于 GI 促进绿色交通功能的公共空间是基于点线面型 GI 对优化绿色交通空间的影响及设计方法研究，具体包括"慢行交通"与 GI 结合（点线面型 GI 对非机动交通道路影响及点型 GI 对机动车道影响）、"公交便达"与 GI 结合（点型 GI 对交通枢纽站影响、线面型 GI 对交通枢纽站布局影响、线面型 GI 对轨道交通布局影响）、"复合交通"与 GI 结合（GI 对复合交通网络布局影响与 GI 对复合通道影响）、"立体交通"与 GI 结合（GI 与立体交通位置关系分类研究）；基于 GI 生态修复功能的公共空间是利用 GI 的生态修复功能与公共功能对城市棕地进行基于生物多样性、雨洪管理、多种功能复合、绿色交通等多种目标的修复研究（图 7-2）。

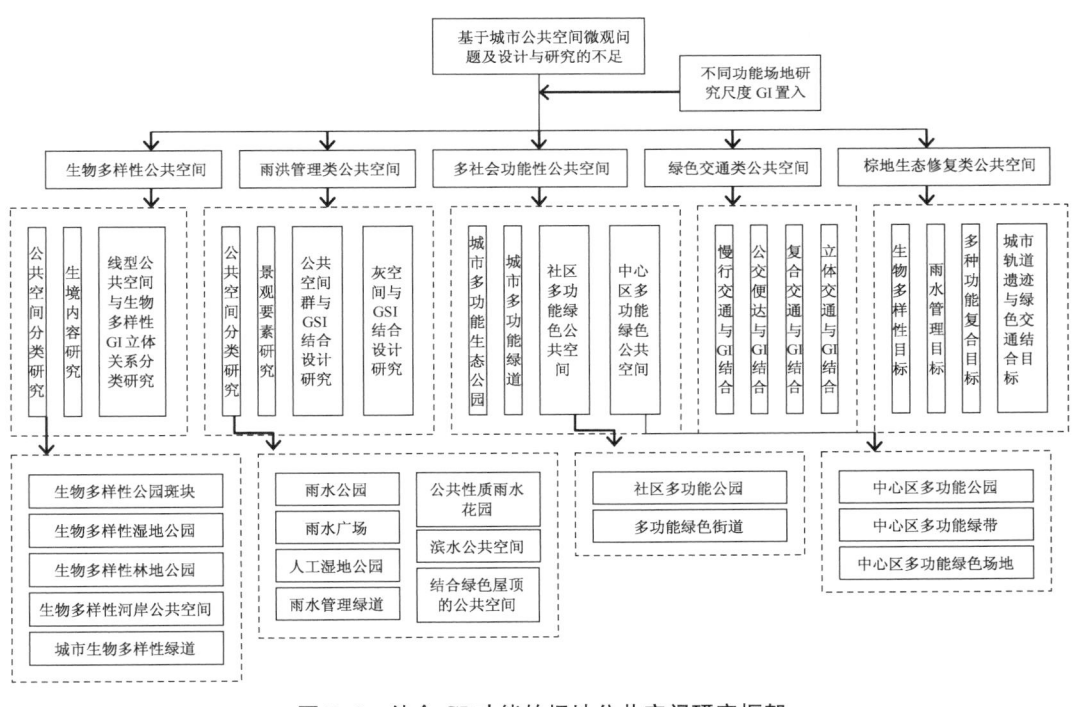

图 7-2 结合 GI 功能的场地公共空间研究框架

图片来源：笔者自绘

基于 GI 功能的公共空间设计研究对象具体有公园、广场、街道、绿道、建筑附属公共空间、滨水空间、灰空间、公共空间群几大类；研究对象尺度既有城市级与社区级，也有建筑附属空间级;在 GI 与公共空间关系研究上,既有结合关系,例如生物多样性公园本身既为公共空间又为 GI,也有分离关系,例如点线面型 GI 与城市交通空间研究;在研究内容上包含不同公共空间的类型、形态、尺度、评价指标、功能、特征、布局、设计要点等多方面。总之,本章利用案例分析、对比研究、实地调研等多种研究手段在场地设计尺度对不同功能、不同形态、不同尺度的 GI 与公共空间结合的可能性做了较为深入的探讨。

7.2 基于 GI 生物多样性功能下的公共空间设计

微观层面生物多样性目标下的公共空间设计根据因地制宜原则、重要栖息地与廊道保留原则、高敏感林地保护原则、本土植被原则、分区开发原则,重点分项研究生物多样性公园、河岸公共空间、绿道的设计要点与结合设计特征,其中包括生物多样性公共空间分类设计研究、生物多样性公园生境研究、不同功能与尺度的绿道研究及生物廊道与公共空间立体设计研究等。

7.2.1 城市生物多样性公共空间分类研究

城市生物多样性保护是以生物生境保留与修复为基础,以显著提高维持城市生物多样性能力为目标,对城市绿地斑块合理设计。从斑块功能与位置来看,生物多样性公共空间有生物多样性公园斑块、生物多样性河岸公共空间、生物多样性湿地公园斑块、生物多样性林地公园斑块几种。前两者以半人工生境为主,适合设计与保护同时考虑;后两者以生境为主,更适合在保留原有生态过程基础上规划与改造。生物多样性公共空间设计除去对斑块传统景观特征[①]及斑块内容考虑外[②](表 7-2),还应分类、分项研究。

1. 生物多样性公园斑块

公园斑块在生态学上最佳形状为一个大的核心区域加上弯曲的边界与狭窄的指状突起,且其延伸方向与周围流的方向一致[③]。因此在公园绿地及保护用地形态设计中,可以有意识地在边缘处向外延伸“触角”以有利于公园内濒危物种向其他绿地的扩散以及灭绝后的再定居过程[④]。生物多样性公园斑块边缘与普通公园边缘不同,其由于边缘效应(Edge Effect)有着丰富的物种组成,因此可以适当曲化公园边界,并形成公园内核心区—缓冲区—交流区由内向外的结构。公园内园路也应合理组织及区分,尽量避免规划机动车道,且自行车道、不同类型步道等游览流线应避免与生物流线交叉(图 7-3)。

---

① 生物多样性斑块、网络中心、场地、孤岛常用的景观指数有斑块形状指数(PSI)、景观丰富度指数(IRI)、景观多样性指数(Shannon 多样性指数与 Simpson 多样性指数)、景观优势度指数(IEI)、正方像元指数(SPI)、斑块平均面积(MSP)、斑块密度(PD)、斑块分维数(FRAC)、边缘密度(ED)、聚集度指数(AI)、Shannon 均匀度指数(SHEI)、景观连接度指数(COHESION)等。邬建国. 景观生态学:格局、过程、尺度与等级[M]. 2 版. 北京:高等教育出版社,2007:107-115.

② 谭玛丽,张健,魏彩霞. 城市公园——城市生物多样性契机——原生乡土植被覆盖城市指导原则[J]. 中国园林,2011(7):73-77.

③ 李秀珍,肖笃宁. 景观与区域生态学的一般原理[J]. 生态学杂志,1996(3):75-81.

④ 斑块“触角”边缘形态区别于斑块边界密度(ED)/斑块形状指数(PSI),公园斑块在节约土地的前提下,形成边界密度较低的基本形态,在此基础上根据生物多样性目标适当增加“触角”。

表 7-2　基于生物多样性意义下城市公园设计要点

类别	方法
地形与土壤	确保地形有变化
	最小化对自然土壤和水文的影响
	整合微生境（如原木、矮灌丛、沙生野果、卵石、峭壁）
	避免过多铺装覆盖整个地表土壤
	尽可能不在公园内设置车行道路和停车区域
水体	应仿照不同大小的生境模拟出充足的地表水体（包括泥潭和树洞）
	水体驳岸应尽可能自然式布置，并与森林植被相连（自然材料会使生物多样性趋于稳定；避免使用混凝土驳岸）
	确保野生生物能便捷地到达水源（有坡度的种植驳岸）
	公园整体设计中的下沉区应与水系相连，可作为临时的雨水收集（防涝并预防土壤侵蚀）
植被	模拟自然植物群落，乡土植物占大多数
	扩大多层次种植和林缘生境区域
	鼓励自发生长植被
	优先种植能结果的乔木和灌木（果树）
	选择树冠宽大的大乔木
	为乔木和灌木提供充足的生长空间，而不用修剪
游客引导系统	设置道路系统引导游客远离较敏感的生境区
	在公园内营造无光无噪声（临时或永久）区域，在各个公园内设置儿童动物园和宠物角，让人们有机会学习如何正确对待动物

资料来源：谭玛丽，张健，魏彩霞. 城市公园——城市生物多样性契机——原生乡土植被覆盖城市指导原则[J]. 中国园林，2011，27(7)：63-67.

2. 生物多样性湿地公园斑块

生物多样性湿地公园不仅是单纯的湿地和公园的叠加，同时对脆弱的湿地生态系统进行保护和修复，又要为城市及城市的居民提供各种功能。生物多样性湿地公园设计除了传统的功能分区、水系规划、道路规划、景观系统规划、植物规划外，还应加强公园内外水系及内部水体斑块之间的连通，提高公园水体的调蓄与自我净化能力；重视生态驳岸的保留，营造浅滩与舟岛，增加岸线长度[①]；园路尽量避开生态敏感区域，并与周边环境协调；注重土壤保护、文化保护、动植物保护措施的实施、管理与宣传教育[②]。

3. 生物多样性林地公园斑块

生物多样性林地公园斑块一般为城市级或区域级游憩与生态保育公园，是城市自然系统与 GI 网络系统规划的关键战略点。生物多样性林地公园的设计与规划以保护、恢复或营建多样的和丰富的植物群落和动物群体、湿地、淡水、草原等生态系统甚至微生物为基础，

---

① 张园媛. 城市生态湿地公园景观设计研究[D]. 武汉：武汉理工大学，2010：25-36.
② 黎伟. 城市湿地公园生态保护与游憩开发规划研究[D]. 海口：海南大学，2010：18-23.

图 7-3　成都白鹭湾湿地公园园路类型

图片来源：笔者自摄

在对生境内容、地形起伏、生物栖息与迁移位置、林地气候研究后适量增加交通路径、体验空间、基础设施等人工要素，并与生物监测、基础教育设施、林地排水防灾系统结合考虑，最终对建成后的林地公园进行生物多样性与公共性评估①。

4. 生物多样性河岸公共空间

城市中河流与绿地或建设用地的交界河岸线对生物多样性保护有着极其重要的影响。研究表明，河溪边岸域中动植物种类数量较其他生态系统超出许多。在河岸公共空间规划设计中，应结合河岸的亲水与防水功能，在坡度不大或水流较慢的情况下，种植自然植被营造柔性的自然缓冲带，植被宽度在 28 m 以上②；而在坡度较大或水流较急情况下，应结合考虑结构稳固与水利安全，将植物与多孔隙材料共同构成护坡系统。为了缓解亲水与防水矛盾，可以在河岸处形成双重或多重堤岸，例如 2010 上海世博会后滩公园，内堤与外堤间隔出沿岸亲水内河，穿插步道与沿岸植物群落，形成丰富的河岸景观生态系统③。

7.2.2　城市生物多样性公园生境内容研究

生物多样性公园作为城市生物物种的重要栖息地，对其内部生境的保护、修复与营造研究是打破高密度均质化的人工公共空间及营造异质性自然生境的关键生态战略点，而生境多样性与物种多样性是评价生物多样性公园生境内容的重要指标。生境多样性与物种多样性往往呈正相关，多样化的生境斑块单元一方面会减少大型斑块内部物种，但另一方面会增加边缘物种类型与数量，提高城市绿地环境下生物物种的丰富度④。

①　季玉蓉. 城市森林公园评价体系的建立与合肥森林公园的研究[D]. 合肥：安徽农业大学，2015：16-21.

②　Budd 等人在研究湿地变迁时发现，河岸植被在 27.4 m 时才能满足野生动物对生境的需求。Budd W W，Cohen P L，Saunders P R，et al. Stream Corridor Management in the Pacific Northwest：I. Determination of Stream-corridor Widths [J]. Environmental Management，1987.

③　俞孔坚. 2010 上海世博会——后滩公园[M]. 北京，中国建筑工业出版社，2010.

④　Dramstad W E，Olson J D，Forman R T T. Landscape Ecology Principles in Landscape Architecture and Land-use Planning [M]. Washington，DC：Island Press，1996.

城市生物多样性公园按不同主导生境类型可分为林地生境为主的公园、草地生境为主的公园、湿地生境为主的公园以及混合生境的公园。对不同类型生物多样性公园的评估首先要区分并确定公园内生境单元的种类与数量。城市公园内的生境单元按形态可分为面（27种）、线（19种）、点（5种）①，其中既有自然保留生境单元，也有人工设置生境单元。不同生境单元与不同类型生物多样性公园相匹配，并有不同的生态敏感性与物种多样性。（见文后表 F-11）其次在生境单元基础上对公园生境多样性及物种多样性评估，生境多样性指标有生境多样性指数（H′）、生境饱和度指数（S′）、生境发展趋势指数（D）；物种多样性指标有植物多样性指数（H_t）与动物多样性指数（H′_t）②（见文后表 F-12）。

基于生境多样与物种多样的生物多样性公园设计步骤有以下方面。①设定目标。②场地分析与考察。即确定动植物种类、栖息地、迁移路线、生境单元种类、地形、水文、小气候、土壤特性等条件，以及生物多样性公园类型。③生境单元划分。根据现有生境单元种类对照生境单元分类表，选择合理的生境组合并进行分区，高生态敏感性与高物种多样性生境单元组合，并对原有高生态敏感性生境单元加以保留。④规划人工要素。其中道路、硬质广场、出入口、临街界面与边缘等要素的设置应避开重要生物栖息地；节点空间与重要景观形成近景对景、远景借景关系，并考虑景色形态、色彩搭配、空间浏览节奏等；保留原有生物流线，避免保留的生物流线与游览流线的交叉；最终考虑公园排水、雨水净化、标识系统（生态教育标识与路标）、小品与构筑物等规划。⑤准备工作，即优化地形，清理现场，恢复场地生态。⑥生境营造，指的是建成后的目标监控、评估。③

7.2.3　城市生物多样性绿道研究

生物廊道有生境功能、物质传输功能、阻抑与过滤功能、能量的供给源与汇功能，城市生物多样性绿道指的是具备生物传输功能的生物廊道与公共交通功能道路的结合。生物多样性绿道兼顾生物保护与公共流线双重功能，而对生物多样性绿道的评价除了其中廊道的结构形态指标④之外，还应研究实际工程中不同生态敏感性廊道与不同等级、功能、宽度的线型公共空间的关系。

生物多样性绿道根据尺度与功能可分为 3 种。一种是连接大型生物栖息地和保护区、帮助物种迁徙的生境走廊⑤（Habitat Corridor），线型公共空间一般与区域级、城市级生物廊道结合，宽度一般在 60 m 以上，通常有环山湖绿带、城郊结合处绿带、城市生态防护型绿道等。另一种是在小型保护区和公园绿地之间或者内部连接因道路切割造成的破碎生境，帮

---

　　① 点状要素也占有面积，因此可以利用场地信息和详细的航空照片，根据面状要素平均面积及公园等级限定点状各要素面积，城市级公园点面要素区分临界值一般为 100 m²，当面积超过 100 m² 时上述要素就可以看作面状要素。陈波，包志毅. 城市公园和郊区公园生物多样性评估的指标[J]. 生物多样性，2003(2)：83-90.

　　② Hermy M，Cornelis J. Towards a Monitoring Method and a Number of Multifaceted and Hierarchical Biodiversity Indicators for Urban and Suburban Parks [J]. Landscape and Urban Planning，2000，49(3)：162.

　　③ 王敏，宋岩. 服务于城市公园的生物多样性设计[J]. 风景园林，2014.

　　④ 廊道结构形态指标有长度与宽度、周长面积比（P_K）、曲度（LDQ）、连通性、密度（D）、数目、内部构成（物种与生境）；廊道网络形态指标有网络交点、网眼大小、网格格局（点线率、环通度、r 指数）等。徐晓波. 城市绿色廊道空间规划与控制[D]. 重庆：重庆大学，2008：35-36.

　　⑤ 李昊，郭大力. 城市生物多样性保护与生态廊道规划——以生态福州总体规划的相关实践为例[C]. 2014 中国城市规划年会，2014.

助物种穿越交通的廊道,称为生物通道(Wildlife Crossing),线型公共空间一般与社区级、场地级生物廊道结合,宽度一般不小于3 m,通常包含公路绿道、游憩景观型绿道、滨河游憩绿道、城市林荫路、道路两侧的小游园等[①]。还有一种为含有生态跳点的城市道路,可称为跳点廊道(Jump Crossing),生物传输功能与"跳点"尺寸、间距及生境构成有关。

生境走廊中生物廊道与道路的关系有内含、直贴、横跨,在设计中应注意道路与廊道边缘交接处(出入口处)尽量不切断生物廊道,留有一定的连续生境;生物通道中廊道与道路的关系有交融、立体、交叉、结合,其中廊道中乔木种植种类选择、游憩休息空间与廊道关系、道路与廊道交叉时立体设计尤为重要;跳点廊道中生态跳点一般包含在线型公共空间中,设计中树冠层间距应尽量缩短,并与遮阴休憩空间结合(表7-3)。

表7-3 生物多样性绿道类型及其研究内容

生物多样性绿道类型	生物廊道宽度	生物廊道生境构成	绿道主要功能(除去生物功能)	主要道路类型	廊道与道路结合关系图示	结合设计要点
生境走廊	$D \geq 60$ m,生态敏感性较高	乔木林为主	生态防护、水土保持、自然景观带	高速路、城市外环路、专用游憩自行车道	内含 直贴 横跨	①尽量保留廊道原有的自然景观特性,树种一般为乡土树种;②廊道密度不低于50%;③车道、非机动车道、步道应用灌木带分隔;④廊道内部自行车道出入口尽量不切断廊道
生物通道	60 m > $D \geq 3$ m,生态敏感性较低	乔灌木树列与草坪带结合	防尘降噪、安全防护人行道、休闲娱乐、改善环境	城市干道、自行车道与步道、滨河步道、林荫大道、游憩小径	交融 立体 交叉 结合	①公路绿道采用高大乔木和低矮灌木集合草本植物形式;②公路廊道可选择阔叶树种降噪,也便于生物通过时不受干扰;③部分游憩廊道可设休闲功能缓冲区,以10～15 m为宜;④廊道植物群落走向与廊道走向一致,密度在50%左右;⑤道路与廊道交叉时立体设计
跳点廊道	D 值由树冠与点式绿地直径而定,生态敏感性低	乔木树列、灌木数列、点线式草坪及混合	遮阴、美化环境、防尘降噪、结合公共设施设计	城市所有类型道路	结合	①绿道植物配置兼顾景观效果与当地物种生境需求;②乔木结合遮阴功能可设置休闲设施;③缩短生态跳点间距

资料来源:笔者自绘

---

① 城市生物廊道类型多种多样,按组成内容分为森林廊道(农田防护林廊道)、河流廊道(滨河廊道)、道路廊道(沿路廊道);按功能分为生态保护廊道、休闲廊道、历史文化廊道;按形成原因分为干扰型、资源环境型、残余型、引入型;按尺度分为生境廊道与小廊道;按结构又分为带状公园、风景林带、防护林带、道路绿化廊道、林荫休闲廊道、滨河公园廊道、滨河滨江绿带廊道等。本节主要研究具备生物传输功能的生物廊道与公共空间关系,即生物多样性绿道设计。左莉娜.基于生物多样性理论的城市生态廊道系统构建研究[D].成都:西南交通大学,2012:10,62.

7.2.4 线型公共空间与生物多样性 GI 立体设计

在城市公共空间规划与设计中,线型公共空间与生物多样性 GI 经常会发生冲突,即公共空间节点之间服务人流与物流而建设的人工交通空间和生物斑块之间服务生物流而生成的生物廊道发生交叉,道路的布局与设计容易冲击非生物环境,同时截断自然环境继而造成生物活动与迁徙的困境。例如新街口街道存在北极阁公园内森林绿道与石砌小径的交叉、"鸡鸣寺"地铁站入口设施与太平北路沿线带状公园的冲突、北极阁公园与鼓楼公园廊道被中山路与中山北路等交通用地切断等现象(图7-4)。因此,要保证城市内部及城市与郊区生物流的贯通,必须遵循当地生态系统特征、目标生物物种的习性、迁徙规律、生存规律等,对道路采取立体设计以规避重要的生态廊道与斑块,避免破坏廊道的内部生境与阻隔城市内生物迁徙。

北极阁公园内的石砌小径割断了绿地廊道　　　"鸡鸣寺"地铁站切断了太平北路沿线带状公园　　　紫峰大厦附近的孔雀雕塑 GI "孤岛"

图 7-4　南京新街口街道内不同等级 GI 廊道被交通设施"切断"举例

图片来源:笔者自摄

图 7-5　成都白鹭湾湿地公园高架桥

图片来源:笔者自摄

道路与生物多样性 GI 交错布置方式根据相对位置关系、廊道保护目标与道路等级等条件一般有路上通廊式、路下通廊式、架桥式、涵洞式、隧道式、平齐式、走廊式、复合式几种[1]。路上通廊式一般位于被道路切断的山体处,在道路上方建生物廊桥,桥面延续当地植被,且可以通过植物降低噪声干扰,适合动物通行[2]。路下通廊式是在河道与绿廊等生物廊道上方架桥,动物从桥下通过,例如在护城河、线型公园及绿道上方架设桥路。架桥式是当城市道路规划与城市重要生态斑块重叠时,为避免对斑块的破坏而将城市道路架高,一般在 8 m 以上,如成都白鹭湾湿地公园上方的高架桥景观,在设计中桥墩避开了公园内的水域及白鹭栖息地(图7-5)。涵洞式是在道路下设置涵洞,适于两栖动物通过,高度在

① 左莉娜. 基于生物多样性理论的城市生态廊道系统构建研究[D]. 成都:西南交通大学,2012:62.
② 赵奇. 快速城市化背景下城市绿地生物多样性保护规划研究[D]. 杭州:浙江农林大学,2012:49.

8 m 以下。隧道式是道路穿过山体时,为避免对自然生境造成破坏而设置地下隧道,设计中应注意勘探地质情况,并在出入口处避开动物栖息地。平齐式是最廉价的一种道路布局方式,道路与廊道会形成"交叉",因此在设计中应控制道路的用途、宽度、材质,并在生物廊道断裂处设置警示标志。走廊式常运用于公共建筑灰空间或小型公园内,通常用软质栈道避开边缘物种栖息地以及用廊道连接公共空间端点,设计中应多注重景观与功能需求。复合式是多种立体布置方式的结合,一般位于用地紧缺的城市中心绿地或绿道附近的立体复合交通,绿地斑块受交通影响较大,设计中应注意噪音、尾气、设施阴影对绿地生物的影响(表7-4)。相关研究表明,廊道过矮会阻碍空气流通且改变环境温度,影响部分生物的"感知",因此应对不同场地的物种保留不同的廊道,对于陆生小型爬行类和哺乳类动物,以及具有攀高生活习性的鸟类,不建议采用涵洞式立体设计。

表 7-4　道路与生物多样性 GI 交错布置方式

类型	特点	设计要点	图示	类型	特点	设计要点	图示
1 路上通廊式	路下廊上,当道路穿过 GI 斑块或廊道时,在道路上方设置生物廊桥,常用于跨越山地地形道路上方的"桥梁"	生物廊桥选址在原有栖息地之间的生物廊道上,并利用本土植物模仿自然生境	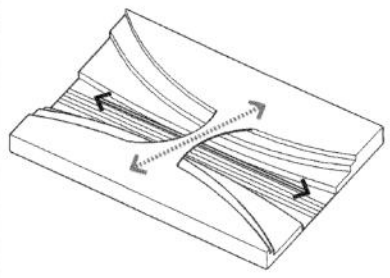	2 路下通廊式	路上廊下,当道路穿过溪流、绿谷等廊道时,道路架桥,保证陆地连通,空间跨越的基本尺度一般在 8 m 以上	减少路桥下支撑柱的落地面积,路桥尽量避免架在重要栖息地上方	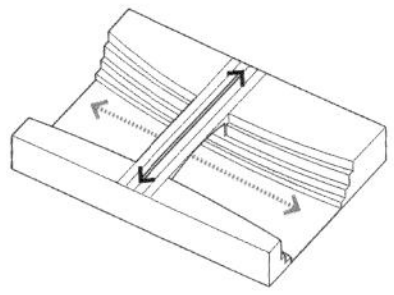
3 架桥式	路上廊下,当道路经过 GI 斑块或林带时,将道路根据当地生物通行需求而架起,适用于城市高速穿过绿地公园或公园内架起的交通小径等情况	减少高架路桥下支撑柱的落地面积,路桥支撑柱应避开重要栖息地与生物廊道	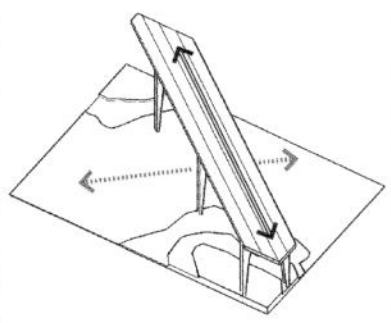	4 涵洞式	路上廊下,在跨过生物沟谷的道路下方设置涵洞,尺度一般在 8 m 以下,涵洞兼具生物通廊与排水功能	适于两栖类动物通行,涵洞处入口附近可种植过滤与滞留雨水杂质的当地旱生植物	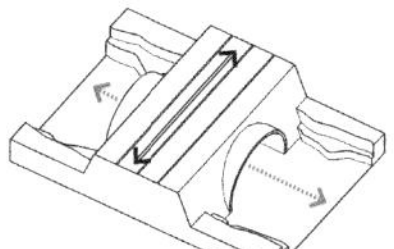
5 隧道式	路下廊上,城市道路穿过大型山体时,根据具体地质情况设置地下隧道,但造价较高	保障地面环境不受破坏,隧道出入口处对生境破坏减到最小	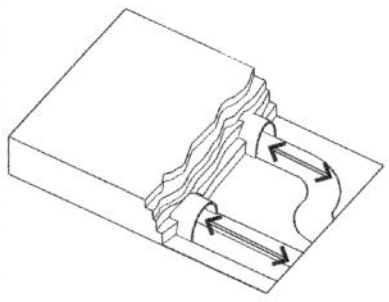	6 平齐式	路廊合一,道路与生物廊道在同一平面,便于动物通过,成本较低	道路宽度尽量缩短,材质尽量为软质,且保留原有生物廊道经过道路的出入口特征,并设置警示标识	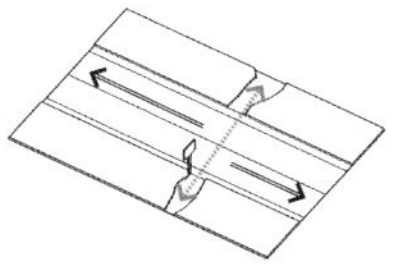

续表 7-4

类型	特点	设计要点	图示	类型	特点	设计要点	图示
7 走廊式	路上廊下,连接公共空间的路桥架在生物斑块或廊道上,公共空间一般为中小尺度灰空间,廊桥不超过2 m,桥路下方一般为灌木丛地或小片水池	通行生物一般为城市边缘物种,廊桥不宜过高,设计中应多注意结合景观要素与公共空间需求		8 复合式	路廊关系不一定,是多种立体布置方式的结合	注意立体景观、交通分层以及多重交通道路对生物廊道与栖息地的干扰	

资料来源:笔者自绘

7.3　基于 GI 雨水管理功能下的公共空间设计

　　近几十年来,由于城市人口增长和建筑密度的增大,导致道路、广场、屋顶等不透水面积急剧增加,自然环境中的水文循环机制在城市中被完全改变,产生了一系列环境与社会问题,例如暴雨条件下地表径流增加、径流速度加快、汇流时间缩短而造成城市内涝、地下水补给量减少、水质下降、公共空间污染等(图 7-6)。因此,城市建设急需一种生态的手段与园林景观设计相结合,对降雨过程中的雨洪径流与污染负荷进行有效控制,从而减轻城市排水系统压力以及提高城市水环境与公共空间质量[①]。

东南大学西区东入口处雨洪影响空间利用　南京珠江路雨水积涝影响交通出行　暴雨时下水井不能及时处理过量雨水而造成内涝　南京进香河路沿线带状绿地达不到雨水就地下渗的处理容量　部分建筑屋顶排水设施的设计不当而造成雨水倾泻　城市垃圾及汽车油污等污染物随雨水流经街道,造成污染

图 7-6　南京新街口街道部分雨洪问题举例

图片来源:笔者自摄

　　基于 GI 雨水管理功能(GSI)下的公共空间简称城市雨洪管理类公共空间,微观层面雨洪管理类公共空间与 GSI 是两种概念,广义上 GSI 指所有具有雨水生态处理效益的城市设施,强调雨水管理功能下的设施性,而公共空间强调服务城市居民的空间性,两者服务对象不同但在生态目标上相似;狭义上 GSI 包括绿色停车场、可渗路面、生物池、下沉绿地、雨水桶、种植池、植被浅沟等技术设施,雨洪管理类公共空间在尺度上含有部分 GSI,或公共空间

　　① 赵宇.低影响开发理念在城市规划中的应用实践[J].规划师,2013,2019(S1):42-46.

本身也是 GSI,如湿地公园、雨水公园、雨水花园、雨水广场等。雨洪管理类公共空间在不同研究方向下分类也不同(表 7-5)。微观层面雨洪管理类公共空间设计依据因地制宜、统筹建设、生态优先、兼顾景观等原则对公园、广场、滨水空间、街道、公共空间群、灰空间分类研究,具体包括基于 GSI 结合下的不同用地性质的公共空间研究、公共空间景观要素与 GSI 结合设计研究、公共空间群与 GSI 整体性雨水管理功能结合研究、灰空间与 GSI 结合设计研究。

表 7-5　不同研究方向下雨洪管理类公共空间分类

分类标准	雨洪管理类公共空间分类
尺度	城市尺度(湿地公园、雨水公园、雨水广场、生态廊道、滨水公共空间)、社区尺度(绿色街道、小型雨水湿地)、场地尺度(雨水管理为目标的公共空间群与灰空间、雨水花园、结合绿色屋顶的公共空间)
点线面形态	消解水体的面域基底、连接疏导的线状廊道、终端吸纳的节点斑块
雨水管理途径(设有不同雨水管理途径的 GSI)	收集型(含有绿色屋顶、铺装集流、植被集流、水体集流)、渗透型(含有透水铺装与可渗地面、下凹绿地、绿色屋顶、雨水花园、树池、渗透井、渗透塘、渗透管沟、辐射渗滤井、雨水回灌井、绿色停车场)、过滤型(含有铺装过滤、植被过滤、湿地过滤)、传输型(含有植被浅沟、旱溪、明渠)、滞留型(含有植草沟、过滤带、滞留池)、储藏型(含有雨水桶、水库、天然水体)、调蓄型(含有调节池、湿地、湿塘、多功能调蓄设施)、净化型(含有人工湿地、生物塘、阿科曼水生态处理①)
雨水管理目标	回收利用型(灌溉、场地景观、建筑用水)、景观渗透型(硬质地面、软质地面)、排放型
与不同生态敏感性 GSI 的关系	自然保留型 GSI 与公共空间结合(公共空间位于大型 GSI 边缘,如与自然景观湿地邻近的公共空间)、半人工型 GSI 与公共空间结合(公共空间与 GSI 内部结合,如城市雨水公园)、人工型 GSI 与公共空间结合(公共空间本身即 GSI,如雨水广场、可渗透街道)

资料来源:笔者自绘

7.3.1　雨洪管理类公共空间分类设计

以雨洪管理为目标的公共空间兼具生态与公共活动双重功能、雨洪过程与公共流线双重规划、雨水与使用者不同研究主体,对两者的结合研究在基于相关案例分析下重点研究不同雨洪公共空间的功能、类型及设计要点。因此在不同性质公共空间与 GSI 结合设计研究中,除去调和雨水公共空间的景观指数外②,还应对不同类型与不同雨洪管理途径的公共空间进行专项研究。

1. 雨水公园

城市雨水公园作为 GSI 网络中主要雨水处理节点起着重要的净化雨水、减少地表径流及营造场地水体景观功能。雨水公园按公共活动功能及形态可分为综合性公园、专类公园、带状公园;按照雨水处理过程分为径流过境型、径流汇集型、无外围径流型公园;而按照雨水

---

① 阿科曼水生态处理技术是利用阿科曼生态基作为载体,在其上密集固定微生物并繁育为微生物群落,通过微生物的代谢作用净化水体的污水处理技术。苗展堂. 微循环理念下的城市雨水生态系统规划方法研究[D]. 天津:天津大学,2013:171.

② 微观设计角度下与雨水管理密切相关的绿地斑块景观指数有斑块类型面积(CA)、最大板块占景观面积比率(LPI)、斑块平均大小(MPS)、边界密度(ED)、景观形状指数(LSI)、平均形状(MSI)、平均斑块分维数(MPFD)、景观聚集度(AI)、景观结合度(COHESION)等。叶丝丝. 基于绿地景观格局分析的小城镇雨水景观规划研究[D]. 长沙:湖南大学,2015:34.

管理效益及途径可分为城市生态公园与雨水专项公园。城市生态公园运用生态学原理和技术进行公园绿地设计、建设和管理，一般面积较大且起到雨水收集渗透功能，例如城市中大部分的下沉绿地公园；而雨水专项公园则更偏重于对雨水的汇集、净化、景观营造等一系列生态处理技术，一般为社区级公园，例如波特兰唐纳西公园（Tanner Spring Park）。在城市雨水公园设计中，在遵循场地、绿地、道路、水体、铺装等要素设计要点情况下①（表7-6），应根据景观选址、土壤选定、结构深度确定、表面积确定、景观形态确定、功能区划分、交通流线及树种选定与配置等程序规划与设计。

表7-6　基于雨水管理目标的城市公园设计要点

场地	根据不同生态资源与敏感性划分为禁建区、限建区、适建区
	限制在坡地、水体等生态敏感区域进行开发
	尽量尊重原有地形，减少土方量
	尽量保留城市低洼地带的生态过程
	场地与城市道路、公园、水体形成雨水管理程序链
	雨水汇集处（植草沟、湿地、河道）斜坡设置砾石墙等缓冲雨水径流设施
	考虑不同用地属性与坡度的坡地对雨水径流的影响
公园绿地	绿地低于硬质地面
	绿地离散均衡分布并相互连通
	绿地达到一定深度，一般为5～20 cm
	绿地内可以选择当地耐旱喜湿植被
	绿地面积一定下将绿地形态复杂化
道路	结合GSI的道路尽量沿等高线布局
	缩短路网总长度与宽度，减少不透水面积
	采用透水路面与雨水管理绿道
	道路两侧雨水渗透设施严格控制土壤成分、结构深度及植被种类
水体	雨污分流
	发掘雨水的景观、灌溉、涵养水源等再利用功能
	水体再利用前利用GSI净化，形成"雨水净化链"
	雨水汇流景观选址在地势低洼处
	重视公园内雨水洼地与湿地的调蓄功能
透水铺装	不同形式与空隙的透水铺装与透水路面应结合场地雨水径流量、地面硬度需求及景观需求设计

资料来源：笔者自绘

2. 雨水广场

雨水广场是微观设计角度下灰色基础设施与GI结合的重要战略点，一般同时具备雨水

---

① 王佳. 基于低影响开发的场地景观规划设计方法研究[D]. 北京：北京建筑大学，2013：22-46.

调蓄与公共活动双重功能,常用在公共活力较高且处于低洼处的公共空间。雨水广场按照雨水管理的程序、发挥的效益及雨水景观利用途径分为调蓄景观广场与排水渗透广场。荷兰蒂尔水广场(Water Square Tiel)、荷兰鹿特丹水广场(Water Square Benthemplein)及美国西雅图文化广场(Seattle Culture Square)等均为调蓄景观广场,其主要通过一系列导水、滤水、蓄水设施设置不同等级与活动功能的蓄水区以应对不同降雨量的雨水径流,广场整体发挥景观与雨水管理作用(图7-7)①。排水渗透广场比较常见,是在普通硬质广场上加入浅草沟、生物池、下沉绿地等点线型雨水滞留过滤设施,如德国弗莱堡市扎哈伦广场(Zollhallen Plaza),纵横交错的种植池结合场地原有的铁路轨道枕木不仅可以汇集场地雨水以补给地下水位,还可以提升广场的历史感与场所感(表7-7)。

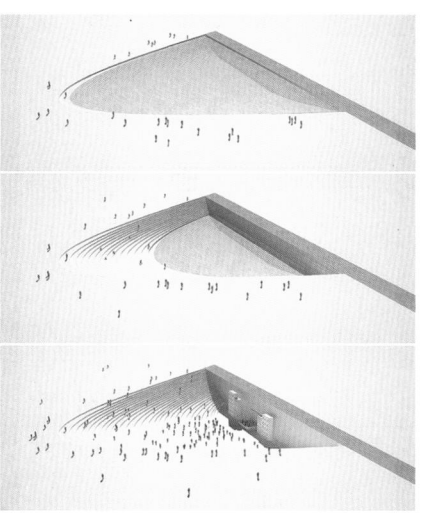

图7-7 不同水位下调蓄型景观广场功能示意图

图片来源:https://dirt.asla.org

表7-7 不同雨水广场特征比较

雨水广场类型	广场使用地域	广场中绿地设置	广场内主要雨水管理设备	不同降雨量下的雨水管理	处理后雨水流向	雨水管理力度	设计要点
调蓄景观广场	公共面积紧缺且需求较高区域	可无绿地	雨水墙、排水槽、贮水池、公共活动场地等灰色基础设施	对不同程度降雨量的雨水产生不同管理方式与景观效益	雨污分流,雨水流入开放水域	对雨水管理力度较大	重点在于导水、滤水、蓄水设施的设计,形成应对不同程度降雨的雨水景观及管理
排水渗透广场	对公共面积需求无要求	与植被的生态功能紧密结合	浅草沟、生物池、下沉绿地、树池等GI	对不同程度降雨量的雨水管理基本无差别	雨水直接渗入地下或排出广场外	对雨水管理力度较小	可与场地原有文脉要素结合设计,形成具有场所感的雨水管理广场

资料来源:笔者自绘

3. 人工湿地公园

人工湿地类型多样,按雨水管理功能分为调蓄型与净化型②。相较于普通公园,人工湿地公园更注重对基质、植物、动物、微生物形成的复杂生物系统的检测与管理,以达到雨水的调蓄、渗透、净化过滤等生态功能及休闲娱乐、室外教育、景观美学等公共功能。在人工湿地

---

① 赵宏宇,李耀文.非生态视角下雨洪冲击弹性应对策略探究——以鹿特丹水广场为例[J].国际城市规划,2016. De Urbanisten景观公司.荷兰蒂尔水广场[J].风景园林,2017(6):79-85.

② 人工湿地按水流方式的差异分为表面流型、水平潜流型、垂直流型、组合式,《湿地公约》的分类将中国的湿地划分为近海与海岸湿地、河流湿地、湖泊湿地、沼泽与沼泽化湿地、库塘等5大类。张建龙.湿地公约履约指南[M].北京:中国林业出版社,2001.

公园设计中，应根据不同的雨水污染控制、径流管理及景观营造目标，按照场地资料收集与分析、选址、类型选择、水体设计、基质选择、植物选择、驳岸设计、防渗设计、其他雨水管理设施选择、公共空间要素布局及标识教育系统设计等进行统筹规划及设计①。北京土人景观规划设计研究院在近十年中设计了多处以雨洪管理为目标的湿地公园，如哈尔滨群力城市湿地公园、哈尔滨文化中心湿地公园、金华燕尾洲公园等，设计中保留了湿地大部分区域作为自然演替区，形成了弹性河岸、弹性种植区、弹性牧场等弹性景观，步道与高栈桥穿梭于深浅不一的地形不仅形成了雨水处理链，而且给游客带来了独特的景观体验②。

4. 雨水管理绿道

雨水管理绿道主要功能为滞留、净化及传输雨水，按形态与功能等级分为雨水街道及雨水生态廊道。雨水生态廊道是城市河流、绿带与城市非机动车道形成的雨水汇集及净化绿道，是城市 GSI 网络的重要构成，发挥如调蓄雨洪、保持水土、涵养水源、净化污染物等重要生态效益。雨水街道按尺度与功能类型分为小巷、绿街、共享街道、生态林荫道、公园道路③；按雨水设施类型可分为树池街道、植草沟街道、渗水沟街道、下凹绿带街道、滞留池街道、可渗路面道路、可渗铺装道路等；按雨水处理流程可分为点线状 GSI 街道（内含树池）、虚线状 GSI 街道（内含不连续滞留池）及连续状 GSI 街道（内含连续绿色雨水管理设施）。在管理绿道设计中应根据场地径流情况、污染物成分及当地植被特征选择合适的街道类型，并注意溢水口及跌水堰的布局。

5. 公共雨水花园

雨水花园属于在场地尺度内雨水源头实现净化的 GSI，其根据雨水管理目标分为两种：以控制雨洪为目的及以减少径流污染为目的，前者主要起到滞留与渗透雨水的作用，一般用于环境较好的地域，如居住区；后者更兼备净化雨水功能，适用于环境污染相对严重的地域，如城市中心区，其在土壤配比、植物选择以及底层结构成分上需要更严密的设计。公共性的雨水花园应发挥生态、人文、公共休闲等多种功能效益，例如清华大学胜因院景观设计中，在经过场地竖向分析、径流分析与汇水分区划分及土壤渗透系数测定后，结合公共功能对雨水花园中雨水管理措施进行选择、计算与设计，不仅实现了减缓场地内涝、面源污染、消减暴雨径流等生态作用，而且满足了塑造场所精神、体现场地特征、激发场地活力等公共空间功能④。

6. 滨水公共空间

基于雨水管理的滨水公共空间处于雨水生态处理链的末端，是雨水自然流入河道与湖泊的最后一道过滤屏障，主要功能为雨水的最终生态净化，其可以是滨水湿地公园、滨水雨水公园及净水绿道。滨水湿地公园对雨水的净化能力较强，在设计中应注意加强湿地中连接水域的水网密度，强化雨水蓄存回用功能；净水绿道为沿水域布置的城市绿道，绿道中规划有不同类型的净水设施，如植被过滤带形成的雨洪缓冲区，起到防洪与过滤净化双向功能，在设计中应注意将降雨强度、下垫面、地形、驳岸、植被综合考虑；滨水雨水公园中处理后

① 魏海琪. 海绵城市背景下的城市人工湿地设计研究[D]. 北京：北京工业大学，2017：98-105.

② 戴滢滢. 海绵城市：景观设计中的雨洪管理[M]. 南京：江苏凤凰科学技术出版社，2016.

③ 阿肯色大学社区设计中心. LID 低影响开发：城区设计手册[M]. 卢涛，译. 南京：江苏凤凰科学技术出版社，2017：118-135.

④ 刘海龙，张丹明，李金晨，等. 景观水文与历史场所的融合——清华大学胜因院景观环境改造设计[J]. 中国园林，2014(1)：7-12.

的雨水直接排入水体,因此公园中的雨水处理节点应发挥有序、有效、整体的雨水净化功能,例如悉尼皮尔玛滨水公园(Pirrama Park)最大限度处理了公园与社区雨水,园区内通过道路生态滞留系统和雨水花园来处理道路、停车场的雨水径流,进入生态滞留系统的雨水汇流到蓄水池用于公园灌溉或直接流入港湾[1]。(图 7-8)

7. 结合绿色屋顶的公共空间

结合绿色屋顶的公共空间主要起到雨水汇集与初步净化作用,其在雨水处理途径上分为两种:绿色屋顶作为场地地形景观,以及屋顶排水设施与立体排水系统结合。前者一般为上人屋顶,屋顶绿化与公园绿化在平面上相联系,公共空间的雨水处理功能、效益与雨水公园类似;后者绿色屋顶与地面雨水设施并不直接连接,而是通过屋顶绿化、墙面设施(排水沟、立体绿化、雨水收集设备等)、地面设施(软质景观、地下储存设施、排水导水设施等)形成雨水处理链,设计中应注意绿色屋顶的结构层及屋顶负荷设计、雨水引导程序、净化设施节点及后期维护管理。

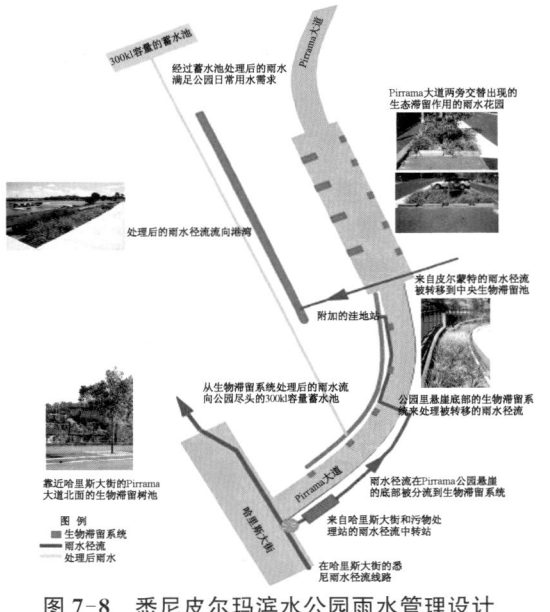

图 7-8 悉尼皮尔玛滨水公园雨水管理设计

图片来源:The WSUD of Sydney Pirrama Park

7.3.2 公共空间景观要素与 GSI 结合设计手法研究

公共空间的景观要素有自然条件、人工要素及基础设施 3 类,其中与雨洪管理密切相关的有地形、水文与植被。在基于雨洪管理为目标的城市空间设计中,首先要分析场地地形、水文及相关条件、当地植被种类与生态效益等条件,在不同雨水处理过程端点结合公共空间使用各功能形成源头汇集、中端传输、末端处理的生态景观空间。

1. GSI 与公共空间地形结合

点面型公共空间地形根据雨洪处理效益可分为凹地形、凸地形、平坦地形,线型公共空间分为斜直地形、蜿蜒地形、阶梯地形及平直地形,一般在同一条件下地形坡度越大,形态越直,基面越平坦,雨水流速越快,对地表产生的冲刷也越严重[2]。在以雨水管理为目标的公共空间中应注意以下几点:①下凹地形可结合周边环境与自身条件形成雨水塘,以消解场地雨水;②平坦绿地一般保持 1% 以上坡度以便排水,同时与下凹式雨水设施连通;③尽量减缓凸出地形的坡度,并设置障碍物或设置台地景观与波浪坡地,控制雨水径流同时达到景观效果;④避免传输雨水的线型公共空间呈斜直地形,通过改变为蜿蜒形态、减缓坡度、设置阶梯或跌水堰以及增加基底粗糙度等手段滞留雨水。

2. GSI 与公共空间水文结合

公共空间中与水文特征有关的设计要素有地下水位、水体距离及 GSI 渗透能力。不同

---

① 杨晓. 基于丘陵水系的城市雨洪利用规划策略研究[D]. 长沙:湖南大学,2014:16-17.

② 根据对坡度变化研究发现,在 26°～30°坡度之间径流量随坡度增加而减少,大于 30°坡度后径流量又随坡度增加而增加. 朱红霞. 城市绿地雨水渗透利用(二)——绿地土壤的渗透[J]. 园林. 2012(2):50-53.

GSI 由于结构与组成不同，对地下水位与水体距离有一定要求，地下水位过高会阻止雨水径流进一步下渗，同时容易污染地下水，所以地下水位过高场地不宜修建以过滤、渗透、滞留为主要控制机制的 GSI，如渗透池、雨水花园等，一般情况下透水铺装地下水位高度在 1 m 以上，其他渗透型 GSI 地下水位高度在 1.5 m 以上。在设计中为了避免过滤型 GSI 产生雨水溢流而造成周围水源污染，对不同过滤型 GSI 水体距离也有要求，雨水花园、植被浅沟、渗透沟水体距离在 30 m 以上，湿塘、渗透池、雨水湿地水体距离在 100 m 以上[①]。场地不同基底的渗透能力决定了空间是否干旱或内涝，在公共空间的雨洪渗透管理设计时，应结合不同土壤渗透能力合理选用 GSI，构建雨水处理网络（见文后表 F-13）。

3. GSI 与公共空间植被结合

除去雨水广场与可渗透路面构成的空间外，几乎所有的雨水管理类公共空间都需要结合植物，植物对雨水有除了滞留、净化、吸收等生态效益外，还具有调节气候、美化空间等社会功能。公共空间的植被设计中应注意：① 植被选择上应挑选当地植被、生命周期长植被、根系发达植被、具备优秀雨水净化功能的植被，并保证植被之间不会存在竞争；② 植被浅沟一般要求高度在 75～150 mm，根部茂盛，耐淹抗旱，雨水湿地、湿塘植物要求干旱水淹条件下都能够正常生长，同时具备一定净化能力，雨水花园、树池、凹式绿地等要求植物同时具备耐淹抗旱与净化功能；③ 渗透过滤型 GSI 的植被可考虑局部与卵石、木屑等植物覆盖材料相搭配，防止被雨水冲刷；④ 大型公共空间绿地可综合选择乔木、灌木、地被、草坪相结合，形成良好的植物群落[②]。

4. 公共空间与不同雨水处理过程形成景观

GSI 对雨水的处理过程可分为 3 大阶段：源头汇集、中端传输、末端处理。在雨水处理源头，GSI 主要功能为雨水的收集、渗透、初步过滤，如雨水花园与公园的下凹绿地、雨水广场、绿色屋顶等对场地雨水的收集，雨水主要为绿地景观提供灌溉用水及为雨水广场提供一段时间内瀑布与水池景观用水；在雨水处理中端，GSI 主要功能为雨水的传输、滞留及再次过滤，如植草沟与旱溪对街道、场地雨水的收集与传输，线型 GSI 可结合挡水坝形成叠水景观，设计中应合理规划交通流线与"雨水流线"，并与桥、假山、植被形成沿街带状园林；雨水处理末端的 GSI 主要功能为雨水的储藏、调蓄及净化，如以雨水净化为目标的生态驳岸、雨水湿地公园及雨水塘，场地尺度的雨水塘中雨水净化后可储藏再利用，城市尺度的驳岸与湿地可以结合滨水空间形成丰富的公共活动场地，例如美国西雅图的雨水端点处理设施（Point Defiance Stormwater Facility）在河流与社区交接的入水口处设置雨洪水景观化的滨水空间，在过滤雨水的同时起到公众教育与丰富河岸景观的功能（图 7-9）。

图 7-9　西雅图的雨水端点处理设施
图片来源：笔者自摄

———————

　　① Dietz M E. Low Impact Development Practices：A Review of Current Research and Recommendations for Future Directions [J]. Water，Air，and Soil Pollution，2007，186(4)：351-363.
　　② 彭乐乐. 海绵城市目标下的公园绿地规划设计研究[D]. 福州：福建农林大学，2016：25-27.

7.3.3 公共空间群与 GSI 结合设计研究

公共空间群是基于场地尺度上一组邻近的公共空间按照一定的结构联系结合在一起所组成的一个较为独立的公共空间亚系统[①],其具有结构完整性、交通连续性、功能互补性及空间格局独立性等特征。一般情况下,公共空间群是由城市步道将公园、广场、建筑附属公共空间、街道联系起来并形成整体性、独立性、功能性较强的空间节点与轴线,例如城市中心区的绿地广场、联系街道与小型公共场地的带状公园、结合社区绿道的滨水公共空间、校园公共空间群等。基于雨水系统管理为目标的城市公共空间群依据管理途径分为雨水全面渗透型公共空间群、雨水净化流出型公共空间群、雨水净化及再利用型公共空间群 3 类(表 7-8)。

表 7-8　不同 GSI 公共空间群对比分析表

类型	生态功能	GSI 类型	雨水管理流程	雨水流向	应用区域	设计要点	图示
雨水全面渗透型公共空间群	减少雨水径流、防止城市雨洪、灌溉	收集型 GSI、渗透型 GSI	雨水—场地/街道/屋顶—公共空间渗透型 GSI	就地渗透	洪涝灾害频发的区域、土壤渗透能力强的区域、地面沉降或塌陷严重的区域	a. GSI 尽量在公共空间群中均衡布局,并与建筑保持一定位置,避开地下水位较高场地,绿地类渗透型 GSI 尽量选择在土壤渗透系数较高的地块上; b. 通过当地水文情况与地质分析选择合适的渗透型 GSI 与渗流面积; c. 注重渗透型 GSI 不同竖向过滤层技术设计	 散点结构
雨水净化流出型公共空间群	雨水景观、生态教育、雨水净化、分散城市雨水量	收集型 GSI、过滤型 GSI、传输型 GSI、滞留型 GSI、净化型 GSI、调蓄型 GSI	雨水—场地/街道/屋顶/绿地—过滤型 GSI—传输型 GSI 与滞留型 GSI—净化型 GSI—调蓄型 GSI—水体	流入城市水体	城市径流污染严重的区域、洪涝灾害频发的区域	a. 传输型 GSI 尽量平行交通流线布局,并通过坡度、基底及跌水堰控制流速,且与道路景观协调并与路绿化带衔接; b. 湿地与生物塘等净化型 GSI 应与公共活力高的场地保持一定距离,并兼顾考虑地区气候; c. 调蓄性 GSI 一般位于有天然洼地、池塘或景观水体等的地段,需通过相应方法计算蓄流容积	 线网结构

---

① 马路阳. 现代城市公共空间系统研究[D]. 郑州:郑州大学,2002:32.

续表 7-8

类型	生态功能	GSI类型	雨水管理流程	雨水流向	应用区域	设计要点	图示
雨水净化及再利用型公共空间群	雨水景观、生态教育、雨水净化、雨水再利用	收集型GSI、过滤型GSI、传输型GSI、贮藏型GSI、净化型GSI	雨水—场地/街道/屋顶/绿地—过滤型GSI—收集型GSI—多次净化型GSI—贮藏型GSI—净化型GSI—雨水再利用	用于灌溉、公共空间景观及建筑用水	城市有雨水回用需求的区域、降雨量不足的区域	a. 公共空间群尺度不宜过大,雨水整体处理过程在可控与可监测范围之内; b. 净化型GSI一般与净化设施结合; c. 贮藏型GSI一般与屋顶雨水结合,需通过相应方法计算储流容积,且保证安全性; d. 雨水最终的灌溉、道路清洒、建筑回用、景观用水、空间娱乐用水等再利用措施与功能需求、系统成本、生态效益统筹结合	环通结构

资料来源:笔者自绘

雨水全面渗透型公共空间群是便于快速消减雨洪频发地区的雨水径流而在不同形态空间中规划透水铺装、可渗地面、下凹绿地、雨水花园、树池、渗透塘、渗透管沟、绿色停车场等GSI的公共空间组合。公共空间群设计中应注意渗透型GSI选址与选择、渗透型GSI均衡分布、场地渗流系统水量平衡、雨水的引导及GSI的景观与教育功能。以美国波特兰东南二十大街附近的新四季市场(New Seasons Market)附属空间与绿色街道共同形成的步行空间群为例,市场附属的雨水花园、绿色停车场、滞留池与绿色街道两侧渗水沟、植草沟等共计 420 m² 的渗透型GSI解决了附近包括停车场、屋顶、街道及两侧附属空间等约 4 800 m² 的场地雨水,形成洼地植被与西洋杉共存的空间景观[①]。

公共空间组合中对雨水的管理目标是雨水生态净化后流出,这类公共空间组合可称为雨水净化流出型公共空间群,其多为滨水类公共空间,GSI多处于雨水处理链末端。雨水净化流出型公共空间群的设计重点在于雨水引导与净化,根据雨水净化途径又可分为自然净化型与半人工净化型。在土人景观设计的美国奥斯汀沃勒溪(Waller Creek)城市绿洲项目中,来自社区街道的雨水被滞留后通过沃勒溪中生态墙、种植梯田、湿地等自然GSI充分净化,其中沃勒溪与城市绿道结合,并串联起了城市4大公园流向小鸟湖,形成集灌溉工程、土方工程、植被生长、遮阴步道与公共场所于一体的生态公共空间轴线。而在法国里尔市的上德勒(Haute Deule)河岸公共空间设计中,来自社区场地的雨水更多地通过街道两侧人工树池、滞留带、"道路花园"等半人工GSI净化后流向运河,形成公共空间的雨水净化网[②]。

雨水净化及再利用型公共空间群中的雨水最终用于绿地景观灌溉、街道清洗、建筑用水或

[①]　New Seasons Market——2543 SE 20th Avenue Portland, Oregon [R/OL]. https://www. portlandoregon. gov/shared/cfm/ image. cfm? id=172797

[②]　苏菲·巴尔波. 海绵城市[M]. 夏国祥,译. 桂林:广西师范大学出版社,2015:119.

水质要求较高的景观用水。这类公共空间群尺度不宜过大,且多数与绿色屋顶结合。公共空间对雨水的净化要求也较高,一般净化型 GSI 与过滤设备结合使用。例如美国华盛顿运河公园(Washington Canal Park)对建筑雨水与场地雨水分开净化再利用,由于场地雨水含有大量泥沙,对其通过设备预处理后,再结合雨水花园二次净化处理,最终与屋顶雨水一起通过净化设备处理后用于不同空间单元的绿地浇灌、厕所冲洗、景观用水及溜冰场[1](图 7-10)。

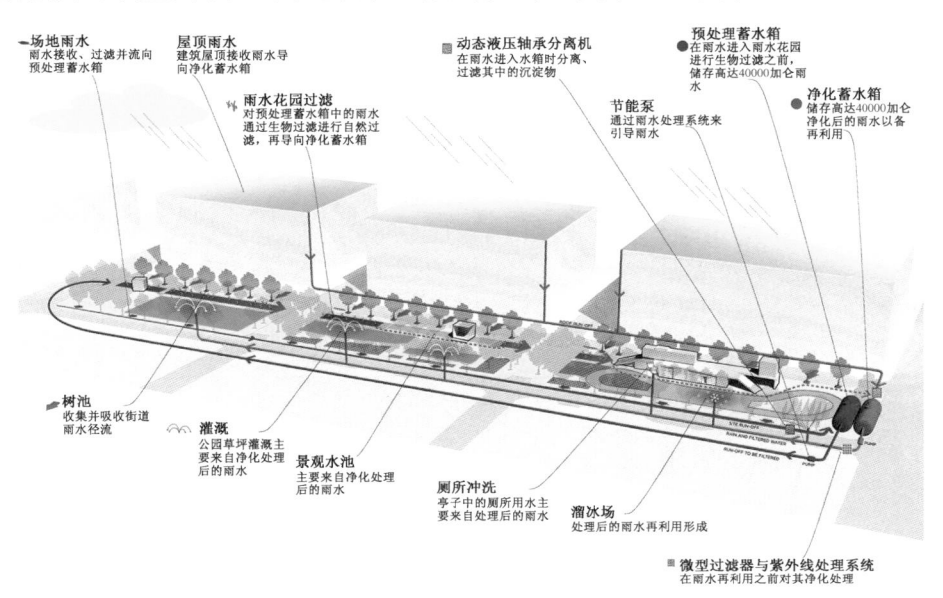

图 7-10　华盛顿运河公园中雨水管理过程

图片来源:改绘 Miller M, Graffam S, Blumenthal K R. Washington Canal Park[J]. Landscape Architecture Frontiers,2015,3(4):40-57.

7.3.4　灰空间与 GSI 结合设计研究

现代建筑灰空间设计过多探讨基于室内空间通透性、室外空间丰富性、文化寓意象征以及地域形象特征等传统概念,其主要是相对于没有过渡空间的"直板形立面"建筑而言的。但现代建筑过度讲究空间与功能,将基础设施作为消极因素处理,导致了建筑空间与自然因素的二元分离。灰空间中的植被在生态意义上并没有作为城市的一部分,造成了资源浪费以及与自然的脱节。基于 GSI 利用的现代建筑灰空间较于传统灰空间更侧重雨洪管理措施与城市公共景观的结合,同时强调了雨水的资源化利用和绿色基础设施的生态效益。处理后的城市雨水主要有景观、净化及再利用 3 大功能,且处理过程根据不同条件也不尽相同,根据灰空间中 GSI 处理雨水的机理与目标可以将灰空间分成 3 种类型:GSI 分离联系型灰空间、GSI 半联系型灰空间、GSI 全联系型灰空间[2](表 7-9)。

当雨水在建筑灰空间的作用基本以景观为主时,可称这种 GSI 灰空间为"GSI 分离联系型灰空间"。根据其不同景观意义可分为两种:落雨景观灰空间与导雨景观灰空间。美国宾

---

①　Miller M, Graffam S, Blumenthal K R. Washington Canal Park [J]. Landscape Architecture Frontiers,2015,3(4):40-57.

②　胡长涓,宫聪. 基于绿色雨水基础设施应用的建筑灰空间设计研究[J]. 华中建筑,2017,35(9):16-21.

夕法尼亚州立大学的千禧科学综合楼（Millennium Science Complex）入口处巨大挑台洞口与正下方雨水花园相结合，不仅在形式上丰富了入口空间、吸引了人流，并且雨水从屋顶落下正好浇灌了花园，形成立体落雨灌溉景观。灰空间对雨水景观化处理也常常将导雨设施艺术化以把建筑对雨水排放过程呈现出来，其不仅可以使雨水基础设施成为空间设计的一部分，也可以起到教育作用。具体导水设施设计手法可以采用如立体排水设施、雨水链及雨水景观地图等相关元素。

表 7-9　三种 GSI 灰空间对比分析表

类型	生态功能	设计要素	雨水利用流程	优点	缺点	应用区域
GSI 分离联系型灰空间	雨水景观、雨水教育意义、灌溉	建筑灰空间形体、导雨设施（立体排水设施、雨水链、雨水景观地图）、散水设施	雨水—屋顶—立面导雨设施—散水设施/平面导雨设施/植被景观	a. 落雨自身作为景观设计要素；b. 导雨设施艺术化设计；c. 雨水可用于灌溉	a. 雨水主要作为景观功能，其他功能不明显；b. 对导雨设施艺术化处理是设计难点，需要多专业结合	降雨量充足的区域，土壤渗透能力强的区域
GSI 半联系型灰空间	景观、雨水净化、分散城市雨水量	建筑导雨设施、散水设施、雨水净化设施（绿色屋顶、垂直绿化、滞留池、生物池塘、雨水花园、透水地面）、雨水净化设备	雨水—屋顶/屋顶绿化—立面导雨设施/垂直绿化—散水设施/平面导雨设施—平面雨水净化设施/雨水净化设备—地面自然渗透/排水管/自然蒸发	a. 在城市雨水排放系统初始阶段缓冲雨水，防止城市洪涝；b. 导雨设施艺术化设计；c. 雨水用于灌溉；d. 雨水初净化后排入城市管道，减少净化成本；e. 雨水自然渗透，涵养水源	a. 净化设备基础成本可能较高；b. 雨水净化设施是设计难点，需要根据雨水平均处理量计算设计容量、尺度及绿植选择；c. 需要对设备与设施后续维护	降雨量充足的区域，城市径流污染严重的区域
GSI 全联系型灰空间	景观、雨水净化、雨水再利用	建筑导雨设施、散水设施、雨水净化设施、雨水净化设备、其他功能相关设备	场地雨水/屋顶雨水—一级、二级、三级净化（植被净化或设备净化）—灰空间景观用水（蒸发、灌溉、喷泉、生物池塘）—二次设备净化—部分生活用水	a. 在城市雨水排放系统初始阶段减少雨水量，防止城市洪涝；b. 导雨设施艺术化设计；c. 雨水作为生活用水及场地用水的再利用	a. 净化设备基础成本较高；b. 雨水分级处理及雨水循环系统设计是难点；c. 需要对设备与设施后续维护	降雨量不足区域，用水量较多的灰空间

资料来源：笔者自绘

通过屋顶、建筑立面、庭院等灰空间中的相关设施初净化后的雨水或直接通过城市管道排入河流，或结合特定有机物及沙土净化水质，使之逐渐渗入土壤从而涵养地下水源，这种基于雨水净化为主要目的的灰空间可称之为"GSI 半联系型灰空间"。在大型建筑灰空间设计中，GSI 对雨水的净化排流可以结合公众对城市公共空间需求与流水景观而设计相应的休憩、娱乐、交流空间等社会功能空间。

透过设备与 GSI 将雨水净化后达到可利用的指标,再循环利用,这种将雨水先净化后利用的灰空间可称之为"GSI 全联系型灰空间"。被净化后的雨水根据指标可以用于建筑内生活用水,也可以用于灰空间景观浇灌。这种灰空间设计的关键在于雨水在灰空间中的处理过程中结合场地景观与满足基本功能条件,形成雨水的循环处理系统。例如华盛顿赛威尔友谊中学(Sidwell Friends School)的雨污分流净化系统将雨污水分别净化利用与灰空间结合在了庭院中(图 7-11,图 7-12)。

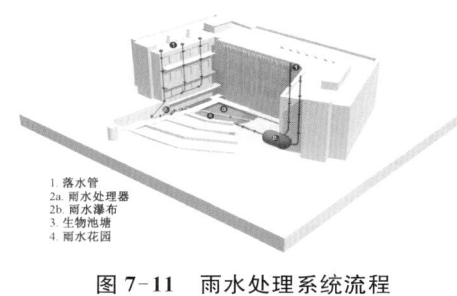

1. 落水管
2a. 雨水处理器
2b. 雨水瀑布
3. 生物池塘
4. 雨水花园

图 7-11　雨水处理系统流程

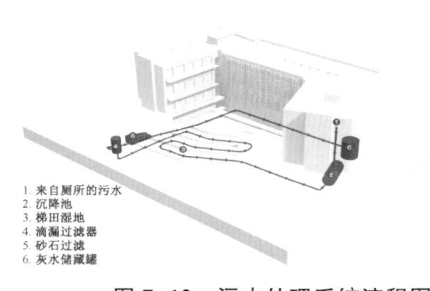

1. 来自厕所的污水
2. 沉降池
3. 梯田湿地
4. 滴漏过滤器
5. 砂石过滤
6. 灰水储藏罐

图 7-12　污水处理系统流程图

图片来源:Lynch C T. Watershed as Metaphor for Nested Hydrologic Systems[J]. Research,2019.

7.4　基于 GI 社会功能复合下的公共空间设计

微观角度下的 GI 多种社会功能与公共空间结合设计应根据互补性、兼容性、高效性、功能弹性、因地制宜性等原则充分发挥生态公共空间的休憩功能、文化娱乐功能、教育功能、保护屏障功能、生态功能、经济功能等多重复合功能。多功能的生态公共空间研究具体包括城市点线面形态的 GI 与不同功能、不同尺度、不同形态的公共场地结合后形成的城市多功能生态公园、城市多功能绿道、社区多功能绿色公共空间及高密度中心区多功能绿色公共空间,前两者研究以城市尺度规划下的场地设计为主,后两者研究则偏重社区与场地尺度规划下的场地设计。

7.4.1　城市综合公园与 GI 多种社会功能结合设计

城市公园是位于城市范围之内经专门规划建设的绿地,具体有 3 大主要功能:生态服务(生物功能、生活服务、生态教育及研究)、景观美化(景观美学感知与教育、影响城市景观特征)和社会服务(提供公共活动、增强场所感、避险防灾)。城市公园类型多样,按形态可分为带状公园、面状公园、线面状公园;按功能可分为综合性公园、历史文化公园、游娱公园、生态公园;按主要使用人群可分为保健型公园、老年人公园、儿童类公园、科普类公园、体育类公园;按区位可分为森林公园、滨水公园、绿地公园、湿地公园等。本节重点研究服务于城市范围且同时含有多种功能的综合公园,可称之为城市多功能生态公园。

城市公园的多功能性是一种在同一时间内同一地块单元上对各种公园功能的整合,但并不等同于各个功能的简单叠加,也不仅仅是各种利益的多样化和各种规划形式的简单叠加,其往往伴随着各个功能间的复杂变化和相互影响[1]。多功能性城市公园主要有以下特

①　史文正,海伦·伍勒. 景观多功能下的城市景观管理规划——以英国谢菲尔德市诺福克遗址公园为例[C]. 中国风景园林学会 2011 年会论文集(上册),2011.

征：①一般为市区级公园，其与城市尺度的综合性公园类似，但公共性更强且兼顾公园的生态效益；②重视场地文脉延续与发展，通过构建稳定的植物群落并把人为干扰降到最低，最大化发挥生态效益；③公园可以提供多样化、多功能、多层次的活动、学习、交流、文娱场地，满足各个年龄段及残疾人需求，并结合场地环境创造怡人空间；④滨水公园一般结合水生态与湿地景观线状分布，沿线形成不同功能的空间节点[①]。以广西柳州市柳东新区滨江官塘片生态湿地公园为例，5 处不同功能区与 10 km 长的夜光自行车道和 7 个环状滨江漫步道相结合，形成了集垂钓、湿地体验、水上运动、游泳、休闲、观赏、科教等多种社会功能与湿地生态修复、生物多样性保护等生态功能于一体的城市多功能生态公园（图 7-13）。

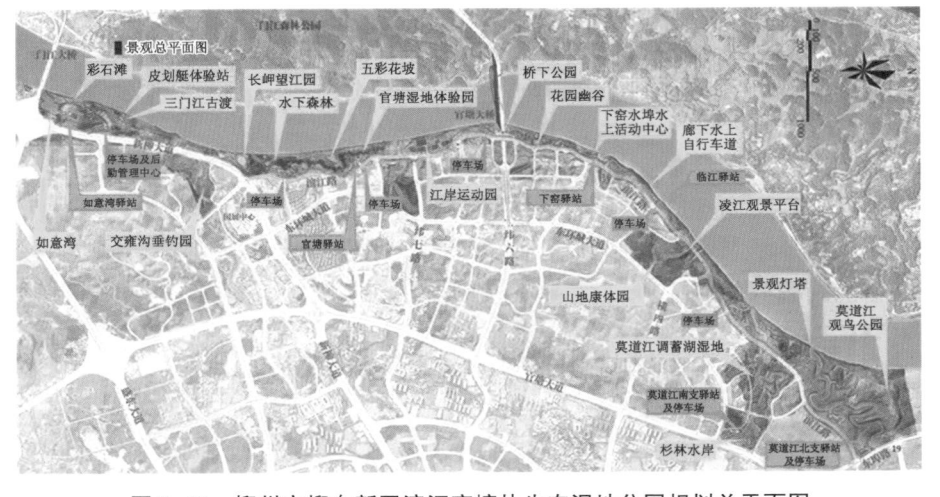

图 7-13　柳州市柳东新区滨江官塘片生态湿地公园规划总平面图
图片来源：http://www.sun0772.com/view-24921-1.html

在城市多功能生态公园规划设计中，对场地的选址与地形进行研究与处理后，依据不同功能、不同场地资源、不同使用人群对公园空间进行划分，选择出入口节点，置入点、线、面、设要素，形成丰富的空间结构。面指的是公园基面划分，也指特色区划分或功能区划分，例如公园内观赏区、休息区、运动区、娱乐区、专项区（儿童游乐、老年人文娱、宠物活动区）、户外教育区、水上活动区、管理区的区分；线指的是不同功能的多重交通流线形成并列、复合、交错、分离、包含等位置关系的规划，例如使用者流线（游憩主次流线、运动流线、交通流线、专项场地及不同区域到达小径）、管理者流线与生物流线的置入，以及公园不同功能与形式的主次轴线；点指的是不同功能节点的规划，形成开阔与私密、舒缓与紧凑、人工与自然等不同情绪的空间节点；设指的是园内服务设施，例如医疗卫生设施、避险防灾设施、指引标识、教育设施、休息设施等。在生态需求较高的公园，还应划分核心保护区、缓冲区、游憩区[②]。最终对园内水景、植被、道路、小品、照明等公园细部分要素规划与设计[③]。在需要体现历史文脉与城市特色的区域，公园还应考虑构建城市文化特征，例如 BIG 建筑事务所、Topotek1

①　郑曦.拥抱城市，融入生活——浅论城市公园的多层次、多样化、多功能构建[C].中国风景园林学会 2011 年会论文集（下册），2011.

②　施惠.城市湿地公园游憩空间结构研究[D].成都：西南交通大学，2013：38-42.

③　吕明伟，等.绿色基础设施：公园规划设计[M].北京：中国建筑工业出版社，2015.

设计事务所以及 SUPERFLEX 设计团队联合设计的丹麦哥本哈根超级线性公园,红色广场、黑色广场和绿色公园结合自行车道与步行空间,形成了包含骑车、散步、看球、打曲棍球等功能的运动空间,含有市场、咖啡厅、商店与露天集会场所的购物休闲空间以及作为城市舞台的文娱公园,而且不同颜色的功能分区与来自不同国家的城市家具反映了当地社区的本质,强化了城市多元化开放特征[①]。

7.4.2　城市绿道与 GI 多种社会功能结合设计

1990 年代以来,绿道是城市规划、景观生态学、景观设计和保护生物学等多个学科交叉的研究热点和前沿,根据美国学者杰克·埃亨(Jack Ahern)提出的绿道概念[②],绿道作为一种线型网络用地系统,其功能的多样性(生态、娱乐、文化、审美)决定了绿道的构建是多种资源复合叠加的结果。绿道由自然基底与人工设施构成,一般来说其主要具备 3 大功能:生态功能,包含栖息、通道、阻隔、过滤、资源、导入[③]等功能;社会文化功能,包含游览、交通、休憩、遗产保护、运动、教育等功能;经济产业功能,包括生境自我修复以节约养护经费、治污、治洪、结合生产性绿带、提升周边地块经济价值等功能。由于城市绿道的主要生态功能、尺度、区位、线型要素主体功能各不相同,其类型也多样(表 7-10)。城市绿道与 GI 多种社会功能结合设计强调了绿道中开敞绿地空间的生态保护与开敞公共空间多功能规划,具体包括多功能性绿道的规划及要素设计。

表 7-10　绿道分类表

分类标准	分类	特征及主要功能
生态功能	生态型绿道	沿自然河流、海岸及山脊线建立,主要功能为栖息地保护、自然考察、徒步旅行,宽度不小于 200 m
	郊野型绿道	主要依靠城市周边的开敞绿地、水体、海岸及田野通过登山道、栈道、慢行道等形式建立,主要功能为游憩休闲与生物通道,宽度不小于 100 m
	都市型绿道	在城市建成区内依靠人文景区、公园广场以及道路绿地建立,主要功能为交通、运动、休闲、改善区域环境,宽度一般不小于 20 m
尺度	区域绿道	城市之间的绿道,主要功能为区域空间格局构建、生态保护、生态网络体系构建
	城市绿道	城市尺度内重要的游憩廊道,主要功能为保护与优化生态系统、引导形成合理的城市绿色空间格局、提供休闲与游憩的慢行空间
	社区绿道	连接社区级公园、小游园及街头绿地的绿道,主要为社区附近居民提供公共活动空间

① 艾万·巴安,托尔本·埃斯科诺德,迈克·麦格纳森,等. 丹麦哥本哈根超级线城市公园[J]. 风景园林,2014(2):52-61.

② Ahern J. Greenways as a Planning Strategy [J]. Landscape and Urban Planning, 1995,33(1):131-155.

③ 绿道导入功能指的是吸引人与动物进入及提高安全性等. 徐文辉. 绿道规划设计理论与实践[M]. 北京:中国建筑工业出版社,2010:8.

续表 7-10

分类标准	分类	特征及主要功能
区位	道路绿道	以道路为特征的绿道,建立在各类特色游步道、自行车道之上,主要以自然走廊为主,但也包括河渠、废弃铁路沿线及城市景观道等人工走廊,主要功能强调人的进入及活动的开展
	林带绿道	沿山脊、森林公园、隔离林带附近建立的绿道,主要功能为野外考察、生物迁移、游憩
	滨水绿道	沿河流与小溪设立的绿道,一般作为城市滨水空间复兴项目中的一部分而建立,主要功能为景观游憩、慢行交通、户外教育
线型空间功能	交通绿道	结合城市交通干道设置的城市绿道,可设于干道两侧如防护绿带或中央隔离带,以绿化种植或带状公园为主
	风景绿道	结合风景区设置,主要为风景区提供通道、连接风景区内节点、连接不同城市风景区
	绿地系统规划的线型绿地	城市线型绿地主要是由交通走廊、防护林带、滨河绿带、组团隔离绿带、高架点线走廊等组成,以人工绿化种植为主,同时兼顾美化城市街景

部分资料来源:徐文辉.绿道规划设计理论与实践[M].北京:中国建筑工业出版社,2010:8.

城市多功能绿道规划与设计步骤有:①现状调研,调研内容主要包括生态本底、景观资源、交通设施、土地利用、土地权属、社会经济、旅游与休闲需求、地域文化特色等方面;②设定目标,根据调研情况设定生态、经济、交通、文化、公共活动等目标;③绿道线路选择,在土地适应性与使用需求分析基础上,利用相关技术评定适建区域保护区;④绿道控制区划定,应同时满足动植物繁衍与人类活动双重需求;⑤绿道空间规划与设计①,具体包括线型空间、节点空间、点状配套设施(服务设施系统、标识系统②)设计,前两者为研究重点。

线型空间包括绿廊系统、交通系统及交通衔接系统,主要承担绿道中的交通、游憩、生物通道、雨水传输等功能,其按照交通道路类型、交通道路形态、区位、主要功能、交通衔接、空间界面等特征可分为风景绿道、交通绿道、城市轴线绿道及线型绿地4种。风景绿道的主要公共功能为游憩体验及连接城市大型公共空间节点及自然历史景观;交通绿道的主要公共功能为提供交通景观及改善交通生态环境,一般不会直接连接大型城市空间节点;城市轴线绿道的主要公共功能为构建城市公共空间轴线及提供多种公共功能,其本身为城市中重要的空间节点;线型绿地的主要公共功能为组织机动交通、优化交通环境及隔离防护功能,一般与城市重要公共空间节点及保护用地形成一定距离(表7-11)。

---

① 朱江,甘有军,邓木林,等.基于城市特色的绿道规划设计方法探索——以泉州市绿道总体规划为例[C].2013中国城市规划年会,2013.

② 服务设施系统包括停车设施、管理设施、商业服务设施、游憩设施与小品、科普教育设施、安全保障设施、无障碍设施及环境卫生设施,标识系统包括信息墙、信息条、信息块等标识载体.蔡云楠.绿道规划:理念·标准·实践[M].北京:科学出版社,2013:38-45.

表 7-11   绿道线型空间分类及特征

线型空间类型	交通道路类型	交通道路形态	区位	主要功能	交通衔接（共线与交叉）	空间界面
风景绿道	专用步道、专用自行车道、慢行共用道、慢行并用道、慢行分离道	以折线、曲线为主，兼波浪线、弧线、直线	城市自然景区内	游憩、户外教育、生物通道、连通城市自然节点	①与城市干道共线时不宜过长；②与干道交叉时，可采用平交式、下穿式、上跨式3种衔接方式；③与铁路、高速路交叉时，只能采用上跨式或下穿式两种衔接方式；④与河流交叉时，可以有上跨式与横渡式两种方式	林地、溪廊、湖泊等大尺度线面型 GI
交通绿道	混合道（绿廊系统在道路中央或两侧）、机动道（无非机动交通空间）	机动道以直线为主，非机动道以折线与曲线为主	城市建成区内	交通、公共活动、防尘降噪等生态功能	①分清非机动车道、机动道、绿道、绿道内小径的流线与层次；②设计绿道小径到非机动车道的衔接；③与铁路、高速路交叉时，可采用下跨式衔接	带状公园、护城河、交通附属绿地
城市轴线绿道	以中央步行大道为主，兼顾机动交通	以平行直线为主	城市重要景观节点与城市级公共空间附近	景观地标、城市景点、遗迹保护、公共活动、组织城市空间结构等文化与公共活动功能	①步行大道与邻近机动道的衔接以及机动道的减速设计；②步行道与垂直于步行道的机动道的衔接，可采用平交式、上跨式、下穿式3种方式；③步行大道内交通流线与公共活动功能的衔接	多层次城市人工绿化
线型绿地	公共客运交通为主、兼顾机动交通	以直线与曲线为主	城市入口地段、重要公共交通枢纽附近、组团交界处	交通、隔离、防护、降噪、防尘、吸收尾气及其他生态功能	①交通道与临时停车场地衔接；②交通道与其他机动道衔接，可采用平交式、下穿式、上跨式3种方式	防护林地为主、兼顾交通附属绿地

资料来源：笔者自绘

节点空间按尺度与功能分为连接端点与线内节点，主要承担生态保护、公共活动、生态处理、户外教育、休闲娱乐等生态与公共功能。连接端点是指绿道线型空间所联系的城市公园节点、自然保护区、历史遗迹等较大尺度GI，具体包括自然节点、人文节点与城市公共空间[1]。绿道设计中应注意处理好两者之间的衔接关系，空间节点与绿道一起形成有序的交

[1]　自然节点：区域范围内生物多样性、景观独特性的集中区域，例如自然保护区、风景名胜区、水源保护区、旅游度假区、森林公园、郊野公园、农田等。人文节点：区域范围内具有一定文化、历史特色的地区，例如人文遗迹、历史村落、传统街区等。城市公共空间：包括城镇建成区内部的公园、广场、交通枢纽等。吴剑平，闻雪浩. 城市绿道的功能与布局方法[C]. 2011中国城市规划年会，2011.

通体验。例如美国波士顿"翡翠项链"(Emerald Necklace)绿道系统,绵延 19 km 的线型绿色交通连接了波士顿公园到富兰克林公园之间 9 处公园与线型绿地,共同构建了一个完整的公园系统①。线内节点是绿道内规划的绿色驻足空间,包括休闲空间,例如风景驻足空间、野营区域、林下与水边听觉类空间、小尺度健身角,以及生态节点空间,例如植物保育型节点空间、定点监测区、户外教育节点。为便于绿道中游客逗留和休憩,线内节点应配备完善的服务设施和相应的基础工程条件,还应避开易发生自然灾害和不利于工程建设的地段,不应对原有地段内的地形、地貌、天然植被自然环境产生较大冲击。例如新加坡实乞纳(Siglap)公园连接通道沿路设置了不同的广场节点、林荫设施、街道配套设施及生物学习研究场地,避开了重要的生物敏感地带,增加了绿道的多功能性与可识别性②。

7.4.3 社区公共空间与 GI 多种社会功能结合设计

社区公共空间主要为社区居民提供户外休憩、娱乐、运动、观赏等活动空间,满足市民日常的居住、购物和休闲的需求。社区公共空间按服务半径与区位可以分为居住区级与小区级③;按形态可分为带状、面状、组团状;按功能可分为多功能综合公共空间与单功能专类公共空间;按使用人群可分为老年康复场所、儿童游乐空间、盲人公园等;按生态功能可分为雨洪公园、生态保育公园、绿色街道、户外教育场地等。社区公共空间与 GI 的结合形成绿色公共空间,而同时包含多种社会功能与生态功能的绿色公共空间可称为"社区多功能绿色公共空间"。社区多功能绿色公共空间是相较于社区休闲公园、生态农场、共享花园、室外教室、避难场地、社区绿道与步道、社区绿色街道、滨水绿地等单功能社区绿色公共空间而言的,例如南京的北京东路南侧沿线的交通绿道与金陵中学东门的休闲公园(图 7-14),其主要空间形式有两种:社区多功能公园与多功能绿色街道,例如具有休闲、聚会、赏景、戏水、雨水处理节点等功能的南京和平公园西园与具有游憩、交通、休闲、健身、生物廊道等功能的南京太平北路沿线的带状公园(图 7-15)。

图 7-14　南京北京东路沿线绿道(左)与　　　　图 7-15　南京太平北路沿线的带状公园(左)与
　　　　金陵中学东门公园(右)　　　　　　　　　　　　　和平公园西园(右)
图片来源:笔者自摄　　　　　　　　　　　　　　　　图片来源:笔者自摄

社区多功能公园是指兼顾多种形式、服务不同人群、解决多种公共需求的社区绿色开敞场地,相较于一般社区公园,其更具备多种功能的复合弹性,较之城市多功能公园其在尺度

---

① 赵晶,朱霞清. 城市公园系统与城市空间发展——19 世纪中叶欧美城市公园系统发展简述[J]. 中国园林,2014(9):13-17.
② 张天洁,李泽. 高密度城市的多目标绿道网络——新加坡公园连接道系统[J]. 城市规划,2013,37(5):67-73.
③ 范香. 深圳市城市社区公园的分类探讨[C]. 2016 中国城市规划年会论文集,2016.

与服务范围上更适宜满足居民日常公共需求。社区多功能公园根据公园绿地规划与社会功能特征可以分为以动为主公园、以静为主公园和动静兼顾公园。以动为主公园是在同一场地为多种文娱类活动与行为提供服务的社区绿地空间,空间节点私密性较高,园路及节点空间应在10%～20%左右[①]以保障空间的静谧性,公园内绿地除了提供怡人景观外,还有组织流线、限定空间、调节环境舒适度等功能。以静为主公园是在同一场地为不同文娱类与休闲类活动和行为提供服务的社区绿地空间,空间节点开敞性较强,园路及开敞空间应在20%～30%左右以形成一定的活动空间尺度,公园绿地的主要社会功能为隔音降噪防尘、划分活动性空间及提供遮阴休憩空间[②](表7-12)。动静兼顾公园是两类功能在同一场地的整合,一般为居住区级公园且面积大于5 ha,在公园设计中应注意动静分区及根据活动需求特点形成不同开敞程度的点线面空间。社区多功能公园除了提供公共活动外,还应兼顾种植采摘、户外教育、避险防灾、植物培育、雨水管理等功能,形成集生态、活动、教育、安全于一体的社区集中空间。

表7-12　社区多功能公园功能类型及特征

类型	以静为主公园				以动为主公园								
功能	赏景	聊天	恋爱	观看	游戏	戏水	聚会	社团	跑步	跳舞	太极	健身	球类
特点	向心性、私密性、边界性、空间性				类聚性、多样性、区位性、循环性、分年龄段、群体性								
空间类型	(半)开敞点状或线状	(半)围合性点状或面状	(半)私密点状	(半)开敞点状或线状	(半)开敞点状或线状	(半)开敞点状或线状	(半)开敞面状	开敞面域	半开敞线状	开敞面域	(半)开敞点状或线状	(半)开敞点状或线状	开敞面域
空间特征	起伏地势,有制高点,景色优美	景色宜人,有遮阴休憩设施	植被丰富、环境幽闭、休憩设施舒适	活动场地边界区域、休憩设施充足	地面平坦适宜,儿童设施丰富,安全	有自然水景观、亲水、安全	环境优美、休憩设施充足、便达	铺装平整的围合空间	地势平缓、景色优美	地势平坦,便于出入	地势平坦,植被丰富	公共较开敞区域、有遮阴休憩健身设施	铺装适宜、有休憩设施
绿地主要功能	景观主体、组织流线	景观辅助、限定空间	景观辅助、限定空间	景观背景、遮阴	景观辅助、遮阴降噪	景观主体、空间节点	景观背景、限定空间	景观辅助、组织流线	景观辅助、遮阴降噪	景观辅助、遮阴降噪	景观辅助、遮阴降噪	景观辅助、遮阴降噪	景观辅助、降噪防尘

资料来源:笔者自绘

多功能绿色街道是指街道交通空间与不同形式、不同功能GI结合,形成具备多种社会性服务功能的线型公共空间。多功能绿色街道与城市多功能绿道不同,绿色街道强调线型空间的日常交通使用,多呈网状均衡分布;城市绿道强调线型空间的城市游憩与生态功能结

①　中华人民共和国住房和城乡建设部.GB 51192—2016公园设计规范[附条文说明][S].北京:中国建筑工业出版社,2017.

②　吕红.城市公园游憩活动与其空间关系的研究[D].泰安:山东农业大学,2013:71-97.

合,一般呈线状布局。根据社区点状 GI、线状 GI、面状 GI 对街道提供的不同功能可以将其分为绿点型绿色街道、绿带型绿色街道和节点型绿色街道。绿点型绿色街道的主要社会活动发生在步行空间与街旁建筑附属空间,软质基面、花坛、乔木、垂直绿化、水池、灰空间绿色景观及设施等街边 GI 可以结合线型空间刺激产生及优化诸如休憩、散步、看书、购物、交友、餐饮等多种活动。绿带型绿色街道内一般设有小尺度带状公园或一定宽度的线型绿地,绿地内设有如休憩、棋牌、戏水等活动相关的设施且更具私密性。节点型绿色街道是指连接社区公园、绿地空间、滨水空间等 GI 节点的街道与节点共同形成公共活动系统以发挥整体功能,街道主要起连通功能,主要的公共活动与过程发生在 GI 节点内,私密性最高(图 7-16)。

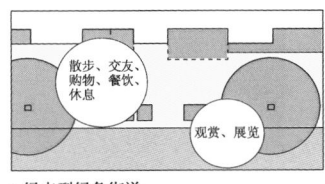
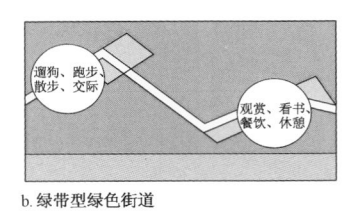
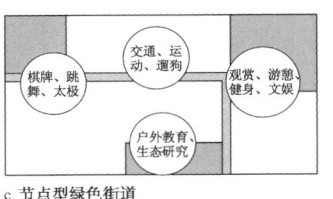

a. 绿点型绿色街道　　　　b. 绿带型绿色街道　　　　c. 节点型绿色街道

图 7-16　3 种多功能绿色街道图示

图片来源:笔者自绘

　　美国波特兰西南蒙哥马利(SW Montgomery)绿街是绿点型绿色街道与节点型绿色街道的结合,街道内垂直绿化、水池、GSI、树列等点型 GI 营造并催化了多种街道活动,提升了街道公共活力与生态过程,其次街道在宏观规划尺度上连通了西山区与维拉米特河,在中观街区尺度上连接了帕蒂格罗夫公园(Pettygrove Park)与西南公园(SW Park),增强了公园节点的催化剂功能。而沿波特兰西南公园的西南公园大道(SW Park Avenue)则是绿带型绿色街道,除提供多种社会功能与解决雨水管理需求外,街道还考虑了无障碍设计、保护性措施、减速设施等人性化设计,两条街道与公园节点高效解决了社区多种功能需求问题并成为城市的"生态展廊"[①](图 7-17)。

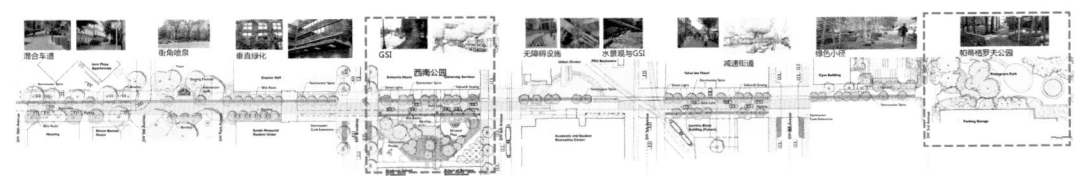

图 7-17　波特兰西南蒙哥马利绿街

图片来源:http://nevuengan.com

　　社区尺度下多功能公共空间应充分发挥 GI 的社会与生态功能,通过在同一场地完善多种功能,例如多功能公园同时解决多种公共活动需求;同一空间形态整合多种要素,例如绿色街道内雨水滞留设施与交通设施的结合;同一设施服务不同人群,例如公园内健身场地应考虑不同使用人群的行为特征;同一植物群落发挥不同效益,例如公园内生产性植被可以产生经济效益、生态效益以及提供户外教室;同一绿地营造不同景观,例如考虑植被的季节性景观及引导乔木产生丰富的空间形态,建立起社区公共空间绿色高效多用的规划理念及设计原则。

　　① 曹磊.街道景观:人文·生态·复合[M].卢涛,译.南京:江苏凤凰科学技术出版社,2016:220-227.

7.4.4   高密度中心区公共空间与 GI 多种社会功能结合设计

城市高密度中心区具有高强度开发、多层面发展、立体化交通等特征,中心区 GI 也主要有公园绿地(G1)与附属绿地(G4)两类[1],提供绿化美化、休闲游憩、生态服务、应急避险 4 类功能。中心区公共空间中的 GI 布局多样,在同等量的绿地面积条件下,不同类型与功能的 GI 在公共空间中可以形成环绕式、共享式、内院式、组合式、并置式、穿插式、围合式、错层式等布局形式[2],前 4 种以点状 GI 或小尺度线状 GI 为主,与公共空间结合后形成多功能绿色场地;后 4 种以带状 GI 或面状 GI 为主,与公共空间结合后形成中心区多功能公园与多功能绿带(图 7-18)。

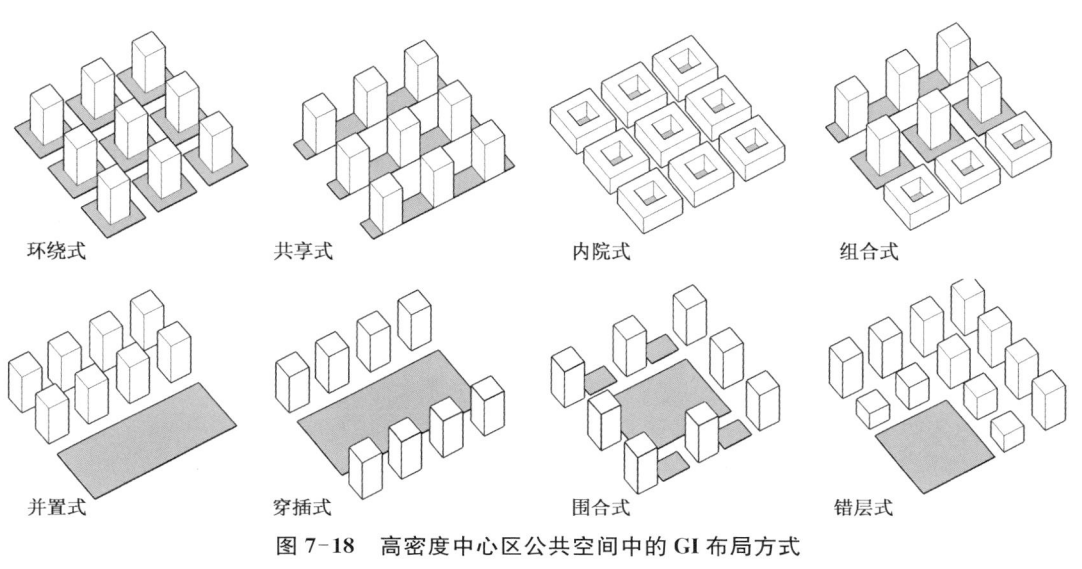

图 7-18   高密度中心区公共空间中的 GI 布局方式

图片来源:笔者自绘

中心区多功能公园作为该区域空间序列的事件节点、功能集中点、商业聚集点、生态展示点,其适应环境后产生的功能特征有 3 类:共生、渗透与整合[3]。共生描述的是公园与周边建筑或者外部空间在空间关系和功能两个层面形成互补互利的关系。在空间关系层面,当公园面积尺度较大时,可以与中心区形成并置性互补,缓解中心区压力感并提供多重复合功能,例如纽约中央公园;当公园面积尺度较小且散落分布时,可以与中心区形成嵌入型互补,创造"压力区"空隙。在功能层面,公园生态功能、户外健身功能与周边建筑商业功能、餐饮服务功能形成互利共生。渗透描述的主要是公园在中心区的空间位置。公园通过边角空间、天井、屋顶、坡地等"非正式开放空间"化整为零,提升公园的使用效率与布局的灵活性。整合描述的是公园与其他城市元素的关系,包括与如公共健身设施、交通设施、GSI、公共服务建筑、小型商业建筑功能要素结合,及与建筑的附属空间、城市广场、商业空间等连接或重

①   中华人民共和国住房和城乡建设部.CJJ/T 85—2017 城市绿地分类标准[S].北京:中国建筑工业出版社,2018.

②   陈可石,崔翀.高密度城市中心区空间设计研究——香港铜锣湾商业中心与维多利亚公园的互补模式[J].现代城市研究,2011(8):49-56.

③   张书驰.适应高密度城市中心区环境的公园特征研究——以上海和香港为例[D].北京:北京林业大学,2015.

叠。中心区多功能公园在设计中应充分考虑自身功能特征,提升设施的功能弹性、适用人群不确定性及设计的宽容度。

中心区多功能绿带的功能特征为环绕、串联与立体。环绕主要是指绿带与中心区的并存位置关系,例如带状公园常常沿商业中心区外围道路布置形成"绿环"以发挥隔音降噪功能[①]。以衢州鹿鸣公园为例,公园位于衢州市的新城中心(商业、行政中心)的核心地段,环形的带状布局不仅隔离了城市的喧嚣,还利用漂浮于植被和溪水之上的步行道、栈桥和亭台等构成一个游憩网络[②]。串联是指绿带与中心区主要功能节点形成序列关系,绿带发挥联系、引导与分区功能,例如西班牙马德里普拉多大道(Paseo Del Prado)将城市地标建筑、纪念广场及其他道路节点串联起来,大道中心绿带内置喷泉、林荫道、线型公园、交通设施、铺装广场等不同功能的公共设施,同时具备交通性、观赏性、多重开放性、多用途性等公共功能[③]。立体描述的是线型绿地、带状公园、绿色街道与中心区其他开放空间、建筑、道路及绿地形成立体交错位置关系,以避免功能的相互干扰及丰富开放空间的立面层次。中心区多功能绿带较之公园更具备引导性与连通性,设计中应结合点面状 GI 整体考虑,并连接中心区与相邻区域的 GI 与公共空间,增强绿带不同阶段的节点功能。

中心区多功能绿色场地的 GI 包含建筑附属 GI、街道点状 GI 及其他开放公共空间的散点 GI,多功能绿色场地具有密集、多形态、多层面等特征。高密度的空间布局决定了 GI 以"见缝插针"式密集散落分布,复杂的空间形态决定了点状 GI 的表现形式多样,而中心区高层建筑的垂直发展形成了大量空中平台、架空空间和地下空间等多层面的公共空间,为多层面的垂直绿化与立体绿化创造了契机。花坛、树池、绿坪、小型花园、垂直绿化、屋顶绿化等点型 GI 与建筑附属空间、街道、广场的结合形式主要有边界交叠与空间穿越两种,边界交叠包含外廊、平台、垂绿、骑楼、覆盖几种渗透关系,空间穿越包含底空、贯通、连廊、下沉、屋顶几种整合联系(图 7-19)。不同结合形式可以形成屋面雨水生态处理系统、形成小型生态系统、调整微气候、美化空间以刺激空间的主体功能(商业、休憩、运动)等多种复合功能,为中心区线面状绿色公共空间提供补充。

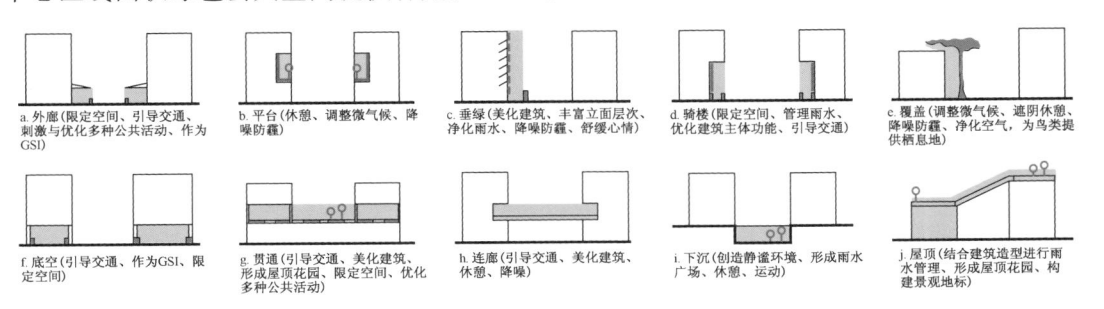

a.外廊(限定空间、引导交通、刺激与优化多种公共活动、作为GSI)　b.平台(休憩、调整微气候、降噪防霾)　c.垂绿(美化建筑、丰富立面层次、净化雨水、降噪防霾、舒缓心情)　d.骑楼(限定空间、管理雨水、优化建筑主体功能、引导交通)　e.覆盖(调整微气候、遮阴休憩、降噪防霾、净化空气、为鸟类提供栖息地)

f.底空(引导交通、作为GSI、限定空间)　g.贯通(引导交通、美化建筑、形成屋顶花园、限定空间、优化多种公共活动)　h.连廊(引导交通、美化建筑、休憩、降噪)　i.下沉(创造静谧环境、形成雨水广场、休憩、运动)　j.屋顶(结合建筑造型进行雨水管理、形成屋顶花园、构建景观地标)

图 7-19　中心区点型 GI 与不同形式公共空间的结合形式以及 GI 的多种功能

图片来源:笔者自绘

① 李明燕. 商业中心区城市设计策略研究[D]. 重庆:重庆大学,2010:91-93.
② 俞孔坚. 衢州鹿鸣公园[J]. 建筑学报,2016(10):30-35.
③ 孙士博,朱建宁,徐熙焱,等. 西班牙大尺度街道线性公共空间和公共生活——以首都马德里市普拉多大道为例[J]. 建筑与文化,2016(8):128-130.

7.5 基于绿色交通与 GI 结合的公共空间研究

绿色交通概念是基于可持续发展理念的确立而建立起来的,其以减轻交通拥挤、减少环境污染、促进社会和平、合理利用资源为目标,通过以最少成本实现最小交通率、交通与城市环境协调、与土地模式相适应、多种交通方式互存与互补等手段,实现城市交通的通达有序、安全舒适、低耗能低污染 3 方面的完整统一[①]。与城市 GI 相结合的绿色交通空间设计应从慢行交通、公交便达、复合交通、立体交通 4 方面考虑,其中多数情况下慢行交通空间属于社区与街区范围,而公交便达、复合交通、立体交通相关研究应在城市尺度范围内。

在微观设计角度,广义上城市非机动交通与公共交通系统均属于城市 GI 网络的一部分,对慢行交通、公交便达与 GI 结合研究即城市非机动车道与公共交通空间研究;狭义上城市道路属于灰色基础设施,城市 GI 只包含绿地系统及 GSI,对慢行交通、公交便达与 GI 结合的研究为绿地系统影响下的慢行交通空间与公交便达空间设计。本节重点研究公园、绿带、道路绿化等点线面型 GI 对交通系统在空间上的影响。

7.5.1 基于慢行交通与 GI 结合模式下的公共空间研究

慢行交通的概念最早出现在《上海市城市交通白皮书》[②]中,通常是指以步行或自行车等用人力为空间移动动力的近距离出行交通方式的统称。慢行交通可以通过多种空间设计得到促进,如提高街道公共面积与功能、提升街道所在街区商业价值、设计街道的弹性功能转换、提升街道安全性、街道本身作为生态系统的一部分[③]。本节所研究的内容是不同形式 GI 影响下非机动交通与慢行交通空间特征,即 GI 在促进绿色交通方向刺激慢行主体进行慢行行为而产生的慢行交通空间。

鼓励与完善城市非机动交通系统是慢行交通最重要的措施之一,基于对非机动公共交通空间问题的调研,对 GI 与非机动交通空间结合关系进行研究,最后总结不同类型 GI 在非机动交通道路结合关系中的功能影响与设计要点。以南京新街口街道为例,在线型公共空间调研中发现社区存在多处步行流线"断裂"区域:双龙巷与四牌楼部分步行空间宽度仅有 1 m 左右,再加上电线杆、共享单车、垃圾桶等城市基础设施,步行道可利用空间基本为零;石婆婆巷西端入口处人车混行的空间狭窄,停车位规划不合理,经常出现交通阻塞现象;进香河路东南大学幼儿园缺乏入口空间,步行道纳为临时接送功能的驻停区域,严重切断了进香河路步行流线,因此结合用地功能合理地规划非机动交通流线,保证空间尺度的同时融入不同功能与不同类型的 GI,是"慢行点的公共交通空间"走向生态化的第一步(图 7-20)。

点型 GI 一般为步行道与自行车道的设计要素之一,例如雨水管理功能的树池、滞留池及生物多样性功能的生态跳点等。设计中应注意 GI 布局在不影响交通的前提下发挥生态功能,综合考虑地形、水体、植被、停车设施等要素,结合多种公共活动与功能设计并与街旁建筑与构筑物形成整体(图 7-21)。

---

① 毕晓莉. 城市空间立体化设计[M]. 北京:中国水利水电出版社,2014:58.

② 上海市人民政府. 上海市城市交通白皮书[M]. 上海:上海人民出版社,2002.

③ National Association of City Transportation Officials: Urban Street Design Guide—Street Design Principles[R/OL]. https://nacto.org/publication/urban-street-design-guide/streets/street-design-principles/

孙靓. 城市步行化:城市设计策略研究[M]. 南京:东南大学出版社,2012:119-121.

| 双龙巷江苏省广电总台附近 | 石婆婆巷西端入口 | 进香河路东南大学幼儿园入口 | 四牌楼南京师范大学附属小学一段 |

图 7-20　新街口街道部分步行空间"断裂"区域举例

图片来源:自摄

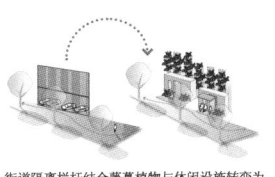 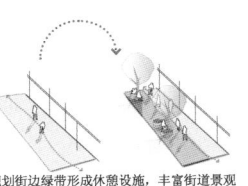 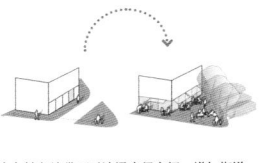 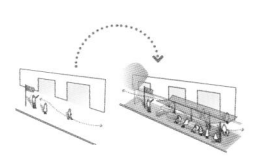

街道隔离栏杆结合藤蔓植物与休闲设施转变为驻足与展览场地　规划街边绿带形成休憩设施,丰富街道景观层次　汽车转角地带可以连通步行空间,增加街道公共空间面积　将公交车站结合GI转变为提供公共性的休憩与驻足场地,发挥多种功能

图 7-21　街道步行空间与点型 GI 结合举例

图片来源:GEHL Architects. Downtown Seattle 2009—Public Space Public Life[J/OL]. https://issuu. com/ gehlarchitects/docs/ 565_seattle_pspl . 147-151.

　　绿带、绿道、公园节点、线型公园等线面型 GI 与非机动车道的关系有包围、贯穿、横跨、脱离几种。非机动道路包围环绕公园、绿带时,GI 可以与其他建设用地形成缓冲且可达性增强。非机动道路贯穿公园与带状公园时,步行与自行车流线在公园形成空间节点,有利于非机动交通方式的选择。非机动道路横跨公园、线型廊道、起伏地形绿地时,与城市 GI 形成立体景观且对高生态敏感性 GI 干扰较小。城市主要非机动道路脱离公园与绿道时,可在道路与 GI 之间用生态小径连通,同时兼具 GI 可达性与完整性。由此可见,城市绿道与步道、自行车道往往产生多种关系,有利于非机动流线适应地形与环境形成不同的空间景观。

　　城市中另一种慢行交通方式是利用街道点型 GI 对机动车道进行减速静稳设计,保护行人安全。基于 GI 的城市机动车道静稳设计有两方面:对路口与路段上的流量与车速进行控制。流量控制主要是通过增设街道绿地对机动道进行不同程度的封闭,并保持非机动车道的延续,例如路段中央设置封闭设施、交叉口设置半封闭设施及转向设施等。车速控制的方法有 3 种:水平缩减、水平偏移和垂直偏移。水平缩减是指扩宽路段与交叉口附近步行道与绿地而缩窄机动车道,或利用行道树、转角乔木与建筑物对机动车视野产生一定干扰,降低车速。水平偏移是指道路的非直向性设计,例如道路界面设置为曲线、车道微调整、十字路口设置绿岛花园等。垂直偏移是指路面局部抬高或改变基面材质,以警示机动车辆(图 7-22)。

　　非机动车道的生态优化与机动车道静稳措施在多数情况下是结合设计的,例如在意大利耶索罗市南贝尔广场改造中,城市步道及自行车道在机动车道中延续并穿过公园节点,同时优化转角绿地并缩窄车道宽度,激活了路口环岛公园的交通、休憩、娱乐、景观等多种功能①(图 7-23)。

---

　　① 保罗・塞克恩,劳拉・詹皮莉. 慢行系统:步道与自行车道设计[M]. 贺艳飞,译. 桂林:广西师范大学出版社, 2016:114.

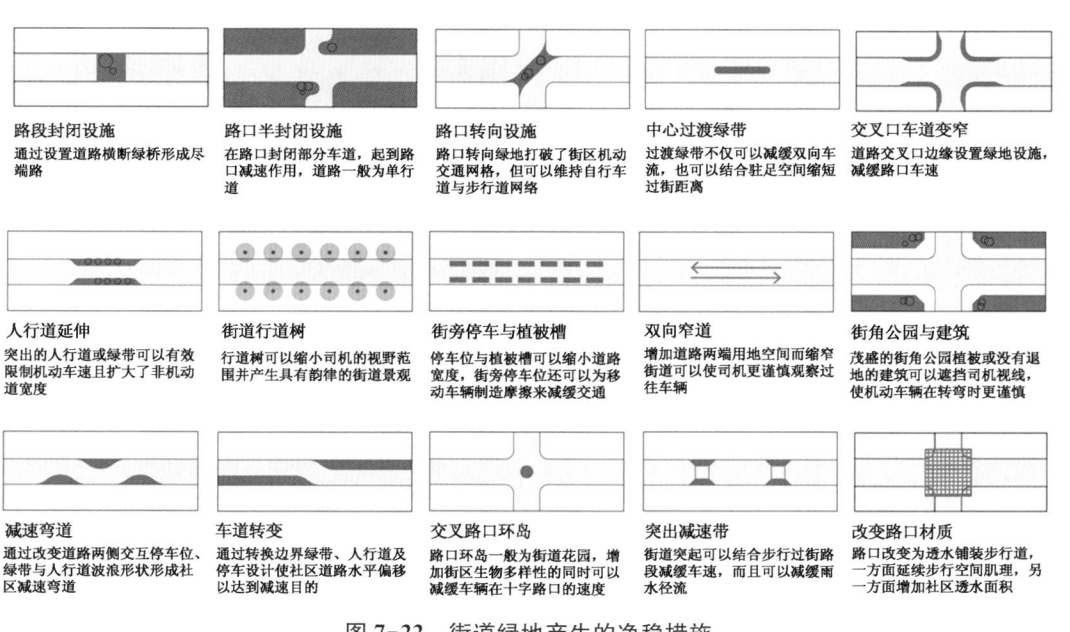

路段封闭设施 通过设置道路横断绿桥形成尽端路	**路口半封闭设施** 在路口封闭部分车道,起到路口减速作用,道路一般为单行道	**路口转向设施** 路口转向绿地打破了街区机动交通网络,但可以维持自行车道与步行道网络	**中心过渡绿带** 过渡绿带不仅可以减缓双向车流,也可以结合驻足空间缩短过街距离	**交叉口车道变窄** 道路交叉口边缘设置绿地设施,减缓路口车速
人行道延伸 突出的人行道或绿带可以有效限制机动车速且扩大了非机动道宽度	**街道行道树** 行道树可以缩小司机的视野范围并产生具有韵律的街道景观	**街旁停车与植被槽** 停车位与植被槽可以缩小道路宽度,街旁停车还可以为移动车辆制造摩擦来减缓交通	**双向窄道** 增加道路两端用地空间而缩窄街道可以使司机更慎观察过往车辆	**街角公园与建筑** 茂盛的街角公园植被或没有退地的建筑可以遮挡司机视线,使机动车辆在转弯时更谨慎
减速弯道 通过改变道路两侧交互停车位、绿带与人行道波浪形状形成社区减速弯道	**车道转变** 通过转换边界绿带、人行道及停车设计使社区道路水平偏移以达到减速目的	**交叉路口环岛** 路口环岛一般为街道花园,增加街区生物多样性的同时可以减缓车辆在十字路口的速度	**突出减速带** 街道突起可以结合步行过街路段减缓车速,而且可以减缓雨水径流	**改变路口材质** 路口改变为透水铺装步行道,一方面延续步行空间肌理,另一方面增加社区透水面积

图 7-22　街道绿地产生的净稳措施

图片来源:笔者自绘

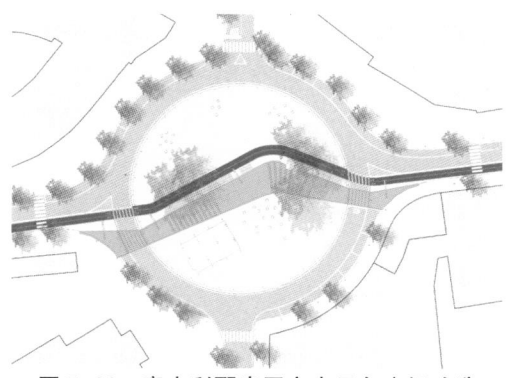

图 7-23　意大利耶索罗市南贝尔广场改造

图片来源:保罗・塞克恩,劳拉・詹皮莉.慢行系统:步道与自行车道设计[M].贺艳飞,译.桂林:广西师范大学出版社,2016.

7.5.2　基于公交便达与 GI 结合模式下的公共空间研究

　　公交便达模式是合理规划与设计公共交通枢纽站点与交通流线,使公交汽车与地铁、轻轨、有轨电车等轨道交通工具方便且高效到达城市各个分区与社区空间中心,提高公共交通方式的使用率[①]。微观尺度公共交通空间研究主要有交通枢纽站与交通流线的研究,"公交便达"与 GI 结合下的公共空间包括公交交通枢纽站与点型 GI 结合设计、公交交通枢纽站与线面型 GI 关系研究、轨道交通与线面型 GI 关系研究等。

　　公共交通枢纽站点类型多样,按结构形式可分为地面车站、地下车站、地上车站;按站台

① 李保华.低碳交通引导下的城市空间模式及优化策略[M].北京:经济科学出版社,2015:213-221.

形式可分为侧式、岛式、混合式①。不同公共交通方式与站点类型的驻足空间可以与场地雨水管理、小型生物多样性系统构建、微气候调整等生态功能的 GI 结合,例如屋顶雨水引导设施、绿化屋顶、地面雨水管理设施、植物多样性花园、遮阴树冠等点型街道 GI 与站点空间组合,形成具有不同生态效益与休憩功能的空间景观与驻停场地(图 7-24)。在美国波特兰唐纳西公园北侧步行道设置的叶状"雨亭"(Rainwater Pavilion)中,构筑物用玻璃屋顶作为雨水收集面,以回收的钢管与工字钢作为雨水引导线与支撑结构,并通过下沉台阶的扶手将雨水引导至公园生物池中,公园游客可以清晰地观测到雨水的整个流动与处理过程。

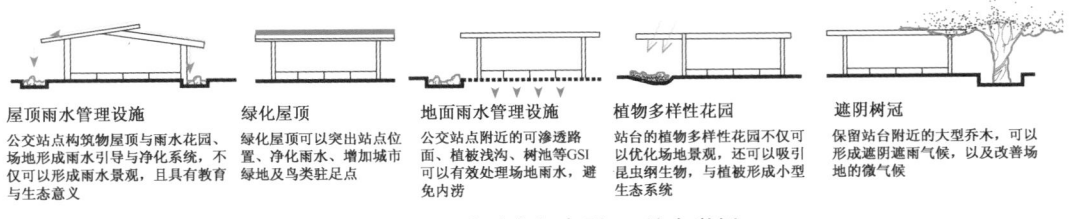

屋顶雨水管理设施	绿化屋顶	地面雨水管理设施	植物多样性花园	遮阴树冠
公交站点构筑物屋顶与雨水花园、场地形成雨水引导与净化系统,不仅可以形成雨水景观,且具有教育与生态意义	绿化屋顶可以突出站点位置、净化雨水、增加城市绿地及鸟类驻足点	公交站点附近的可渗透路面、植被浅沟、树池等GSI可以有效处理场地雨水,避免内涝	站台的植物多样性花园不仅可以优化场地景观,还可吸引昆虫纲生物,与植被形成小型生态系统	保留站台附近的大型乔木,可以形成遮阴雨气候,以及改善场地的微气候

图 7-24　公交站点与点型 GI 结合举例
图片来源:笔者自绘

公交枢纽站对城市土地利用不仅有集散作用,还可以促进城市公共空间轴线与绿地轴线的形成与发展,因此公交枢纽布局与线面型 GI 位置关系研究对激活公共活力与生态保护有重要意义。当枢纽站点位于城市公园边界时,可以增加公共绿地的可达性及公园绿地的使用效率,促进 GI 轴线形成。当枢纽站点位于交通架桥与 GI 廊桥下方时,公共交通流线可以与其他机动交通流线、生物流线错开,并形成竖向景观。当枢纽站点设于城市广场时,其较地下交通枢纽站更便于公共空间中人流的快速疏散,减少立体交通时间,还可以强化城市公共节点交通联系。当交通枢纽位于街角公园及街道绿地时,公共交通可以更便利地服务社区居民,并结合 GI 形成生态设施节点。当枢纽站点位于城市林地等大型 GI 时,可以结合城市游憩路线发展 GI 的游憩与户外教育功能。

图 7-25　波特兰大学有轨电车与
中心广场关系
图片来源:笔者自摄

穿插渗透是引导城市交通要素与城市线面型 GI 要素互动的最直接有效的手段,其中轨道交通与 GI 之间有效的组织与穿插互动可以促进两者的结合发展。当城市的轨道交通穿过广场、开放校园、步行街等公共设施时,能很好地缓冲与引导城市中具有爆发性的人流流动问题,激发城市活力,强化城市空间结构。具体的穿插方式有穿插公共空间中心、穿插公共中心边缘、穿越公共空间上空和穿越公共空间地下。前两者属于平面穿插,可以减缓机动车行驶速度,促进慢行交通系统发展,例如美国波特兰大学城市中心广场(Urban Center Plaza)与有轨电车结合,可以有效减缓车速及疏散高峰时段人群(图 7-25)。后两者属于立体穿插,对于开发地下空间

---

① 闫帅.城市轨道站点周边土地利用模式预测方法研究[D].石家庄:石家庄铁道大学,2015:8-9.

及立体空间之间的联动性起着很强的带动作用,例如地铁与轻轨可以有效实现不同平面层与街区的互动。当轨道交通穿插于街道中央时,较穿插于公共开放空间更具安全性与组织性,且利于与街道公交系统形成良性换乘联系。当轨道交通适当地穿过滨水绿地、自然林地、城市公园等大型 GI 时,交通流线与城市景观发生良好互动关系,可以提高景观环境使用率并促进景观节点的积极开发。当轨道交通跨越河流廊道与城市绿带时,可以使交通设施对廊道的破坏降低最低,且易形成立体交通景观与城市地标。

7.5.3 基于复合交通与 GI 结合模式下的公共空间研究

"复合交通"模式是指鼓励城市以多种公共交通与非机动交通出行方式为主,多种绿色交通形式并存的交通模式,"复合交通"较之"慢行交通"与"公交便达"模式更具有选择性与协调性,具有交通多样化、运输能力强、土地集约利用等特点。GI 引导下的多种绿色交通方式并存有两种形式:GI 促进步行系统与公共交通枢纽换乘及 GI 完善多种公共交通方式形成复合通道。

公交便达模式要求公共交通枢纽站点合理均衡分布且易到达,因此交通枢纽站点之间间距应在步行 5 min 可达直径范围之内,即在步行可达范围线内设置交通站点,理想模式下方格网街区内交通枢纽站点应呈矩阵形态紧凑均匀分布。通过 GI 促进步行系统与公共交通便利换乘主要有以下方式:①通过街道 GI 优化连接站点之间的非机动车道;②增加步行街道到公共交通枢纽站点的多选择性路线;③利用 GI 重点优化公共交通干线周边的非机动车道;④强化人口密集地区交通枢纽作用并设计疏散型公园;⑤在交通枢纽站点之间的绿地及公园中规划连通站点的捷径①;⑥将非机动交通网络与公共交通枢纽站点网络缝织在一起(图 7-26)。

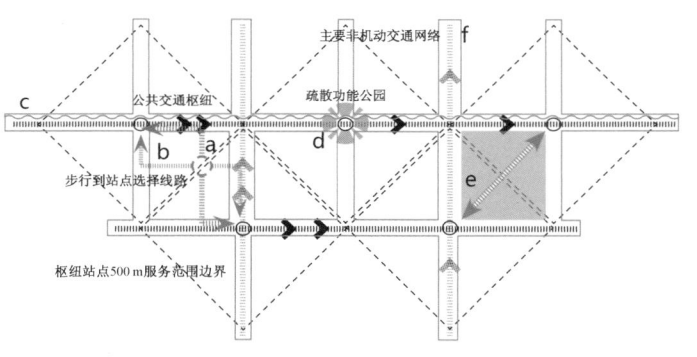

图 7-26 利用 GI 促进步行系统与公共交通系统换乘方式简图
图片来源:笔者自绘

复合交通与 GI 结合另一种方式为通过 GI 完善多种公共交通与非机动交通并存,形成复合通道。复合通道适用于高密度城市中心区,便于快速疏散人群且有效缓解城市局部机动交通拥堵问题。便捷的复合通道要求不同类型公共交通站点及自行车停车设施紧凑布局且相互联系,便于行人安全换乘。可以通过指引标识、导向性景观标志物、站台之间无遮挡设计提高设施的使用效率。除此之外,步行道、专用自行车道、机动车道之间保持一定宽度并利用街道 GI 及站台设施分隔,形成安全且相互独立的完整绿色交通系统。例如美国西雅图先锋广场街区多处街道内步道、专用自行车道与 BRT 道(快速轨道交通)、轻轨道、有轨

---

① 钱才云,周扬.空间链接:复合型的城市公共空间与城市交通[M].北京:中国建筑工业出版社,2010:121.

电车道、公共汽车专用道、普通机动车道等公共交通道路形成复合通道,有效降低了私家车的出行率,并带动了当地历史街区的复兴及基础设施的更新。

美国社区有5种绿色街道模式:普通线性街道(On-Street Row)、弧形绿化带街道(Curb cuts and planting)、完整街道(Complete Street)①、自行车绿道和步行小径(图7-27)。完整街道是最典型的绿色复合街道,其布局方式为公共交通道、汽车道、专用自行车道、步行道并存并用乔木绿带分隔,其中街道包含 GSI 与街道 GI、自行车停车设施、公交站台、街旁广场与小品、街道停车、餐饮与休憩灰空间、林荫设施、街道艺术区域等社会功能及生态功能要素,最终达到安全、绿色、活力、公平等目标②。

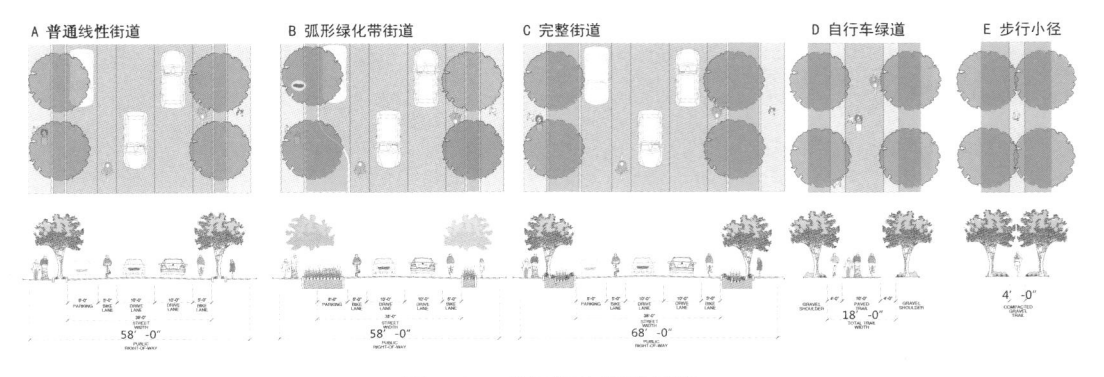

图 7-27   美国绿色街道类型

图片来源:Richmond Green Infrastructure Assessment[R/OL]. Green Infrastructure Center and E² Inc,2010. http://www. richmondregional. org/planning/green_Infrastructure/green_infrastructure. htm

7.5.4   基于立体交通与 GI 结合模式下的公共空间研究

高密度城区交通方式除了多种交通流线并存的复合通道外,还有在竖向空间形成联系的"立体交通"模式。微观角度的立体交通是指通过交通道架高或下沉方式将不同形式与不同功能的交通流线错开,具有结构多层、功能多义、游线多样等特征③,立体交通相较于水平交通更易于节约土地、交通分流及形成立体景观。GI 影响下的"立体交通"设计应根据连续性、功能复合性、可持续性、地域性原则形成集散空间、下沉空间、抬高空间、屋顶花园等节点景观要素及步行通道、自行车专道、公共交通干道等线型景观要素。根据 GI 与交通结合形式可分为立体分离、交通一体和立体连通 3 种模式。

立体分离交通模式是将城市不同方式的交通职能与环境保护进行上下交叠,成为一种竖向的开发模式,使不同交通功能道路及生物通道互不干扰。立体分离模式适用于 3 种情

---

①   完整街道更多的是一个生态可持续的交通政策及设计策略,它要求街区是整体规划、设计、建造、运营和维护以提供安全、便捷、舒适的进入和穿行体验,并且对所有年纪和身体状况的使用者及所有交通方式提供相同的路权。完整街道相较于传统街道设计使连通性最大化转向了可达性最大化,从满足机动车通行的街道转向服务多交通方式的街道,从而达到安全街道、绿色街道、活力街道、公平街道的目标。

②   Austin Complete Street:A Guide to City Of Austin Resources(Mobility + Urban Design + Green)[R/OL]. Austin Transportation Department. 2015. http://austintexas. gov/sites/default/files/files/Transportation/Complete_Streets/ CompleteStreets_GuidetoCityofAustinResources_1-7-16. pdf

③   吴冬丽. 城市公园中的空间立体系统营造[D]. 武汉:华中农业大学,2010:13.

况：当 GI 为高生态敏感性的林带与河流廊道及生态保护用地时，城市干道与生物廊道、栖息地立体分离，例如湿地公园的空中步道、自行车道或高架桥；当 GI 位于高密度城市中心区时，基于多种交通流线的立体组织，GI 与不同方式交通道路形成交叠布局，例如城市中心公园上方天桥；当 GI 为高架绿道时，GI 与非机动车道结合并与地面机动车流线立体分流，例如纽约高线公园。立体分离模式设计中应注意机动交通干道对 GI 的声音干扰、立体景观的协调、开发强度与规模总量。

"交通一体"交通模式是指绿色开放空间与城市交通系统在立体空间形态上进行重叠与一体化，由此使绿色开放空间结合公共交通空间在功能上得到多元化扩展，使城市空间得到最优化利用。根据 GI 功能交通一体模式可分为两种情况：GI 在立体交通中作为点缀景观，例如人行天桥及城市高架步道的街边绿化、空中绿化平台景观、交通空间中的 GSI 等；此外，GI 本身可以作为立体交通公园，如高架公园及线型立体公园等。在交通一体模式中可以利用 GI 的公共与绿地功能优化非机动交通空间，并注意公共功能与交通组织之间的互动及空间节点的设置。以美国西雅图奥林匹克雕塑公园为例，"之"字形的步行通道结合线型 GI（包括草皮区、草坪区、覆图区、沙滩区、常叶林与落叶林区）连通了城市干道与海滨之间 12 m 的高差，步行流线可以依次穿过谷地、草坪、树林、海滨地带，且在不同高度平台让人感受到不同城市景观[①]。

在立体分离基础上设置竖向连通功能，将不同高度的多种交通流线与绿色开放空间进行竖向与横向交通联系，呈现立体化、多层次的发展，形成"立体连通"交通模式，适用于 GI 生态功能与公共空间交通功能并存的场地。立体连通模式在设计中应注意包含交通、景观、游憩、娱乐等功能的水平活动系统及楼梯、台阶、坡道、扶梯、电梯等设施的垂直联系系统的交通流线联系，并发挥 GI 的多种公共活动功能，例如日本大阪难波公园，"峡谷"式的不同高度步行浏览空间与公园节点均设计了相互连通及直接连接外部阶梯的出口，峡谷两边也通过玻璃空中走廊连接，形成了高达 1.15 ha 的屋顶公园，高效率互通的公园步行空间盘活了商业建筑空间，适宜的公园微气候也吸引了多种公共活动[②]（表 7-13）。

表 7-13　与 GI 结合的 3 种立体交通比较

与 GI 结合的不同立体交通类型	常见 GI 类型	主要交通方式	立体交通联系方式	适用地形	设计要点	简图
立体分离交通模式	a. 设有立体交通的城市公园 b. 与城市高架交通交错的公园 c. 设有高架桥经过的绿带与河道 d. 高架公园	多种交通方式	不同竖向通道之间无交通联系	a. 高密度城区 b. 高生态敏感性公园与交通道交错布置 c. 河流与林带等生态廊道与交通廊道交错布置	a. 注意不同基面环境的协调 b. 避免与减缓机动交通对线型 GI 的干扰	

---

①　杨云峰. 场地与雕塑的博弈——维格兰公园与奥林匹克雕塑公园比较研究[J]. 风景园林, 2011(6)：108-112.

②　施瑛, 费兰. 城市综合体中公共空间设计的分析——以日本难波公园、六本木新城为例[J]. 华中建筑, 2014, 32(11)：129-133.

续表 7-13

与GI结合的不同立体交通类型	常见GI类型	主要交通方式	立体交通联系方式	适用地形	设计要点	简图
交通一体交通模式	a. 线型立体公园 b. 折形或高架道路绿化 c. 城市高架步道绿化	以步游行憩为主	交通空间与GI基本在同一平面联系	a. 山地地形 b. 横向交通联系性公园与绿道位于城市交通干道或建筑物上方	a. 优化交通过渡空间(出入口) b. 注意公共功能与交通组织互动 c. 交通空间节点的设置	
立体连通交通模式	a. 山地公园 b. 交通枢纽公园 c. 交通构筑物、可上人屋顶花园、空中绿化平台、垂直绿化 d. 地下交通出口绿化	以步行方式为主,兼顾多种通方式	交通空间与GI通向交通平向交通水平结合联系	a. 山地地形 b. 高密度城区 c. 需要竖向与横向交通联系的公共空间与交通空间	a. 设计竖向交通联系方式 b. 竖向交通流线与横向交通流线关系 c. 优化交通过渡空间 d. 交通空间节点与公共功能的结合设置	

资料来源:笔者自绘

7.6 基于GI生态修复功能下的公共空间设计

现代社会由于高速扩张发展导致工业、企业搬迁以及固体废弃物堆放等问题,大量污染物残留于土壤和地下水中,形成"棕地",危害城市环境健康、侵占宝贵的城市土地资源、破坏地表径流、降低生物多样性、破坏城市景观与设施、造成土地闲置与社区衰退、导致城市空间破碎[①]。棕地的概念早在1980年美国《环境应对、赔偿和责任综合法》(CERCLA)中就已提出,主要是解决旧工业地上的土壤污染问题。相对成熟的是美国环境保护局(EPA)1994年的定义:棕地是被遗弃、闲置或不再使用的前工业和商业用地及设施[②]。不同的污染地块类型、污染程度、污染源、位置及改造目标构成不同的棕地类型[③]。

由于棕地大多存在污染与生态破坏问题,因此在开发前必须修复。利用生态技术与手法进行的棕地修复是一种人为干预的生物修复模式,相较于自然修复,人为干预修复周期更短且

---

① AECOM Inc. 棕地治理与再开发[M]. 北京:中国环境科学出版社,2013.
② 邓位. 城市更新概念下的棕地转变为绿地[J]. 风景园林,2010(1):93-97.
③ 城市棕地根据污染地块类型可分为废弃物棕地、工业废弃用地、矿业废弃地、交通设施棕地、仓储设施棕地及其他棕地等;按污染程度可分为无污染棕地、轻度污染棕地、中度污染棕地、重度污染棕地;按改造后地块性质可分为商业性棕地、住宅性棕地、公众性棕地;按污染源可分为物理性污染棕地、化学性污染棕地、生物性污染棕地、综合性污染棕地;按位置可分为河畔棕地、绿地棕地、轨道棕地等。马琳. 国内外城市棕地的景观更新研究[D]. 武汉:华中科技大学,2013:31.

可控性高,而相较于物理和化学修复,生物修复具有经济、高效、无二次污染、适用范围广等优点①。生物修复包括土壤改良和植被恢复两个方面,而城市 GI 具备的供应服务、栖息地支持、生态调节及文化服务 4 大功能恰好与棕地多样化的生态恢复需求形成互补。依据 GI 的多重效益及公共空间的需求,遵循棕地治理的景观异质性与多样性原则、最小成本原则、废物再利用原则、避免再污染原则、因地制宜原则,本节重点研究基于生物多样性保护、雨水管理、提供多种复合公共功能、形成景观化交通要道等修复目标下利用 GI 将棕地转为公共空间的方法,多数棕地修复案例并非只发挥单一效益,而是提供整合后的多重功能(表 7-14)。

表 7-14　具备多种生态修复目标的案例举例

案例举例	生物多样性保护	雨水管理节点	多种复合公共功能	景观化交通要道
德国柏林萨基兰德自然保护公园	✓		✓	
英国伦敦奥林匹克公园	✓	✓	✓	✓
天津候鸟机场	✓		✓	✓
加拿大多伦多市的舍博恩公园(Sherbourne Common)		✓	✓	
维多利亚港公共空间水敏城市设计		✓	✓	
上海徐汇滨江公园			✓	✓
伦敦巴特西发电厂临时公园(Battersea Powerstation Pop-Up Park)			✓	
河北秦皇岛滨海绿道	✓		✓	✓
美国西雅图奥林匹克雕塑公园			✓	
加拿大温哥华奥运村枢纽公园	✓		✓	
美国宾夕法尼亚州伯利恒金沙城附属公园(Sands Bethworks)			✓	
比利时亨克矿坑文化广场(C-mine Square)			✓	
加拿大威斯敏特斯码头公园	✓		✓	
美国西雅图煤气厂公园		✓	✓	
美国普罗维登斯市钢材堆场项目(The Steel Yard)		✓	✓	
美国特伦顿市阿萨品克溪绿廊项目(Assunpink Creek Greenway)		✓	✓	
西班牙巴塞罗那泊布诺公园			✓	
美国坎伯兰公园(Cumberland Park)	✓	✓	✓	✓
美国纽约高线公园	✓		✓	
澳大利亚墨尔本萨里公园(Surrey Park)		✓	✓	
纽约清泉公园(Fresh Kills Landfill)	✓		✓	
德国北杜伊斯堡景观公园(Duisburg North Park)			✓	✓
法国巴黎雪铁龙公园			✓	
加拿大蒙特利尔"前行之路"观景台(Chemin-Qui Marche Lookout)			✓	✓
德国埃森市蒂森克虏伯公园(Thyssen Krupp)	✓	✓	✓	✓
法国鲁昂市罗莱半岛公园(Presque'ile Rollet Park)	✓		✓	✓

资料来源:笔者自绘

---

① 庄小静,谢红彬. 从棕地到绿色空间:研究现状与进展[J]. 资源开发与市场,2017,33(8):922-927.

7.6.1　基于生物多样性公园目标下的棕地生态修复

随着城市的建设与扩张,废弃后的棕地逐渐成为城市空间的重要组成部分,而长期以来未进行治理和未被干扰的自由发展,使得许多矿业废弃地形成了新的具有较高生态价值的核心区域。对棕地的生物多样性修复不完全由其自身生态条件、技术难易、成本高低决定,还应同时考虑矿业废弃地在 GI 网络中的位置、与已有生态空间的距离、场地污染程度(包括植被污染、水体污染、土壤污染)、物种多样性状况及是否具有珍稀物种等因素,否则棕地内的生物物种很难维持长久多样化发展[1]。

根据废弃地与已有栖息地的距离,可以划分废弃地生物多样性恢复的优先等级,废弃地与已有栖息地距离越近,意味着修复后的棕地对连接 GI 网络中心及提升 GI 功能作用越大,越应该优先考虑进行恢复。根据相关研究,当废弃地与已有的自然栖息斑块相邻时为一级优先恢复;当废弃地在已有的自然栖息斑块周边 1 km 范围之内时设为二级恢复;当废弃地在已有的自然栖息斑块周边 5 km 范围之内时设为三级恢复;当废弃地在自然栖息地所在的生物地理区域时为四级恢复[2]。而根据棕地在城市 GI 结构中的位置及修复潜力可以将棕地转变为网络中心性质或生物廊道性质的生物多样性公园。

McGregor Coxall 景观公司设计的天津候鸟机场则是一个由废弃棕地转变为鸟类栖息地的湿地公园和鸟类保护区的案例,候鸟机场被 20 ha 的林木环抱,以隔绝城市对栖息地的影响。作为天津城市生态公园的一部分,该项目包含了人工湿地、绿地公园及城市森林等占地 60 ha 的 GI。此外,公园还规划了包括湿地小径、环湖步道、自行车道和森林漫步道等贯通 7 km 的自然游憩观景路线网,作为观鸟栈台的“千雀阁”,以及具有展示、休闲、水中游憩功能的“水心阁”及水中游廊,场地周围净化过的废水和收集到的雨水也被引流向整个湿地(图 7-28)。候鸟机场不仅是东亚至澳大利亚候鸟迁徙航道上鸟类进行补给和繁衍的至关重要的一站,而且也为城市提供了一处由棕地转变为绿地的游憩空间[3]。

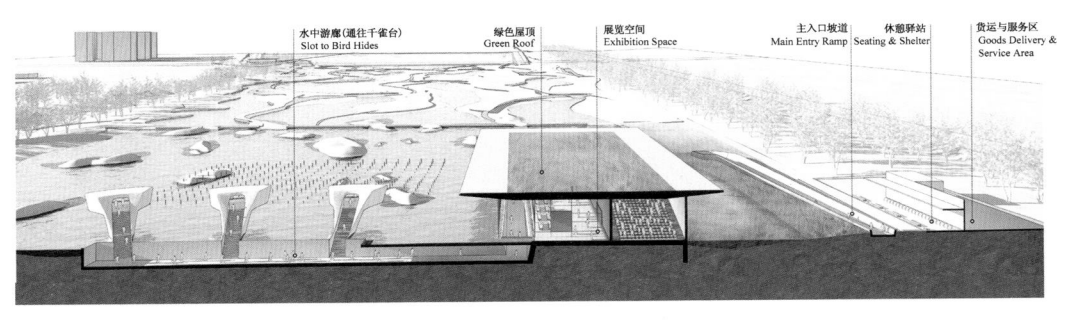

图 7-28　天津候鸟机场剖透视

图片来源:http://www.gooood.hk/bird-airport-for-china-competition-win-unveiled-by-mcgregor-coxall.htm

①　冯姗姗,常江.矿业废弃地:完善绿色基础设施的契机[J].中国园林,2017,33(5):24-28.

②　Davies A M. Nature Aafter Minerals:How Mineral Site Restoration Can Benefit People and Wildlife[R]. RSPB, Sandy,2006.

③　安德瑞·马克格尔,大卫·奈子,钱昱,等.中国天津“候鸟机场”[J].现代装饰,2017(4):122-125.

　　AECOM 伦敦奥林匹克公园则是工业棕地转变为城市生物廊道及生态空间的一个经典案例。公园本身地处东伦敦地区具有通道特征的利亚山谷（Lea Valley）之中，且区域内缺乏高质量的公共开放空间，奥运园区的建设为该区域公共空间的生态修复提供了契机。在棕地修复过程中，设计师利用贯穿园区的利亚河水系及滨岸地块，在园区内自北向南整体营造出一条具有一定规模和生态功能的生态廊道，并加强了利亚山谷、园区、泰晤士河以及廊道附近起生态跳点作用的公园绿地之间的连通，进一步带动了周边区域的生态资源（图 7-29）。此外，园区通过植物多样性营造、动物栖息地创建、景观水环境改善和绿地景观可持续等一系列生态规划设计手段形成了集游憩、教育、展示、生物多样、雨水自然净化于一体的综合性公园[①]。

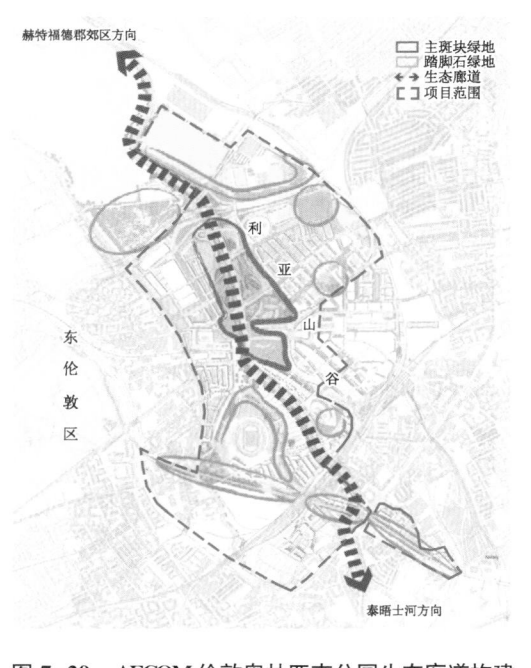

图 7-29　AECOM 伦敦奥林匹克公园生态廊道构建

图片来源：陈寿岭，等.可持续城市绿地在现代棕地治理再开发中的创新性应用——
以 AECOM 伦敦奥林匹克公园项目为例[J].中国园林，2015，31（4）：16-19.

7.6.2　基于公共空间的雨水管理目标下的城市棕地生态修复

　　棕地问题中最先要考虑的是场地中水污染的问题，棕地水污染主要包括地表水污染和地下水污染。在棕地水体修复中，对于地表水污染的处理方法虽然有物理、化学、微生物等人工辅助方法[②]，但 GI 中的植物处理更具经济性、互利性、无二次污染性。当场地内受污染的地表水为独立存在时，可以建立人工湿地并发挥植被根系的自净作用来净化水体，并结合

---

① 陈寿岭，赵谷风，袁敏.可持续城市绿地在现代棕地治理再开发中的创新性应用——以 AECOM 伦敦奥林匹克公园项目为例[J].中国园林，2015，31（4）：16-19.
② 对于棕地场地中地表水的严重污染，通常可选用的处理方法包括物理化学处理法、活性污泥法、生物膜法、厌氧生物处理法等，且对于沉积的具有污染物质的污泥，也有专门的处置与处理方法.齐莉娜.基于低影响开发理论的城市棕地景观更新策略研究[D].西安：西安建筑科技大学，2016：41.

公共空间需求建立新的水文景观;当场地内地表水与附近水体连通时,对水体净化后还需要修复场地水的地表径流,恢复水生与湿地生物的多样性,同时结合周边湿地最终实现水的自然循环。地下水污染的处理方法一般有泵水处理法及特定微生物清理法①。

由于棕地中水体受污染特性,流经棕地的雨水很少排出场地外,而是就地消解,只有部分小尺度轻污染的废弃地,例如墨尔本萨里公园(Surrey Park)中净化后的雨水可以进入城市排洪系统②。在利用GI对棕地进行修复过程中,可以结合景观的设计手法,通过自然的自净能力和演替能力等达到对水体的净化作用,且不失空间的公共功能。根据雨水管理途径与场地特征,公共空间中棕地的雨水管理主要有3种方式:场地内点状GSI渗滤、场地次生湿地维护及场地雨水系统的重建(表7-15)。

表7-15　棕地空间的雨水生态管理方式

类型	棕地特征	GSI功能	改造要点
场地内点状GSI渗滤	以无污染与轻污染棕地为主;场地硬质铺地面积较多;有较多公共活动面积的需求	汇集雨水、过滤,与公共休憩设施及小品结合设计	根据场地污染物类型、污染程度、污染面积、汇水面积等选择对应的净化植被、GSI面积及布局
场地次生湿地维护	场地内已形成湿地景观;场地邻近或连通其他水体	营造湿地景观、提供生物栖息地、雨水汇集、净化、储蓄	维持湿地的自然特征,对湿地水体、基质、生物群落分项研究与保护
场地雨水系统的重建	以无污染与轻污染棕地为主;场地有大面积景观水体需求;场地具有一定的汇水面积	形成雨水处理链、雨水的景观利用、植被水的需求、营造滨水空间	受污染地块中利用GSI对雨水系统化处理应结合其他雨水收集、引导与净化设备,保证雨水达标后再利用

资料来源:笔者自绘

棕地内雨洪管理的关键是对雨水的治理与储存,而非简单地向下渗透。在轻污染场地中最便捷的消解雨水的方式是规划点状GSI,场地内外雨水收集后导入雨水花园、生物沼池、可渗透基面等GSI得以过滤及渗透。伦敦巴特西发电厂临时公园中的80 m长带状的"雨水花园"能够吸收场内硬质地面的地表水,并且暗示与呼应了发电厂展览馆强烈的线条感与装饰派艺术风格。美国宾夕法尼亚州的伯利恒金沙城公园则在沉降区内设置了25个生物沼泽(砂砾与植被结合),结合停车场中的混合修复土壤以及抗强酸性的桦树与杜松,对场地内4.5 ha地表径流进行拦截、过滤、渗透。上海徐汇滨江公园运用了地形优势把保留的铁路线、铁路轨道附近的渗透碎石及新设的雨水花园等可渗透基面作为雨水管理凹地,减轻暴雨排放压力、净化了水质、补充了地下水③。

由于工业与矿业的长时间生产,往往会造成地表沉陷,与冒出的地下水、储存的雨水及区域内的工业废水、生活废水等形成了大面积的季节性或常年积水的沉陷区,场地由陆生生

---

① 具有天然清理作用的植物并不能在地下生存,并且地下的厌氧环境限制了细菌的生长和繁殖,因此地下水污染处理很难结合GI中的植被效益。齐莉娜.基于低影响开发理论的城市棕地景观更新策略研究[D].西安:西安建筑科技大学,2016:42.

② 卓承学,史蒂芬·卡宏.棕地改造中社区特征性的营造——以墨尔本城市更新项目为例[J].中国园林,2013,29(2):31-37.

③ 王沫,乔转运.基于生态学思想的上海滨江棕地更新设计理念分析[C].中国风景园林学会2015年会论文集,2015.

态系统演替成为"水陆复合型"次生湿地生态系统①。次生湿地生态系统往往已经适应场地地形,需要对湿地水体、基质和生物群落采取必要的维护措施,解决其污染问题,将其转换为储蓄及净化雨水的 GSI 是一种自修复与自适应结合的较为有效的生态手段。以加拿大温哥华福溪奥运村枢纽公园为例,蜿蜒的湿地结合导水设施可以有效收集附近街道与场地的雨水并进行生物净化。除此之外,污水管道改造的管道桥、散步道、狗公园、鸟类栖息设施等要素结合雨水处理设施共同形成了集生物多样性保护、雨水管理、儿童嬉戏、教育、遛狗及多种游憩活动于一体的多功能湿地公园。

棕地生态修复中植物的生长和繁衍都离不开健全的水系统的支撑。但是棕地中水资源往往较少,而引用客体水成本较高,对雨水的系统性净化及利用就显得十分重要了。通过源头控制、汇流控制、终端控制3 个阶段,形成多层次与多途径的雨水净化过程,对场地雨水系统进行生态重建,使净化后的雨水作为再利用景观。例如德国蒂森克虏伯公司总部附属空间雨水系统规划(Krupp-Belt),溢流的屋顶雨水、街道雨水及开放空间雨水通过相关设施汇集后,先经过场地绿带过滤,植被净化,最后到达积水盆地(克虏伯湖)。园内有 2/3 面积为可渗绿地,且乔木与灌木被视为一种建筑结构,勾勒出雨水蜿蜒的流经路线②(图 7-30)。

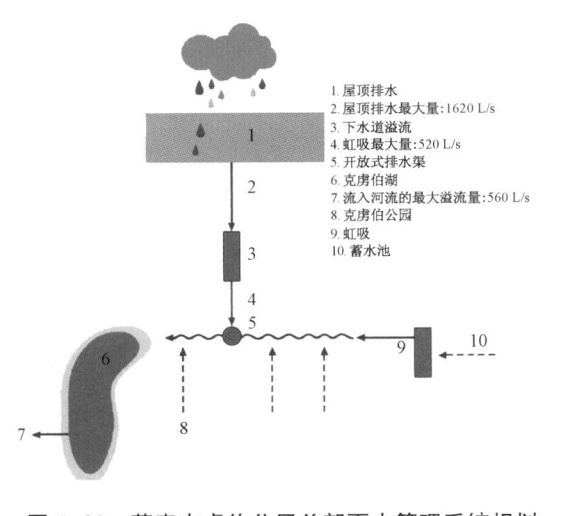

1. 屋顶排水
2. 屋顶排水最大量:1620 L/s
3. 下水道溢流
4. 虹吸最大量:520 L/s
5. 开放式排水架
6. 克虏伯湖
7. 流入河流的最大溢流量:560 L/s
8. 克虏伯公园
9. 虹吸
10. 蓄水池

图 7-30 蒂森克虏伯公司总部雨水管理系统规划示意图

图片来源:笔者改绘自吴磊. 景观实录:棕地修复与景观[M]. 沈阳:辽宁科学技术出版社,2014.

7.6.3 基于公共空间的多种功能复合下的城市棕地生态修复

评价一块棕地可能产生的效益,除了生态价值外,还应重点考虑基础设施的供给与现状交通设施的联系程度、场地内部资源、开放空间系统、棕地服务区域等与潜在社会效益相关的因素。一般而言,棕地普遍具备的条件之一是基础设施,例如道路、铁路及公共交通系统。在以多功能公共空间为目标的棕地改造中,便利的交通联系为场地内规划自行车道系统、步道系统及提升公共交通系统提供了潜力条件③。其次,棕地内存在的可再利用、借用的资源及棕地完善的开放空间系统也是棕地的保留价值之一。除此之外,棕地的区位条件及可能的服务区域也决定了场地公共空间改造的潜在社会与经济价值。根据棕地资源类型及修复后公共空间社会功能特征,基于公共空间的多种功能复合下的棕地修复主要有工业遗产型、因地制宜型和资源利用型 3 类(表 7-16)。

① 何连生,等. 重金属污染调查与治理技术[M]. 北京:中国环境出版社,2013.
② 吴磊. 景观实录:棕地修复与景观[M]. 沈阳:辽宁科学技术出版社,2014:95-105.
③ 贾斯汀·霍兰德,尼尔·科克伍德,茱莉亚·高德. 棕地再生原则[M]. 郑晓笛,译. 北京:中国建筑工业出版社,2013:50.

表 7-16　以公共空间的多种功能复合为目标的城市棕地修复类型

类型	棕地类型	空间特征	改造要点
工业遗产型	工业废弃用地、交通设施棕地、仓储设施棕地	场地内有废弃的设备、轨道、工业建筑等建筑物与构筑物,有潜力形成后工业景观	对场地污染的研究与修复;对工业遗产分类保留及再利用;体现历史感与营造场地记忆;根据不同建构筑物设计不同公共功能
因地制宜型	垃圾填埋场棕地、废弃物堆积场棕地、矿地废弃用地	场地被大量废弃物自然化后改变了地形,或形成次生湿地,有潜力结合景观手段"变废为宝"	对场地污染的研究与修复;规划的功能适应次生地形特征;场所感的营造
资源利用型	河畔棕地、山地棕地	场地邻近河流、山体等自然资源,景观修复后可以回升地块的经济价值与生态价值	对场地污染的研究与修复;空间节点结合景观资源;使用生态材料以避免修复后的公共空间产生二次污染

资料来源:笔者自绘

图 7-31　西雅图煤气厂公园
图片来源:笔者自摄

棕地景观恢复中的一个重要内容就是对棕地上构筑物、建筑物、生产设备等工业遗产的再利用。在公共空间生态转变过程中,铁路运输线、仓储构筑物、建筑框架、高炉、废弃建筑、老旧设备,甚至生产或运作过程遗留下的工业痕迹等工业符号很容易成为新景观中的一部分[1]。对于场地上工业遗产的再利用,一是整体保留,完整展现工业的整体运作流程;二是部分保留,只选择有意义、有公共功能、有场地特征的建构筑物;三是只保留构建,强调视觉上的标志性,唤起历史的联想与记忆。西雅图煤气厂公园

(Gasworks Park)是一处部分保留的经典案例,场地炼钢高炉等巨型建构筑物成为城市中理想的眺望台;场地东部的泵房与锅炉房被改造为餐厅和游戏屋,提供了主要的室内活动空间;体量巨大的油塔与输油管架等大型工业构筑物成为城市天际线中最具识别性的特殊地标;此外园内大面积区域被土堆反复覆盖以清除污染,提醒人们整治工业遗迹的艰难历程[2](图 7-31)。

在棕地修复中,部分棕地会留下大量的污染痕迹,例如矿业棕地留下的矿坑或垃圾与废弃物长期堆积的场地已经改变了地形与地质,若用土地置换手法修复不仅费时费力且不易根除污染。对已经明显改变地形的棕地不应简单地清除或掩盖,而应在尊重场地特征与历史主题条件下因地制宜,采取保留或艺术加工的方法来处理这些痕迹。菲尔德设计事务所(Field Operation)设计的纽约清泉公园(Fresh Kills Landscape)基于对垃圾场与废弃地地形的尊重,将 27～68.5 m 不同高度的垃圾山覆土植被后,结合恢复后的溪流、湿地和干燥

①　例如废弃的铁路线可以成为空间内交通系统一部分,围合的仓谷可以被改造成为专类的花园,建筑框架可转变为攀爬植物支架,高炉设备能够改造成为登高远眺设施,废弃建筑可改造为展览馆、植物培育馆或公园管理用房,老旧设备拆除后也可转变为构筑物、雕塑、游乐设施等。朱明丽.关于城市棕地景观恢复的思考[D].天津:天津科技大学,2012:54-55.
②　郑晓笛.工业类棕地再生特征初探——兼论美国煤气厂公园污染治理过程[J].环境工程,2015,33(4):156-160.

凹地共同构成了集场地活动、生物栖息、景观游憩于一体的综合公园①。上海辰山植物园矿坑花园以设计与施工干扰最小为目标,较为完整地保留了矿坑遗迹,并将其作为"向心引力空间"与展示空间结合步道与休息平台重现了矿地景观②。

当棕地邻近城市水体、山体或位于旅游开发区等大型自然景观区时,修复后的棕地有潜力回升自身与周边土地的经济价值与生态价值,对这类棕地的生态修复与空间活力恢复可以结合自然斑块的景观引力。但由于棕地的位置特殊性,棕地产生的污染往往与河流形成线状污染或与林地形成面源污染,因此对这类棕地的生态修复迫在眉睫,需要分阶段、分层次、分目标清理与修复。PWL景观事务所设计的加拿大威斯敏斯特码头公园(Westminster Pier Park)是一处典型的滨水棕地转变为滨水公园的棕地修复案例,设计师移走了近3600 t被污染的土壤后设置防洪堤来取代填湖措施,既保证了河岸浅滩生物的多样性,又利用可回收材料规划了包含公共活动、聚会、散步、游乐、体育、历史教育于一体的码头空间③。

7.6.4 基于城市轨道遗迹与绿色交通结合下的城市棕地生态修复

轨道遗迹是指曾为承担运输工作的铁路用地,后来废置不用的地段,其包括了铁路自身及沿线一定范围内的所有视觉信息④。废弃铁路轨道景观具有时空延续性、扩散性、符号性及多功能性等特征。作为工业与交通场地特有的文化符号,轨道遗迹具有唤醒历史记忆、设施的更新再利用、线性的生态效益等修复潜力,此外轨道遗迹与线型公共空间及线型GI结合后还具备游憩、交通、休闲、运动、联系空间节点及连接生态斑块等公共功能与生态效益。轨道位于不同的区位产生的功能价值也不同,当轨道位于不良的区位环境时,修复后的公园可以改善当地交通、治安及人文环境;当轨道位于市中心商业繁华区位时,改造后的绿道可以缓解区域交通、连接公共区域及提升中心区商业价值;当轨道位于居民区附近时,转变后的铁路文化公园可以为不同年龄的居民提供娱乐休闲、亲子互动的公共场所⑤。废弃轨道可以通过生态手法、文脉手法、商业手法改造为绿地、城市道路、城市轨道交通等⑥,本节重点研究从绿色交通与轨道遗迹的结合关系及结合手法上利用GI恢复轨道遗迹的公共活力。

绿色交通与城市轨道遗迹常见的结合手法有平行、内含、俯视、高架和交错。当废弃铁路位于高密度城市中心区时,土地资源有限,轨道遗迹往往与线型GI、交通线路平行布局,以产生序列化的绿带空间感且起到联系城市公共空间节点的功能。当废弃铁路位于工业区内时,轨道可以为修复后的后工业景观公园提供"历史记忆载体",并结合步行道规划公园的交通流线。当废弃铁路与城市主要空间节点在竖向分开时,应处理好驻停区域与展示功能的轨道之间的视距与空间位置关系,以及空间节点对铁路符号的借用。当废弃铁路为高架

① 虞莳君,丁绍刚.生命景观——从垃圾填埋场到清泉公园[J].风景园林,2006(6):26-37.
② 孟凡玉,朱育帆."废地"、设计、技术的共语——论上海辰山植物园矿坑花园的设计与营建[J].中国园林,2017,33(6):39-47.
③ 筑龙园林景观论坛.威斯敏斯特码头公园[EB/OL].(2014-3-26)[2017-11-4].http://bbs.zhulong.com/101020_group_201864/ detail10122197.
④ Walmsley A. Greenways and the Making of Urban Form [J]. Landscape & Urban Planning, 1995,33(3):81-127.
⑤ 张小奥,周秀梅.仿效与创新——废弃铁路转型成线性公园现象的探析[J].美与时代,2017(9):30-31.
⑥ 董蓉.基于绿道理论的浙江省废弃铁路改造与利用研究[D].杭州:浙江农林大学,2011:19-33.

线时,铁路轨道与地面慢行交通应形成连接关系,高架轨道发挥交通、趣味空间、场地标识、历史符号等多重功能。当废弃铁路与慢行道路交叉,且铁路不易改动时,两者可以形成立体交错关系,交错点成为慢行交通流线重要的空间节点(图 7-32)。

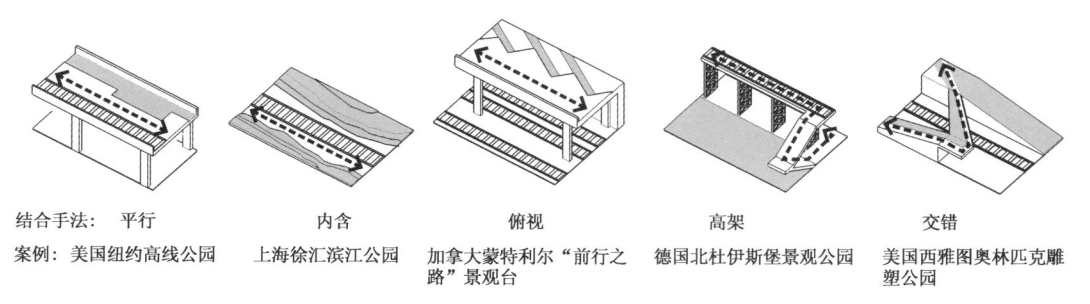

结合手法: 平行   内含   俯视   高架   交错

案例: 美国纽约高线公园   上海徐汇滨江公园   加拿大蒙特利尔"前行之   德国北杜伊斯堡景观公园   美国西雅图奥林匹克雕
                                            路"景观台   塑公园

图 7-32 绿色交通与城市轨道遗迹结合手法举例

图片来源:笔者自绘

图 7-33 高线公园的交通流线与
植物群落立体交错

图片来源:笔者自摄

通过对绿色交通与轨道遗迹结合手法的分析,以公共空间生态景观再生为目标的慢行交通、废弃轨道、城市 GI 可以形成线型公园、主体公园、公共空间景观节点及休闲绿道几种类型。纽约高线公园作为最典型的基于轨道棕地修复的城市线型公园,不仅沿轨道线设置了多处休憩、区位、展览、交通联系空间,而且考虑了生物廊道、植物栖息、生态教育及展示等城市生态需求(图 7-33)。德国北杜伊斯堡景观公园(Duisburg North Park)是以工业文化为主题的后工业公园,其中由废旧的铁轨组织成的铁轨公园节点处于整个公园的最高处,不仅连接了公园步行道与周边的城市空间,还起到瞭望与展示的功能。[①] 加拿大蒙特利尔"前行之路"景观台(Chemin Qui Marche Lookout)是一处将城市工业遗迹作为展示性景观的城市空间节点,景观台的巧妙布局不仅能让游客获得 180°视野,而且集合了工业文化符号、修复式设计、多样性植物树池等多种设计元素并满足了多功能需求。巴黎的巴士底步道(Promenade Plantée)是废弃铁路转变为林荫绿道的一个经典案例,长达 4.5 km 的专用步道不仅连接了多处城市景观景点,而且为人们提供了一处生态环境较好、历史文化底蕴深厚的休闲、娱乐场所。

不同的结合手法与结合空间类型各有特点,其适用的城市以及对废弃铁路线的要求也各有不同。在废弃铁路生态改造过程中,其走向及场地条件不同,再利用的主题、功能需求和改造利用的理念都会有所不同,因此确定一条废弃铁路的改造及再利用方式需要因地制宜、综合分析。

---

① 章梦启. 城市废弃铁路景观再生设计研究[D]. 杭州:浙江农林大学,2013:27-32.

7.7   本章小结

本章主要阐述在场地范围内,城市 GI 与公共空间相结合的景观构建方法及设计途径。微观尺度公共空间是一个多方面的概念,本章首先基于公共空间传统研究与设计方法及公共空间的相关生态问题,引入场地 GI 多种功能及生态技术,并将与 GI 结合的公共空间研究分为以下几类:生物多样性公共空间、雨洪管理类公共空间、多社会功能性公共空间、绿色交通类公共空间及棕地生态修复类公共空间。

生物多样性公共空间部分首先对生物多样性公园斑块、湿地公园、林地公园斑块、河岸公共空间分项进行研究,并从生境单元内容、多样性指标、设计方法等方面对城市生物多样性公共空间的生境内容展开研究;其次对具有交通与生物通道双重线型功能的城市生物多样性绿道进行分类研究;并根据绿道的生物传输能力将其分为 3 类,即生境廊道、生物通道和跳点廊道;最后对线型公共空间与线型生物多样性 GI 位置关系进行较为深入的结合研究,总结出路上通廊式、路下通廊式、架桥式、涵洞式、隧道式、平齐式、走廊式、复合式等 8 类结合设计方法。

在雨洪管理类公共空间部分中,首先对雨水公园、雨水广场、人工湿地公园、雨水管理绿道、公共雨水花园、滨水公共空间、结合绿色屋顶的公共空间等多种公共空间进行分项研究;其次对公共空间的地形、水文、植被、不同雨水处理过程等景观要素与 GSI 进行结合研究;再次研究了不同雨水管理特征下的公共空间群,并根据相关特征分为雨水全面渗透型公共空间群、雨水净化流出型公共空间群、雨水净化及再利用型公共空间群 3 类;最后从 GSI 分离联系型、GSI 半联系型、GSI 全联系型等 3 种灰空间类型对不同雨水管理特征下的灰空间进行分类研究。

在多社会功能性公共空间部分中,首先研究了城市多功能生态公园的特征与设计方法;其次对城市多功能绿道的功能、类型、规划与设计步骤,以及绿道的线型空间与节点空间等方面展开全面的研究;再次研究了社区级的多功能绿色公共空间,主要包括社区多功能公园与多功能绿色街道,根据各自功能特征,社区多功能公园分为以动为主公园、以静为主公园和动静兼顾公园,社区多功能绿色街道分为绿点型绿色街道、绿带型绿色街道和节点型绿色街道;最后从中心区的多功能公园、多功能绿带、多功能绿色场地等方面对中心区的多功能绿色空间展开研究。

绿色交通类公共空间部分重点研究点线面型 GI 对优化绿色交通空间的影响,具体从慢行交通、公交便达、复合交通、立体交通等 4 种绿色交通模式与 GI 结合关系展开深入研究。慢行交通与 GI 结合包括点型 GI、线型 GI、面型 GI 对非机动交通道路影响以及点型 GI 对机动车道影响;公交便达与 GI 结合包括点型 GI 对交通枢纽站影响、线面型 GI 对交通枢纽站布局影响以及线面型 GI 对轨道交通布局影响;复合交通与 GI 结合包括 GI 对复合交通网络布局影响以及 GI 对复合通道影响;立体交通与 GI 结合是对 GI 与立体交通位置关系的分类研究,根据两者的结合形式分为 3 类,即立体分离、交通一体和立体连通。

棕地生态修复类公共空间部分根据不同的 GI 功能对应的修复目标对工业废弃地、矿地、垃圾填埋地、城市废弃轨道等多种棕地进行生态与公共两大功能的修复,包含生物多样性、雨水管理、多种功能复合、城市轨道遗迹与绿色交通结合等目标下的棕地修复。基于生物多样性公园下的棕地生态修复主要从修复后的公共空间作为栖息斑块与作为生物廊道方面进行研究；基于雨水管理目标下的城市棕地生态修复根据雨水的净化特征对场地内点状GSI渗滤、场地次生湿地维护及场地雨水系统的重建等3种修复方式进行研究；基于多种功能复合下的城市棕地生态修复研究包含工业遗产型、因地制宜型和资源利用型等3种修复情况；基于城市轨道遗迹与绿色交通结合下的城市棕地生态修复则从两者的结合关系及结合手法上重点研究了利用GI恢复轨道遗迹公共活力的方法。

本节利用案例分类、归纳与对比分析、实体案例调研、近似体系关联以及多学科交叉等方法对公共空间与GI在场地尺度的结合做了较为深入的研究。公共空间为城市GI的实施提供了研究基础与现实条件，而GI技术为解决公共空间多方面问题提供了方向，两者互补性地结合以创造多样性的景观是城市生态公共空间发展的必要走向和必然趋势。

8 GI 导向的城市公共空间系统整合

城市是以人为主体的"社会—经济—自然"的复合生态系统。GI 导向的城市公共空间的整合需要从城市规划、工程建设和生态管理等层面出发,采取有效的适应性结合方法,使得城市公共生活与自然生态结构得以完善,功能进一步提高,进而提高城市生态系统服务和人居生活品质①。GI 影响下的城市公共空间系统整合也不仅是城市公共活动空间与自然绿地空间的简单融合,更是从宏观规划到微观设计,从人工要素到自然保护,从政府部门控制到群众自发管理,多专业、多尺度、多层级、多功能、多形态、多时段、多职能、多政策、多利益引导下的空间要素之间及空间要素与系统之间的高度整合。

8.1 GI 导向的城市公共空间系统整合理论

整合的概念,首先是由英国生理学家 C. S. 谢林顿(C. S. Sherrington)在 1906 年出版的专著《神经系统的整合作用》(*The Integrative Action of the Nervous System*)中提出的②。谢林顿的整合概念的实证基础是神经系统,表明整合概念自诞生之日起就与系统论有着密不可分的关系③。"整合是基于发展的需要,通过对各种城市要素关联性的挖掘,利用各种功能相互作用的机制,积极地改变或调整城市构成要素之间的关系,以克服城市发展过程中形态构成要素分离的倾向,实现新的综合"④。

8.1.1 整合的前提

GI 导向的城市公共空间系统是一个由不同参与者、不同空间类型、不同尺度与要素共同形成的复杂系统,各个方面要素之间的互动作用也给城市带来了不定性和动态性,但是在某一方面,在限定条件与具体环境下,城市公共空间系统的构成有什么样的内涵却是可以分析和把握的。GI 导向的城市公共空间整合的内涵,即是基于城市 GI 影响下对促使城市公共空间形成系统的各方面影响要素之间的相互关系进行结合研究。在此意义上,整合就是对 GI 网络系统与公共空间系统各自以及相互之间进行整理、组合,最终促进城市空间的连续性和完整性的过程。

对于 GI 影响下的城市公共空间整合,首先要把城市公共空间当作一个系统来研究。系统理论强调两方面:研究对象自身各个要素之间的影响关系,以及研究对象与相关要素的影响关系,即 GI 导向的公共空间构成要素,以及空间要素与城市其他相关要素之间的

① 赵丹,王如松.城市生态基础设施的整合及管理方法研究[C].城乡治理与规划改革——2014 中国城市规划年会论文集(07 城市生态规划),2014:926-935.
② 金炳华.哲学大辞典分类修订本[C].上海:上海辞书出版社,2007:1381.
③ 黄健文.旧城改造中公共空间的整合与营造[D].广州:华南理工大学,2011:11.
④ 刘捷.城市形态的整合[M].南京:东南大学出版社,2004:21.

关系①。公共空间自身构成要素整合就是梳理城市公共空间之间的关系,涉及不同尺度、不同等级、不同功能以及不同立体空间关系之间的结合。公共空间要素与其他相关要素之间的整合则使公共空间系统融入与适应城市的建筑、交通、环境景观等城市大系统中,涉及不同专业、不同群体、不同政策与策略、不同利益关系之间的融合。

8.1.2 整合的目的

整合的目标是将有关联事物的要素系统化,公共空间基于整合目标形成相互连通的整体。也就是说,整合是将旧有系统打破而寻求新系统的过程,在过程中发现各个构成要素的关联性,利用不同功能要素的融合机制进行协调运作,使得到的效果大大强于个体效果简单相加之和②。通过整合,GI 导向的城市公共空间整体效益大于公共空间效益与 GI 效益之和,维护城市的生态,并重新平衡人和自然的关系;通过整合,城市各专业形成了有效合作关系,使空间规划与落实成为可持续过程;通过整合,城市公共空间打破既有的模式,产生新的城市空间形态,提高空间利用的效率,从而大大地提升了空间原有的经济价值;通过整合,城市公共空间功能高度聚合,满足了以社会功能与生态功能为主导的公共空间功能的复杂性,并实现了功能的最大化;通过整合,不同群体基于多重效益发挥积极性,保障了项目的顺利实施、维护与管理,促使了城市空间多元秩序的产生。

8.1.3 整合的内容

GI 导向的城市公共空间系统整合可以从研究对象与要素之间的关系进行思考,也可以从规划设计与管理实施等角度考虑。在项目调研、准备与规划阶段,涉及 GI 及城市公共空间的多项专业与多个学科专家应整合多部门数据资料,形成城市甚至区域范围内的数据库,制定从城市到场地等不同尺度下相衔接的规划方案,并注意规划中不同层级与不同区域 GI 之间的网络贯通,完成空间多层级、多尺度、多类型的整合。在方案具体设计阶段,基于 GI 影响的公共空间多种功能与效益的高效发挥至关重要,应从不同尺度下公共空间多种功能融合、立体布局下空间功能的叠合以及基于 GI 时段与时间特性空间功能的跨时间重合 3 方面考虑场地功能的整合。在项目实施、管理与维护方面,一方面政府部门、设计师、投资者、中间部门、公众等不同群体基于社会、经济、生态、宣传、教育研究等多重利益促进项目的高效高质实施;另一方面,政府与专业人员制定相关法律法规及鼓励引导性管理与维护导则,确保项目实施后的可持续性与使用活力(图 8-1)。

8.2 规划角度的城市公共空间系统整合

宏观规划角度的公共空间系统整合包括系统外部网络耦合和系统结构内部优化。系统外部网络耦合是指根据城市的整体运营需要与目标顺利实施要求,公共空间系统与城市的其他系统进行对接,即不同专业之间基于共同目标促使公共空间系统、城市 GI 系统与城市系统的全面融合;系统结构内部优化是指处理系统内部各要素之间以及要素与系统之间协

---

① 彭小莉. 城市公共空间的整合设计研究[D]. 长沙:湖南大学,2008:20-24.
② 张长滨. 重大事件主导的城市绿色空间整合研究[D]. 北京:北京林业大学,2016:5.

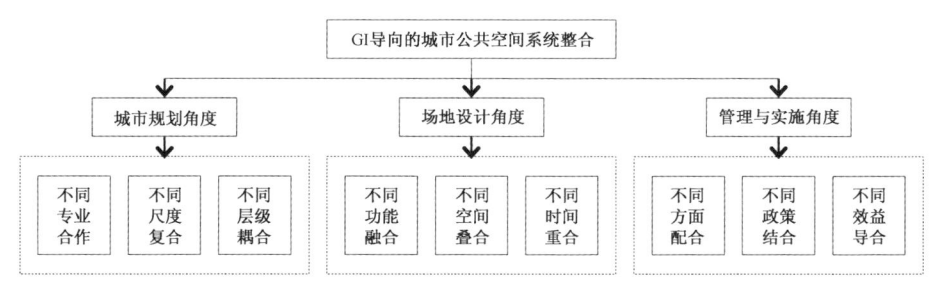

图 8-1 GI 导向的城市公共空间系统整合框架

图片来源:笔者自绘

调与互动的关系,按照不同层次与尺度进行组织建构,以满足公共空间发挥整体生态效益与社会效益①。

8.2.1 跨专业整合

城市公共空间系统规划涉及地理、建筑、环境等多方面,而 GI 内容涉及生态、地质、水文、生物、经济等诸多学科,因此在规划初期就应将城市规划、区域发展、基础设施建设、环境保护等方面当作一个整体系统进行考虑,组建整合各个学科的规划团队,不同专业背景的人员之间进行交流和研讨,从整合学科的基础上综合地看待问题,最大化发挥不同专业领域的优势。对公共空间的绿色规划建设仅仅通过建筑设计行业是很难全面落实的,只有在多学科的合作模式中,通过规划、建筑、生态、经济、工程和政策指导的结合,才能得以顺利实施②。

GI 导向的城市公共空间在不同规划与设计层面涉及农业部门、环境部门、规划部门等多个部门,以及各个部门的各相关政策、规划控制与分析结果。其中各个部门不能各自为政,而是在宏观城市规划的统一目标下相互合作并制定综合政策,例如美国里士满在 2010 年提出的通过将空地转变为 GI 的城市"绿图计划"(Green Print),里士满地区区域规划委员会(RRPDC)、里士满绿色基础设施中心(GIC)、E² 公司以及弗吉尼亚州的公园和娱乐部门、计划和发展回顾部门、经济和社会发展部门、林业部、土地保护部等多部门协助当地社区重新评估了当地自然资源及城市空地,从而绘制出一个全面的城市空地图形库,分析了有潜力转变为 GI 的城市空地布局③。

除了在调研期间需要多部门合作,公共空间在规划设计期间也应与多种专业衔接,通过对现状调研基础资料的分析整理和研究评价,分析构成 GI 导向的城市公共空间环境形态的影响要素和组成内容,确定各要素和相关系统存在的问题和发展潜力,并提出与之对应的保护、发展和创造的对策④。其中公共空间城市尺度规划除了与城市总体或专项规划接轨外,还应与城市绿道网规划、生态用地规划、生物多样性保护规划、排水工程系统规划、城市环境总体规划、城市经济发展规划等不同专业控制下的宏观规划统筹结合考虑;社区尺度规

① 林莉. 城市公共空间系统建构——以溧阳市为例[D]. 南京:东南大学,2009:36.

② Gong C,Hu C J. The Way of Constructing Green Block's Eco-grid by Ecological Infrastructure Planning [J]. Procedia Engineering,2016,145:1580-1587.

③ 宫聪,吴祥艳,胡长涓. 城市空地转变为绿色基础设施的系统性规划方法研究——以美国里士满为例[J]. 中国园林,2017,33(5):74-79.

④ 任芳. 快速城市化时期我国城市公共空间规划体系建设刍议[D]. 天津:天津大学,2007:39-42.

划除了与区域专项规划接轨外,还应与社区绿道网规划、社区水环境规划、社区绿地生物多样性规划、其他配套基础设施规划以及社区经济发展规划等其他专业规划接轨[1];场地尺度设计除了与建筑学相关内容接轨外,还应与地质勘探、地形调研、排水设施、场地微气候、交通规定、棕地污染检测、重大事件规划、能源、生态技术、场地生物学、社会学相关调研以及其他公共设施与产品设计相结合,例如美国奥马哈市中艾尔穆公园(Elmwood)雨洪分流工程中GSI与和水相关的灰色基础设施的结合[2]、新加坡滨海湾公园"超级树"与植物学结合[3]、绿地要素与场地原有历史遗迹与遗产的结合等(表8-1)。

表8-1　GI导向的城市公共空间规划设计与相关专业接轨

城市尺度		社区尺度		场地尺度	
与城市总体或专项规划接轨	与其他专业接轨	与区域专项规划接轨	与其他专业接轨	与建筑学设计接轨	与其他专业接轨
①城市公共空间专项规划(公园体系规划、广场分类规划、街道空间规划);②城市开放空间体系规划(生态绿地系统规划、城市自然保护区/人文景观保护区规划、城市水系河网规划、非公共开放空间布局);③城市交通规划(城市机动/非机动停车场布局规划、城市游览观光路线规划、城市对外交通规划、城市非机动车与步行网络规划);④城市基础服务设施规划(城市色彩规划、城市夜景照明规划、城市广告规划、城市标识与路牌规划、城市防灾通道与疏散场地规划、城市垃圾转运系统规划);⑤城市地下空间规划;⑥城市道桥下空间管治规划;⑦城市历史街区保护规划;⑧非物质遗产原发生地保育规划;⑨园林、绿地、苗圃布局规划	①城市绿道网规划;②城市生态用地规划;③城市生物多样性保护规划;④城市排水工程系统规划;⑤城市环境总体规划(划定环境空间管控区以及大气环境规划、生态环境规划、水环境规划、环境风险红线);⑥城市经济发展规划	①六线规划(红、绿、蓝、紫、黄、黑)控制;②社区开放空间规划;③社区绿地空间规划;④产权所属域划分规划;⑤社区地下空间规划;⑥社区交通规划(步行及非机动车、停车空间规划);⑦特殊区域规划(历史保护区、公墓地规划、工业废弃地更新规划,以及包含集会、游行、庆典、庙会民俗活动的重要事件发生地规划);⑧社区景观要素规划(视景控制分类规划、高度结构分区、街廓空间管治);⑨社区景观设施规划(色彩规划、广告与标识、夜景照明)	①社区绿道网规划;②社区水环境规划;③社区绿地生物多样性规划;④其他配套基础设施规划(邮电、通讯、给排水、供电、能源、防洪、防火、抗灾、环保等);⑤社区经济发展规划	①交通与非机动交通设计(交通组织及街道断面、停车场与公交站点、交通方式等);②公共空间及活动(形态、结构、位置、面积、性质、归属,活动的内容和设施安排);③地下空间;④建筑体系(建筑群形态、建筑体量、沿街退后、高度、色彩、建筑界面、建筑灰空间、建筑底层空间、建筑界面与主入口立面、建筑夜景照明等);⑤视线空间;⑥景观要素(人工景观与自然景观);⑦绿地体系;⑧场地功能;⑨材料设计;⑩设施布局与设计(安全设施、卫生设施、商业设施、教研设施、特殊人群服务设施、艺术设施、城市家具、标识设计、文娱类设施及夜景照明等);⑪城市历史与文脉等精神层面构成要素	①地质勘探与地形调研;②排水设施;③场地微气候;④场地交通规定;⑤棕地污染检测;⑥重大事件规划;⑦能源;⑧生态技术;⑨场地生物学;⑩社会学相关调研;⑪其他公共设施与产品设计

资料来源:笔者自绘

①　张志彦.城市更新背景下公共空间整合研究[D].南京:南京工业大学,2006:70-73.
②　王虹,李昌志,李娜,等.绿色基础设施构建基本原则及灰色与绿色结合的案例分析[J].给水排水,2016(9):50-55.
③　徐毅.城市生态空间的营造——以新加坡滨海湾公园为例[J].中国城市林业,2013,11(6):32-34.

8.2.2　多尺度复合

　　自上而下的城市 GI 规划与公共空间规划都具备多尺度分化的特征。基于 GI 影响下的城市公共空间也含有多尺度的典型特征,由于其融合了社会科学(如城乡规划、地质勘探、政策实施)与自然科学(生物保护、生态保护等)两大学科领域,既包含宏观的统筹引导,又能具化到实施层面影响人为活动,因此从城市到社区再到场地多重尺度的复合是确保微观公共空间功能与宏观规划战略相统一的关键,城市规划逐层控制与指导场地设计,反过来实施后的场地与试点反馈宏观的规划研究。

　　不仅公共空间系统规划有城市总规—区级与社区的控规—街区详规与场地设计等多尺度结构,城市 GI 系统中每种 GI 功能规划都有宏观、中观、微观层级。例如基于生物多样功能的 GI 宏观规划以保留与修复高生态敏感性斑块与廊道的完整性为途径确保城市生态安全格局构建;中观尺度增加社区廊道数量及减少生态孤岛以保障生态社区近自然特征;微观尺度偏重网络中心与廊道的生态多样性特征研究与指标评价。基于雨洪管理的 GI 规划由3个尺度组成:以自然雨洪系统为主的流域(或城市)尺度雨洪设施骨架;模拟自然径流通道的社区尺度雨洪规划;模拟自然入渗、蒸发、净化的场地雨洪设施①。基于社会服务功能的 GI 规划在宏观层面调研现有城市级 GI 多种功能与服务范围以确定服务空白区域与试点社区;中观尺度进一步分析社区内 GI 的社会功能与可达性特征以确定试点街区与场地;微观尺度对场地 GI 的不同功能进行适应性设计与研究。

　　GI 导向的城市公共空间多尺度复合不仅仅是公共空间本身及不同功能 GI 在各自层序上的引导性叠合,也包括不同尺度公共空间的需求与 GI 多种功能之间的相互适应与结合。多尺度城市 GI 与公共空间相结合既要保证基于连通性、网络性、可达性特征的 GI 功能控制性递进,也要整合公共空间整体发展。在美国里士满空地转变为城市 GI 的研究报告中,详细探讨了基于"区域—城市—区级—社区—场地"多种尺度自上而下控制城市 GI 发展的系统性方法。在区域尺度,确定了里士满地区(里士满市与邻近的小城市)现有保护用地和GI 资源,战略性地提出在州范围内将有生态价值的用地转变为 GI 的规划策略,以完善和扩张整个弗吉尼亚州的 GI 网络系统;在城市布局方面,确定有生态价值的城市空地,并基于此提出一个潜在的城市 GI 网络;在区级规划层面,基于评估试点区域内空地的可持续性方面创建一个互动式数据库,用于评估空地是否适合改善水质与扩大现有的保护区网络,以及是否可以作为公园、社区花园、户外教室和连接步道的空间;在社区规划尺度,结合城市现有资源确定有助于将社区 GI 网络连接到城市范围的潜在的催化剂空地,提出试点社区的概念规划;最后在实施要素方面,基于案例研究提供一个可以实施的 GI 工具箱,以加强里士满的 GI 网络建设(图8-2)。

8.2.3　多层级耦合

　　从宏观的战略规划到微观的具体场所设计,从城市建设高强度中心区域到乡镇城郊,基于 GI 影响下的城市公共空间网络规划呈现出跨区域多层级的研究趋势。GI 的生态敏感性

---

　　①　李辉,李娜,俞茜,等.海绵城市建设基本原则及灰色与绿色结合的案例浅析[J].中国水利水电科学研究院学报,2017,15(1):1-9.

区域尺度 ------------------------- 城市尺度 ------------------------- 区级尺度 ------------------------- 社区尺度

图 8-2 城市空地转变为 GI 的多层级规划

图片来源：改绘 Richmond Green Infrastructure Assessment［R/OL］. Green Infrastructure Center and E² Inc，2010. http://www.richmondregional.org/planning/green_Infrastructure/green_infrastructure.htm

从郊野绿地到城市中心由高变低，从区域与城市级别到场地级别由强变弱，反过来城市公共空间公共活力指数却从城市中心到郊区，从场地级到城市级逐渐升高。GI 导向的城市公共空间既要推演聚集人文活力的多层次公共空间的分布特性，又应保障自然要素基底的多层级绿色网络的完整性，满足两种主体的功能需求与结构特征。多层级 GI 导向的城市公共空间整合重点在于 GI 资源的网络化连通，不同绿色空间的战略性连接（公园、保护地、河岸地区、湿地和其他绿色空间）形成整体框架是维持重要雨洪与生态功能（如输送、蓄滞和过滤雨水径流，存储和净化水质，净化城市空气，减少热岛效应）并保持生物多样性的关键，根据其层级连接耦合特征可以分为"同层级连通"与"上下层连接"两种情况。

GI 导向的公共空间规划内涵是构建能够模拟自然生态环境的完整系统，而不是随机组合的一些分割的、互不相关的绿色碎片。GI 之间的连接不只是几个绿色空间的直接物理连接，而是整体相连的系统应占主导结构。即使在一个限定的区域或水平性的景观布局，城市空间中 GI 的系统连接也应考虑野生动物的迁徙路线、流域生态系统特征、鸟类的飞行路线以及其他绿地贯通性景观特征，形成"荒野—农村—乡镇—郊区—市郊—社区—中心区—滨河区"同层连接型空间整合结构。在区域或城市研究尺度中，空间规划应考虑如何有效连通郊野公园与城市绿地，以便为野生生物提供城市中转或栖息空间，或是为城市居民提供更加便利的从中心区到郊区再到荒野的绿色游憩路线。GI 网络也应将孤立的城郊绿色空间串联起来，从系统的视角看待绿色空间整体，实现"双层空间"（自然绿地与公共空间）的相互渗透①。

城市公共空间中的 GI 连通不仅仅是在同一研究尺度下网络中心与廊道之间形成网络结构，更重要的是形成层次分明的连通等级。而且城市 GI 有着不可分割的特点，其可以利用连接特性将城市区域中的各个区域紧密地联系在一起②，并从大到小辐射到城市的每个角落，最终形成基于"城市大型网络中心—城市廊道—社区网络中心—社区廊道—生态跳点"由上而下的渗透性层级连接（图 8-3）。城市公共空间中 GI 的上下层连接耦合不仅有利于 GI 系统发挥生态功能，也便于对 GI 进行分层研究与管理。例如"波士顿大都市公园系

① Firehock K. Strategic Green Infrastructure Planning［M］. Washington，DC：Island Press，2015：34.

② 刘娟娟，李保峰，南茜·若，等. 构建城市的生命支撑系统——西雅图城市绿色基础设施案例研究［J］. 中国园林，2012，28（3）：116-120.

统"不仅将城市绿道扩张到郊野公园,并且渗透到城市社区与街道,从而增加附近市民进入公园的机会[①]。

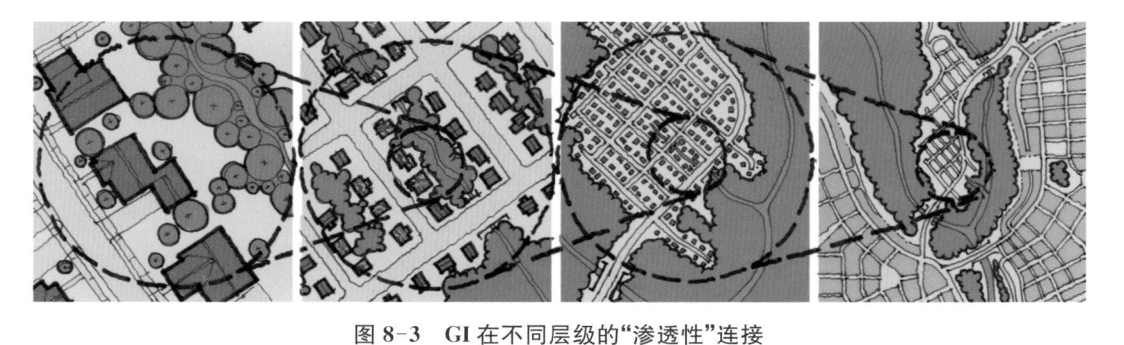

图 8-3　GI 在不同层级的"渗透性"连接

图片来源:改绘 Firehock K. Strategic Green Infrastructure Planning[M]. Washington,DC:Island Press,2015.

基于 GI 影响的城市公共空间体系是由多种功能进行系统的层层叠加累积在一起而形成的具有多层次特征的复杂体系,整体系统的发挥需要多元化要素共同合作并相互影响,因此城市尺度公共空间规划要进行统筹布局,加强各级尺度与不同区域间的衔接与平衡,保证完整性、系统性和可实施性,充分发挥综合功效。

8.3　场地设计角度的城市公共空间系统整合

我国传统城市没有太多规划的公共空间,街道中除了交通后的剩余面积就是主要公共空间[②],因此空间的弹性化多用途至关重要。场地设计角度的公共空间整合主要探讨在 GI 功能引导下,公共空间的整合形式与途径,具体包括城市级公共空间的多种功能之间的组织与同一场地公共空间多种功能的融合、多种空间功能的立体叠合、公共空间功能的基于"过程性"与"生长性"特征的跨时间重合。

8.3.1　多功能融合

简·雅各布斯在《美国大城市的死与生》中提出:"多样性是城市的天性,无论从经济角度还是从社会角度来看,城市都需要尽可能错综复杂并且具有相互支持的功用的多样性,来满足人们的生活需求"[③]。因此在当代城市公共空间设计中,尤其要注意空间场所功能的多样化与基本功用的混合,有利于提高综合性场所的使用效率和活力,有助于增强空间对人群的吸引力和凝聚力[④]。GI 导向的公共空间不仅要满足公共活动功能上的混合,还应充分发挥 GI 的生态效益。基于 GI 影响的城市公共空间发挥的生态功能、经济功能、社会功能往往是一体的,形成场地设计层面多种功能的融合,即在同一空间中多重功能的并置和交叠。

①　孙蕾,潘宜. 波士顿大都市公园系统与珠三角区域绿道的比较研究——以深圳为例[J]. 中国园林,2011,27(1):17-21.
②　Pu M. Public Places in Asia Pacific Cities [M]. Springer Netherlands,2001:1-45.
③　简·雅各布斯. 美国大城市的死与生[M]. 金衡山,译. 南京:译林出版社,2005.
④　秦璐. 城市主题功能性公共开放空间研究[D]. 重庆:重庆大学,2015:12.

公共空间的多种功能效益融合一般分为两种情况：公共空间网络规划及公共空间多功能整合。城市级公共空间的多种功能并置往往呈现线面状或网状，功能最丰富、生态效益最高、周边地块经济开发潜力最大。例如奥斯曼规划的巴黎公园系统，3个区级公园与24个社区公园，广场由放射性绿道联系起来，直接引导了巴黎城市发展的框架；奥姆斯特德设计的波士顿"翡翠项链"将公园选址与自然水体保护相联系，形成了包含河边湿地、综合公园、植物园、公共绿地、公园等多种功能的 GI 网络系统；克利夫兰编制的《明尼阿波利斯市公园与林荫道系统的建议》提出了包含游憩与生态功能的"湖链"，并将非机动车道、公园、花园、运动场地、休闲设施联系在一起①。

微观层面 GI 基于生物多样性保护、雨洪生态管理提供多种社会性服务功能并促进绿色交通、棕地生态修复等多种功能，与公共空间结合形成生物多样性公共空间、雨洪管理类公共空间、多社会功能性公共空间、绿色交通类公共空间及棕地生态修复类公共空间 5 种公共空间，而在多数情况下 5 类基于 GI 功能的公共空间与其他 4 种 GI 功能是交叠的，往往会发挥多种效益（表 8-2）。例如雨水花园、雨水管理街道、湿地公园等绿色雨水基础设施往往集生态教育、雨洪管理、娱乐、景观、雨水装置艺术、提升周边地块经济价值、生物多样性等多种功能于一体②；城市生态公园、保护用地、绿道等生物多样性公共空间也通常具备生物栖息、雨洪管理、游憩、城市景观、城市安全避难所等生态与社会功能；而社区花园、较大型的文化公园、绿色步道等社会功能优先的社区公共空间也可能发挥娱乐、经济、社区景观、雨洪管理、为城市边缘物种提供生态跳点等功能。例如波特兰俄勒冈会议中心（Oregon Convention Center）雨水花园的设计将屋顶分区收集的雨水排放与叠石景观、路桥、耐旱植被以及一些公共设施结合起来，下雨时为行人提供了戏水、驻足及休憩的空间，干旱时耐旱植被也依然具有生机（图 8-4）。

图 8-4　波特兰俄勒冈会议中心雨水花园
图片来源：笔者自摄

无论是公共空间形成城市多功能网络或公共空间在场地内形成多功能整合，都要求不同功能的协同与共生。一方面城市公共空间作为一个动态的、开放的、多元组合的共同体，并不是多功能的简单叠加，而是各功能之间的相互协调、促进和激发；另一方面，城市 GI 在城市中并不是一个封闭的空间体系，而是应结合城市开放空间与社会、经济、文化和生态协

①　吕明伟,潘子亮,黄生贵.绿色基础设施：公园规划设计[M].北京：中国建筑工业出版社,2015：21-24.
②　陈晓菲.基于生物多样性的海绵城市景观途径探讨[J].生态经济（中文版）,2015,31(10)：194-199.

同发展,促进城市高效运行,创造高质量的城市空间形态和多功能的开放空间系统①。

表 8-2　场地尺度不同 GI 功能交叠下的公共空间类型

GI 的多种功能	a. 生物多样性保护	b. 雨洪生态管理	c. 提供多种社会性服务功能	d. 促进绿色交通	e. 棕地生态修复
a. 生物多样性保护	—	ab 人工湿地公园、自然湿地公园、具有生物廊道性质的雨水管理绿道、生物多样性雨水公园	ac 生物多样性林地与湿地公园,具有生物传输功能的多功能性绿道、生物多样性河岸公共空间、多功能植物园、城市自然风景名胜区	ad 生物多功能性绿道,具有生态跳点功能的绿色街道、生物多样性线型公园与滨河线型公共空间	ae 修复后的网络中心功能公园、修复后的廊道功能公园
b. 雨洪生态管理	ab	—	bc 雨水公园、雨水广场、公共雨水花园、滨水公共空间、多功能雨水管理街道	bd 雨水管理绿道、线型滨水公共空间、线型雨水公园、雨水管理功能的绿色街道	be 具有渗滤与净化功能的公共空间、次生湿地公园、具有完整雨水处理链功能的公共空间
c. 提供多种社会性服务功能	ac	bc	—	cd 多功能城市非机动车道、多功能绿道、多功能线型公共空间、社区多功能绿色街道(绿点型、绿带型、节点型)	ce 工业遗产类公共空间、交通设施类公共空间、废弃物填埋场类公共空间、矿场类公共空间、滨山邻水类棕地公共空间
d. 促进绿色交通	ad	bd	cd		de 含有废弃交通轨道的线型公园、主体公园、公共空间景观节点及休闲绿道
e. 棕地生态修复	ae	be	ce	de	—

资料来源:笔者自绘

8.3.2　多空间叠合

　　公共空间功能的立体重叠是指空间的纵向一体化,使多个功能"堆叠"在一块土地上,常布局在土地资源有限的城市高密度中心区或具有特殊需求的区域。公共空间多种功能的叠合有利于节约土地、丰富空间、组织竖向交通、提升空间活力与使用效率。传统公共空间多种功能的竖向叠合可以通过地下空间、下沉空间、挑台空间、高架空间来形成街道、广场、公园、轨道交通枢纽空间以及中央商务区的立体整合②。例如美国明尼阿波利斯的空中连廊将步行环境与城市机动交通立体区分,并形成丰富的景观平台,节约土地资源的同时刺激了中心区经济发展,增强了城市的认知性与感知性。但立体化的公共空间也会带来部分负面

---

① 翟俊. 协同共生:从市政的灰色基础设施、生态的绿色基础设施到一体化的景观基础设施[J]. 规划师,2012,28(9):71-74.

② 赵景伟. 三维形态下的城市空间整合[M]. 北京:北京航空航天大学出版社,2013:157-183.

影响，例如生硬的空中走廊破坏了城市街道活力、一致的连廊景观可读性和引导性较差、有损城市形象与视觉效果以及"防御性"姿态违背了自然环境等问题①。

城市 GI 引入叠合的竖向空间不仅可以丰富空间的多种功能，还能柔化空间形态、强化空间印象、引导空间结构与布局。在微观层面，GI 导向的城市公共空间基于 GI 不同功能可以各自形成空间交叠现象，例如线型公共空间与生物多样性斑块和廊道的立体交错布局、灰空间中雨水链的竖向管理、中心区多功能公共空间（公园、绿带及绿色场地）的立体布局方式、"立体交通"与城市 GI 结合发展形式、城市轨道棕地与绿色交通的竖向结合形式等公共空间与 GI 之间或 GI 导向的公共空间相互叠合。

总体来说，GI 影响下的城市公共空间根据 GI 与公共空间的竖向叠合关系可以分为"脱离"与"联系"两种情况。"脱离"是指公共空间与 GI 由于避免相互干扰而在竖向功能上相互分开，如道路下面的野生动物通道、竖向分隔的绿色交通、独立的绿色屋顶等。纽约高线公园中为了保障植被的生物多样性与重要的栖息地不受干扰，设计师利用栈桥将某一段的游客步行线路与空中树池、花坛、灌木园等 GI 形成竖向分隔，同时又不影响乔木营造的空间感以及游客对植物的了解与观赏。"联系"是指公共空间与 GI 的多种功能在竖向上相互联系与影响，形成互为促进的整体，如 GSI 与灰空间的结合、植物多样性的屋顶花园与场地雨水净化相结合、立体交通与 GI 结合模式下的"交通一体"与"立体连通"模式等。华盛顿赛威尔友谊中学教学楼湿地花园就是一处将屋顶农场、雨水管理、湿地生态系统、场地活动与教育及建筑中水回用等多种功能竖向叠合联系在一起的案例。首先，屋顶农场与湿地花园包含了如为艺术课提供鲜花等美学价值、绿化学校公共空间等景观价值以及科学研究与学习价值。其次，屋顶农场收集的多余雨水经竖向排水设施与落水管最终流入湿地花园，雨污处理系统的每一处设备及 GSI 单元对雨水的引导与过滤过程被展现出来，学生在遮雨走廊与带有玻璃幕墙的教室内就可以观测到。最终，经过湿地系统过滤的雨水与生活用水再利用于建筑与花园梯田内，且为当地昆虫、鸟类与小动物创造了一处栖息地②（图 8-5）。

图 8-5　赛威尔友谊中学教学楼花园

图片来源：笔者自摄与自绘

①　亢德芝，胡娟，曹玉洁，等. 美国城市空中连廊规划建设研究及其启示——以明尼阿波利斯为例[J]. 国际城市规划，2014，29(5)：112-118.

②　Ozer E，Thompson D T. Organic Strategies to Sustainable Buildings and Cities [J]. Q Science > Q Science (General)，2009.

8.3.3　跨时间重合

GI 导向的公共空间整合除了多层次的立体空间维度外,还应考虑时间的维度。公共空间功能的跨时间重合是指同一场地、不同时间不同功能下 GI 的功能可变性。由于公共开放空间的使用有较强的时段性,传统公共空间功能的跨时间重合常常表现在使用时间的混合上,例如公共空间中的某区域在上午可能是人们晨练的聚集场所,下午变成舞蹈或运动的场地;夏天可能是人们享受下午茶的休闲空间,在冬天却变成溜冰者的领地。因此,传统公共空间的跨时间重合设计要充分考虑不同的行为需求,提供具有互通性的环境支持。GI 影响下的公共空间功能的跨时间重合由于生态要素的置入而有其自身的独特性。依据 GI 在时间维度上对公共空间的影响特征,公共空间功能的跨时间重合具体有两种情况:由于 GI 的不定性而引导形成的不同时间维度下的"过程"景观,以及根据 GI 的自进化与自修复性空间形成"生长"景观。

公共空间根据 GI 的不定性特征形成"过程"景观,发挥不同时段不同特点的多种功能。该类设施调度使用的例子包括一些高强度降雨时可以避免或限制使用的弹性场地,如体育、娱乐、休闲场地,一些次要社区街道,以及一些公共及商业场地等。调蓄景观雨水广场就是不同时段产生不同景观效果与功能的"过程"性景观。以荷兰鹿特丹水广场为例,作为一种创新型的不同时段下的空间复合利用模式,雨水广场在不同季节、不同雨量、不同气温下实现了不同的生态过程及产生不同的景观效果与公共功能(图 8-6)。无雨时广场提供轮滑、跳舞、球类运动、观赏等公共功能;降雨时广场在发挥公共效益的同时收集街区雨水;降雨后雨水流入运河或下渗消解,广场恢复公共活力。在同一降雨事件中,水广场的淹没区域也会随时间发生变化,人们可以借此直观了解降雨强度,增强雨洪管理意识[①]。

干涸时雨水广场喷泉作为儿童游戏场所　　低水位时成为雨水嬉戏空间　　高水位时蓄水及提供划船场所　　冬季作为溜冰场

图 8-6　荷兰鹿特丹水广场不同季节产生不同功能与景观

图片来源:http://www.urbanisten.nl/wp/? portfolio＝waterpleinen

城市 GI 元素之间互相关联的复杂程度较大,影响因素较多,且由于生态景观随时间变化的特质,单一层面的设计并不能产生长远的效果,因此必须采取阶段式的介入方式,制作随时间维度变化的设计模型,从而形成随时间"生长"性的时空叠合景观。以纽约清泉公园(Fresh Kills Park)为例,公园原址纽约市斯塔腾岛的清泉垃圾场是纽约最大的垃圾填埋场,2001 年詹姆斯·科纳(James Corne)领导的菲尔德设计团队(Field Operations)提出的"生命景观"(Life-scape)方案最终赢得筹建改造计划竞赛并于 2008 年开始进行建设。为了使公园的建造始终在一个进行的动态中展开,场地基于时间维度变化分成 3 个阶段施工:第

---

① Rotterdam Climate Initiative. Water Squares: Playgrounds Doubling as Water Storage [EB/OL]. 2015. http://www.rotterdamclimateinitiative.nl/uk/file/climate-adaptation/projects-climate-adaptation/water-squares-playgrounds-doubling-as-water-storage? project_id＝268&.p＝1

一阶段,从2008年年初开始,为期10年,初步建立公园的交通系统与项目设施,开放南部、北部公园以及集中区的部分区域,实现对场地污染进行生态环境改善的过程;第二阶段,增加基础设施,促进生态恢复;第三阶段,扩大对外开放面积,增加栖息地面积,合理开发利用垃圾填埋场的原有基础构造[1](图8-7)。

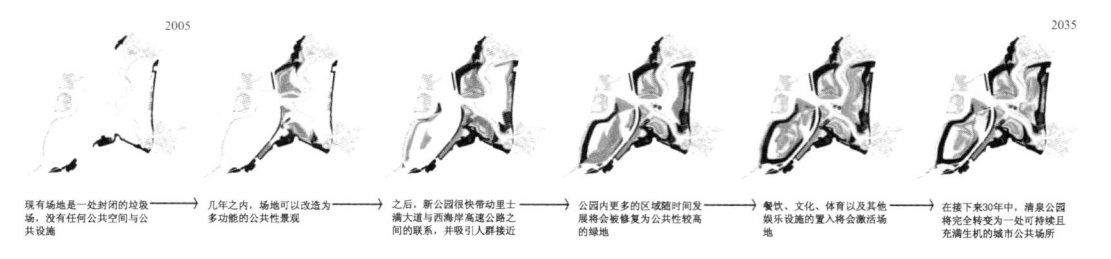

图8-7 纽约清泉公园的"生长"性的时空叠合景观

图片来源:Corner J. Lifescape—Fresh Kills Parkland [J]. Topos the International Review of Landscape Architecture & Urban Design,2005:14-21.

GI由于自身的"过程性"与"生长性"特征使生态类公共空间多种功能与效益的整合有了新的方向,公共空间不再局限于三维立体的定义,而是随时间产生不同的景观效果与功能,并在某一时间段与环境、文脉形成统一。

8.4 管理与实施角度的城市公共空间系统整合

除了宏观规划与微观实施角度外,基于GI影响的城市公共空间系统还应从项目管理与实施角度考虑多方面的整合。根据欧美国家GI规划与公共空间规划的经验,项目的顺利落实离不开政府、设计师、公众、相关组织与团体的共同参与,从公共空间规划到实施再到后期管理与维护,需要基于不同群体具备的多重利益的支撑,包括公众在内的多方社会群体的配合以及政府部门与设计师研究后的多种政策的结合。

8.4.1 多方面配合

基于GI功能的城市公共空间规划既要反映利益相关者之间的关系,也要有能力维护其参与的信息权与决策权,促使各个利益方基于共同目标相互配合。规划与设计可以通过各种合法代表与组织运作的过程参与,把使用者、参与者转变为合作者。一个完善的规划与实施,需要多样化的兴趣与利益通过谈判形成统一政策。一般而言,依据城市GI规划与实施的经验,GI导向的公共空间规划需要3大方面群体:决策者、中间组织、公众[2]。

对决策者而言,首要关注的是总量怎样达标和格局如何优化。项目决策者包括政府与支援组织,政府是公共空间规划的组织者(确立标准)、支援者(统筹资金)与协调者,通过制定政策、拨款与监督管理协调规划的全部过程。支援组织则由来自规划、建筑、媒体、大学等部门的专家、学者、设计师组成。中间组织是指非政府组织(村委会、社区委员会、业主委员

① Corner J. Lifescape—Fresh Kills Parkland [J]. Topos the International Review of Landscape Architecture & Urban Design,2005:14-21.

② 黄杉.城市生态社区规划理论与方法研究[D].杭州:浙江大学,2010:209-211.

会)与非营利组织,其基于过程问责和社会公平价值观的链接、协调、社会倡导作用是政府和企业部门不可替代的。中间组织往往有权利对建设资金筹集、规划与管理。经过相关研究表明,资金与管理结构越独立,工作效率越高;专门的机构有更加稳定的收入,就能够施行更加有针对性的管理[①]。例如温哥华的公园委员会可以从地方征税满足一些公共需求;英国"绿色空间的环保慈善组织"管理着绿旗公园奖项,开展绿色技能相关的教育和管理培训,以及搜集调查资料。

公众对绿色空间的参与可以分为两个方面:参与决策和参与社区绿色公共空间构建与保护。公众参与决策不仅可以更有效地获取出让土地、实现资金募集,还可以集思广益,使空间规划更加符合居民需求及地方性特征。公众参与建设与保护则不仅可以吸引社会资金和人力资源参与其中,节约相应的管理和维护成本,还能更有效地保护生态用地免受城市扩展的不利影响[②]。在纽约市 GI 规划编制过程中,除去政府的管控以及相关专业人员的技术保障外,一些社会民众团体也参与其中。例如在实施中规划师把 GI 规划的愿景和专业性的分析构想向社区公众公示和解疑,不仅可以优化方案、促进实施,还能起到鼓励居民对建成公共设施的维护与管理的作用[③]。

8.4.2 多政策结合

公共空间中的 GI 发挥效益是一个长期的过程,因此对设施的管理与维护至关重要。制定完善的规划政策与管理维护体系有利于公共空间的具体落实,更长久地保护规划设计的成果以及后代的使用权益。GI 导向的公共空间从宏观规划到场地实施在不同阶段应采取不同的政策,充分发挥设计者(自上而下)和公众(自下而上)的积极作用。

在城市宏观层面,政府应依据城市具体情况制定相应的规划政策与管理法规,使得 GI 导向的公共空间在空间与绿地方向有规可循、有法可依、有理可讲。我国绿地执法的重要依据是《城市规划法》《森林法》《城市绿化条例》等,但缺乏专业管理人员,且可实施性较弱,执法力度往往较差。而城市规划相关的法律法规不健全也导致公共空间从目标层面到实施层面不能形成有效的管理系统。因此应依据城市具体情况尽快建立行业法规与标准体系,完善行业管理体制,结合规划规范条例与城市总规、控规,从源头对生态敏感性高的区域进行保护。美国威斯康星州东南区环境廊道的规划阐明了主次级生态廊道宽度与独立的生态资源面积等数据[④];美国各州的《公园法》也明确规定了公园用地的购买与公园建设的组织方式与原则;欧盟针对 GI 规划落实对农业、林业、水政策、气候变化政策,此外运输及能源部门、环保部门等也采取了综合政策与指令。

在社区与场地层面,除去基本的引导性的规划与设计导则以及强制性的法律法规外,还应建立维护与管理鼓励政策并加强宣传教育,引导居民或企业让出公共绿地空间并与政府规划、奖励相结合。也就是说在给予社区居民更大自主权的同时,也要激发并增进民众的参

① 艾伦·巴伯,谢军芳,薛晓飞,等. 绿色基础设施:管理的挑战[J]. 中国园林,2009,25(9):36-40.
② 杜士强,于德永. 城市生态基础设施及其构建原则[J]. 生态学杂志,2010,29(8):1646-1654.
③ 李超楠. 面向绿色基础设施的城市规划弹性研究[D]. 大连:大连理工大学,2014:53.
④ 主要生态廊道面积至少 162 ha,3.2 km 长,61 m 宽;不与主要廊道相接的次级生态廊道面积不小于 41 ha,1.6 km长,独立的生态资源区面积至少 2 ha,宽至少 61 m. 路文远. 绿色基础设施规划管理研究——以呼和浩特市为例[D]. 广州:华南农业大学,2012:35.

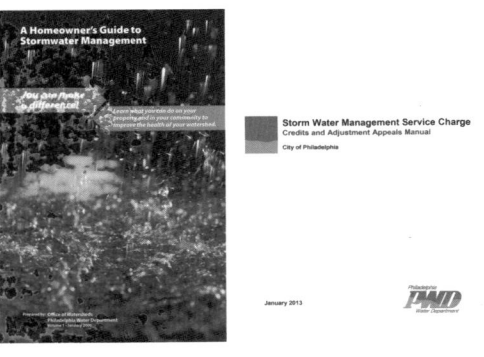

**图 8-8　《房主雨水管理指南》(2006)(左)
与《费城雨洪管理服务费与积分项目
调整方案》(2013)(右)**
图片来源：http://www.phillywatersheds.org

与能力，通过加强社区的各种组织（家庭、团体、学校、社区等组织）建设，使个人真正拥有参与公共事物的能力，实现对生态社区内民众因市场失灵遭受的不平等待遇的弥补。例如费城的雨洪管理奖励政策，为了教育与引导居民形成雨水生态管理的理念，政府部门在 2006 年推行《房主雨水管理指南》(*A Homeowner's Guide to Stormwater Management*)①，指南包含了雨水花园相关的种植技术、工具养护、粪便利用等雨水管理具体指导。为了鼓励公众管理与参与城市 GSI 的建设，2013 年费城水务局颁布了新的《雨洪管理服务费与积分项目调整方案》(*Stormwater Management Service Charge Credits and Adjustment Appeals Manual*)②，修订了对雨水管理的收费方式，使雨水管理与个人经济紧密相连，不仅提高了民众管理雨水资源的意识，也大大鼓励了民众管理 GSI 项目的自发性和积极性(图 8-8)。

8.4.3　多效益导合

城市 GI 具有环境、社会、经济 3 大效益，与 GI 交织及结合的公共空间在增加环境效益与经济效益的同时，也扩大了本身的社会与文化效益，且空间的多重效益是具备综合性、阶段性与多类群体性特征的。生态公共空间的环境、社会、经济效益本身就是综合于一体，同时发挥，而且具备从项目筹备到实施再到后期管理与使用等多阶段利益供需特征，对社区居民、设计师、开发商以及政府部门与管理者等不同群体产生不同方面的利益。

GI 引入公共空间不仅为城市提供了良好的整体环境，而且为居民提供了更多亲近自然和户外锻炼的机会，促进了居民的体育锻炼及儿童的健康发展。城市开放空间、公园绿地、绿道和城市慢行系统等都为居民锻炼提供了场所，提高了空间的可达性、舒适度及愉悦度。更重要的是，基于 GI 功能的公共空间规划强调"网络体系"的概念，即网络中心、廊道、场地与点线面型公共空间的结合以及系统化的层级规划，将城市开放空间作为一个整体来看待，在规划阶段便从深层面追求社会资源使用的平等性，使城市公共空间利用更为公平③。

对于设计师而言，参与生态公共空间规划与建设的过程不仅具有科研、教育、成果展示与宣传效益，还为规划师与建筑师提供了多学科合作的平台，使公共空间规划与设计不再局限于景观、城市规划与城市设计范畴，而是融合到生态、地质、环境、水文、生物、经济和政治等多方面专业中去，从整合学科的基础上综合地看待问题。而对于政府部门与投资者而言，高质量城市绿色空间不仅降低市政基础设施建设的投资和维护费用，且能够刺激周边房产价格增长，并通过吸引游客、消费者从而吸引开发商投资，在恢复中心区活力的同时为周边

① Philadelphia Water Department. A Homeowner's Guide to Stormwater Management [EB/OL]. 2006. http://www.phillywatersheds.org/doc/Homeowners_Guide_Stormwater_Management.pdf

② Philadelphia Water Department. Storm Water Management Service Charge Credits and Adjustment Appeals Manual [EB/OL]. 2013. https://www.phila.gov/water/wu/Stormwater%20Resources/scaa_manual.pdf

③ 王春晓. 西方城市生态基础设施规划设计的理论与实践研究[D]. 北京：北京林业大学，2015：153.

地区带来有效的经济效益。此外,公共空间中的 GI 还在诸如气候变化适应与缓解、生活用水与洪水管理、生物多样性等重大生态价值间接产生巨大经济利益。美国公共土地信托基金会(Trust for Public Land in America)的研究调查表明,费城公园系统在清洁空气、净水、旅游、健康、财产价值以及社区凝聚力等方面为城市带来的经济效益约达 10 亿美元[①]。

公共空间只有对不同相关群体都产生相关利益时,才能促进公共空间规划、实施及管理的有序进行。GI 导向的城市公共空间正是将使用者与决策者的切身利益与空间效益相结合,当不同专业、不同部门、不同群体共同具有效益意识及利益获取时,GI 导向的城市公共空间规划便已经开始形成系统。

8.5 本章小结

本章从整合理论出发,结合国内外相关案例,从城市规划、场地设计、管理实施角度对 GI 导向的公共空间系统涉及的不同专业、不同层次、不同功能、不同利益群之间的关系展开研究。在城市规划层面,GI 导向的城市公共空间整合包括不同专业与不同部门在项目调研与规划阶段的合作、不同尺度公共空间自上而下的复合、公共空间系统中不同层级与不同区域内 GI 的网络连通性耦合。在场地设计层面,基于 GI 功能的城市公共空间整合研究包括城市级公共空间多种功能的结合性规划与限定场地内公共空间多种功能的融合、立体空间中多种功能叠合、基于 GI 的"过程性"与"生长性"特征公共空间功能的跨时间重合。在管理与实施角度,更多地从公共空间顺利推行和建设的驱动因素考虑,公共空间整合包括决策者、中间组织与公众协同合作,相关法律的建立及政策法规的支撑引导,基于多重利益下政府部门、开发商、设计师及社会公众的积极参与。

总体来说,基于 GI 影响下的城市公共空间建设应高度重视其整体性和系统性,在总体规划中要注重生态规划,对重要 GI 进行重点保护与永久保留并纳入城市整体生态网络体系,同时着重考虑恢复城市公共空间的公共活力,并整合交通、建筑、绿地系统、基础设施、历史街区以及其他方面,形成自上而下的控制结构。在社区与场地尺度上,除了构建完整且高效的功能体系外,还要鼓励公众参与决策,提高城市的整体人居环境质量。

---

① 妮可·哥伦布.景观的价值——绿色基础设施的经济意义[J].邝嘉儒,译.风景园林,2013(2):45-53.

9 结 论

9.1 研究成果与结论

　　城市公共空间以提升公共活力为目标,而绿色基础设施在满足基础的社会与经济服务功能的同时,更以保障自然要素的生态敏感性为目的。因此,基于集约化的城市用地,城市公共空间与绿色基础设施(GI)怎样结合规划,以充分发挥城市空间中与生态和社会相关的多重效益,一直是城市土地利用的决策难题。本书在对城市公共空间系统规划与城市绿色基础设施规划的背景整理基础上,对两者之间关系进行对比研究,并利用案例分析、实践调研、理论交叉、软件计算等多种研究方法,基于城市 GI 功能、特征与规划手段,从生态角度建立了"宏观—中观—微观"层次的公共空间规划方法,解决了"GI 与公共空间怎样结合规划与设计""怎样利用 GI 对现有公共空间进行生态更新""怎样将多重意义下的公共空间系统进行整合"等问题。基于城市角度,GI 导向的城市公共空间规划是一种精明保护与公共活力兼备的城市开放空间网络布局;基于社区角度,GI 导向的城市公共空间规划是解决社区生态问题与公共空间问题的要素与结构规划手段;基于场地角度,GI 导向的城市公共空间设计是基于多种目标与多重问题的空间设计方法。具体结论与成果如下:

　　(1) 在宏观层面,基于对城市公共空间传统的总体规划方法的整理与城市尺度的公共空间生态问题的阐述,结合城市 GI 规划特征,构建了 GI 导向的城市公共空间整体规划框架。其一,对城市级 GI 与城市尺度公共空间进行要素与结构对比,寻找两者的结合发展方式,并提出了 GI 导向的城市公共空间核心评价指标与总体评价指标,对城市公共空间从总体规划层面进行定性与定量控制。其二,整理公共空间公共活力影响因子与 GI 生态敏感性影响因子,进行分类与分项评价研究,并基于两种要素的识别、评价与结合关系,以南京中心城区为例,阐述了结合 GI 规划的城市公共空间总体更新规划方法。

　　(2) 在中观层面,基于对社区公共空间传统规划与更新方法的研究,提出规划与更新方法的局限性以及社区公共空间生态问题,继而引入社区 GI 规划,形成结合 GI 的社区公共空间整体规划框架。其一,从要素与结构等方面对基于生物多样性、雨洪管理、多种社会性 3 种功能的 GI 规划与社区公共空间规划进行结合发展研究,找出 GI 规划与社区公共空间规划结合的关键点。其二,基于结合关键点相关研究,总结了社区公共空间基底的 GI 连通性规划要点、GSI 网络化规划要点以及 GI 可达性规划特征。其三,针对社区公共空间规划中 GI 3 个方面主体功能与 3 个主导目标,重点对以方格网街道为基底的廊道连通度、GSI 离散破碎度和 GI 可达性进行量化分析,对公共空间进行生态优化。其四,形成了结合 GI 3 种功能的社区公共空间更新规划步骤与方法,并以南京新街口街道为例,基于 3 种 GI 功能提出了公共空间优化建议。最后,对比了基于 3 种功能的 GI 网络,并与社区公共空间整合,提出 GI 综合优化下的社区公共空间更新规划方法。

（3）在微观层面，基于场地公共空间要素构成、功能、内容、生态问题与设计缺陷，提出 GI 导向的场地公共空间研究方向、研究内容与研究框架。从生物多样性、雨水管理、多种社会服务、促进绿色交通、生态修复等 GI 的 5 种微观功能出发，归纳了基于 GI 不同功能的 5 种公共空间特征，较为深入地研究了不同功能、不同形态、不同尺度的 GI 与公共空间分类结合设计方法。

（4）最后从系统整合理论出发，对不同专业、不同尺度、不同层级、不同功能、不同形态、不同时段、不同职能、不同政策、不同利益引导下的 GI 导向的公共空间要素之间及要素与系统之间进行整合研究，促进了 GI 影响下的城市公共空间系统的整体性和系统性（表 9-1）。

9.2 研究创新点

本书的研究内容属于社会科学与自然科学的交叉领域，除建筑学与城市规划学之外，还涉及景观生态学与复杂系统论等，在研究中同时将各学科相关理论与研究方法进行融合，相比以往生态视角下的城市空间规划研究，具有以下创新点：

（1）学科的新结合：通过探寻生态意义城市公共空间的正确实现路径，探索生态学与建筑学、城市规划学等多个学科之间的联系，从而寻找基于问题的学科结合点；整合了景观生态学与空间句法的部分概念，并运用到社区公共空间规划研究中，例如对路网连通度、斑块破碎度、社区可达值等概念的重新思考；将生态技术与公共空间设计进行结合，例如雨水的自然过程与建筑灰空间、雨水广场、公共空间群的结合设计研究。

（2）发展的新途径：深入研究城市公共空间发展的规律与问题，对传统规划方法与生态目标之间的矛盾进行分析，寻找生态理念下城市公共空间发展趋势的方向；将绿色基础设施规划引入城市公共空间系统规划进行研究，拓宽了城市公共空间的研究广度，提升了绿色基础设施的应用研究深度；提出了提升城市公共空间活力与优化绿色基础设施功能两种目标，两者协同发展的规划方法，实现自然与人在城市空间的"共生"。

（3）方法的新应用：借鉴前人的研究成果与研究方法，展开对 GI 导向的公共空间系统的讨论，将 GI 要素、结构与公共空间规划要素、结构对应与对比研究，GI 规划方法与公共空间规划方法对比研究，公共空间评价与 GI 评价分项研究，找出两者结合发展的方法；对规划与设计案例进行分类与归纳以找出研究对象发展的普遍规律，对案例进行提炼与总结以例证研究内容的可行性与可靠性；最后利用相关软件与叠图等多种方法从定性与定量相结合的角度出发对规划方法进行分析与实证，具有一定的方法创新性。

9.3 研究不足与展望

（1）城市公共空间系统与 GI 网络是两种复杂的城市开放空间系统，本书基于相关的文献研究与案例分析，对城市公共空间公共活力与 GI 生态敏感性影响因子做了较为深入的归类与整理。但由于系统的公共空间规划案例与 GI 规划案例的缺乏，在宏观层面建立公共空间公共活力与 GI 生态敏感性评价指标后，难以进行进一步的案例分析与佐证。

（2）本书基于公共空间问题与 GI 规划特征，系统地建立了与 GI 相结合的城市公共空间规划方法,但规划与更新后的公共空间效益如何评价? 怎么评价规划方法的可操作性? 这也是值得本书今后进一步强化的地方。

表 9-1 成果与结论总表

分层与分项		结论
宏观(总体控制规划研究)	GI 导向的城市公共空间总体控制性规划(定量与定性控制)	1. 基于城市级 GI 要素特征与城市尺度公共空间要素识别,两种要素的结合发展方式有借景、贯穿、交叠、结合、内置; 2. 基于城市级 GI 与城市尺度公共空间的主导结构形式,两种结构的结合发展方式有借景、穿插、交叉、包含、重叠; 3. 基于传统的宏观层面城市公共空间评价指标的缺陷,提出 GI 导向的城市公共空间核心评价指标与总体评价指标
	GI 导向的城市公共空间总体更新规划(城市用地存量优化)	1. 整理公共空间公共活力影响因子,并进行分类与评价研究,根据研究方向形成不可改造区(线)、可微改区(线)、可重改区(线)、可删区(线)、潜力区(线)分级; 2. 整理 GI 生态敏感性影响因子,并进行分类与评价研究,根据研究方向形成保护区(廊)、生态区(廊)、共生区(廊)、利用区(廊)、潜力区(廊)分级; 3. 形成了 GI 导向的城市公共空间宏观规划方法,并以南京中心城区为例进行分析,绘制了"GI 导向的城市公共空间规划图"
中观(修建性详细规划研究)	以 GI 提升城市生物多样性功能为导向的社区公共空间规划	1. 社区公共空间与基于生物多样性意义优先的 GI 在要素与结构方面进行结合研究; 2. 社区公共空间基底下,提出廊道优先布局建议,并对 GI 连通度(网络连通度、节点连通度、廊道连通度)的量化分析、廊道宽度、廊道等级与类型进行研究,最后提出了社区 GI 连通性规划要点; 3. 形成了提升社区生物多样性功能优先的公共空间更新规划方法,并以南京新街口街道为例进行分析,绘制了"基于 GI 生物多样性功能的公共空间规划图"
	以 GI 雨洪管理功能为导向的社区公共空间规划	1. 社区公共空间与基于雨洪管理意义优先的 GI 在要素与结构方面进行结合研究,社区绿色雨水基础设施与雨水管网系统关系研究; 2. 社区公共空间基底下,对 GSI 网络化特征进行研究,并对 GSI 的离散破碎度(破碎度、离散度、离散均衡值)与斑块规模(渗透型、传输型、调蓄型)进行量化分析,最后提出了社区 GSI 网络化规划要点; 3. 形成了优化社区雨洪管理的公共空间更新规划方法,并以南京新街口街道为例进行分析,绘制了"基于 GI 雨洪管理功能的公共空间规划图"
	以 GI 多种社会功能为导向的社区公共空间规划	1. 社区公共空间与基于多种社会功能优先的 GI 在要素与结构方面进行结合研究,社区绿色交通系统与多功能性 GI 关联研究; 2. 社区公共空间基底下,对慢行网络的相关路网标准值进行整理,对社区 GI 的适宜服务半径与可达性范围图形进行研究,对社区 GI 的可达值与可达均值进行量化分析,对满足可达性均衡条件下设施型 GI 布局进行分析,最后提出了 GI 可达性规划特征; 3. 形成了提升社区 GI 多种社会功能的公共空间更新规划方法,并以南京新街口街道为例进行分析,绘制了"基于 GI 多种社会功能的公共空间规划图"
	以 GI 生物多样性、雨洪管理、多种社会功能等综合优化下的社区公共空间规划	社区规划尺度下,对基于 3 种功能的 GI 与公共空间进行要素与结构方面的结合研究,整理基于 3 种功能的 GI 网络相似处并进行优化,整理基于 3 种功能的 GI 网络区别处并进行整合,对 GI 的连通、网络、可达特征整合研究,最后形成了 GI 综合优化下的社区公共空间更新规划方法

续表 9-1

分层与分项		结论
微观(场地设计分项与分类研究)	发挥 GI 生物多样性功能下的公共空间设计	对生物多样性公共空间进行分类研究,对生物多样性公园生境内容、生物多样性绿道、线型公共空间与生物多样性 GI 立体关系进行研究
	满足 GI 雨水管理功能下的公共空间设计	对雨洪管理类公共空间进行分类研究,对 GSI 与公共空间地形、水文、植被、雨水处理过程结合设计进行分类研究,对公共空间群与 GSI 结合设计进行分类研究,对灰空间与 GSI 结合设计进行分类研究
	发挥 GI 多种社会功能的公共空间设计	对城市级的公园、绿道与 GI 多种社会功能进行结合设计研究,对社区级公共空间与 GI 多种社会功能进行结合设计研究,对高密度中心区的公共空间与 GI 多种社会功能进行结合设计研究
	绿色交通与 GI 结合下的公共空间研究	慢行交通、公交便达、复合交通、立体交通等绿色交通主导方式与 GI 结合模式下,对公共空间进行分项分类研究
	发挥 GI 生态修复功能的公共空间设计	基于 GI 发挥生物多样性、雨洪管理、多种社会功能复合、城市轨道遗迹与绿色交通结合等功能与条件下,将棕地转变为生态的公共空间的分项分类研究
不同角度下的整合	城市规划角度	不同专业、不同尺度、不同层级前提下的公共空间系统整合研究
	场地设计角度	不同功能、不同空间、不同时间条件下的公共空间系统整合研究
	管理实施角度	不同人群、多种政策、多重效益集中下的公共空间系统整合研究

资料来源:笔者自绘

(3) 本书在微观层面从景观生态学与建筑学角度对 GI 技术手段与公共空间相结合的方式与设计方法做了详细的探讨,却欠缺以公共空间的生活与活动为基础的社会性调研以及社会学相关方法的评价。此外,在城市的生态更新过程中,从上面下的公共空间更新性规划是否适合特定城市? 还是根据城市公共空间的实际情况,从场地调研与改造出发,从下而上或者上下结合,多方面参与规划与更新过程?

基于上述研究不足,今后可以从以下几个方面进一步深入研究:利用公共空间公共活力与 GI 生态敏感性评价指标分析国内外公共空间规划与 GI 规划相关的实施案例,进而优化两种评价指标;对 GI 导向的城市公共空间系统规划方法产生的公共空间效益进行下一步的评价研究,例如对生态(通过评价城市公共空间室外空气质量、水质、微气候、雨水径流、生物多样性)、经济(城市 GDP 增长、生态产业种类与产量的增幅)、人居(公共空间出行频率、空间感受、交往频率、驻留时间)等方面的评价研究;在中微观尺度,从社会学角度继续探讨 GI 导向的公共空间设计,将传统意义的公共空间社会学调研和研究方法与 GI 的生态技术相结合,深化城市公共空间的多重效益与意义。

附　　录

层次分析法的基本步骤

第一步,建立判断矩阵。采取两两比较方法确定基于目标的影响因子相对重要程度,运用 1~9 标度法(表 F-1)定位每两个因子之间的重要性。例如在广场与公园等点面型公共空间一级因子权重计算中,要先通过经验建立区位条件、配套设施、空间组织、社会使用、环境保护 5 个要素之间的两两比较关系,5 个要素相互之间重要性对比主要从因子包含的次级因子数量、阐述内容的重要性及因子基本分值 3 方面考虑(表 F-2)。

表 F-1　重要性标度含义表

重要性标度	含义
1	表示两个要素相比,具有同等重要性
3	表示两个要素相比,前者比后者稍重要
5	表示两个要素相比,前者比后者明显重要
7	表示两个要素相比,前者比后者强烈重要
9	表示两个要素相比,前者比后者极端重要
2,4,6,8	表示上述判断的中间值
倒数	若要素 i 与要素 j 的重要性之比为 b_{ij},则要素 j 与要素 i 的重要性之比为 $b_{ji}=\dfrac{1}{b_{ij}}$

表 F-2　点面型公共空间一级因子重要性标度对照表

评价因子	区位条件 A	配套设施 B	空间组织 C	社会使用 D	环境保护 E	各要素权重 W
区位条件 A	1	3	3	3	9	0.473
配套设施 B	1/3	1	1	1	3	0.158
空间组织 C	1/3	1	1	1	3	0.158
社会使用 D	1/3	1	1	1	3	0.158
环境保护 E	1/9	1/3	1/3	1/3	1	0.053

第二步,计算权重。

①计算矩阵中每一行因子的乘积(a 为两两比较的矩阵,n 为矩阵的阶)

$$M_i = \prod_{j=1}^{n} a_{ij}$$

②计算 M_i 的 n 次方根 $\overline{W_i}$

$$\overline{W_i} = \sqrt[n]{M_i}$$

③对方根向量 $\overline{\boldsymbol{W}} = [\overline{W_i}, \overline{W_2}, \cdots, \overline{W_n}]$ 作归一化处理

$$W_i = \frac{\overline{W_i}}{\sum_{j=1}^{n} \overline{W_i}}$$

$\boldsymbol{W} = [W_1, W_2, \cdots, W_n]$ 即为所求的特征向量。

④一致性检验

a. 判断矩阵中最大特征根 $\lambda_{\max}$(利用列向量归一求和计算,AW 为每一行列向量归一后的和)

$$\lambda_{\max} = \sum_{j=1}^{n} \frac{(AW)_i}{nW_i}$$

b. 计算矩阵偏离一致性指标 CI

$$CI = \frac{\lambda_{\max} - n}{n - 1}$$

c. 计算矩阵随机一致性比率 CR(RI 值根据表 F-3 查得)

$$CR = \frac{CI}{RI}$$

CR 值越小说明矩阵一致性越高,当 $CR < 0.1$ 时,说明矩阵中数据分配是合理的,否则要调整矩阵中数值,直到取得满意的一致性。

表 F-3　AHP 方法中平均随机一致性指标 RI 取值参考表

阶数	1	2	3	4	5	6	7	8	9	10	11	12	13	14	15	16	17	18	19	20
RI	0	0	0.52	0.89	1.12	1.26	1.36	1.41	1.46	1.49	1.52	1.56	1.56	1.58	1.59	1.5943	1.6064	1.6133	1.6207	1.6292

在权重计算中,A、B、C、D、E 5 个一级因子的权重分别为 0.473、0.158、0.158、0.158、

0.053。在一致性检验中,现将矩阵 $\begin{bmatrix} 1 & 3 & 3 & 3 & 9 \\ 1/3 & 1 & 1 & 1 & 3 \\ 1/3 & 1 & 1 & 1 & 3 \\ 1/3 & 1 & 1 & 1 & 3 \\ 1/9 & 1/3 & 1/3 & 1 & 3 \end{bmatrix}$ 列向量归一化为

$\begin{bmatrix} 0.473 & 0.473 & 0.473 & 0.473 & 0.473 \\ 0.158 & 0.158 & 0.158 & 0.158 & 0.158 \\ 0.158 & 0.158 & 0.158 & 0.158 & 0.158 \\ 0.158 & 0.158 & 0.158 & 0.158 & 0.158 \\ 0.053 & 0.053 & 0.053 & 0.053 & 0.053 \end{bmatrix}$,按行求和,各行 AW 值为 $\begin{bmatrix} 2.365 \\ 0.79 \\ 0.79 \\ 0.79 \\ 0.265 \end{bmatrix}$,经计算该矩阵

最大特征根 $\lambda_{\max}$ 为 5,CI 与 CR 值均为 0,说明每个特征向量值没有偏离矩阵数据的一致性,权重通过一致性检验。

同理,对 A1-A6,B1-B7,C1-C2,D1-D4,E1-E3 五组二级因子分组赋权,对文化遗产(A5)、开放程度(C1)、交通组织(C2)、社会管制(D4)4 个二级因子进行二次赋权计算。

附表、附图

表 F-4　城市级 GI 连通结构形式表

城市级 GI 结构布局形式			简图	特征	案例地点	案例
连通式	强连通	点带网状		点带网状 GI 结构利用城市纵横向的湖泊水系、绿色街道及绿带,形成有层次的 GI 网络,并且能强化城市空间的整体性和完整性,促使城市形成完整的生态体系。但在 GI 结构规划中要注意城市 GI 与郊区 GI 的多样性连接	佛山市	
		放射环状/楔环状		放射环状或楔环状 GI 结构利用城市中心区已有的大型网络中心与郊区放射性或楔性 GI 连接,并将多种绿色连接形式再以 GI 连通,形成结构明晰、整体、连接性强的城市 GI 系统,生态效益高,且利于结合城市游憩型公共空间	合肥市	
	弱连通	楔状		郊区生态敏感性较强的 GI 以楔状形式逐渐引入城市,以改善城市气候,适用于迫切需要改善生态环境的特大城市或大城市	澳大利亚墨尔本	
		放射状		城市 GI 网络中心以放射形式的廊道与城市其他网络中心连接,连接廊道大多是绿色街道与水系,廊道生态敏感性较弱,对城市的生态改善作用较环状、楔状稍差	印度新德里	
		带状		城市带状 GI 往往是城市中水系、山脊、谷地、绿带,且与城市周边 GI 连通,可以创建生态廊道,改善城市生态气候。但带状 GI 彼此间没有连通,且限制了城市交通空间布局	美国西雅图	
半连通式		指状		指状 GI 结构中的城市网络中心较少,大部分是未相互连通的场地与廊道,GI 网络改造潜力较大	朝鲜平壤	
		环心状		环心状 GI 利用了城市中心的大型 GI,如山体与湖泊,可以调节城市中心地区小气候,同时也为市民创造良好的市中心游憩和交往活动空间,但中心 GI 没能与城市周边 GI 形成有效连通,不利于城市 GI 网络整体发挥生态效益	乐山市	
非连通式		块状		块状 GI 结构中的绿地以大小不等的地块形式分布在城市之中,便于居民日常生活使用,但由于绿地规模较小、分散且互不连通,难以发挥 GI 多种效益	武汉市	

注:简图图示:　■ ▲ ● 网络中心　　——廊道　　■场地　　●孤岛
　　案例图示:　河道或大面积水域　　城市尺度GI与郊野GI
资料来源:笔者自绘

表 F-5　城市主导公共空间结构形式表

模式			简图	案例地点	案例
节点发展模式	单中心节点			纽约曼哈顿区	
	多中心节点	主次序列 · 主次点		美国盐湖城	
		主次序列 · 均似点		西班牙毕尔巴鄂	
		排列结构 · 有序（中心环绕）		南京市	
		排列结构 · 散乱		美国旧金山	
轴线发展模式	单轴线（主轴线公共性强）			美国芝加哥	
	双轴线	主次序列 · 主次轴		美国华盛顿	
		主次序列 · 均似轴		巴西巴西利亚	

续表 F-5

模式			简图	案例地点	案例地点
轴线发展模式	双轴线	排列结构	相交	 济南市中心区	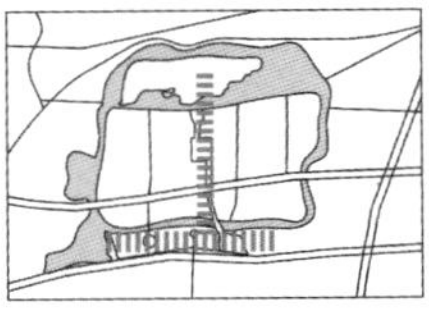
			不相交	 深圳市中心区	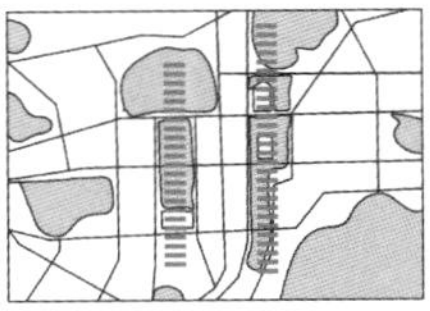
	多轴线	主次序列	主次轴	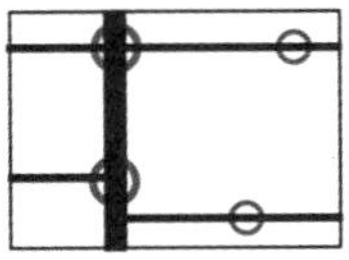 印度新德里	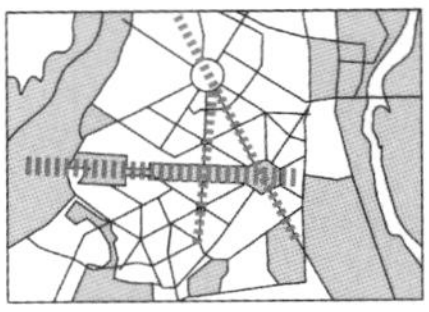
			均似轴	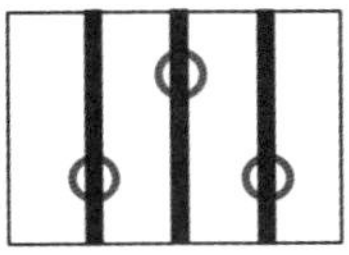 法国巴黎	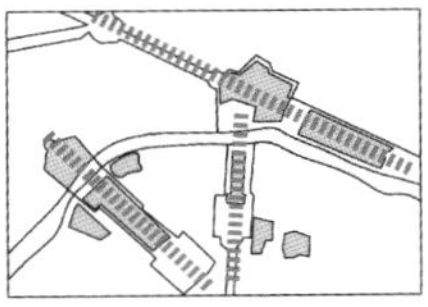
		排列结构	相交	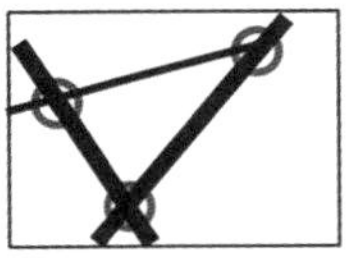 法国尼斯	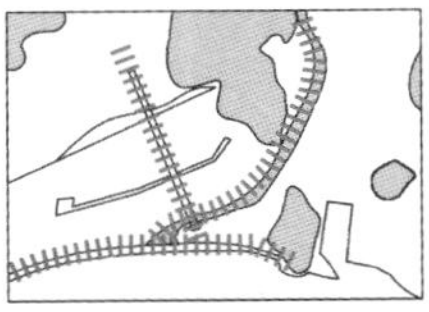
			放射	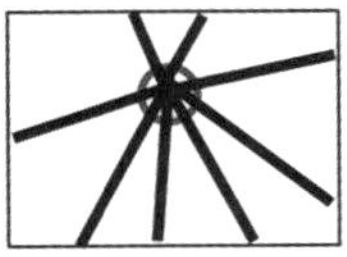 西班牙巴塞罗那老城区	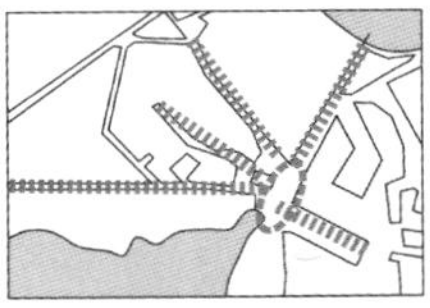
			不相交	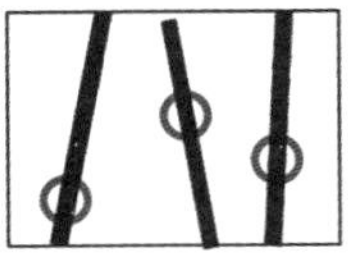 捷克布拉格	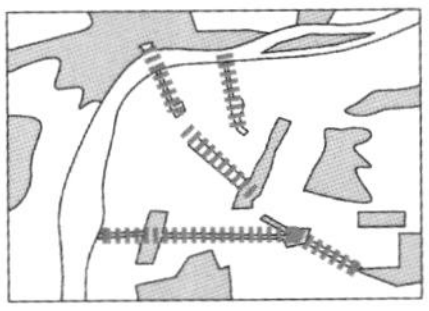
网络发展模式				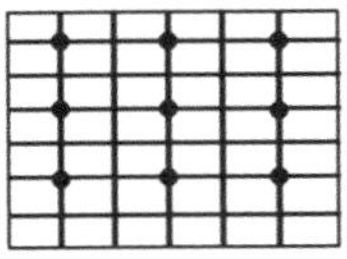 美国波特兰	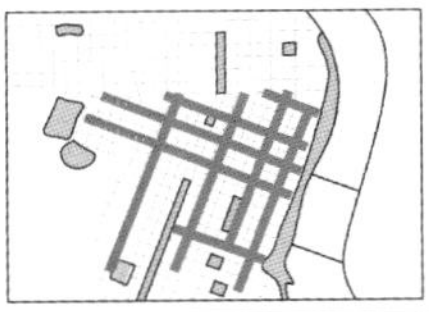

注:简图图示: ◯ 节点　━━ 轴线　　案例图示: ▦ GI　　⬭ 节点　　▪▪▪ 轴线

资料来源:笔者自绘

表 F-6　基于公共活力与生态敏感性划分的公共空间与 GI 分类表

类别代码			类别	内容简介	净公共空间使用面积率	生态敏感性	图示
大类	中类	小类					
G（绿地与广场用地）	G1（公园绿地）——限制建设	G1-1（景观公园）	点面型或线型公园	以服务市民为主的社会类公园	•••	•••	
		G1-2（生态展示公园）		人工生态手段设计的公园	•••	•••••	
		G1-3（游憩景观公园）		游憩为主的大型绿地公园	••	••••••	
		G1-4（生态保育公园）		生物保护与绿地修复为主的自然公园	•	••••••	
	G2（防护绿地）——禁止建设	G2-1（安全防护类绿带）	线型 GI	以防护功能为主的人工线型绿带	无	•••••	
		G2-2（生物迁移类绿道）		以生物迁徙功能为主的自然或人工绿廊	无	•••••••	
	G3（广场绿地）——适宜建设	G3-1（普通广场）	点面型公共空间	提供多种社会服务功能的硬质广场	••••••••	基本无	
		G3-2（绿色广场）		点缀型绿色资源合理布局的人性化广场	•••••••	•	
		G3-3（生态广场）		具有生态考虑的专类生态广场	••••••	••	
		G3-4（生物多样性广场）		以建设生物多样为目标并部分绿化与城市 GI 连通的生态广场	•••••	•••••	
E（非建设用地）	E4（保护用地）——禁止建设	E4-1（人工修复生态保育用地）	点面型 GI	人工干预的大面积生态地块	无	•••••••	
		E4-2（自然保护用地）		自然保留的大面积绿地、湿地及水域	无	•••••••	
S（道路与交通设施用地）	S5（城市非机动道用地）	S5-1（街道非机动道）	线型公共空间	建设用地道路旁非机动道	••••••	基本无	
		S5-2（独立非机动道）		独立的建设用地中非机动道	••••••	•	
		S5-3（廊道非机动道）		被绿色廊道夹杂或毗邻的非机动道	•••••	••	
		S5-4（绿地非机动道）		大型绿色斑块内部的非机动道	••••	•••••	

注：• 表示净公共空间使用面积率与生态敏感性两个关联指标的高低。
资料来源：笔者自绘

表 F-7　城市公园类型

公园层级	特征	功能	尺度[1]	服务半径	植被覆盖率	单位公共密度	生态敏感程度
区域公园（区域规划尺度、城市规划尺度）	大尺度区域、廊道状或者网络状的开放空间，包括荒地、丘陵地、湿地、林地	大部分地区具有良好的可达性，适宜进行非密集型的活动，主要功能是游憩与生态保育	超过400 ha	3.2～8 km	••••••••	•	•••••••
城市公园（城市规划尺度）	与区域公园类似的大型开放空间，包括荒地、丘陵地、湿地、林地等各类公园及运动地	适宜进行非密集型的活动，提供了广泛的游憩设施以及休闲娱乐、生态、风景、文化、基础设施等有利条件	60～400 ha	3.2 km	•••••	•	•••••
区级公园（城市规划尺度、社区规划尺度）	大型的城市开放空间，绿化以乔木林与水池为主	一般提供自然景观以及广泛的户外活动设施，包括运动设施、运动场地、儿童游戏场地，满足不同年龄段人群的需求	20～60 ha	1.2 km	••••	••	••••
社区公园（社区规划尺度）	服务于社区居民的中型尺度集中性公园，绿化类型多样	提供户外活动场地、儿童游戏场地、休憩空间以及自然绿地	2～20 ha	400 m	•••	••••	•••
小型公园（社区规划尺度）	与社区公园类似，相较社区公园尺度稍小，但更易到达	提供花园、休憩空间、儿童游戏场地及自然绿地	0.4～2 ha	400 m	••	•••••	••
袖珍公园或街角公园	一般位于社区公共建筑附属开放用地；绿地以灌木与花草类植物为主	提供自然景观、林荫场所以及少量的休憩、活动空间	0.4 ha	400 m	••	••••	•
线型公园（城市规划尺度、社区规划尺度）	沿河道、绿道、山脊的线型开放空间或废弃铁路，一般与自然贴合紧密	为居民提供散步道、自然保护地以及提供休闲游憩的其他通道	不定	不定	••••	••	•••

注：1）表中各类公园尺度参照"东伦敦绿网规划"中的尺度，不同城市公园规划的面积应根据城市尺寸、人口容量、地理位置、资源条件等各方面划分。

• 表示植被覆盖率、单位公共密度、生态敏感程度 3 个指标的高低。

数据来源：参考刘家琳，李雄.东伦敦绿网引导下的开放空间的保护与再生[J].风景园林，2013(3)：90-96.

表 F-8　新街口街道及周边区域的网络中心、场地、孤岛生态敏感性分级与评分

FID	Fow_id	初始敏感性	面积(m²)	面积打分	边界密度	边界密度打分	网络连通度	网络连通度打分	GI分类	GI分类打分	坡度	坡度百分数	坡度打分	高度(m)	高度打分	斑块数目	斑块数量打分	植被覆盖率打分	连接廊道数	连接廊道数打分	总评
5	4080	4	9350.34	5	0.3144	1	7.5259	3	场地	7	4.4434	0.0777	3	10.6364	1	1	9	3	0	0	4.34
8	4413	4	45493.67	9	0.2486	5	5.7635	7	场地	7	1.8588	0.0325	1	11.3704	1	1	9	9	0	0	7.2
24	4096	4	4990.15	3	0.3021	3	6.8960	5	场地	7	2.7883	0.0487	1	13.8000	1	1	9	5	0	0	3.68
17	6064	4	3506.67	1	0.4621	1	7.6683	3	孤岛	3	2.7883	0.0487	1	14.000	1	1	9	5	0	0	1.96
0	1905	4	2607.39	1	0.2684	1	12.4133	1	孤岛	3	2.9524	0.0516	1	14.000	1	1	9	5	0	0	2.34
15	5725	4	13538.75	5	0.1714	9	5.9056	7	场地	7	2.3585	0.0412	1	16.9231	1	1	9	9	0	0	5.52
7	4278	4	3468.85	1	0.1992	7	3.6530	9	场地	7	4.1458	0.0725	3	17.0000	3	1	9	5	0	0	3.36
12	5669	4	14075.68	7	0.3018	3	8.3988	1	场地	7	2.6189	0.0457	1	17.0588	3	1	9	5	0	0	5.5
1	837	4	2312.37	1	0.3113	1	7.5127	3	孤岛	3	2.3607	0.0412	1	17.5000	3	1	9	5	0	0	2.3
13	5674	4	12475.55	5	0.2400	5	5.6261	9	场地	7	2.4274	0.0424	1	18.1875	3	1	9	9	0	0	5.14
20	6140	4	5532.52	3	0.2728	3	6.9651	5	场地	7	1.4824	0.0259	1	18.8000	3	1	9	5	0	0	3.74
4	4066	4	3961.71	3	0.3277	1	7.1352	5	场地	7	3.1360	0.0548	1	19.0000	3	1	9	5	0	0	3.64
32	6891	4	16722.18	7	0.2529	5	5.6314	7	场地	7	1.6471	0.0288	1	19.6667	5	1	9	7	0	0	6.08
33	6892	4	11457.89	5	0.3604	1	6.5831	7	场地	7	1.6471	0.0288	1	19.6667	5	1	9	7	0	0	4.76
11	5151	4	11250.75	5	0.1505	9	8.5835	1	场地	7	1.2251	0.0214	1	20.3077	5	1	9	7	0	0	5.16
6	4136	4	7679.90	5	0.1818	9	7.6632	3	孤岛	3	2.9647	0.0518	3	21.1250	5	1	9	7	0	0	4.02
16	6008	4	16383.72	5	0.3114	1	7.3374	5	场地	7	2.0449	0.0357	1	21.2500	5	1	9	7	0	0	5.68
23	6949	4	21040.80	5	0.3061	1	6.0160	7	场地	7	3.2672	0.0571	1	25.3462	7	1	9	7	0	0	6.04
14	5704	4	25727.06	9	0.2148	7	7.1220	5	场地	7	2.5868	0.0452	1	26.0000	7	1	9	7	0	0	7.3
2	1634	4	1854.90	1	0.3071	1	9.7255	1	场地	7	1.5095	0.0264	1	27.0000	7	1	9	7	0	0	2.62
21	6240	4	4746.49	3	0.1452	9	8.3057	1	孤岛	3	3.5110	0.0614	3	27.5000	7	1	9	9	0	0	4.08
19	6128	5	61499.77	9	0.1945	7	5.8283	7	网络中心	9	1.8847	0.0329	1	27.6667	7	1	9	9	2	3	7.94
9	4578	4	3142.58	1	0.3654	1	9.4350	1	场地	7	3.7876	0.0662	3	28.0000	7	1	9	3	0	0	2.4
3	1845	4	12627.55	5	0.2551	5	7.9878	3	场地	7	2.8546	0.0499	1	29.2857	9	1	9	7	0	0	5.08
22	6292	5	15469.41	7	0.1948	7	5.5168	9	网络中心	9	6.1986	0.1086	3	29.3333	9	1	9	9	2	3	7.18
18	6088	4	12039.99	5	0.1948	7	6.7837	5	场地	7	1.4188	0.0248	1	31.3571	9	1	9	7	0	0	5.36
10	4746	4	8040.28	3	0.2280	5	7.4269	3	场地	7	3.2040	0.0560	1	35.0909	9	1	9	7	0	0	4.14
25	6890	5	154951.01	9	0.1134	9	3.4360	9	网络中心	9	7.4930	0.1315	3	35.3678	9	1	9	9	4	9	8.82
26	1839	2	20812.79	7	0.2147	9	7.0597	5	场地	7	2.8798	0.0503	1	15.7308	1	2	9	9	0	0	5.84
31	6374	4	44313.44	9	0.2552	5	5.1587	9	网络中心	9	2.5999	0.0454	1	17.5532	3	2	9	9	2	3	7.62
28	2281	2	1920.27	1	0.4210	1	13.4411	1	场地	7	4.9832	0.0872	3	25.3333	7	2	5	5	0	0	2.36
29	2342	2	18056.37	7	0.4026	9	4.8691	9	网络中心	9	2.6826	0.0496	1	34.5263	9	2	7	7	2	3	7
27	2073	1	3950.12	1	0.1970	7	6.2581	7	网络中心	9	2.7327	0.0477	1	22.7500	5	5	5	5	1	1	3.84
30	5962	5	48943.80	9	—	7	6.7961	5	网络中心	9	1.6850	0.0294	1	21.7091	5	7	9	9	2	3	7.44
权重		—	—	0.5	—	0.08	—	0.06	—	0.08	—	—	0.03	—	0.03	—	0.08	0.06	—	0.08	

资料来源:笔者自绘

续表 F-9　新街口街道及周边区域的 GI 廊道生态敏感性分级与评分

FID	row_id	总评分	曲度	GI分类	植被覆盖率	植被覆盖率评分	宽度（m）	宽度评分	连接斑块数	连接斑块数评分	连通度	网络连通度评分	原始敏感性
45	4420	3.9	3	生态跳点	0.1341	1	23.6138	3	1	5	7.6922	9	1
31	2226	2.48	1	生态跳点	0.1550	1	25.6512	3	1	5	17.9067	1	3
49	5646	2.48	1	廊道	0.1921	1	18.2511	3	1	5	12.0484	1	1
43	4052	4.36	1	生态跳点	0.1927	1	43.5245	5	1	5	6.9301	9	1
0	11	1.8	1	生态跳点	0.2119	1	9.7495	1	1	5	14.0796	1	3
12	1033	3.36	9	生态跳点	0.2252	1	14.0955	3	1	5	12.2155	1	1
23	1975	3.44	7	生态跳点	0.2405	1	16.7257	3	1	5	11.0632	3	1
25	1995	3.36	9	生态跳点	0.2545	1	21.1983	3	1	5	15.3307	1	3
19	1624	3.3	3	生态跳点	0.2843	1	14.7688	3	1	5	9.7724	5	3
24	1981	3.08	1	廊道	0.2941	1	27.3943	3	1	5	10.4220	5	1
10	815	2.02	3	生态跳点	0.3117	1	6.9168	1	1	5	11.6608	1	3
40	2475	1.8	1	廊道	0.3145	1	11.3727	1	1	5	12.6588	1	3
26	1999	2.5	1	生态跳点	0.3159	3	8.9005	1	1	5	11.1949	3	3
44	4085	4.08	1	生态跳点	0.3192	3	30.8976	3	1	5	6.4292	9	2
13	1111	2.86	7	生态跳点	0.3254	3	7.7834	1	2	5	11.5787	1	3
20	1662	2.2	1	生态跳点	0.3269	3	9.9049	1	1	5	11.4478	1	1
48	5099	2.39	0	生态跳点	0.3336	3	9.6755	1	1	5	11.1766	3	3
42	3810	4.06	9	生态跳点	0.3545	3	13.3895	3	1	5	10.5763	3	1
38	2445	4	3	廊道	0.3625	3	17.7601	3	1	5	7.7894	7	2
54	5465	4.14	7	生态跳点	0.3772	3	17.9529	3	1	5	9.8368	5	2
36	2358	2.5	1	廊道	0.3804	3	11.0461	1	1	5	10.5851	3	2
16	1362	2.88	1	生态跳点	0.3910	3	12.3730	3	1	5	12.1905	1	2
9	733	2.8	1	生态跳点	0.4087	3	11.1412	1	1	5	10.4376	5	3
8	723	3.2	1	生态跳点	0.4446	3	11.3305	1	1	5	10.2920	5	1
39	2474	3.34	5	生态跳点	0.4520	5	9.5353	1	1	5	10.5874	3	2
7	699	2.9	1	生态跳点	0.4537	5	11.8620	1	1	5	10.8929	3	3
53	6127	5.16	1	廊道	0.4700	5	32.5727	5	1	5	4.1007	9	3
30	2131	5.06	9	生态跳点	0.4805	5	14.8580	3	1	5	8.4294	7	2

续表 F-9

FID	row_id	总评分	曲度	GI分类	植被覆盖率	植被覆盖率评分	宽度(m)	宽度评分	连接斑块数	连接斑块数评分	连通度	网络连通度评分	原始敏感性
27	2042	3.86	7	廊道	0.5062	5	9.0809	1	1	5	9.3212	5	3
35	2341	4.46	9	生态跳点	0.5137	5	12.3682	3	1	5	10.7603	3	1
18	1575	2.9	1	生态跳点	0.5430	5	9.9213	3	1	5	10.8681	3	2
5	679	3.58	1	生态跳点	0.5561	5	15.0195	3	1	5	11.0919	3	1
1	25	3.58	1	生态跳点	0.6216	5	13.0481	3	1	5	10.5226	3	2
50	6049	4.4	3	生态跳点	0.6455	5	14.3639	3	1	5	8.7141	7	1
32	2292	4.58	1	生态跳点	0.7003	7	23.1998	3	1	5	8.1321	7	3
6	684	3.68	1	生态跳点	0.7204	7	12.0904	3	1	5	14.0045	1	2
47	4714	4.8	3	廊道	0.7368	7	13.3181	3	1	5	8.1239	7	4
34	2335	5.48	9	廊道	0.7821	7	9.2149	1	3	7	7.4757	9	2
22	1966	4.58	1	廊道	0.7890	7	15.7846	3	2	5	8.8219	7	2
14	1326	4.48	9	生态跳点	0.8000	7	10.3749	1	1	5	8.9334	5	1
29	2071	4.72	5	生态跳点	0.8080	7	14.4963	3	1	5	8.8995	5	2
52	6830	5.28	1	廊道	0.8431	7	17.7874	3	3	7	5.5239	9	3
2	531	4.58	1	生态跳点	0.9124	7	14.8380	3	1	5	8.1792	7	1
28	2046	4.2	1	廊道	0.9290	7	9.9657	1	2	5	5.8342	9	3
3	624	4.58	1	廊道	0.9404	7	12.5008	3	1	5	8.2533	7	1
46	4546	4	1	廊道	0.9455	9	9.9500	1	1	5	9.5042	5	4
33	2303	5.66	7	廊道	0.9728	9	9.2974	1	4	7	6.2495	9	1
21	1942	5.38	1	生态跳点	1.1037	9	12.1886	3	3	7	8.4394	7	1
15	1337	4.52	3	廊道	1.2549	9	6.5693	1	2	5	8.3259	7	1
37	2402	4.68	1	廊道	1.2745	9	14.9516	3	1	5	8.9077	5	1
51	6566	5.28	1	廊道	1.5398	9	13.8258	3	1	5	7.0971	9	1
17	1473	4	1	廊道	1.6419	9	9.0573	1	1	5	8.8906	5	1
4	672	4.98	1	廊道	1.6768	9	15.4531	3	1	5	8.5532	7	1
11	883	4.82	3	廊道	2.0901	9	8.3657	1	2	5	7.3359	9	1
41	2583	5.48	9	廊道	3.5755	9	6.5369	1	1	5	5.5418	9	1
权重			0.11	—		0.2		0.34		0.2		0.15	—

资料来源：笔者自绘

表 F-10　不同材质汇水面径流系数参照

汇水面种类	雨量径流系数 φ	流量径流系数 ψ
绿化屋面(绿色屋顶,基质层厚度≥300 mm)	0.30～0.40	0.40
硬屋面、未铺石子的平屋面、沥青屋面	0.80～0.90	0.85～0.95
铺石子的平屋面	0.60～0.70	0.80
混凝土或沥青路面及广场	0.80～0.90	0.85～0.95
大块石等铺砌路面及广场	0.50～0.60	0.55～0.65
沥青表面处理的碎石路面及广场	0.45～0.55	0.55～0.65
级配碎石路面及广场	0.40	0.40～0.50
干砌砖石或碎石路面及广场	0.40	0.35～0.40
非铺砌的土路面	0.30	0.25～0.35
绿地	0.15	0.10～0.20
水面	1.00	1.00
地下建筑覆土绿地(覆土厚度≥500 mm)	0.15	0.25
地下建筑覆土绿地(覆土厚度<500 mm)	0.30～0.40	0.40
透水铺装地面	0.08～0.45	0.08～0.45
下沉广场(50 年及以上一遇)	—	0.85～1.00

数据来源:中华人民共和国住房和城乡建设部.海绵城市建设技术指南:低影响开发雨水系统构建(试行)[M].北京:中国建筑工业出版社,2015.

表 F-11　公园内生境单元分类及相应的生态敏感性与物种多样性

公园内生境单元分类			林地生境为主城市公园	草地生境为主城市公园	湿地生境为主城市公园	生态敏感性	物种多样性
面	自然或半自然态树林	阔叶林为主 落叶阔叶林为主	√	√\	√	••••••••	••••••••
		阔叶林为主 常绿阔叶林为主	√	√\	√	••••••••	••••••••
		针叶林为主 落叶针叶林为主	√	√\	√	•••••••	••••••
		针叶林为主 常绿针叶林为主	√	√\	√	•••••••	••••••
		阔叶林与针叶林混交	√	√\	√	•••••••	•••••••
	开放种植园	果园	√	√	√\	••••••	••••••
		与果树结合生长的草地	√	√	√\	•••••	••••
		不具有下木的线状人工树廊	√	√	√	••••••	••••
		具备教育功能的不同种类人工林	√	√\	√	•••••	•••••
		高于 3 m 的大型人工林	√	√\	√	•••••••	•••••••
	公园灌木	公园中由低矮灌木篱笆组成的迷宫	√\	√	√\	••••	••••
		隔离与观赏功能的灌木丛	√	√	√\	••••	••••

续表 F-11

公园内生境单元分类				林地生境为主城市公园	草地生境为主城市公园	湿地生境为主城市公园	生态敏感性	物种多样性
面	公园草地	草坪	可上人游憩草坪	√＼	√	√＼	••	••
			不可上人观赏草坪	√	√	√＼	••••	•••
		经常修建的运动场地与体育场		×	√	×	•	•
		观赏功能的干草地		×	√	×	••••	••••
		荒地		√＼	√	√＼	••••••	•••••
	公园耕地与园地	公园内农作物组成的耕地或弃耕地		×	√	×	•••	••••
		蔬菜、水果或观赏植物组成的开放园地,如菜园、药草园、观赏植物园等		√＼	√	√＼	••••	•••••
	开放水文	大面积湖泊		√＼	√	√	••••••	••••••
		小面积池塘		√	√	√	•••••	•••••
		护城河		√＼	√＼	×	•••	••
		湿地	淡水湿地	√	√	√	••••••	••••••
			咸水湿地(滨海湿地)	√	√＼	√	••••••	••••••
	公园内公共建筑群			×	√＼	×	•	基本无
	停车场	半硬化停车场		√	√	√＼	•	•
		未硬化停车场		√	√	√＼	••	•
线	道路	小于2 m半硬化或未硬化小径	行道树间小径	√	√	√	•••	•
			灌木丛间小径	√	√	√	••	•
			草地内小径	√	√	√＼	••	•
		大于2 m半硬化或未硬化道路基础设施	行道树间道路	√	√	√＼	•	基本无
			灌木丛间道路	√＼	√	√＼	•	基本无
			草地内道路	√＼	√	√＼	•	基本无

续表 F-11

公园内生境单元分类				林地生境为主城市公园	草地生境为主城市公园	湿地生境为主城市公园	生态敏感性	物种多样性
线	绿带	树列	人工树列	√	√\	√\	•••••	••••
			保留的自然生长树列	√	√	√	••••••	•••••
		树篱	定期修剪的树篱	√\	√	√\	••	•
			未修剪的树篱	√	√	√	•••	••
			堤坝上的人工树篱	√\	√	√\	••	•
		沿道路的路缘带		√	√	√	••	•
	交通堤岸与排水水道	水文堤岸	自然保留水文堤岸	√	√\	√	•••••	•••••
			人工加工的水文堤岸	√	√	√	•••	••
		水道堤岸	自然保留水道堤岸	√\	√\	√\	••••••	••••••
			人工加工的水道堤岸	√\	√\	√\	•••••	••••
		排水功能水道	宽度小于 1 m 的沟渠,可能含水	√\	√	√	•••	••
			宽度小于 3 m 的小溪,常年有水	√	√	√	•••••	••••
			宽度大于 3 m 的河流	√	√	√	•••••••	••••••
点	单株乔灌木			√\	√	×	••	••
	单片独立草坪			×	√\	×	•	•
	面积小于 100 m² 的死水水池			×	√\	×	•	•
	公园内单体建构筑物	人造动物栖息地,如鸟舍		√	√	√	••	•
		井、喷泉、亭子、纪念碑、雕像、桥梁等构筑物及单体公共建筑		√\	√	√\	•	基本无

注：①√适宜结合；√\ 部分适宜结合；×不适宜结合；② • 表示生态敏感性与物种多样性两个关联指标的高低。
资料来源：参考王敏,宋岩. 服务于城市公园的生物多样性设计[J]. 风景园林,2014(1):47-52.

表 F-12　基于生境单元分类体系的城市公园生物多样性评估指标

生物多样性评估指数		测定方法	目标	公式	公式注释
生境多样性评估	生境多样性指数（H'）	不同类型生境单元的面积、长度或数量占总生境单元的总面积、总长度或总数量的比例，并代入 Shannon-Wiener 多样性指数计算公式	区域内生境多样性指数总体评估	$H' = \sum\limits_{i=1}^{n}(n_i/n)\ln(n_i/n)$	i 是第 i 个生境单元，s 是生境单元的总数，n_i 是生境单元 i 的面积、长度或数量，n 是公园中生境单元的总面积、总长度或总数
	生境饱和度指数（S）	实际测定的多样性指数和最大可能的多样性指数之比，并对不同类型生境饱和度指数加权计算	生境种类丰度指数评估	$S = H'/H'_{\max} \times 100\% = H'/nS_{\max}$ $S_t = \dfrac{S_{pl}n_{pl} + S_{li}n_{li} + S_{pu}n_{pu}}{n_t}$	$H'_{\max}$ 为最大可能的多样性指数，$S_{\max}$ 是生境单元的总数。S_{pl}、S_{li}、S_{pu} 分别是面状要素、线状要素、点状要素的饱和度指数，n_{pl}、n_{li}、n_{pu} 分别是面状要素、线状要素、点状要素的数量，n_t 是生境单元的总数
	生境发展趋势指数（D）	实际测定的生长良好的生境单元数目与总生境单元数目之比，并加权计算	生境健康评估	$D = D'/S_{\max} \times 100\%$ $D_t = \dfrac{D_{pl}n_{pl} + D_{li}n_{li} + D_{pu}n_{pu}}{n_t}$	D' 为生长良好的生境单元数目，D_{pl}、D_{li}、D_{pu} 分别是面状要素、线状要素、点状要素的生境发展趋势指数
物种多样性评估	植物多样性评估指数（H_t）	对公园内生境单元随机取样，并对乔灌木多样性评估指数与草本植物多样性评估指数加权计算	乔灌木及草本物种多样性指数总体评估	$H_t = \dfrac{H_{tr}n_{tr} + H_{he}n_{he}}{n_{tot}}$	H_{tr} 与 H_{he} 分别是乔灌木与草本植物的多样性指数，n_{tr} 与 n_{he} 分别是木本植物与草本植物样方的数量，n_{tot} 是样方的总数
	动物多样性评估指数（H'_t）	对公园内生境单元随机取样，并加权计算，公园内常见的动物物种可分为鸟类、鱼类、两栖类、昆虫几类	动物物种多样性指数总体评估	$H'_t = \dfrac{H_a n_a + H_b n_b + H_c n_c + \cdots}{n'_{tot}}$	H_a、H_b、H_c 分别是各类动物物种的多样性指数，n_a、n_b、n_c 分别是相应动物物种的数量，n'_{tot} 是样方的总数

资料来源：参考 Hermy M，Cornelis J. Towards a Monitoring Method and a Number of Multifaceted and Hierarchical Biodiversity Indicators for Urban and Suburban Parks [J]. Landscape and Urban Planning，2000，49（3）：162.

表 F-13　不同 GSI 渗透系数表

GSI	渗透系数 K(m/s)
下凹绿地	$>5×10^{-7}$
快渗型绿地	$>1.0×10^{-5}$
蓄水型绿地	$<5.0×10^{-6}$
净化型绿地	$<1.0×10^{-6}$
渗透井	$>5×10^{-6}$
植被浅沟	$>2.5×10^{-6}$

数据来源:程江,徐启新,杨凯,等.下凹式绿地雨水渗蓄效应及其影响因素[J].给水排水,2007(5):45-49.

图例:⬚商业用地　▭居住用地　▦商住用地　▥学校用地　■其他设备用地

图 F-1　南京新街口街道用地现状图

图片来源:笔者自绘

各地块容积率：　　　0-2　　　2-3　　　3-4　　　4-7　　　7以上

图 F-2　南京新街口街道各地块容积率对比分析图

图片来源：笔者自绘

参考文献

中文文献

[1] 李德华. 城市规划原理[M]. 4 版. 北京:中国建筑工业出版社,2010.

[2] 李明英. 基于生态基础设施的山地城市滨河公共空间规划研究[D]. 重庆:重庆大学,2016.

[3] 夏征农,陈至立. 辞海[M]. 缩印本. 上海:上海辞书出版社,2010.

[4] 周进. 城市公共空间建设的规划控制与引导[M]. 北京:中国建筑工业出版社,2005.

[5] 万钧. 城市公共空间绿色基因的解析[D]. 合肥:合肥工业大学,2004.

[6] 西蒙兹,程里尧. 大地景观:环境规划指南[M]. 北京:中国建筑工业出版社,1990.

[7] 任莲志. 城市中心区公共空间生态设计研究[D]. 重庆:重庆大学,2010.

[8] 梅里亚姆-韦伯斯特公司. 韦氏词典[M]. 北京:世界图书出版公司,2000.

[9] 代伟国,邢忠. 城市公共空间系统的构成逻辑和组织方法[J]. 城市发展研究,2010,17(6):49 - 55.

[10] 中国社会科学院语言研究所词典编辑室. 现代汉语词典[M]. 北京:商务印书馆,1991.

[11] 赵蔚. 城市公共空间的分层规划控制[J]. 现代城市研究,2001(5):8 - 10.

[12] 王铃. 美丽中国视野下生态文明城市建设研究[D]. 福州:福建农林大学,2016.

[13] 付而康. 基于用地协调的城市低碳交通体系建构研究[D]. 成都:西南交通大学,2011.

[14] 郭嵘,李旭锋,王瑶. 基于"低碳"理念的城市空间规划对策研究——以哈南工业新城概念性总体规划为例[C]. 北京:低碳经济与土木工程科技创新——2010 中国,2010.

[15] 洛林·LaB. 施瓦茨,查尔斯·A. 弗林克,罗伯特·M. 西恩斯,等. 绿道规划·设计·开发[J]. 北京:中国建筑工业出版社,2009.

[16] 吕扬,宋苗苗,孙奎利. 基于绿道理论的城市活力空间设计研究——以松原市江北东区城市设计为例[J]. 建筑学报,2014(s1):134 - 137.

[17] 黄蕾. "绿道"理念下的城市空间规划研究——以扎兰屯市总体规划为例[C]. 青岛:2013 中国城市规划年会,2013.

[18] 孙慧兰,楚新正,肖娟. 试论景观生态规划理论的发展过程及在现代城市规划中的应用[J]. 新疆师范大学学报:自然科学版,2006,25(3):190 - 192.

[19] 俞孔坚,李迪华. 城乡与区域规划的景观生态模式[J]. 国际城市规划,1997(3):27 - 31.

[20] 郑郁,袁大昌,李思濛. 人性场所的回归——城市公共开放空间规划设计策略探析[C]. 贵阳:2015 中国城市规划年会,2015.

[21] 任芳. 快速城市化时期我国城市公共空间规划体系建设刍议[D]. 天津:天津大学,2007.

[22] 凯文·林奇. 城市意象[M]. 方益萍,何晓军,译. 北京:华夏出版社,2001.

[23] 徐宁. 中观层面的城市公共空间设计研究——以南京老城为例[D]. 南京:东南大学,2006.

[24] 查君. 城市公共空间景观生态化研究[D]. 上海:同济大学,2004.

[25] 刘奕博,晁恒. 广东省绿色基础设施建设指引初探[C]. 沈阳:2016 中国城市规划年会,2016.

[26] 沈清基. 《加拿大城市绿色基础设施导则》评介及讨论[J]. 城市规划学刊,2005(5):98 - 103.

[27] 刘娟娟，李保峰，南茜若，等.构建城市的生命支撑系统——西雅图城市绿色基础设施案例研究[J].中国园林，2012,28(3):116-120.

[28] 中华人民共和国住房和城乡建设部.CJJ/T 85-2017城市绿地分类标准[S].北京:中国建筑工业出版社，2018.

[29] 埃比尼泽·霍华德.明日的田园城市[M].金经元，译.北京:商务印书馆，2010.

[30] 王芳.城市生态基础设施安全研究[D].武汉:华中科技大学，2005.

[31] 俞孔坚，李迪华，刘海龙."反规划"途径[M].北京:中国建筑工业出版社，2005.

[32] 王鹏，亚吉露·劳森，刘滨谊.水敏性城市设计(WSUD)策略及其在景观项目中的应用[J].中国园林，2010,26(6):88-91.

[33] 中华人民共和国住房和城乡建设部.海绵城市建设技术指南——低影响开发雨水系统构建(试行)[M].北京:中国建筑工业出版社，2015.

[34] 苏文航.基于生态服务功能的村镇绿色基础设施规划方法及应用——以珠海斗门镇为例[D].哈尔滨:哈尔滨工业大学，2015.

[35] 贝内迪克特，麦克马洪.绿色基础设施:连接景观与社区[M].黄丽玲，朱强，杜秀文，等译.北京:中国建筑工业出版社，2010.

[36] 余新晓，牛健植，关文彬，等.景观生态学[M].北京:高等教育出版社，2006.

[37] 赵晨洋，张青萍.绿色基础设施的规划模式研究——以南京仙林副城为例[J].林业工程学报，2014(5):136-140.

[38] 杨瑞卿，陈宇.城市绿地系统规划[M].重庆:重庆大学出版社，2010.

[39] 孙奎利.天津市绿道系统规划研究[D].天津:天津大学，2012.

[40] 吴雅婷.基于点线体城市绿色开放空间景观规划设计[D].杨凌:西北农林科技大学，2009.

[41] 吴伟，付喜娥.绿色基础设施概念及其研究进展综述[J].国际城市规划，2009,24(5):67-71.

[42] 周艳妮，尹海伟.国外绿色基础设施规划的理论与实践[J].城市发展研究，2010,17(8):87-93.

[43] 裴丹.绿色基础设施构建方法研究述评[J].城市规划，2012(5):84-90

[44] 吴伟.城市公共空间公共性及相关设计策略研究[D].重庆:重庆大学，2012.

[45] 喻晓蓉.绿色基础设施理念在城市总体规划中的应用研究[D].广州:华南理工大学，2014.

[46] 付喜娥.绿色基础设施规划及对我国的启示[J].城市发展研究，2015,22(4):52-58.

[47] 曹静娜.绿色基础设施规划与实施研究——以仁怀南部新城为例[D].重庆:重庆大学，2013.

[48] 董晨.绿色基础设施理念下住区绿地系统规划方法体系研究[D].重庆:重庆大学，2016.

[49] 刘晖，黄毅翔，谭伟，等.精明保护:禀赋敏感地区规划设计的新思路——基于江苏滩涂地区的实证分析[C].昆明:2012中国城市规划年会，2012.

[50] 况平.麦克哈格及其生态规划方法[J].重庆建筑工程学院学报，1991(4):60-67.

[51] 邬建国.景观生态学:格局、过程、尺度与等级[M].北京:高等教育出版社，2000.

[52] 安超，沈清基.基于空间利用生态绩效的绿色基础设施网络构建方法[J].风景园林，2013(2):22-31.

[53] 安超.城乡空间利用生态绩效的内涵、表现及内在机理探析[J].城市发展研究，2013,20(6):16-24.

[54] 黑川纪章.新共生思想[M].北京:中国建筑工业出版社，2009.

[55] 姜蕾.基于共生理念的生态社区形态设计探讨[C].桂林:2012城市发展与规划大会，2012.

[56] 卢一沙.总体规划阶段城市公共开放空间系统规划探究——以南宁市为例[D].苏州:苏州科技学院，2008.

[57] 中华人民共和国建设部.GB 50220-95城市道路交通规划设计规范[S].北京:中国计划出版社，1995.

［58］张娜.景观生态学［M］.北京：科学出版社，2013.

［59］李开然.绿色基础设施：概念，理论及实践［J］.中国园林，2009，25(10)：88-90.

［60］左莉娜.基于生物多样性理论的城市生态廊道系统构建研究［D］.西安：西安交通大学，2009.

［61］梁静静.城市绿地系统布局结构研究［D］.重庆：西南大学，2007.

［62］周进.城市公共空间建设的规划控制与引导——塑造高品质城市公共空间的研究［M］.北京：中国建筑工业出版社，2005.

［63］北京市城市规划设计研究院.GJJ 46—91 城市用地分类代码［S］.北京：中国建筑工业出版社，1992.

［64］苏文航.基于生态服务功能的村镇绿色基础设施规划方法及应用——以珠海斗门镇为例［D］.哈尔滨：哈尔滨工业大学，2015.

［65］周志翔.景观生态学基础［M］.北京：中国农业出版社，2007.

［66］于雷.空间公共性研究［D］.南京：东南大学，2002.

［67］张峡丰，张高峰.城市公共空间品质的生态位评价［J］.华中建筑，2008，26(3)：70-71.

［68］李云，杨晓春.对公共开放空间量化评价体系的实证探索——基于深圳特区公共开放空间系统的建立［J］.现代城市研究，2007，22(2)：15-22.

［69］张景礴.基于"目标系统"的浙江中小城市公共空间更新分析方法研究［D］.杭州：浙江大学，2014.

［70］臧鑫宇.生态城街区尺度研究模型的技术体系构建［J］.城市规划学刊，2013(4)：81-87.

［71］刘俊环，程文.基于开放数据的城市道路服务水平评价［C］.2017中国城市规划年会论文集，2017.

［72］鲁敏，孔亚菲.生态敏感性评价研究进展［J］.山东建筑大学学报，2014(4)：347-352.

［73］丁金华，王梦雨.水网乡村绿色基础设施网络规划——以黎里镇西片区为例［J］.中国园林，2016，32(1)：98-102.

［74］李咏华，王竹.马里兰绿图计划评述及其启示［J］.建筑学报，2010(s2)：26-32.

［75］居阳，陈静，马勤.生态基础设施导向的城市空间发展战略研究——以南京市为例［C］.中国灾害防御协会风险分析专业委员会第五届年会论文集，2012.

［76］刘鹤.城市绿色基础设施构建研究——以温州苍南为例［D］.杭州：浙江农林大学，2014.

［77］汪洁琼，郑祺.城市绿色基础设施空间形态的 GIS 生态服务评价模型［J］.风景园林，2015(7)：109-117.

［78］付喜娥，吴人韦.绿色基础设施评价(GIA)方法介述——以美国马里兰州为例［J］.中国园林，2009，25(9)：41-45.

［79］欧阳志云.区域生态规划理论与方法［M］.北京：化学工业出版社，2005.

［80］国家环保总局.生态功能区划暂行规程［G］.2002.

［81］南京市总体规划(2007-2030)［G］.2007.

［82］邱瑶，常青，王静.基于 MSPA 的城市绿色基础设施网络规划——以深圳市为例［J］.中国园林，2013(5)：104-108.

［83］中华人民共和国住房和城乡建设部.GB 50137—2011 城市用地分类与规划建设用地标准［M］.北京：中国建筑工业出版社，2011.

［84］王枫.生态观念的城市广场——我国城市广场发展探析［D］.天津：天津大学，2004.

［85］李峰.城市生态公园建设研究［D］.合肥：安徽农业大学，2010.

［86］蒋盛兰.生态社区公共空间环境设计中的环境心理需求研究［D］.北京：北京林业大学，2016.

［87］李朦朦.社区绿色基础设施生态评估指标研究［D］.哈尔滨：哈尔滨工业大学，2015.

［88］尉芳.城市公共开放空间规划［M］.北京：科学出版社，2016.

［89］王鹏.城市公共空间的系统化建设［M］.南京：东南大学出版社，2002.

[90] 王冉. 北京历史街区公共空间更新研究——以南池子为例[D]. 北京:北方工业大学,2013.

[91] 刘亮. 我国城市传统居住街区内部公共空间更新[D]. 重庆:重庆大学,2005.

[92] 董芦笛,樊亚妮,刘加平. 绿色基础设施的传统智慧:气候适宜性传统聚落环境空间单元模式分析[J]. 中国园林,2013(3):27-30.

[93] 张晓鹃. 社区尺度的绿色基础设施的近自然设计方法研究[D]. 武汉:华中科技大学,2012.

[94] 吴敏. 城市绿地生态网络空间增效途径研究[M]. 北京:中国建筑工业出版社,2016.

[95] 俞孔坚. 景观:生态、文化与感知[M]. 北京:科学出版社,1998.

[96] 李洪远,莫训强. 生态恢复的原理与实践[M]. 北京:化学工业出版社,2016.

[97] 王原,陈鹰,张浩,等. 面向绿地网络化的城市生态廊道规划方法研究[C]. 哈尔滨:2007 中国城市规划年会,2007.

[98] 张晓鹃. 社区尺度的绿色基础设施的近自然设计方法研究[D]. 武汉:华中科技大学,2012.

[99] 徐雷,城市设计[M]. 武汉:华中科技大学出版社,2007.

[100] 马歇尔. 街道与形态[M]. 北京:中国建筑工业出版社,2011.

[101] 左莉娜. 基于生物多样性理论的城市生态廊道系统构建研究[D]. 成都:西南交通大学,2012.

[102] 林琨. 福州市城市生态廊道景观结构的研究[D]. 福州:福建师范大学,2015.

[103] 蒙倩彬. 基于生物多样性保护的城市生态廊道研究[D]. 北京:北京林业大学,2016.

[104] 宗敏丽. 城市绿色基础设施网络构建与规划模式研究[J]. 上海城市规划,2015(3):104-109.

[105] 王琛. 重庆市主城区城市生态廊道景观空间结构研究[D]. 重庆:西南大学,2010.

[106] 宫聪,吴祥艳,胡长涓. 城市空地转变为绿色基础设施的系统性规划方法研究——以美国里士满为例[J]. 中国园林,2017,33(5):74-79.

[107] 黄翌,胡召玲,王健,等. 基于 GIS 的徐州主城区公共绿地可达性研究[J]. 江苏师范大学学报(自然科学版),2009,27(3):72-75.

[108] 张晓鹃,李卓辉,熊和平. 基于绿色基础设施建构的社区线状空间的近自然设计[C]. 青岛:2013 中国城市规划年会,2013.

[109] 陈楠,万艳华. 基于绿色雨水基础设施的武汉市雨洪调控研究[C]. 昆明:2012 中国城市规划年会,2012.

[110] 伍业钢. 海绵城市设计[M]. 南京:江苏科学技术出版社,2016.

[111] 车伍,赵杨,李俊奇. 城市消极空间的生态化景观改造[J]. 景观设计学,2012,24(4):48-52.

[112] 宋珊珊. 基于低影响开发的场地规划与雨水花园设计研究[D]. 北京:北京林业大学,2015.

[113] 景天奕. 海绵城市目标下的居住区低影响开发系统模型设计——以南京江心洲洲岛家园为例[D]. 南京:南京大学,2016.

[114] 北京建筑大学. 海绵城市建设技术指南:低影响开发雨水系统构建(试行)[M]. 北京:中国建筑工业出版社,2015.

[115] 阿肯色大学社区设计中心. LID 低影响开发:城区设计手册[M]. 卢涛,译. 南京:江苏凤凰科学技术出版社,2017.

[116] 刘冬冬. 武汉市东湖片区绿色雨水基础设施优化策略研究[D]. 武汉:华中农业大学,2014.

[117] 袁媛. 基于城市内涝防治的海绵城市建设研究[D]. 北京:北京林业大学,2016.

[118] 李辉,李娜,俞茜,等. 海绵城市建设基本原则及灰色与绿色结合的案例浅析[J]. 中国水利水电科学研究院学报,2017,15(1):1-9.

[119] 高祥伟,张志国,费鲜芸. 城市公园绿地空间分布均匀度网格评价模型[J]. 南京林业大学学报(自然科学版),2013,37(6):96-100.

[120] 李锋,王如松.城市绿色空间服务功效评价与生态规划[M].北京:气象出版社,2006.

[121] 牛童.基于海绵城市背景下的雨水花园规划设计探究[D].青岛:青岛理工大学,2016.

[122] 彭乐乐.海绵城市目标下的公园绿地规划设计研究——以福州市为例[D].福州:福建农林大学,2016.

[123] 王佳,王思思,车伍.从LEED-ND绿色社区评估体系谈低影响开发在场地规划设计中的应用[C].北京:国际绿色建筑与建筑节能大会,2013.

[124] 宋珊珊.基于低影响开发的场地规划与雨水花园设计研究[D].北京:北京林业大学,2015.

[125] 张青萍,李晓策,陈逸帆,等.海绵城市背景下的城市雨洪景观安全格局研究[J].现代城市研究,2016(7):6-11.

[126] 刘丽君,王思思,张质明,等.多尺度城市绿色雨水基础设施的规划实现途径探析[J].风景园林,2017(1):123-128.

[127] 王虹,李昌志,章卫军,等.城市雨洪基础设施先行的规划框架之探析[J].国际城市规划,2015(6):72-77.

[128] 王景.基于低影响开发(LID)理念的城市公园规划设计研究[D].成都:四川农业大学,2015.

[129] 郭春华,李宏彬,肖冰,等.城市绿地系统多功能协同布局模式研究[J].中国园林,2013(6):101-105.

[130] 陈书谦.基于网络分析法的公园绿地可达性研究——以深圳市南山区为例[D].哈尔滨:哈尔滨工业大学,2013.

[131] 宋小冬.选址与配置模型——一种优化公共设施布局的规划方法[M]//王宝宁.理想空间67:公共设施网点布局规划.上海:同济大学出版社,2015.

[132] 张泉,黄富民,王树盛,等.低碳生态的城市交通规划应用方法与技术[M].北京:中国建筑工业出版社,2016.

[133] 张明.邻里中心的实践与社区建设新理念[J].社会,2001(12):32-33.

[134] 贾铠针.新型城镇化下绿色基础设施规划研究[D].天津:天津大学,2013.

[135] 塞克恩,詹皮莉.慢行系统:步道与自行车道设计[M].贺艳飞,译.桂林:广西师范大学出版社,2016.

[136] 刘泉,张震宇.空间尺度的意义——邻里中心模式下珠海市住区公共设施规划的思考[J].城市规划,2015,39(09):45-52.

[137] 秦茜,袁振洲,田钧方.绿色交通理念下的慢行系统规划方法研究[J].规划师,2012,28(s2):5-10.

[138] 蒋朝晖,魏钢,董超.略论新城公共服务设施的规划设计原则——以安哥拉罗安达新城规划设计为例[M]//王宝宁.理想空间67:公共设施网点布局规划.上海:同济大学出版社,2015.

[139] 匙亚.基于雨洪控制利用的城市绿地系统研究[D].北京:北京建筑大学,2016.

[140] 王春晓.西方城市生态基础设施规划设计的理论与实践研究[D].北京:北京林业大学,2015.

[141] 廖方.微观层面的城市公共空间设计研究[D].南京:东南大学,2006.

[142] 简霞,韩西丽,李贵才,等.城市社区户外共享空间促进交往的模式研究[J].人文地理,2011(1):34-38.

[143] 杨·盖尔.交往与空间[M].何人可,译.北京:中国建筑工业出版社,1992.

[144] 王长宏.城市公共空间设计[J].北京规划建设,2010(3):36-38,98-108.

[145] 林奇·凯文.城市的印象[M].项秉仁,译.北京:中国建筑工业出版社,1990.

[146] 诺伯·舒兹.场所精神:迈向建筑现象学[M].施植明,译.武汉:华中科技大学出版社,2010.

[147] 仁洁."绿色基础设施"专项研究:以新疆五一新镇规划为例[D].北京:清华大学,2013.

[148] 任莲志.城市中心区公共空间生态设计研究[D].重庆:重庆大学,2010.

[149] 贾铠针,洪再生.绿色基础设施作为生态支持系统重要作用研究[C].2014城市规划与发展大会城市发展研究国际学术会议论文集,2014.

[150] 邬建国.景观生态学:格局、过程、尺度与等级[M].2版.北京:高等教育出版社,2007.

[151] 谭玛丽,张健,魏彩霞.城市公园——城市生物多样性契机——原生乡土植被覆盖城市指导原则[J].中国园林,2011(7):63-67.

[152] 李秀珍,肖笃宁.景观与区域生态学的一般原理[J].生态学杂志,1996(3):73-79.

[153] 张园媛.城市生态湿地公园景观设计研究[D].武汉:武汉理工大学,2010.

[154] 黎伟.城市湿地公园生态保护与游憩开发规划研究[D].海口:海南大学,2010.

[155] 季玉蓉.城市森林公园评价体系的建立与合肥森林公园的研究[D].合肥:安徽农业大学,2015.

[156] 俞孔坚.2010上海世博会——后滩公园[M].北京,中国建筑工业出版社,2010.

[157] 陈波,包志毅.城市公园和郊区公园生物多样性评估的指标[J].生物多样性,2003,11(2):169-176.

[158] 王敏,宋岩.服务于城市公园的生物多样性设计[J].风景园林,2014(1):47-52.

[159] 徐晓波.城市绿色廊道空间规划与控制[D].重庆:重庆大学,2008.

[160] 李昊,郭大力.城市生物多样性保护与生态廊道规划——以生态福州总体规划的相关实践为例[C].海口:2014中国城市规划年会,2014.

[161] 左莉娜.基于生物多样性理论的城市生态廊道系统构建研究[D].成都:西南交通大学,2012.

[162] 赵奇.快速城市化背景下城市绿地生物多样性保护规划研究[D].杭州:浙江农林大学,2012.

[163] 苗展堂.微循环理念下的城市雨水生态系统规划方法研究[D].天津:天津大学,2013.

[164] 叶丝丝.基于绿地景观格局分析的小城镇雨水景观规划研究[D].长沙:湖南大学,2015.

[165] 王佳.基于低影响开发的场地景观规划设计方法研究[D].北京:北京建筑大学,2013.

[166] 赵宏宇,李耀文.非生态视角下雨洪冲击弹性应对策略探究——以鹿特丹水广场为例[J].国际城市规划,2016.

[167] De Urbanisten景观公司.荷兰蒂尔水广场[J].风景园林,2017(6):79-85.

[168] 张建龙.湿地公约履约指南[M].北京:中国林业出版社,2001.

[169] 魏海琪.海绵城市背景下的城市人工湿地设计研究[D].北京:北京工业大学,2017.

[170] 戴滢滢.海绵城市:景观设计中的雨洪管理[M].南京:江苏凤凰科学技术出版社,2016.

[171] 刘海龙,张丹明,李金晨,等.景观水文与历史场所的融合——清华大学胜因院景观环境改造设计[J].中国园林,2014(1):7-12.

[172] 杨晓.基于丘陵水系的城市雨洪利用规划策略研究[D].长沙:湖南大学,2014.

[173] 朱红霞.城市绿地雨水渗透利用(二)——绿地土壤的渗透[J].园林.2012(2):50-53.

[174] 彭乐乐.海绵城市目标下的公园绿地规划设计研究[D].福州:福建农林大学,2016.

[175] 马路阳.现代城市公共空间系统研究[D].郑州:郑州大学,2002.

[176] 苏菲·巴尔波.海绵城市[M].夏国祥,译.桂林:广西师范大学出版社,2015:119.

[177] 胡长涓,宫聪.基于绿色雨水基础设施应用的建筑灰空间设计研究[J].华中建筑,2017,35(9):16-21.

[178] 史文正,海伦·伍勒.景观多功能下的城市景观管理规划——以英国谢菲尔德市诺福克遗址公园为例[C].中国风景园林学会2011年会论文集(上册),2011.

[179] 郑曦.拥抱城市,融入生活——浅论城市公园的多层次、多样化、多功能构建[C].中国风景园林学会2011年会论文集(下册),2011.

[180] 施惠.城市湿地公园游憩空间结构研究[D].成都:西南交通大学,2013.

[181] 吕明伟.绿色基础设施:公园规划设计[M].北京:中国建筑工业出版社,2015.

[182] 艾万·巴安,托尔本·埃斯科诺德,迈克·麦格纳森,等.丹麦哥本哈根超级线性城市公园[J].风景园林 2014(2):52-61.

[183] 徐文辉.绿道规划设计理论与实践[M].北京:中国建筑工业出版社,2010.

[184] 朱江,甘有军,邓木林,等.基于城市特色的绿道规划设计方法探索——以泉州市绿道总体规划为例[C].青岛:2013 中国城市规划年会,2013.

[185] 蔡云楠.绿道规划:理念·标准·实践[M].北京:科学出版社,2013.

[186] 吴剑平,闻雪浩.城市绿道的功能与布局方法[C].南京:2011 中国城市规划年会,2011.

[187] 赵晶,朱霞清.城市公园系统与城市空间发展——19 世纪中叶欧美城市公园系统发展简述[J].中国园林,2014(9):13-17.

[188] 张天洁,李泽.高密度城市的多目标绿道网络——新加坡公园连接道系统[J].城市规划,2013,37(5):67-73.

[189] 范香.深圳市城市社区公园的分类探讨[C].沈阳:2016 中国城市规划年会,2016.

[190] 中华人民共和国住房与城乡建设部.GB 51192—2016 公园设计规范[附条文说明][S].北京:中国建筑工业出版社,2017.

[191] 吕红.城市公园游憩活动与其空间关系的研究[D].泰安:山东农业大学,2013.

[192] 曹磊.街道景观:人文·生态·复合[M].南京:江苏凤凰科学技术出版社,2016.

[193] 陈可石,崔翀.高密度城市中心区空间设计研究——香港铜锣湾商业中心与维多利亚公园的互补模式[J].现代城市研究,2011(8):49-56.

[194] 张书驰.适应高密度城市中心区环境的公园特征研究——以上海和香港为例[D].北京:北京林业大学,2015.

[195] 李明燕.商业中心区城市设计策略研究[D].重庆:重庆大学,2010.

[196] 俞孔坚.衢州鹿鸣公园[J].建筑学报,2016(10):30-35.

[197] 孙士博,朱建宁,徐熙焱,等.西班牙大尺度街道线性公共空间和公共生活——以首都马德里市普拉多大道为例[J].建筑与文化,2016(8):128-130.

[198] 毕晓莉.城市空间立体化设计[M].北京:中国水利水电出版社,2014.

[199] 上海市人民政府.上海市城市交通白皮书[M].上海:上海人民出版社,2002.

[200] 孙靓.城市步行化:城市设计策略研究[M].南京:东南大学出版社,2012.

[201] 保罗·塞克恩,劳拉·詹皮莉.慢行系统:步道与自行车道设计[M].贺艳飞,译.桂林:广西师范大学出版社,2016.

[202] 李保华.低碳交通引导下的城市空间模式及优化策略[M].北京:经济科学出版社,2015.

[203] 闫帅.城市轨道站点周边土地利用模式预测方法研究[D].石家庄:石家庄铁道大学,2015.

[204] 钱才云,周扬.空间链接:复合型的城市公共空间与城市交通[M].北京:中国建筑工业出版社,2010.

[205] 吴冬丽.城市公园中的空间立体系统营造[D].武汉:华中农业大学,2010.

[206] 杨云峰.场地与雕塑的博弈——维格兰公园与奥林匹克雕塑公园比较研究[J].风景园林,2011(6):108-112.

[207] 施瑛,费兰.城市综合体中公共空间设计的分析——以日本难波公园、六本木新城为例[J].华中建筑,2014,32(11):129-133.

[208] AECOM Inc.棕地治理与再开发[M].北京:中国环境科学出版社,2013.

[209] 邓位.城市更新概念下的棕地转变为绿地[J].风景园林,2010(1):93-97.

[210] 马琳.国内外城市棕地的景观更新研究[D].武汉:华中科技大学,2013.

[211] 庄小静,谢红彬.从棕地到绿色空间:研究现状与进展[J].资源开发与市场,2017,33(8):922-927.

[212] 冯姗姗,常江.矿业废弃地:完善绿色基础设施的契机[J].中国园林,2017,33(5):24-28.

[213] 安德瑞·马克格尔,大卫·奈子,钱昱,等.中国天津"候鸟机场"[J].现代装饰,2017(4):122-125.

[214] 陈寿岭,赵谷风,袁敏.可持续城市绿地在现代棕地治理再开发中的创新性应用——以 AECOM 伦敦奥林匹克公园项目为例[J].中国园林,2015,31(4):16-19.

[215] 齐莉娜.基于低影响开发理论的城市棕地景观更新策略研究[D].西安:西安建筑科技大学,2016.

[216] 卓承学,史蒂芬·卡宏.棕地改造中社区特征性的营造——以墨尔本城市更新项目为例[J].中国园林,2013,29(2):31-37.

[217] 朱明丽.关于城市棕地景观恢复的思考[D].天津:天津科技大学,2012.

[218] 郑晓笛.工业类棕地再生特征初探——兼论美国煤气厂公园污染治理过程[J].环境工程,2015,33(4):156-160.

[219] 虞蒔君,丁绍刚.生命景观——从垃圾填埋场到清泉公园[J].风景园林,2006(6):26-31.

[220] 孟凡玉,朱育帆."废地"、设计、技术的共语——论上海辰山植物园矿坑花园的设计与营建[J].中国园林,2017,33(6):39-47.

[221] 筑龙园林景观论坛.威斯敏斯特码头公园[EB/OL].(2014-3-26)[2017-11-4].http://bbs.zhulong.com/101020_group_201864/detail10122197.

[222] 张小奥,周秀梅.仿效与创新——废弃铁路转型成线性公园现象的探析[J].美与时代,2017(9):30-31.

[223] 董蓉.基于绿道理论的浙江省废弃铁路改造与利用研究[D].杭州:浙江农林大学,2011:19-33.

[224] 章梦启.城市废弃铁路景观再生设计研究[D].杭州:浙江农林大学,2013:27-32.

[225] 赵丹,王如松.城市生态基础设施的整合及管理方法研究[C].城乡治理与规划改革——2014 中国城市规划年会论文集(07 城市生态规划),2014.

[226] 金炳华.哲学大辞典(分类修订本)下[M].上海:上海辞书出版社,2007.

[227] 黄健文.旧城改造中公共空间的整合与营造[D].广州:华南理工大学,2011.

[228] 刘捷.城市形态的整合[M].南京:东南大学出版社,2004.

[229] 彭小莉.城市公共空间的整合设计研究[D].长沙:湖南大学,2008.

[230] 张长滨.重大事件主导的城市绿色空间整合研究[D].北京:北京林业大学,2016.

[231] 林莉.城市公共空间系统建构——以溧阳市为例[D].南京:东南大学,2009.

[232] 张志彦.城市更新背景下公共空间整合研究[D].南京:南京工业大学,2006.

[233] 王虹,李昌志,李娜,等.绿色基础设施构建基本原则及灰色与绿色结合的案例分析[J].给水排水,2016(9):50-55.

[234] 徐毅.城市生态空间的营造——以新加坡滨海湾公园为例[J].中国城市林业,2013,11(6):32-34.

[235] 孙蕾,潘宜.波士顿大都市公园系统与珠三角区域绿道的比较研究——以深圳为例[J].中国园林,2011,27(1):17-21.

[236] 简·雅各布斯.美国大城市的死与生[M].金衡山,译.南京:译林出版社,2005.

[237] 秦璐.城市主题功能性公共开放空间研究[D].重庆:重庆大学,2015.

[238] 吕明伟,潘子亮,黄生贵.绿色基础设施:公园规划设计[M].北京:中国建筑工业出版社,2015.

[239] 陈晓菲.基于生物多样性的海绵城市景观途径探讨[J].生态经济(中文版),2015,31(10):194-199.

[240] 翟俊.协同共生:从市政的灰色基础设施、生态的绿色基础设施到一体化的景观基础设施[J].规划师,2012,28(9):71-74.

[241] 赵景伟.三维形态下的城市空间整合[M].北京:北京航空航天大学出版社,2013.

[242] 亢德芝,胡娟,曹玉洁等.美国城市空中连廊规划建设研究及其启示——以明尼阿波利斯为例[J].国际城市规划,2014,29(5):112-118.

[243] 黄杉.城市生态社区规划理论与方法研究[D].杭州:浙江大学,2010.

[244] 艾伦·巴伯,谢军芳,薛晓飞,等.绿色基础设施:管理的挑战[J].中国园林,2009,25(9):36-40.

[245] 杜士强,于德永.城市生态基础设施及其构建原则[J].生态学杂志,2010,29(8):1646-1654.

[246] 李超楠.面向绿色基础设施的城市规划弹性研究[D].大连:大连理工大学,2014.

[247] 路文远.绿色基础设施规划管理研究——以呼和浩特市为例[D].广州:华南农业大学,2012.

[248] 妮可·哥伦布.景观的价值——绿色基础设施的经济意义[J].邝嘉儒,译.风景园林,2013(2):45-53.

[249] 胡长涓,宫聪.基于"完整街区"理念的历史街区生态更新研究——以美国四个历史街区为例[J].中国园林,2019,35(1):62-67.

英文文献

[1] Foley D L. An Approach to Metropolitan Spatial Structure [M]. Philadelphia:University of Philadelphia Press,1964.

[2] Benedict M A,McMahon E T. Green Infrastructure [M]. Washington,DC:Island Press,2006.

[3] Corner J. Recovering Landscape:Essays in Contemporary Landscape Architecture [M]. New York:Princeton Architectural Press,1999.

[4] Dramstad W E,Olson J D,Richard T T. Landscape Ecology Principles in Landscape Architecture and Land Use Planning [M]. Washington,DC:Island Press,1996.

[5] Gong C,Hu C J. The Way of Constructing Green Block's Eco-grid by Ecological Infrastructure Planning [C]. Procedia Engineering,2016,145:1580-1587.

[6] McDonald L A,Allen W L,Benedict M A,et al. Green Infrastructure Plan Evaluation Frameworks [J]. Journal of Conservation Planning,2005.

[7] ECOTEC. The Economic Benefits of Green Infrastructure:Developing Key Tests for Evaluating the Benefits of Green Infrastructure [DB/OL]. https://www.forestry.gov.uk/pdf

[8] Pitman S,Ely M. Green Infrastructure Life Support for Human Habitats:The Compelling Evidence for Incorporating Nature into Urban Environments [R]. Botanic Gardens of South Australia Department of Environment,Water and Natural Resources,2014.

[9] Kambites C,Owen S. Renewed Prospects for Green Infrastructure Planning in the UK [J]. Planning Practice & Research,2006,21(4):483-496.

[10] Maryland Department Of Nature Resources. Learn Why Green Print Lands are Important [DB/OL]. http://www.greenprint.maryland.gov/documentsVVhyGreenPrintLandsAreImportant.pdf.

[11] Ouyang Z Y,Wang X K,Miao H. China's Eco-Environmental Sensitivity and its Spatial Heterogeneity [J]. Acta Ecologica Sinica,2000,20(1):9-12.

[12] Tzoulas K,Korpela K,Venn S,et al. Promoting Ecosystem and Human Health in Urban Areas Using Green Infrastructure:A literature review [J]. Landscape & Urban Planning,2007,81(3):167-178.

[13] Wickham J D,Riitters K H,Wade T G,et al. A National Assessment of Green Infrastructure and Change for the Conterminous United States Using Morphological Image Processing[J]. Landscape & Urban Planning,2010,94(3):186-195.

［14］Richmond Green Infrastructure Assessment ［R/OL］. Green Infrastructure Center and E² Inc，2010.
http：//www. richmondregional. org/planning/green_Infrastructure/green_infrastructure. htm

［15］Green Stormwater Infrastructure 2016 Overview—700 Million Gallons ［R/OL］. King County，
Department of Natural Resources and Parks，Wastewater Treatment Division，2016. http：//www.
700milliongallons. org/wp － content/uploads/2017/02/1702 _ 8095m _ 2016 － GSI-accomplishment-
Report-pages. pdf

［16］South Park Green Space Vision Plan ［J/OL］，Seattle：Seattle Parks Foundation，2014. https：//www.
seattleparksfoundation. org/wp-content/uploads/2016/10/South-Park-Green-Space-Vision-Plan

［17］RTKL ASSOCIATES INC，Urban RX-What Makes Urban Districts Thrive? ［DB/OL］www. urban-
rx. com，2004.

［18］Downtown Seattle 2009－Public Space and Public Life ［J/OL］. GEHL，2009. https：//www. seattle.
gov /dpd/cs/groups/pan/@pan/documents/web_informational/s048430. pdf

［19］Guise R，Barton H，Davis G，et al. Design and Sustainable Development ［J］. Planning Practice &
Research，1994，9(3)：221－238.

［20］North Pearl District Plan ［J/OL］. City of Portland Bureau of Planning，2008. https：//www.
portlandoregon. gov/transportation/article/520815

［21］Thornton Creek Water Quality Channel FINAL REPORT ［J/OL］. MIG | SvR，2009. http：//www.
seattle. gov/util/ cs/groups/public/documents/webcontent/spu01_006146. pdf

［22］Budd W W，Cohen P L，Saunders P R，et al. Stream Corridor Management in the Pacific Northwest：
Determination of Stream－Corridor Widths ［J］. Environmental Management，1987，11(5)：587－597.

［23］Hermy M，Cornelis J. Towards a Monitoring Method and a Number of Multifaceted and Hierarchical
Biodiversity Indicators for Urban and Suburban parks ［J］. Landscape and Urban Planning，2000，49
(3－4)：149－162.

［24］Dietz M E. Low Impact Development Practices：A Review of Current Research and Recommendations
for Future Directions ［J］. Water，Air，and Soil Pollution,2007,186(4):351－363.

［25］New Seasons Market—2543 SE 20th Avenue Portland，Oregon ［DB/OL］. https：//www.
portlandoregon. gov/ shared/cfm/image. cfm? id＝172797

［26］Miller M，Graffam S，Blumenthal K R. Washington Canal Park ［J］. Landscape Architecture
Frontiers,2015,3(4):40－57.

［27］Ahern J. Greenways as a Planning Strategy ［J］. Landscape and Urban Planning，1995,33(1)：
131－155.

［28］National Association of City Transportation Officials. Urban Street Design Guide—Street Design
Principles［DB/OL］. https：//nacto. org/publication/urban-street-design-guide/streets/street-design-
principles/

［29］GEHL Architects. Downtown Seattle 2009—Public Space Public Life ［J/OL］. https：//issuu. com/
gehlarchitects/docs/ 565_seattle_pspl . 147－151.

［30］Austin Complete Street：A Guide to City Of Austin Resources(Mobility ＋ Urban Design ＋ Green)
［J/OL］. Austin Transportation Department，2015. http：//austintexas. gov/sites/default/files/files/
Transportation/Complete_Streets/CompleteStreets_GuidetoCityofAustinResources_1－7－16. pdf

［31］Davies A M. Nature After Minerals：How Mineral Site Restoration can Benefit People and Wildlife ［J/
OL］. RSPB，Sandy：2006.

[32] Walmsley A. Greenways and the Making of Urban Form [J]. Landscape & Urban Planning，1995，33 (3)：81 – 127.

[33] Firehock K. Strategic Green Infrastructure Planning [M]. Washington，DC：Island Press，2015.

[34] Pu M. Public Places in Asia Pacific Cities [M]. Springer Netherlands，2001.

[35] Rotterdam Climate Initiative. Water Squares：Playgrounds Doubling as Water Storage [DB/OL]. 2015. http：//www. rotterdamclimateinitiative. nl/uk/file/climate-adaptation/projects-climate-adaptation/ water-squares-playgrounds-doubling-as-water-storage? project_id＝268&p＝1

[36] Corner J. Lifescape—Fresh Kills Parkland [J]. Topos the International Review of Landscape Architecture & Urban Design，2005：14-21.

[37] Philadelphia Water Department. A Homeowner's Guide to Stormwater Management [EB/OL]. 2006. http：//www. phillywatersheds. org/doc/Homeowners_Guide_Stormwater_Management. pdf

[38] Philadelphia Water Department. Storm Water Management Service Charge Credits and Adjustment Appeals Manual [DB/OL]. 2013. https：//www. phila. gov/water/wu/Stormwater％20Resources/ scaa_manual. pdf

后 记

时光荏苒，回首往昔。第一次深入接触绿色基础设施的相关研究是 2015 年夏天，我和胡长涓赴美国宾夕法尼亚州立大学交换留学期间，当时海绵城市在中国刚刚兴起，我国正处于生态文明革命的萌芽期。我们因为参与了一门关于雨水艺术化设计的课程，为绿色基础设施在实践和理念方面和公共空间的完美结合深深着迷，于是我们带着浓厚的兴趣开始了为期一年的美国东西部关于绿色基础设施与公共空间结合的调研，希望能尽自己的绵薄之力为祖国做点什么。

本书是作者宫聪在其博士论文《绿色基础设施导向的城市公共空间系统规划研究》基础上优化整理的成果。城市公共空间一直是建筑与规划学科的热点问题，城市绿色基础设施网络也逐渐成为生态城市建设的理论与方法之一，但从问题出发，在不同城市尺度上将两者进行耦合与发展研究确是首例。希望本书对于中国生态城市建设，起到些许参考与点滴借鉴的作用。但在研究中面临的诸多问题并非全凭我们自己的一腔热血和执着努力所能解决，幸运的是得到了很多人的支持和帮助，在此我们深表谢意！

首先，感谢我们的博士生导师齐康教授，引领我们进入生态城市这一领域，先生注重因材施教，诸多方面均得到先生具体而关键的指导，先生开阔的学术视野和务实严谨的作风更是我们终身学习做人、做事、做学问的榜样。在此，对先生表示最诚挚的谢意。

在完成本书研究的过程中，感谢王彦辉教授、金俊副教授在论文写作中的指导与提议；感谢张思维老师、寿刚老师、叶菁老师、周妍琳老师在项目合作中给予的照顾与指导；同时还要感谢建筑研究所林挺主任与卜纪青老师在生活与学习过程中的悉心关照。感谢留学期间的导师——宾夕法尼亚州立大学教授詹姆斯·瓦尔斯（James Wines）以及学院其他教授在我们出国交流期间给予的学习上的指导及生活上的帮助。

此外，还要感谢重庆大学的同事在教学科研工作中给予的帮助。感谢杜春兰院长、李和平书记、卢峰副院长、褚冬竹副院长、谢辉副院长、葛毛毛副书记、龙灏主任、阎波教授、田琦副教授、王琦副教授、陶陶副教授、赵立老师、顾媛媛老师以及建筑城规学院其他同仁们对我的莫大支持。

感谢东南大学出版社戴丽老师与其他参与编辑出版工作的老师的认真严谨的工作态度和你们的热情帮助！

最后，感谢我的家人，他们是我坚实的后盾，是我前进的动力，是我精神的港湾。感谢我的父母对我的养育之恩和殷切期盼！感谢胡长涓对我的鼎力支持和陪伴我在人生路上幸福前行，让我更积极地面对人生！

宫聪
2019 年 12 月于重庆大学

内容提要

随着城市化进程的加快,城市多方面的生态问题与公共空间需求产生的人地矛盾已成为最突出的两大城市问题,而城市绿色基础设施(简称GI)已经逐步成为一种多尺度且可实施的生态手段。本书从城市公共空间与城市GI的分项基础研究出发,对两者进行对比分析,在城市GI规划辅助城市公共空间规划可行性研究基础上,利用定量与定性相结合的分析方法,从宏观—中观—微观—整合等层序系统地构建了GI导向的生态城市公共空间系统规划研究框架。通过对城市公共空间规划与GI网络进行系统地结合研究,构建了GI影响下的生态城市公共空间规划研究理论,在宏观与中观层面以南京为例实证了两者相结合的规划方法,对解决城市多重生态问题与公共空间问题具有重要的理论与实践意义。

本书适宜于城市规划、风景园林、建筑学以及环境相关学科领域的规划设计、管理、科研人员、教师与学生阅读参考。

图书在版编目(CIP)数据

绿色基础设施导向的生态城市公共空间 / 宫聪,
胡长涓著. —南京 : 东南大学出版社,2019.12
(可持续发展的中国生态宜居城镇/齐康主编)
ISBN 978 - 7 - 5641 - 8763 - 7

Ⅰ. ①绿… Ⅱ. ①宫…②胡… Ⅲ. ①生态城市-城
市空间-可持续发展-研究-中国 Ⅳ. ①X21

中国版本图书馆 CIP 数据核字(2019)第 283275 号

绿色基础设施导向的生态城市公共空间
Lüse Jichu Sheshi Daoxiang De Shengtai Chengshi Gonggong Kongjian

著 者:	宫 聪 胡长涓
出版发行:	东南大学出版社
社 址:	南京市四牌楼 2 号 邮编:210096
出 版 人:	江建中
网 址:	http://www.seupress.com
责任编辑:	戴 丽 贺玮玮
文字编辑:	张 琰
责任印制:	周荣虎
经 销:	全国各地新华书店
印 刷:	上海雅昌艺术印刷有限公司
版 次:	2019 年 12 月第 1 版
印 次:	2019 年 12 月第 1 次印刷
开 本:	787 mm×1092 mm 1/16
印 张:	18.25
字 数:	435 千字
书 号:	ISBN 978-7-5641-8763-7
定 价:	108.00 元

本社图书若有印装质量问题,请直接与营销部联系。电话(传真):025-83791830